건축공사 마감편

건축감리 이렇게 한다

김 종 원 저

기 문 당

머리말

1980년대 대형 참사가 연이어 발생한 후 공사감리는 공사의 일부로서 그 중요성을 인식하게 되었다. 그간 감리협회에 의한 행정관련 감리지침 등은 있으나 현장에서 공사감리업무를 하는 실무에 대해서 세부적으로 구체화한 것은 없다. 또 어디에서도 감리자가 갖추어야 할 기본지식을 검정하는 곳은 없으며, 공종별 공사감리에 대한 세부지침으로 정해진 것도 없어 현장감리에 어려움이 많은 것을 볼 수 있다. 감리업무 시행을 해온 지 상당한 기간이 지났지만 여전히 상도동 붕괴사건 같은 부실공사로 인한 폐해는 계속되고, 지금에 와서 감리무용론까지 주장하는 이들도 있다.

감리업무는 설계·감리를 하는 건축사와 건축현장에서 CM을 포함하여 전문시공감리사(업체)로 구분하고 있다. 그러면 건축사와 시공자 입장에서 감리는 무엇이며, 구체적으로 어떻게 하는 것인가를 정리해 볼 필요가 있었다. 구체부문의 감리에 대해서는 「건축철골시공·감리」, 「철근콘크리트」, 「그림으로 보는 철근공사」(이상 도서출판 기문당)를 참고하기 바라며, 본서에서는 건축공사 마감부문의 감리에서 중점적으로 다루어야 할 주요 감리사항을 설명하고자 한다.

감리는 설계도 완성 후부터 건축물이 완성될 때까지 공사를 집행하는 동안 설계 의도를 충분히 실현시키기 위한 지표로서 뿐만 아니라 설계도에 기술된 건축내용을 확인하고, 건축물의 사용목적을 인식하여 준공될 때까지 재료에 대한 지식과 경제성, 기술적인 시공법, 법적 관련 규정 등을 종합적으로 판단해야 하는 것이다. 또 감리자는 확정된 설계라도 수시로 설계시점부터 확인하여 세부적으로 미결된 사항 등 건축물을 만드는 과정에서 피드-백하는 재확인으로 설계의 전체 방향을 판단하는 능력과 기술적 지식을 갖추기 위해서는 많은 지식과 현장경험을 쌓아야 한다. 그러므로 공사감리를 하는 데 있어 우선 직무상의 능력과 마음가짐이 중요하다.

감리업무를 실행하기 위해서는 직접 현장으로 나가서 확인하는 것과 사무실에서 설계자, 시공자, 건축주가 협의 또는 점검리스트에 따라 사무감리를 실시하게 되는데, 공사별 감리종목에 대한 주요 점검내용은 어떤 수단을 이용하여 실현할 것인지를 마련해야 한다.

위의 내용에 입각하여 이 책은 오랫동안 현장에서 경험한 공사관리의 실무를 통하여 얻은 지식을 체계적으로 정리한 항목별 감리중점 사항이라고 할 수 있다.

60~70년대까지만 해도 필자가 현장근무를 할 때는 규모를 갖춘 현장에서조차 기술자는 1~2명뿐이었다. 80년대 이후 현장관리는 급변하였고 지금에 와서는 대규모화, 복잡화되었다. 이런 환경에서 누구나 할 수 있는 현장관리 수준에 많은 문제가 있음을 알게 되었다. 건축 기술자라면 전문 분야별로 깊고, 넓은 지식을 갖추어야 하기에 본서는 그렇게 여러 현장을 거치면서 누구나 할 수 있는 현장관리 수준에 문제가 있음을 알게 되었다. 본서는 현장근무시 건축시공관리에서 기술해 두었던 자료를 근거로 국내 · 외 많은 자료의 내용을 참고 · 인용하여 구성한 것이다. 여기에 마감공사감리의 주요 점검사항에 대해 기술한 내용을 활용하여 감리수단으로 삼기 바라며, 보다 나은 현장감리지침서(매뉴얼)를 만드는 데 도움이 되었으면 한다.

16장에서는 ALC공사에 대해 잘 이해하지 못하고 있는 사항이 의외로 많은 점에 기인하여 직접 ALC로 저에너지주택을 시공해보고, 잘못 이해되고 있는 부분의 설명과 ALC구체시공방법에 대해 설명하였다. 최근 ALC로 건물을 짓기 원하는 많은 사람에게 도움이 될 것으로 생각된다. 이번 수정 · 보완판에서는 3년 가까이 전문 분야 설문조사를 통해 얻은 자료와 현장 확인을 통하여 리스크를 방지할 수 있는 방법을 제시하였다. ALC와 관련된 자료를 제공하고 깊은 조언을 해주신 분들께 감사드린다.

끝으로 「건축감리 이렇게 한다(건축공사 마감편)」의 발행에 있어 참고할 수 있도록 제공해주신 국내 · 외의 실무자 여러분, 또한 지도해 주신 스승 신현식 교수님과 출간을 보지 못하고 作故하신 최인성 교수님, 그리고 마지막 출판까지 혼신을 다해준 도서출판 기문당 여러분과 강해작 사장님께 감사드린다.

2018년 11월

저 자

차 례

[공사별 감리종목과 범위, 감리점검 사항 읽기]

1. 공종별 관리자료 및 해설, 감리점검 사항에 관한 설명

1) 공사현장으로 나가기 전 사무실에서 미리 점검할 수 있도록 각 공정별 감리 요점내용을 항목별로 공정표상에 정리한다. 공정표에서 감리항목의 전후관계는 공사현장의 실제 공정상황과 일치하도록 표시한다.

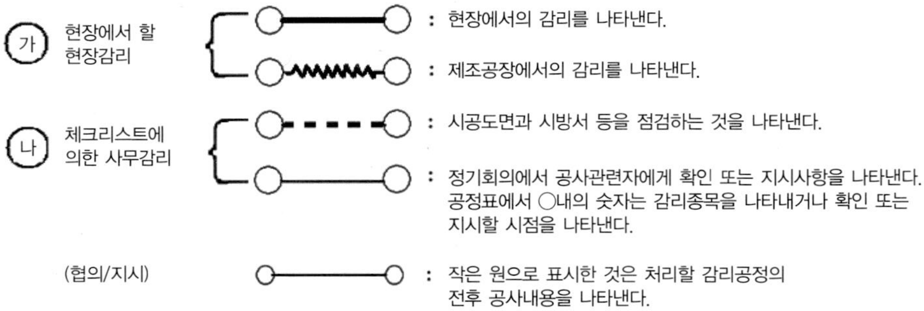

2) 공사 감리항목은 현장공정의 각 작업별 감리를 기본으로 하며 개개의 감리항목 앞에 있는 숫자는 처리할 순서를 나타낸 것이다. 참고로 감리항목 아래 숫자는 최소한 정기회의 횟수를 나타내고 있다.
3) 처리방법에서는 감리항목을 처리하는 방법과 별표에서처럼 지시, 검사, 조정에 대한 승인, 확인 등을 나타내고 있다.
4) 범위 난은 감리하는 범위가 어디까지인지, 현장에서 점검리스트로 활용할 때는 감리범위에서 요구하는 업무별로, 시공자에 대한 중점 역량을 기대할 경우에 이용하고, 또 현장투입시 불필요한 분쟁을 피하기 위해 설계단계에서 사전에 특기사항으로 설계도서, 시방서에 기재할 경우에 이용한다.
5) 감리 점검사항 난에서는 여러 가지 구체적인 내용에 대한 사항을 현장공정에 따라 반드시 처리해야 할 우선순위를 정하여 기재한다.
6) 각 장의 시공 전 사전점검 사항과 감리 요점정리에서는 처리에 필요한 사전조사 내용과 기술에 대해서 설명하였다. 감리 주요 점검 사항에 대한 절차 일례는 다음 #별표에서 설명하고 있다.

#별표 : 감리 점검사항 절차

#별표 : 감리 점검사항 절차 일례

<table>
<tr><th></th><th colspan="2">감리 점검사항에 대한 처리순서</th></tr>
<tr><td rowspan="4">Ⅰ. 시공자에 대한 절차</td><td>1. 승인 ⇒ 승인 확인(사인 또는 직인)
설계도서 등에 감리자의 승인 확인
(특별히 중요한 사항에 대해서는 감리자의 조사 결과를 기초로 하여 건축주의 승인을 받기도 한다)</td><td>처리하는 순서의 예 :
(검토) → 승인(사인 또는 직인)
(지시) → 〃
(심사) → 〃
(조정) → 〃</td></tr>
<tr><td>2. 확인 ⇒ 접수(직인 또는 사인)
설계도서, 시방서 등에 지시된 사항이 적절히 처리 되었는가를 확인하는 것. 또는 시공에 대해 건축주의 특별한 지시, 요구 또는 승인한 사항</td><td>처리하는 순서의 예 :
(입회) → 확인(사인 또는 직인)
(검사) → 〃
(검토) → 〃
(처리) → 〃</td></tr>
<tr><td>3. 처리 ⇒ 접수 확인(사인 또는 직인)
서류 등의 내용을 확인하고 접수한다.</td><td>처리순서의 예 :
(접수) → 확인</td></tr>
<tr><td colspan="2">(1) 조사 · 검사 · 심사 · 처리 · 조정
승인 · 확인 또는 절차에 필요한 사항에 대해서 반드시 설계도서 등을 비교하여 내용이 적정한지 여부를 점검한다.
(2) 입회
공사시방서, 설계도서 내용대로 시공되고 있는지 공사현장을 비롯하여 시공 전반을 입회, 확인한다.
(3) 검사
공사에 사용할 재료 및 공사내용의 적합 여부를 판단한다.
(4) 지시
Bench Mark 위치, 재료, 색상 등의 결정과 지시사항, 변경, 추가공사 등이 있을 경우에 한다.
(5) 조언
현장관리에 있어 인적 구성체계에 대한 조언, 시공계획 검토에서 조언 등을 한다.
(6) 내용설명
설계도서의 내용을 이해하는 데 기술적인 보조 설명을 한 것을 말한다.</td></tr>
<tr><td>Ⅱ. 발주자에 대한 절차</td><td colspan="2">[절차] : 시공자로부터 제출된 서류 등을 접수하여 처리하는 것을 말한다.
[보고] : 공사 시공에 관한 사항, 시행결과를 건축주(발주자) 또는 관할청에 통보해야 하는 것을 포함하며, 특히 문서에 의한 통지사항을 말한다.
[내용설명] : 공사비 견적조건 등 공사시공에 필요한 내용 등을 설명하는 것을 말한다.
[선정] : 시공자 선정, 사용되는 주자재 선정, 특정 지정된 제품 선정, 규격 지정품, 성능기준에 맞는 제품 등을 말한다.
[조언] : 시공자의 계약조건 검토에 대한 조언, 견적서의 내용을 심사하고 조언, 시공 견적서를 검토하고 조언하는 것 등을 말한다. 다만, 현행 공적 감리제도는 시공자를 결정한 후에 감리회사가 선정되기 때문에 계약조건 검토, 견적서 검토 등의 업무는 할 수가 없도록 되어 있다.</td></tr>
</table>

제1장

타일공사(Tile工事)

1-1 타일공사 사전 점검사항

1-1-1 시공 전 일반사항 확인

1. 타일공사에 대한 범위, 시방서와 관련한 사항을 조사한다.

① 설계도와 시방서상에 기재된 사항에 대해 의문은 없는가.

② 타일의 종류, 규격, 수량이 견적서상에 명확하게 명시되어 있는가.

③ 사용하는 타일의 종류, 형상, 규격 및 색상, 이면의 형상이 견본품대로 되었는지 확인하였는가.(타일시험 보고서 – 충격, 흡수율, 비틀림, 균열, 동결융해시험 등)

2. 재질, 형상, 규격에 따라 붙이는 공법이 적합하게 되어 있는지 검토한다.

① 종류와 수량을 확인하고 공정표를 검토한다.

3. 견본품 제출과 재료의 현장반입에 무리는 없는지 조사한다.

① 타일붙이기 일정에 무리는 없는가.

② 신축조절줄눈, 균열방지 유발줄눈의 배치와 형상, 치수 등이 적절한가.

③ 타일나누기 도면에 따라 상세시공도가 작성되어 있는가.

④ 신축조절줄눈, 개구부, 설비기구와 접하는 부분에 대해서 검토되어 있는가.

⑤ 먹줄내기 및 시공요령서가 작성되어 있고, 공정, 반입, 소운반, 공구, 작업경로 등에 대한 협의가 이루어졌는가.

4. 현장에서 선별하기 위한 준비가 되어 있는지 조사한다.

① 타일선별 및 작업준비 장소의 규모는 적절한가.

② 실시공정을 검토 · 확인한다.

5. 가설자재의 준비와 조립해체에 대한 협의를 한다.

① 양생방법, 기간, 비계의 규모, 안전대책을 협의한다.

② 작업장의 일사량, 양생용 재료는 준비되어 있는가.

6. 시험붙이기로 붙이는 재료 · 공법이 적절한가를 확인한다.

① 시공장소별로 견본시공하여 붙이는 공법을 검토한다.

② 견본 붙이기에서 줄눈의 폭, 색을 결정한다.

7. 바탕(하지)의 결함조사 및 수정, 면의 정확도를 확인한다.

① 하지는 완전히 청소되어 있는가.

② 하지의 재령을 확인하였는가.

③ 타일 부착 주변의 용접 · 방청도료 · 배관 · 기구설치 용 앵커 등이 제대로 취부되어 있는가.

④ 바탕의 청소 · 보습은 충분한가.

8. 모르타르 배합 및 부착재료의 배합과 묽기를 확인한다.

9. 타일 부착시 주의할 점을 확인한다.

10. 타일줄눈의 위치, 치수, 시방이 적절한지와 시공 후 기온을 고려한다.

11. 줄눈모르타르의 배합, 눌러넣기, 마무리 상태를 검사한다.

① 청소도구는 지시된 것을 사용하는가.

② 청소용 약품의 종류와 농도는 적정한가.

③ 물로 충분히 세척하였는가.

1-2 타일 시공관리 및 감리 요점정리

1-2-1 관리 참고자료

1. 내장타일의 종류

① 성질에 의한 구분

성질 구분	특징	소성 온도	소지상태	흡수율	유약 유무
자기질타일	투명하고 단단하며 치밀하여 두드리면 금속성의 맑은소리를 낸다.	1,300℃ 이상	불침투성	0	시유 무유
			용화성	1% 미만	
석기질타일	자기와 같은 투명감은 없으나 소결되어 흡수성이 적다.	1,200℃ 전후	대부분 용화성	1% 이상 ~ 3% 미만	시유 무유
			반용화성	3% 이상~ 10% 미만	
도기질타일	다공질로서 흡수성이 많고 두드리면 탁음을 낸다.	1,000℃ 이상	비용화성	10% 이상	보통 시유

② 호칭에 의한 구분

호칭명	소지의 질	비 고
내장타일	자기질, 석기질, 도기질	클링커타일 : 비교적 두꺼운 바닥타일로서 시유 또는 무유의 석기질 타일이다.
외장타일	자기질, 석기질	
바닥타일	자기질, 석기질	
모자이크타일	자기질	

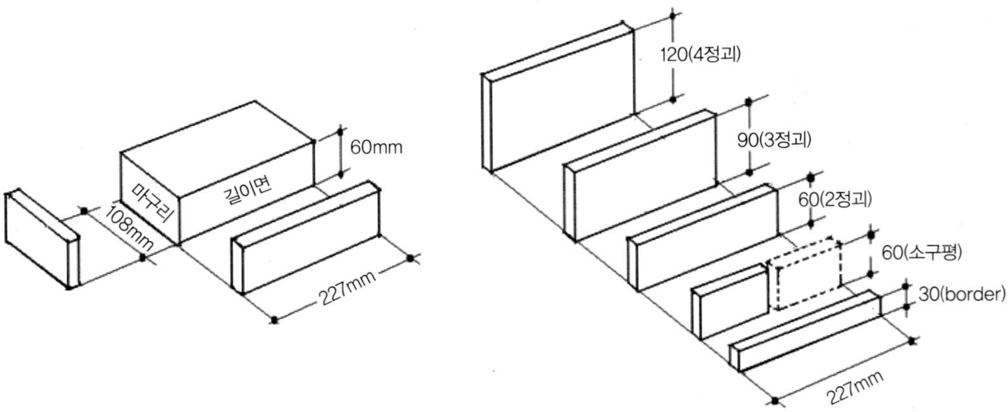

외장벽돌과 타일과의 관계

1-2-2 타일의 규격

(1) 외장타일의 규격

품명 \ 형상		마구리	보더	이정괘	삼정괘	사정괘	53각	기본모듈
평타일 (평방형)	A	109	227	227	227	227	150	210
	B	60	30	60	90	120	90	60
모서리형 (A)	A	50	30	50	50	50	35	42
	B	108	168	168	168	168	115	151
	C	60	30	60	90	120	90	60
모서리형 (B)	A	60	30	60	90	20	90	60
	B	50	30	50	50	50	35	42
	C	108	227	227	227	227	150	210

(2) 내장타일의 기본규격

형상 / 품명	측정장소	줄눈 75mm각	줄눈 100mm각	줄눈 150mm각	25각	36각	200각
평타일	A	73.25	97.75	148	76	109	200
한 면 곡형	A	73.25	97.75	148	76	109	45°
두 면 곡형	A	73.25	97.75	148	76	109	
걸레받이용	A	73.25	97.75	–	76	109	
내장타일의 규격이 200×300, 250×400 등 점차 대형화되고 있다.							
	두께	4.5	5.0	6.5	4.5	5.5	14

(3) 모자이크타일 규격과 지첩(紙貼)줄눈치수

표준 형상	실제치수(mm)	지첩줄눈 포함 치수(mm)	비 고
19mm각	18.5×18.5	303×303	1. 실치수는 제조사에 따라 규격 차이가 있음 2. 부정형 모자이크타일도 있음
19mm원	Ø18.5	303×303	
25mm각	24.5×24.5	303×303	
50mm각	45×45	303×303	

1-2-3 건식 및 습식 타일의 특징

명칭	성형법	제조형상	정밀도	적용 예
건식타일	프레스성형 (함수율 10% 이하)	평면형 및 단순한 형상	치수의 정밀도가 높다.	내장타일, 바닥타일, 모자이크타일 등
습식타일	압출성형 (함수율 20% 정도)	다양한 형상이 가능	프레스성형보다 정밀도가 적다.	외장타일, 바닥타일 등

1-2-4 타일의 KS인증

(1) 품질 성능 증명서의 종류

① 치수, ② 흡수율, ③ 휨강도, ④ 내균열성, ⑤ 내마찰성, ⑥ 내동해성 등

(2) 특수검사 및 시험

① 접착시험, ② 내충격성 검사, ③ 내산성 검사, ④ 내알칼리성 검사, ⑤ 원재료분석 검사 등

1-2-5 주의해야 할 시공시 협의사항

(1) 타일 이면의 형상에 대한 사전협의

(2) 하지(바탕)처리에 대한 시공 정도 협의

(3) 붙임모르타르의 배합비

(4) 혼화제 사용 유무

(5) 붙임모르타르 또는 접착제의 두께

(6) 붙임시간 : 너무 빠르게 건조되면 붙임모르타르 중의 수분이 하지와 공기 중으로 흡수되어 타일과 모르타르의 접착이 나빠진다. 모르타르를 묽게 하여 바르고, 붙임시간이 가능한 길지 않도록 하는 것이 좋고, 붙임모르타르가 급히 굳지 않도록 한다.

(7) 신축줄눈의 유무와 허용폭, 위치, 형상 등

1-2-6 타일 배면의 형상(裏足形狀)

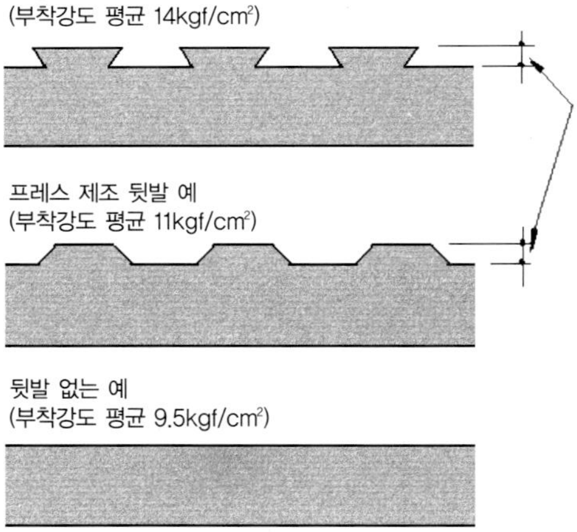

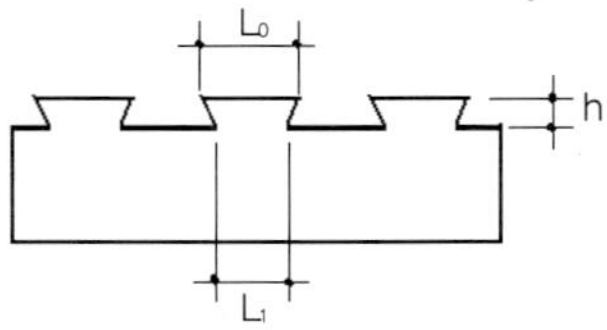

골형 : 뒷발 선단부의 폭(L_0)과 뿌리 부분의 폭(L_1)이 $L_0 > L_1$ 관계에 있는 형상을 말한다.(위 그림 참조)

타일 표면의 면적	뒷발의 높이
15cm² 미만	0.5 이상
15cm² 이상 60cm² 미만	0.7 이상
60cm² 이상	1.5 이상

주 1) 여러 개의 면을 가진 타일인 경우는 큰쪽 면의 면적으로 적용.
2) 타일의 모듈호칭수가 150×50 및 200×50인 것일 때는 1.2m 이상으로 한다.(참고로 뒷발h의 최대치는 3.5mm 정도로 하지만, PC제조인 경우 최대 6~8mm까지 가능하다)

1-2-7 타일보호제

타일 표면의 오염을 줄이기 위해 줄눈을 메우기 전에 타일 표면에 투명보호제를 바른다.

(1) 원칙적으로 제조공장에서 투명보호제를 바른다

(2) 타일붙임 후에 현장에서 바를 경우

① 줄눈을 메우기 전에 타일 표면에 투명오염방지제를 롤러로 고르게 바른다.(다만, 줄눈 내부에는 침투되지 않도록 바르는 것이 좋음)

② 오염방지제를 바른 후(1일 경과)에 줄눈을 시공한다.

1-2-8 타일 붙이는 하지에 대한 주의사항

(1) 구체에 직접 붙이는 경우(콘크리트 하지)

1) 구체콘크리트에는 균열유발줄눈을 만든다.

① 횡방향은 각 층별 이음부, 종방향은 3~4m 간격(기둥을 제외한 스팬의 중간 주변)으로 설치한다.

② 줄눈의 깊이는 콘크리트 두께의 1/6 이상으로 하고, 벽 내 · 외부를 동일한 위치로 한다. (콘크리트 두께 150mm인 경우 25mm(150mm×1/6) 이상 단면결손을 가져온다.

예를 들면, 외측 15mm×15mm 이상, 내측 10mm×10mm 이상. 균열유발 전용 줄눈인 경우 벽의 횡근은 연속되어 있는 것이 좋은)

2) 거푸집

① 거푸집 합판은 경화 불량을 일으키지 않는 것을 사용한다.

a. 결함이 있는 것, 오동나무, 느티나무로 만든 거푸집은 사용하지 말 것.

b. 거푸집널은 장시간 직사광선에 방치하지 말 것.

② 부풀어진 것, 이음 부분이 움푹 팬 것, 凹凸이 없는 강성을 가진 재료를 사용한다.

a. 합판 두께는 15mm 이상을 사용하는 것이 원칙

b. 개구부 주위, 보의 하단 등은 특히 정밀도가 높은 것을 사용할 것.

③ 거푸집 박리제를 사용할 경우 중성인 수용성을 사용할 것.(박리제 중에는 막을 형성하는 것이 있으므로 이것이 콘크리트 표면에 잔유하게 되면 붙임모르타르의 부착을 방해하게 됨)

3) 배근

① 철근배근 후 콘크리트 타설 시에 묶여 고정된 것이 움직이지 않고 견고하게 설치되어 있어야 한다.

② 철근의 피복 두께를 확보해야 한다.(철근의 노출은 녹발생의 원인임)

③ 경우에 따라서는 균열대책으로 보강철근이나 용접철망을 적절히 배치한다.

4) 콘크리트

① 유동성이 좋고, 분리에 대한 저항성이 크고, 균열이 적고, 백화를 방지하기 위한 물시멘트비가 적은 콘크리트를 사용할 것.

② 밀실하게 타설할 것.(곰보, 구멍 등의 결함은 철근을 녹슬게 하고, 백화를 유출하며, 동해의 원인이 되기 쉬우므로 즉시 콘크리트를 보수할 것)

a. 콘크리트이어치기는 먼저 타설한 콘크리트의 레이턴스(Laitance)를 제거하고 부배합의 모르타르층을 엷게 바른 다음에 이어친다.

b. 콘크리트타설 전 거푸집에 물을 뿌려 습윤한 상태로 만든다.

c. 타설속도를 지나치게 빠르게 해서는 안 된다.

d. 콘크리트를 충분히 다진다.(단, 지나친 바이브레터 사용은 골재의 재료분리를 가져오므로 주의)

e. 콘크리트타설 중 콜드조인트가 생기지 않도록 이어치기에 주의할 것.

③ 긴결재를 설치한 자리의 마무리를 처리한다.(세퍼레이터에 녹이 생기면 콘크리트 균열의 원인이 되므로 혼화제가 들어간 모르타르 등으로 밀실하게 충전시킴)

④ 콘크리트타설 후 1개월 이상 양생시킨다.(조기 탈형은 급격한 건조나 저온으로 시멘트의 수화작용이 멈추게 되면 경화 불량을 일으킴)

⑤ 탈형 후 콘크리트 표면에 묻은 먼지, 오염물, 레이턴스를 제거하고 표면을 검사한다.

5) 콘크리트 하지면이 나쁠 때의 보수

① 두께 3mm 미만을 붙일 경우에는 엷은 모르타르를 사용한다.

② 두께 3mm 이상을 붙일 경우에는 1회 바름두께를 10mm 이하로 중첩해서 바른다.

(2) 콘크리트 위 모르타르 하지의 바탕 바르기 공법

① 미장공사에 준하여 바른다.

② 압착 바르기일 때 : 하지는 나무흙손으로 눌러 바른다.(면 정밀도는 ±2mm/2m 정도, 모자이크타일인 경우±1.5mm/2m)

③ 하지 모르타르면의 부풀음, 균열을 검사하고, 먼지, 불순물, 레이턴스 등을 제거한다.

④ 건조한 바탕모르타르에는 물을 뿌려준다.

⑤ 시공도에 따라 타일나누기를 검사한다.

1-2-9 타일 붙이는 모르타르에 대한 주의사항

(1) 붙임모르타르(혼화제 배합)

1) 하지를 조정한다.(바탕면에 붙은 먼지, 바닥면의 요철(凹凸) 등을 제거)

2) 모래의 양이 적을수록 수축은 커지고, 타일이 떨어지려는 힘도 커진다.

3) 기계로 잘 혼합할 것.(공장배합된 모르타르를 사용하는 것이 좋음)

4) 외장타일 붙임모르타르인 경우에는 방지제를 혼합할 것.

5) 가수를 시작한 모르타르는 10분 이내에 사용하고, 적어도 30~40 이내에 사용해야 한다.

6) 바르기 : (전용 쇠흙손으로 바름)

① 바름 두께는 내장타일 및 모자이크타일을 붙일 경우는 3~4mm.

② 외장 마구리 타일인 경우는 4~8mm 정도.

7) 1회 바르는 면적은 동절기 15~30분, 하절기에는 10~15분 내에 바르는 면적으로 한다. 보통 15분 이내로 한다. 오픈타임이 너무 길면 바탕모르타르가 수분을 흡수하여 드라이아웃 현상이 생겨 보수성이 나쁘고 응결이 빨라져서 접착성이 떨어진다.

(2) 모르타르 혼화제

(3) 혼화제를 배합한 모르타르의 부착력시험 결과

1) 자기질타일의 경우 28일 강도

(혼화제 배합모르타르 : 보통모르타르＝17.8kg/cm^2 : 6.9kg/cm^2)

2) 반자기질타일인 경우 28일 강도

(혼화제 배합모르타르 : 보통모르타르＝24.5kg/cm^2 : 8.9kg/cm^2)

(4) 혼화제의 종류는 액체형과 분말형이 있다.(접착강도의 차이는 없음)

1-2-10 타일줄눈

(1) 줄눈

1) 외장타일(외벽 및 바닥) 줄눈나누기의 예

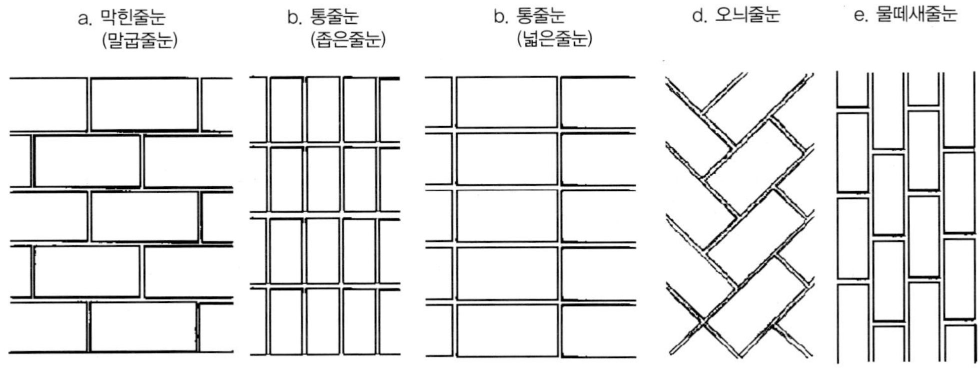

2) 내장타일 줄눈나누기의 예

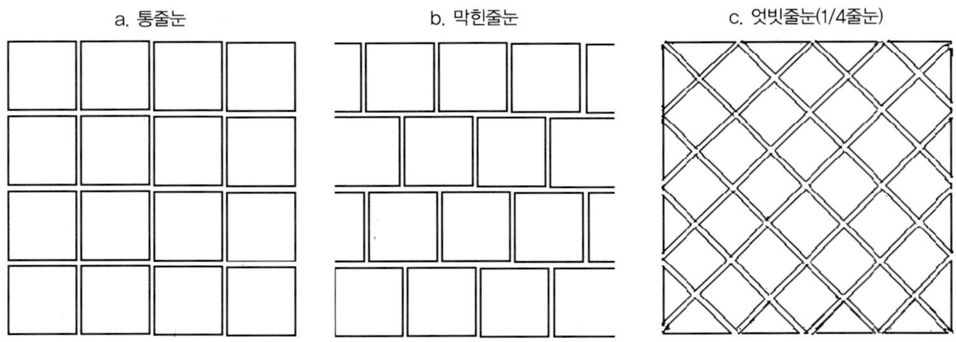

3) 줄눈의 색과 형상

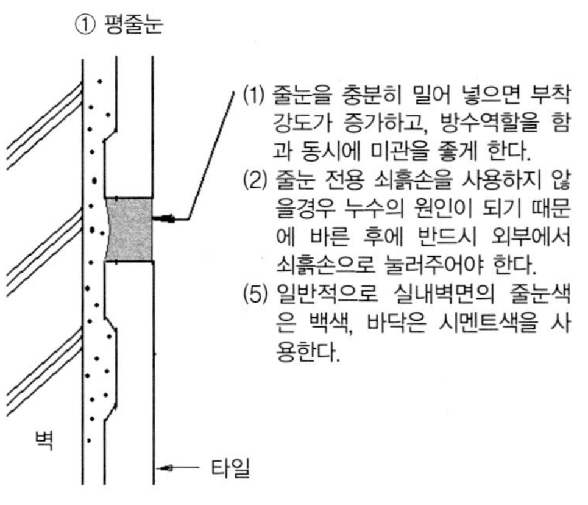

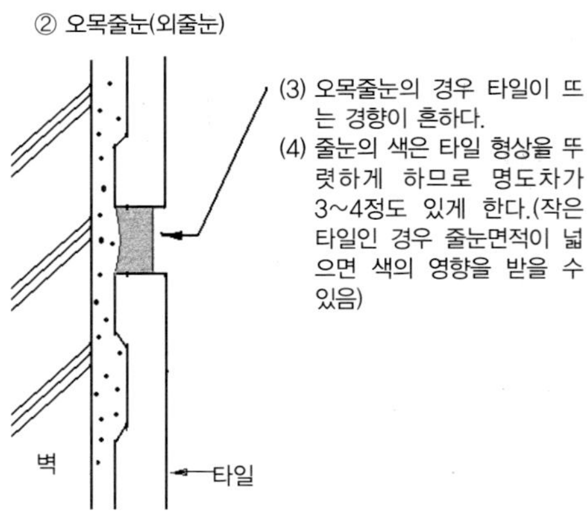

(2) 줄눈재

1) 외장줄눈용 모르타르(기성제품)

① 줄눈용 기성제품인 인스턴트 시멘트 배합 = 포틀랜드시멘트+무기질골재+혼화제

② 줄눈용 배합모르타르의 특성

a. 방수성이 있어 백화발생이 적고, 균열이 감소된다.

b. 접착력이 우수하다.

c. 균일한 색상으로 마감이 가능하고 얼룩 발생이 적으며, 퇴색이 어렵다.

③ 줄눈용 배합모르타르는 타일, 블록, 테라조, 벽돌 등의 보통 줄눈에 사용한다.

④ 시공시 주의할 점과 시공요령

a. 평줄눈(통줄눈)을 시공할 때는 약간 묽게 하는 것이 좋고, 오목줄눈(외줄눈이라고도 함)일 때는 약간 된비빔으로 하는 것이 좋다.(외장타일일 때는 평줄눈으로 두 번에 나누어 줄눈을 바르는 것이 원칙임)

b. 줄눈모르타르 배합시 물은 가능한 적게 사용하며, 배합방법은 물을 조금씩 가하여 적정한 점도를 유지하도록 하고 10~20분 방치한 후 줄눈 전용 흙손으로 밀어넣는다. 가사시간은 혼련 후 적어도 1시간 이내에 완료할 것.

c. 줄눈시공 전 줄눈 내부가 건조한 경우에는 균일하게 물을 뿌려 습윤상태가 되도록할 것.

d. 동일한 넓은 장소에 시공할 경우 물의 양이 일정하지 않으면 시공 후 색이 변할 수 있으므로 주의할 것.

e. 줄눈넣기가 완료된 후 솔이나 작은 빗자루로 모르타르 및 오물 등의 잔류물을 쓸어내고, 줄눈이 완전히 경화된 후에 세척할 것.

f. 기성제품을 사용할 경우 현장에서 시멘트 등의 기타 재료를 첨가하면 균열, 백화 등의 원인이 생기므로 주의해야 한다.

g. 모자이크타일 등 좁은 줄눈 이외에는 흙손으로 밀어넣어 시공하지만 부득이 고무흙손을 사용하여 평줄눈을 시공할 때는 줄눈을 넣은 후에 충분히 눌러 줄 것. 만약, 그렇지 않은 경우 균열, 백화발생 등의 원인이 된다.(모자이크타일 등의 좁은 줄눈에 사용하는 전용재료가 별도로 있음)

2) 바닥줄눈용 모르타르(기성제품)

① 바닥용 기성제품의 특징은 수축이 적고, 내구성이 우수하며, 내마모성이 좋다.

② 시공시 주의할 점과 시공요령

a. 배합하는 물의 양은 가능한 최소화하고 혼련된 후에는 1시간 이내에 사용할 것.

b. 하지바탕이 건조한 경우에는 반드시 물을 뿌려 습윤시킨 다음에 줄눈모르타르를 시공할 것.

c. 줄눈시공에서 어떤 기구를 사용하든 밀실하게 충분히 눌러서 시공할 것.

d. 작업 후 주변의 오염이나 잔류물은 모르타르가 경화되기 전에 고무주걱, 스펀지 걸레 등으로 청소하고, 경화 후에 세척할 것.

e. 10일 이상 양생한 다음 세척하고, 부득이하여 산(酸)이나 30% 염산(塩酸) 등을 사용할 경우 물로 충분히 씻어내어 산(酸)분이 남지 않도록 할 것.

(3) 줄눈 시공

1) 평줄눈(눌러넣기)

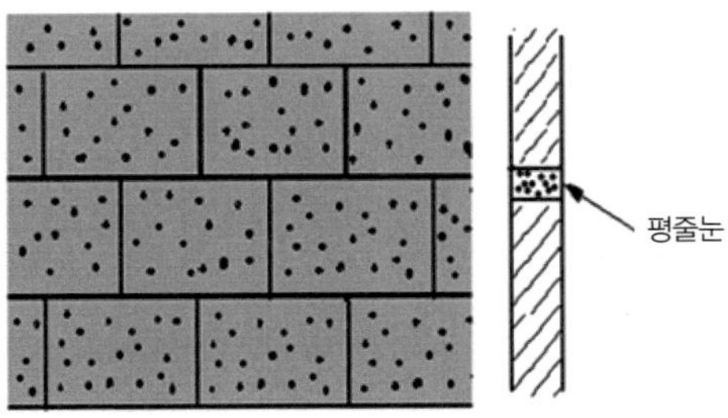

(앞) (옆)

2) 외줄눈(오목줄눈)

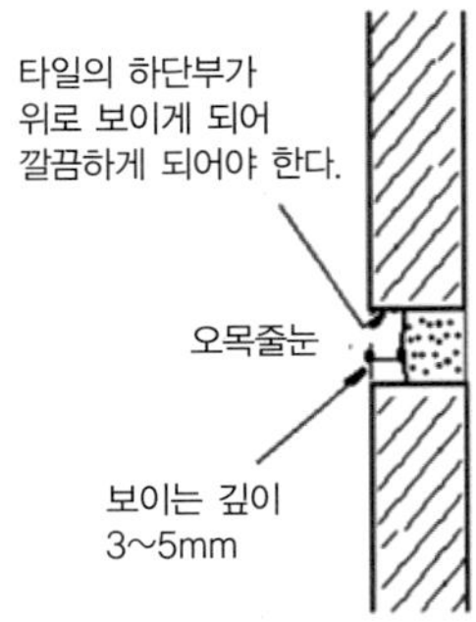

(옆)

1-2-11 외장타일 압착공법 신축줄눈

(1) 구체콘크리트 바탕에 붙일 경우 신축줄눈

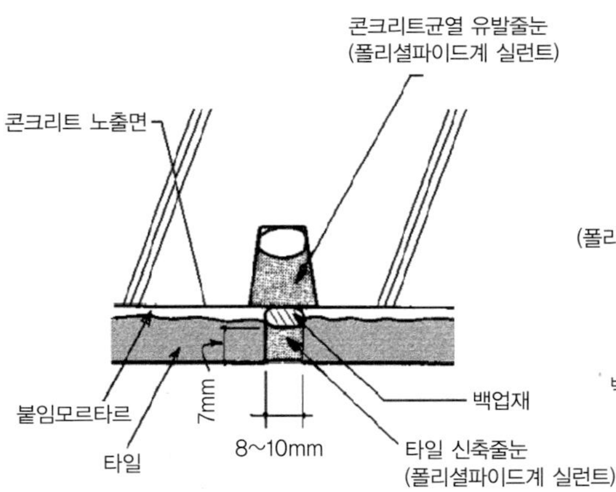

횡단면

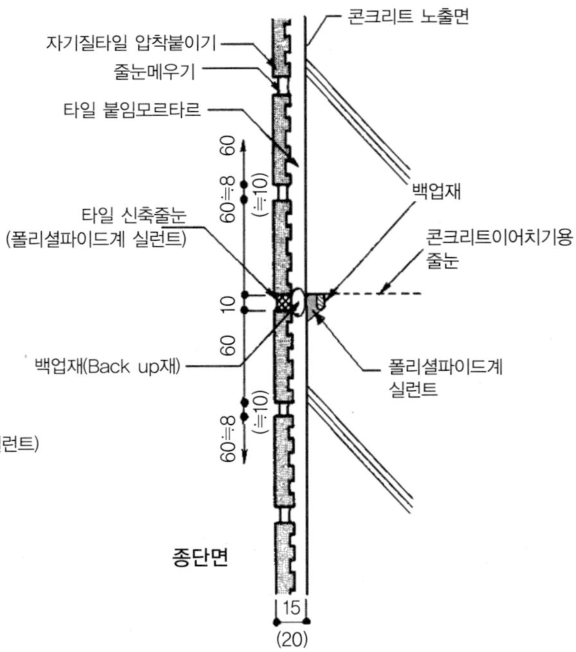

종단면

(2) 모르타르 바탕에 붙일 경우 신축줄눈

① 신축줄눈은 하지모르타르부터 구조체와 연결을 긁어서 설치한다.

② 하지모르타르의 신축줄눈에 맞추어 설치한다.

③ 신축줄눈 시공은 건조한 상태에서 폴리설파이드계 실런트, 실리콘실런트 등을 충전한다.(그림 참조)

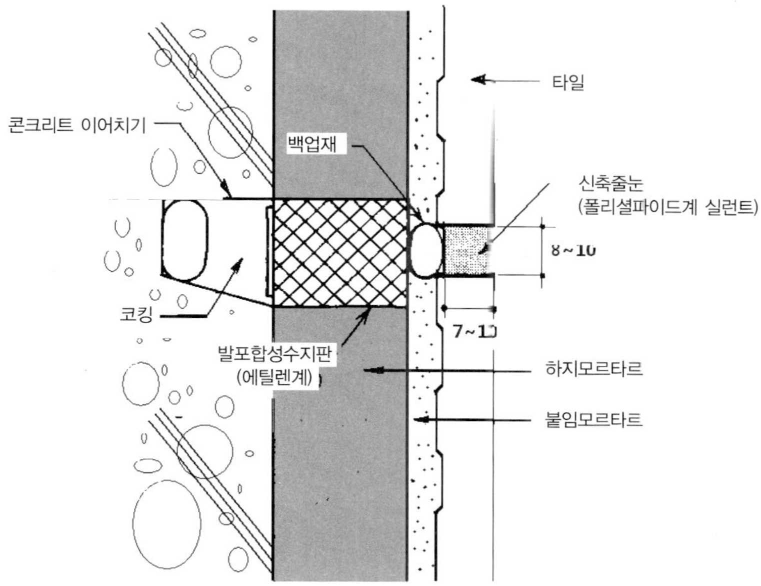

종단면

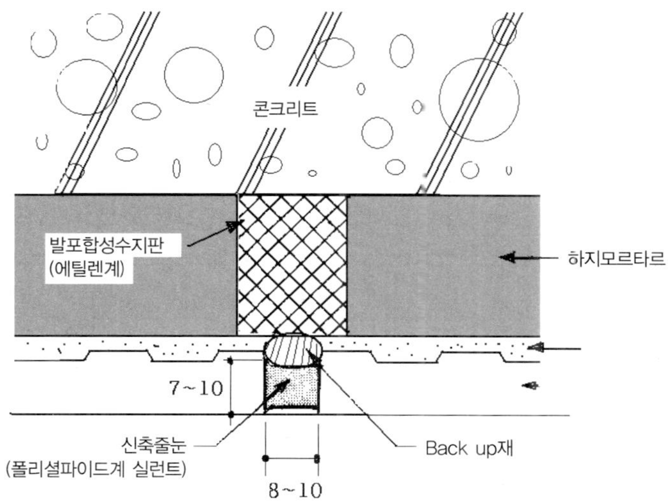

횡단면

(3) 외벽 세로 신축줄눈의 예

1) 세로 통줄눈인 경우

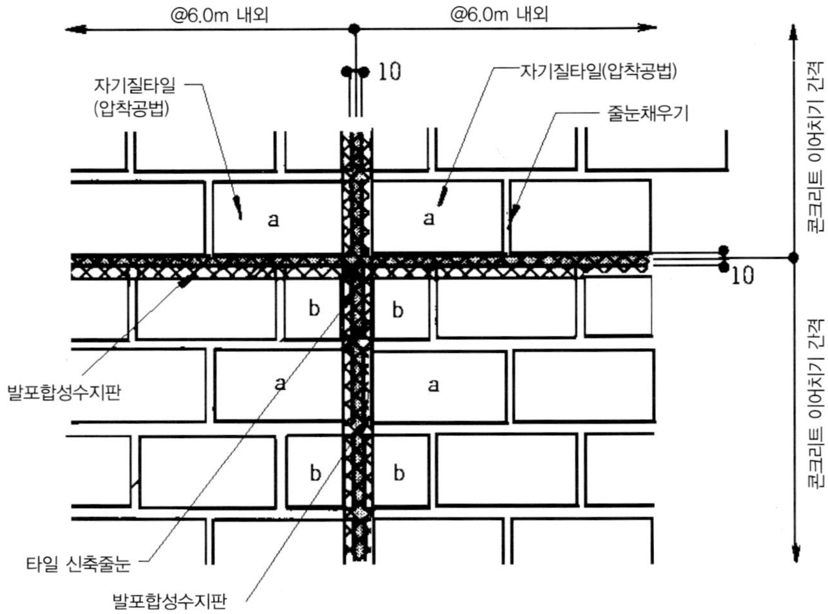

2) 세로 막힌줄눈(ㄷ형)인 경우

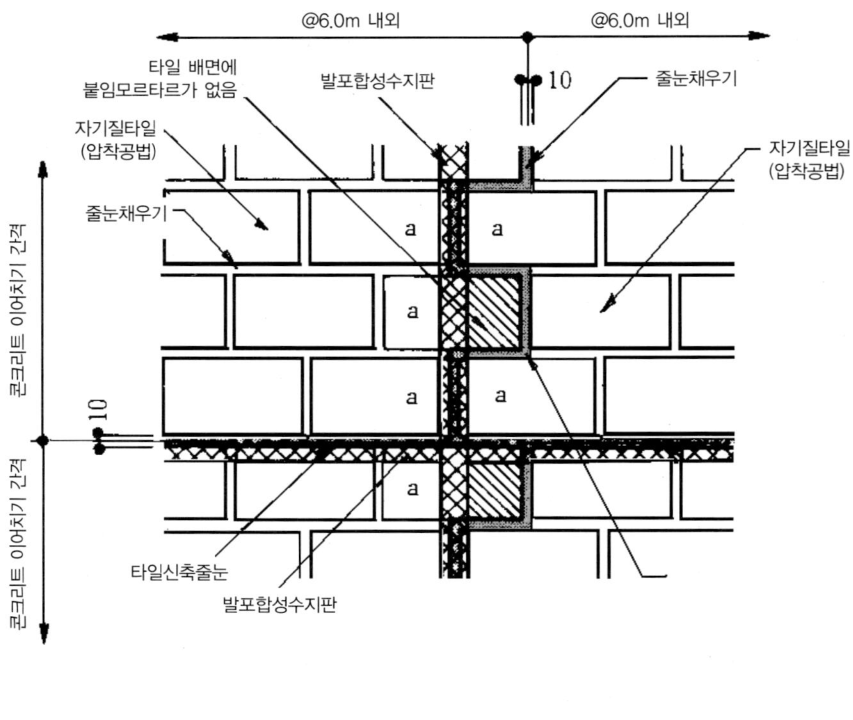

(4) 신축줄눈의 간격 점검

외장타일에서는 여름과 겨울에는 열팽창이 있기 때문에 반드시 소요 줄눈폭을 가진 신축줄눈을 설치하고, 그 간격은 다음과 같이 설치한다.

① 열팽창계수

콘크리트, 모르타르	$0.8 \sim 1.2 \times 10^{-5}$
타 일	$0.3 \sim 0.8 \times 10^{-5}$

② 자기질타일은 건조수축률이 거의 0에 가깝기 때문에 제외한다.

③ 여름과 겨울의 온도차를 70℃(-20℃~+50℃)로 가정하고, 신축줄눈의 폭은 8~10mm로 가정한다.

④ 열팽창계수의 크기는 콘크리트, 모르타르를 기준으로 한다.

$$\frac{8 \sim 10}{0.000012 \times 70} \fallingdotseq 9.5 \sim 11\text{m}$$

⑤ 줄눈폭 8mm인 경우는 간격 9.5m 이하
줄눈폭 10mm인 경우는 간격 11.0m 이하

⑥ 보통 횡방향의 신축줄눈은 콘크리트 이어치기 부분(층고 4m일 때 안전율 2.5~3배)으로 하고, 종방향은 의장적인 면을 고려하여 6m 내외의 간격으로 한다.(안전율 1.5~2배)

1-2-12 외장타일 압착공법 모서리타일 표준마무리

(1) 압착타일공법에 사용되는 외장타일의 형상과 치수도

1) 마구리 자기질타일

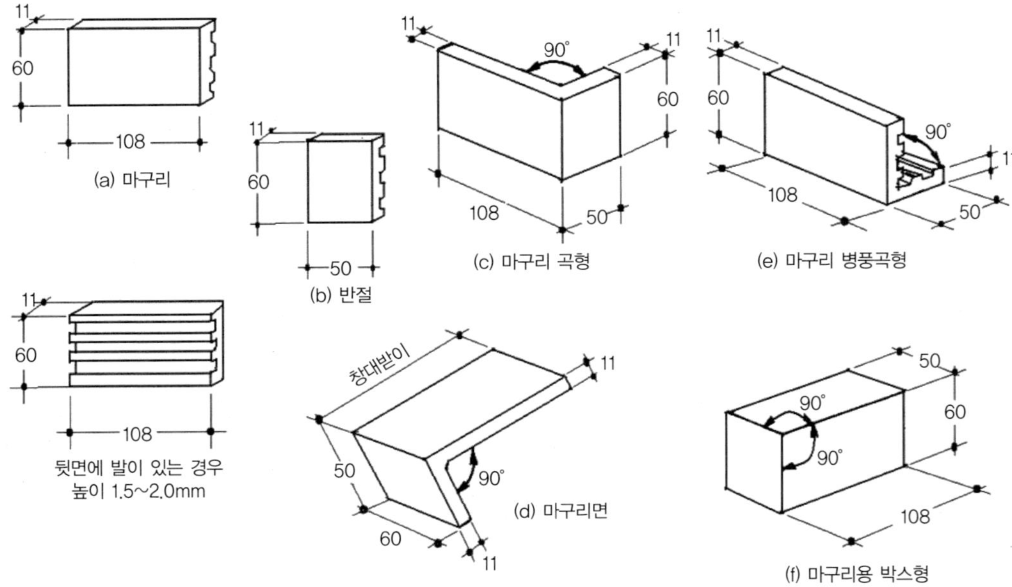

(a) 마구리
(b) 반절
(c) 마구리 곡형
(e) 마구리 병풍곡형
뒷면에 발이 있는 경우 높이 1.5~2.0mm
(d) 마구리면
(f) 마구리용 박스형

2) 2정괘 자기질타일

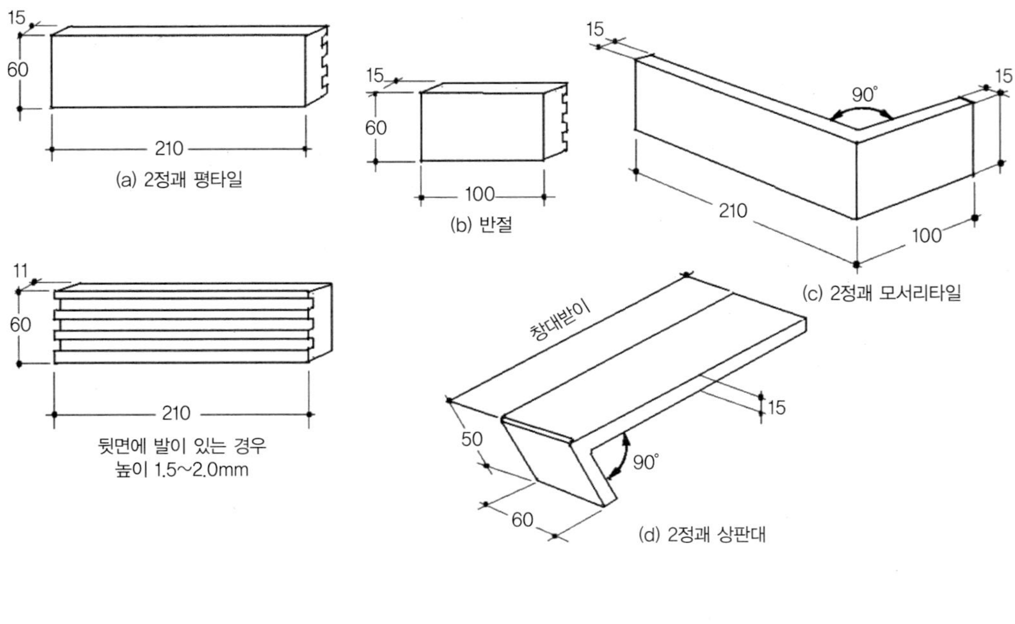

(a) 2정괘 평타일
(b) 반절
(c) 2정괘 모서리타일
뒷면에 발이 있는 경우 높이 1.5~2.0mm
(d) 2정괘 상판대

(2) 창, 출입구 등의 개구부 마감시공도

1) 외관시공도

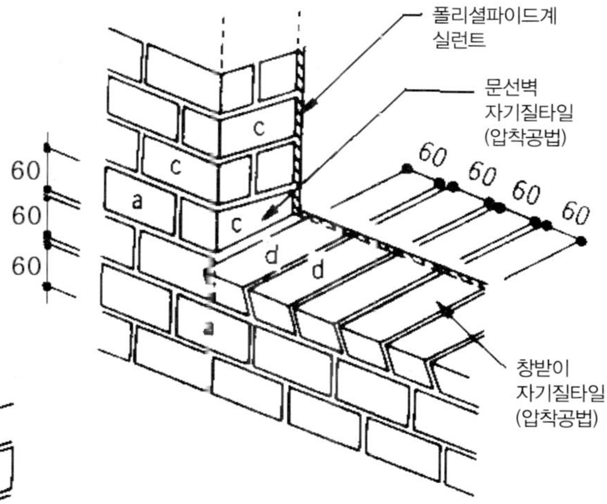

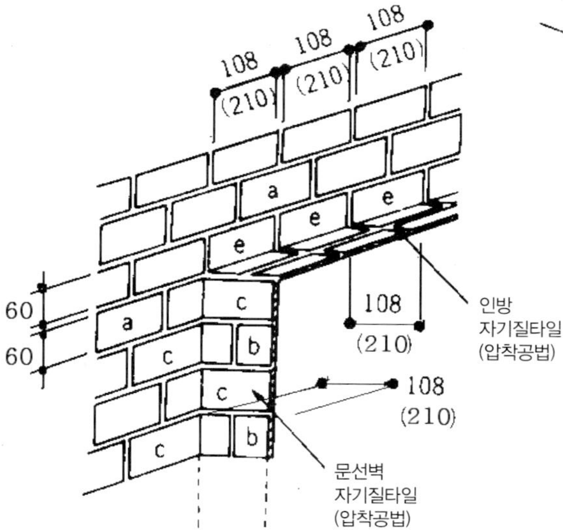

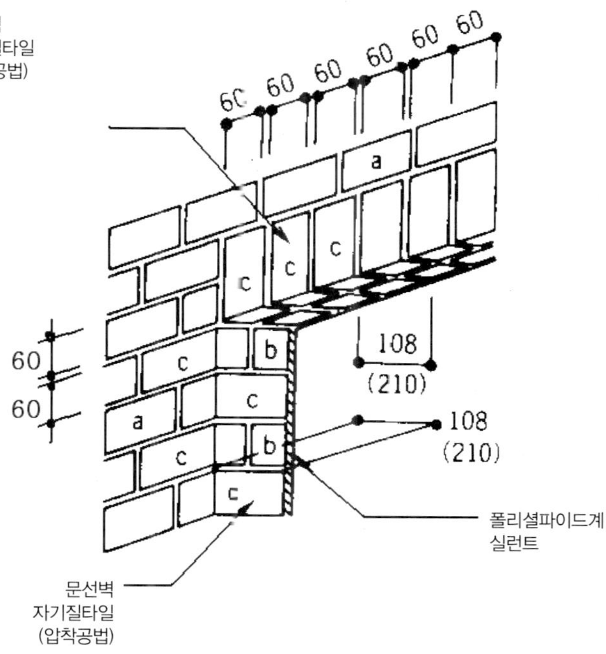

2) 마감단면

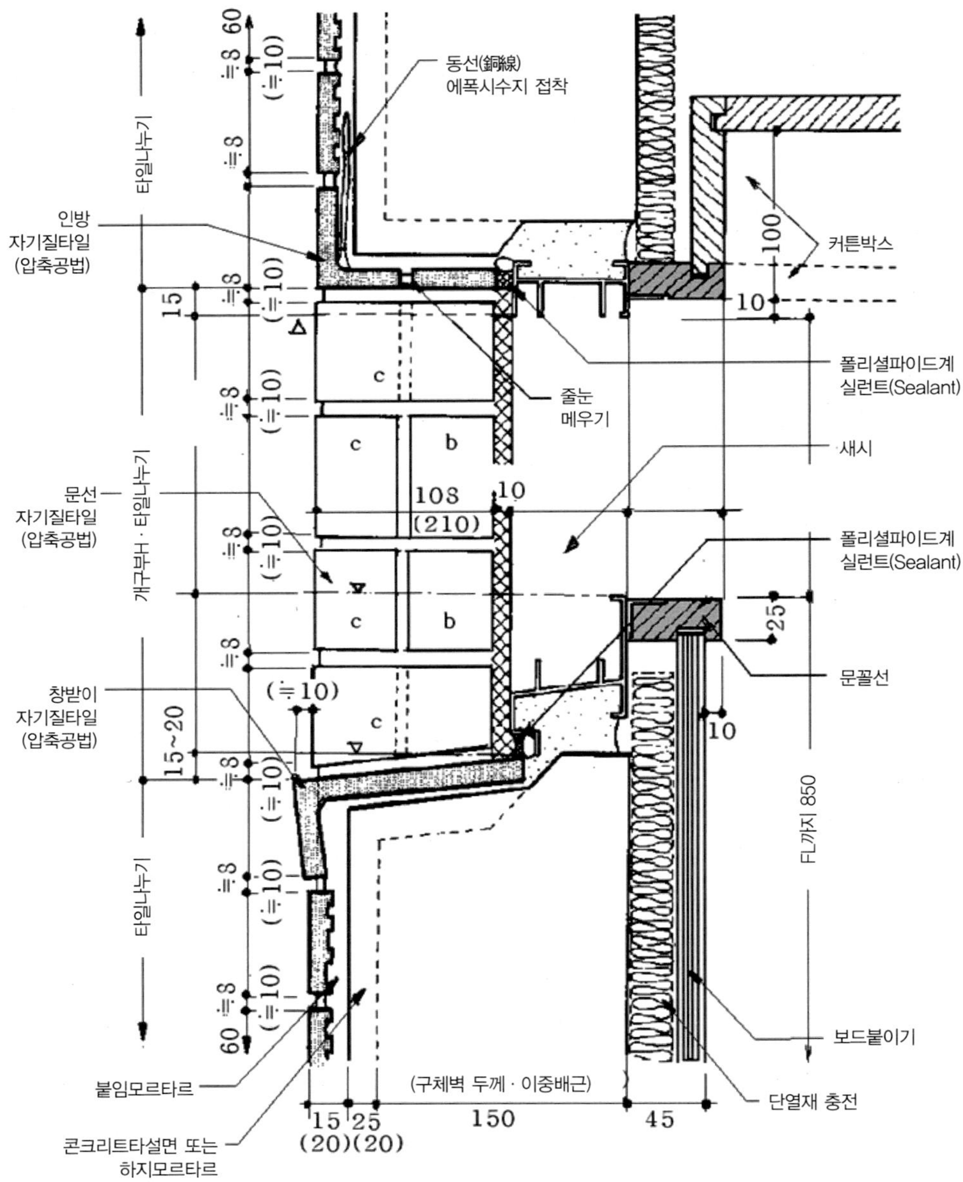

동선(銅線)
에폭시수지 접착
인방
자기질타일
(압축공법)
커튼박스
폴리셜파이드계
실런트(Sealant)
줄눈
메우기
새시
문선
자기질타일
(압축공법)
폴리셜파이드계
실런트(Sealant)
문꼴선
창받이
자기질타일
(압축공법)
보드붙이기
붙임모르타르
단열재 충전
콘크리트타설면 또는
하지모르타르
타일나누기
개구부H · 타일나누기
타일나누기
FL까지 850
(구체벽 두께 · 이중배근)
15
(20)
25
(20)
150
45
108
(210)
100
10
25
10
15
15~20
60
≒8
(≒10)

3) 평면시공도

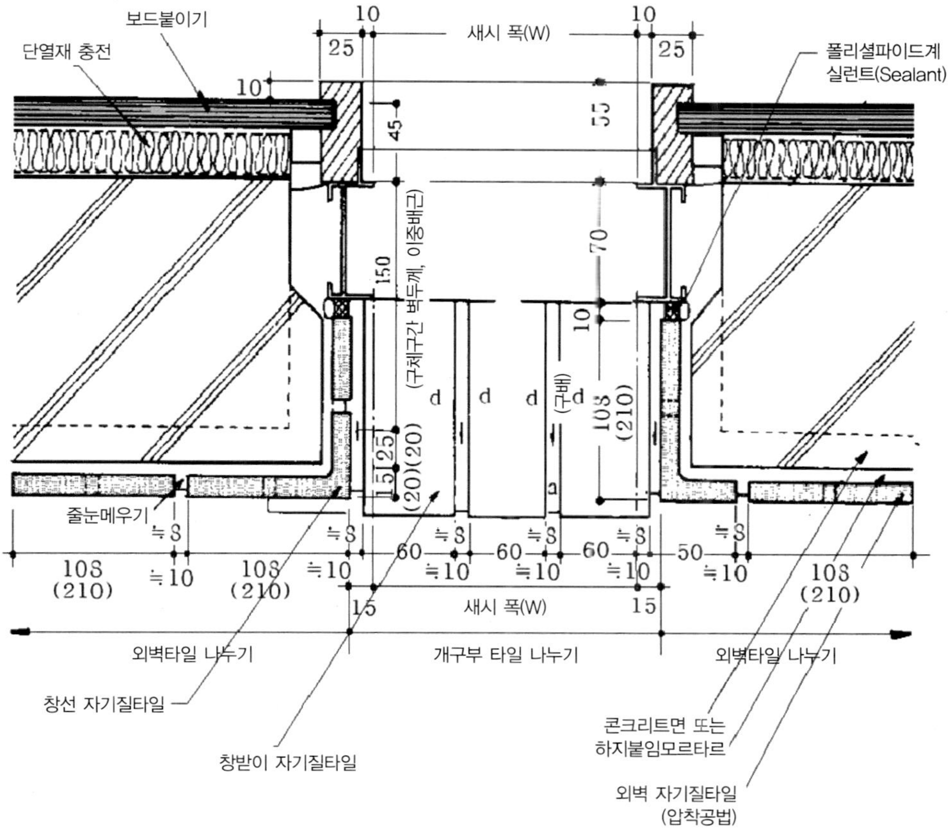
보드붙이기
단열재 충전
10
25
10
새시 폭(W)
10
25
폴리셜파이드계
실런트(Sealant)
45
55
70
150
(구체구간 벽두께, 이중배근)
10
(구배)
108
(210)
15
25
(20)(20)
줄눈메우기
≒8
60
50
≒10
108
(210)
15
새시 폭(W)
외벽타일 나누기
개구부 타일 나누기
창선 자기질타일
창받이 자기질타일
콘크리트면 또는
하지붙임모르타르
외벽 자기질타일
(압착공법)

(3) 패러핏 상부마감 시공도

1) 외부 줄눈나누기

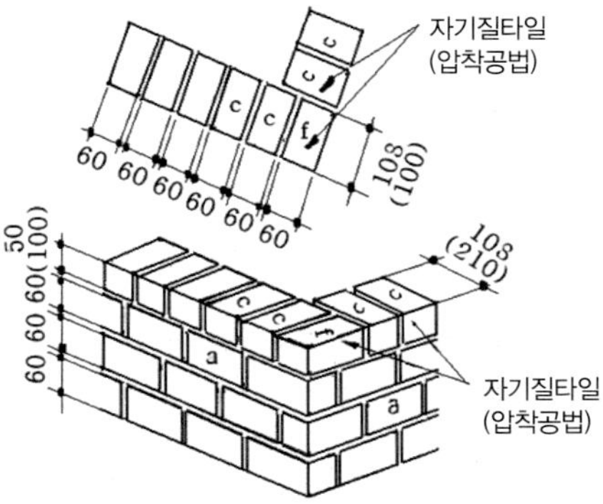

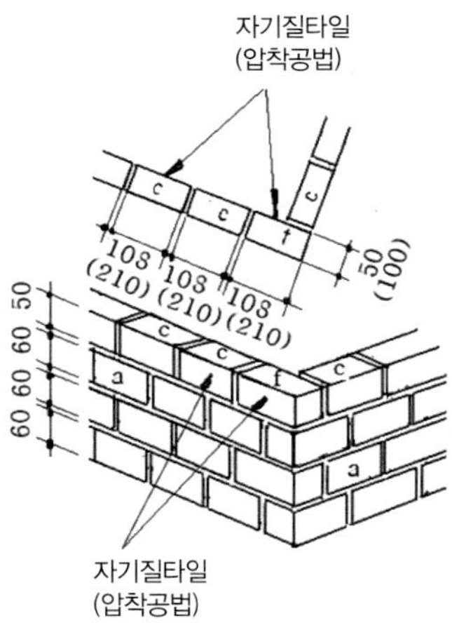

2) 단면 시공도

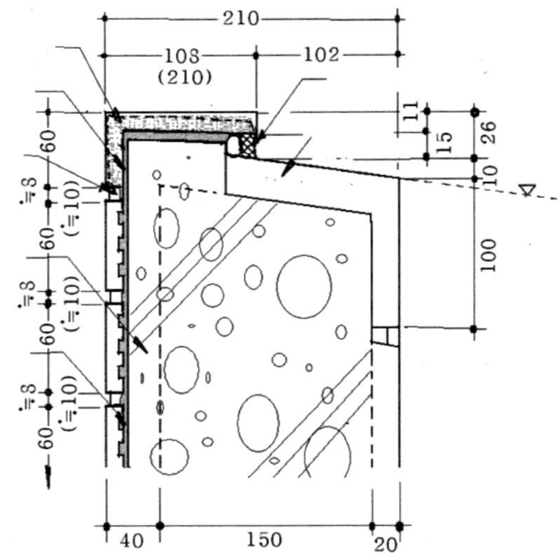

3) 평면 시공도

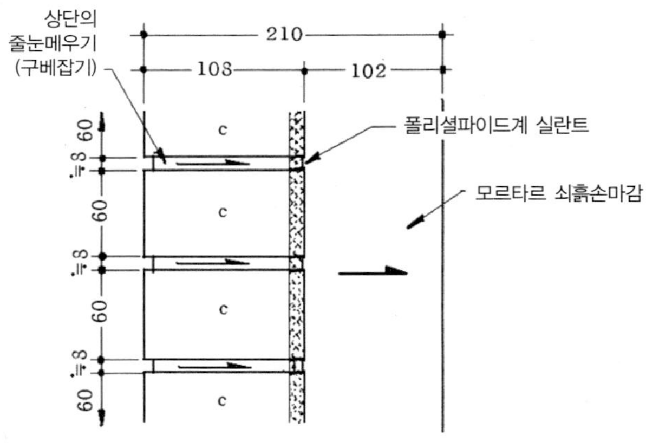

(4) 처마, 보 하단 등의 줄눈부에 못을 박을 경우(단, 추후 녹슬 우려가 있으므로 주의)

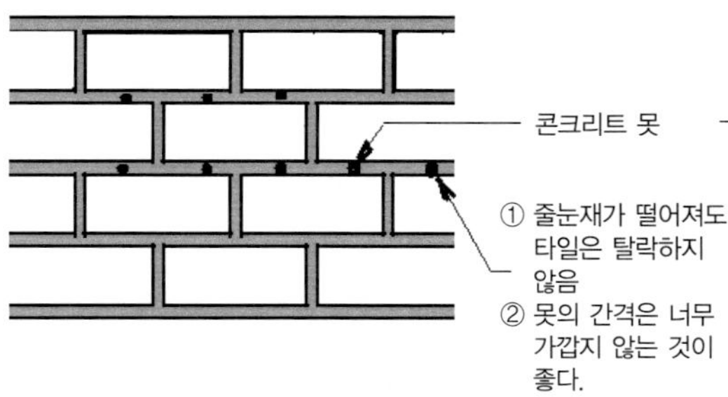

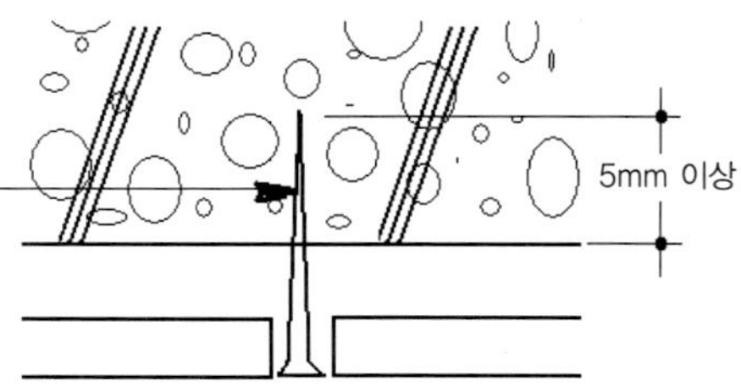

(5) 무게가 있는 타일인 경우에는 앵커볼트(1본/매)에 치장볼트로 체결하여 탈락하지 않도록 안전조치를 취한다.

(6) 창문 인방의 하단부를 감싸야 하는 부분에는 타일의 이면에 철물을 붙여서 부착한다.

① 이면 철물은 직경 1mm 이상의 동선 또는 구운 스테인리스 철선(sus304)으로 직경 0.8mm 이상, 길이 200mm 정도가 되도록 만든다.

② 매달릴 철물용 모르타르를 바를 경우 탈락 방지용 받침목을 설치하여 24시간 이상 고정시킨다.

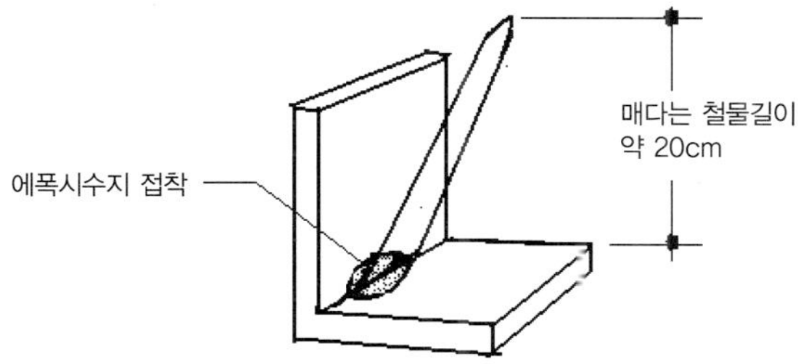

1-2-13 압착붙이기 공법

(1) 압착붙이기

1) 구체에 직접 붙이는 공법

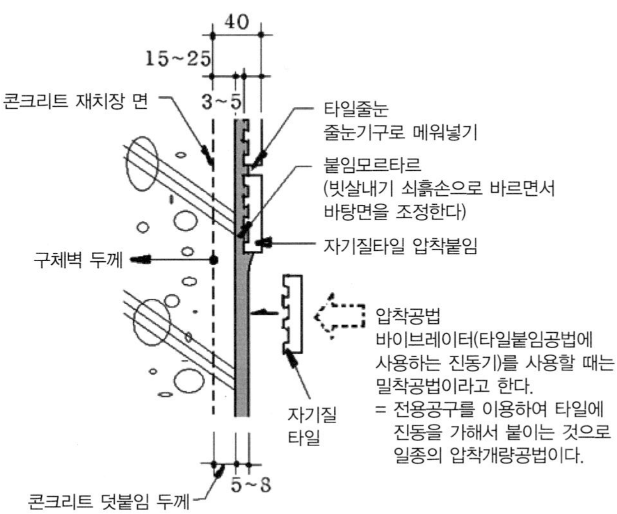

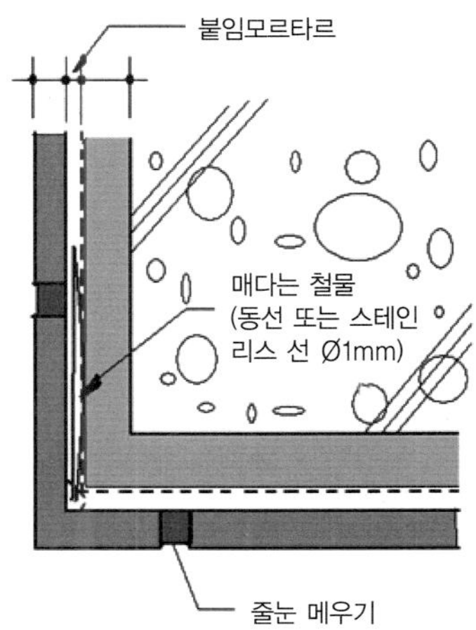

2) 모르타르 바탕에 붙이는 공법

바탕(하지)모르타르	1 : 3 쇠흙손 바르기	
붙임모르타르	시멘트	보통포틀랜드시멘트 1
	모래	강모래(2.5mm 이하) 3
	혼화제	지정량

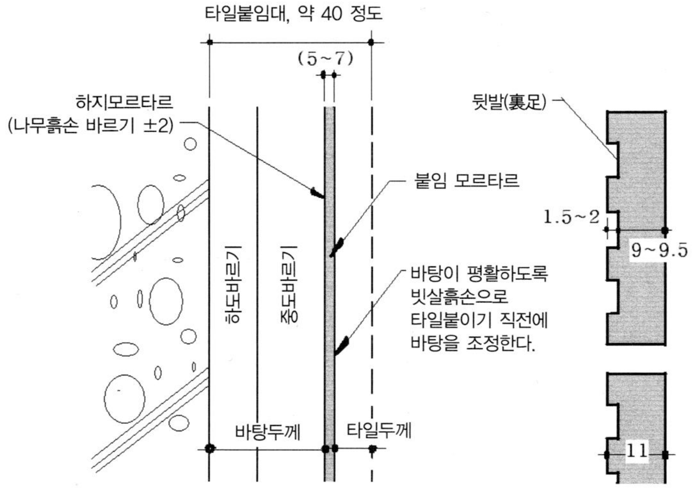

(2) 개량압착붙이기

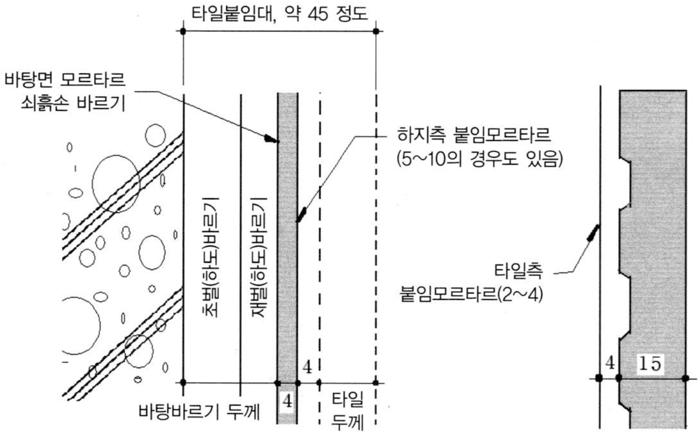

바탕(하지)모르타르	1:3 쇠흙손 바르기	
붙임모르타르	시멘트	보통포틀랜드시멘트 1
	모래	강모래(2.5mm 이하) 2~3
	혼화제	지정량

1-2-14 모르타르 붙이기 공법

(1) 떠붙이기(쌓기) 공법(거의 사용하지 않음; 후진국형)

우리나라 일부 주택현장에서 콘크리트면에 직접 떠붙이는 방식을 이용하고 있는 곳이 아직도 있다.(타일줄눈의 파손 원인, 곰팡이와 벌레가 기생하는 원인을 제공)

바탕(하지)	1:3 모르타르 바르고 빗살쇠흙손으로 긁어내기	
붙임모르타르	시멘트	보통포틀랜드시멘트 1
	모래	강모래(2.5mm 이하) 3~4
	혼화제	–

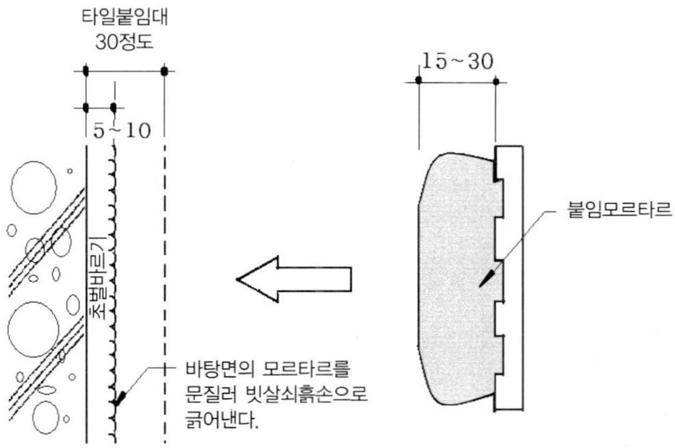

(2) 개량떠붙이기(쌓기) 공법

바탕(하지)	1:3 모르타르 쇠흙손 바르기	
붙임모르타르	시멘트	보통포틀랜드시멘트 1
	모래	강모래(2.5mm 이하) 2~3
	혼화제	–

① 바름면의 정밀도는 길이 2m의 정규자를 이용하여 측정한다. (압착공법, 쌓기공법, 접착공법 모두 공통)

② 줄눈용 모르타르 배합(용적비). 백시멘트 : 한수석[寒水石] 분말 = 1 : 0~0.3

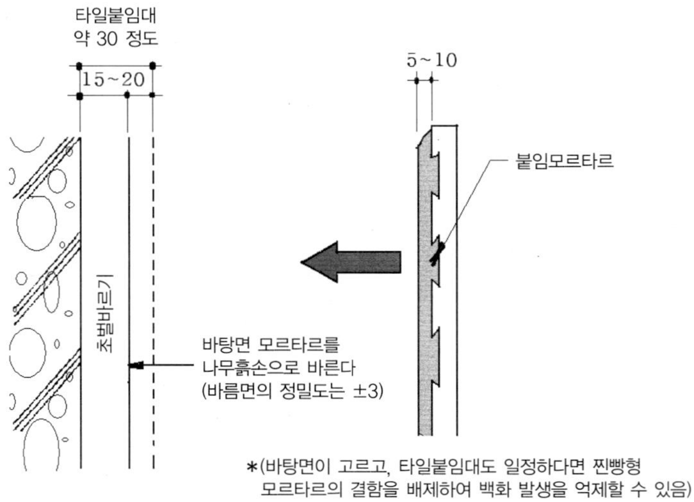

1-2-15 유닛타일 붙임공법(시멘트페이스트 바르기 공법)

(1) 바탕을 고르게 한 위에 시멘트페이스트를 붓고 습기를 뿌려 타일 뒷면에 붙은 종이를 제거한 후 바로 배열한다.

(2) 줄눈모르타르배합(용적비). 백시멘트 : 한수석[寒水石] 분말 = 1: 0~0.5

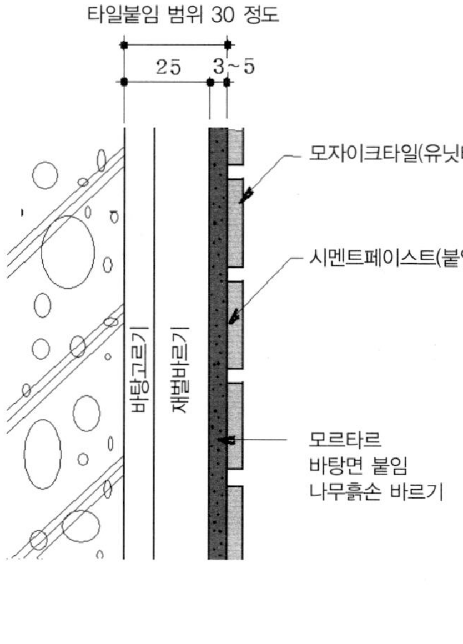

바탕(하지)	1:3 나무흙손 바르기	
붙임모르타르 (시멘트페이스트)	시멘트	보통포틀랜드시멘트 1
	모래	강모래(1.2mm 이하) 0.2~1.0
	혼화제	지정량

1-2-16 바닥타일 붙이기 공법

(1) 보통 바닥타일 붙이기

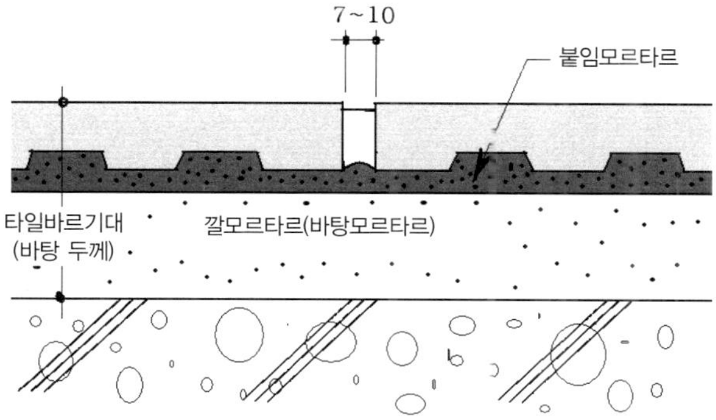

(2) 모자이크타일 붙이기

깔모르타르	1:3~5	
붙임모르타르	시멘트	1

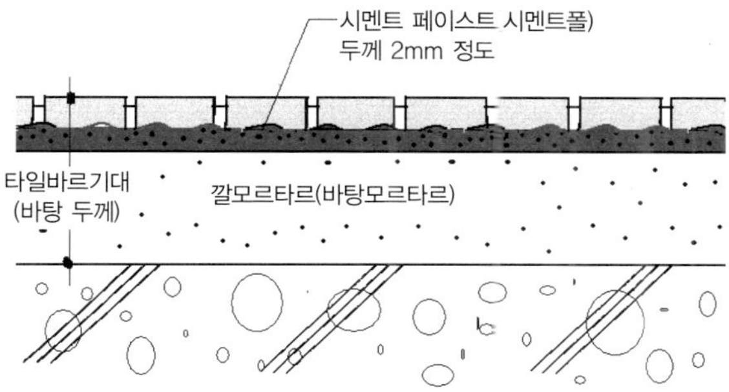

(3) 클링커타일 붙이기

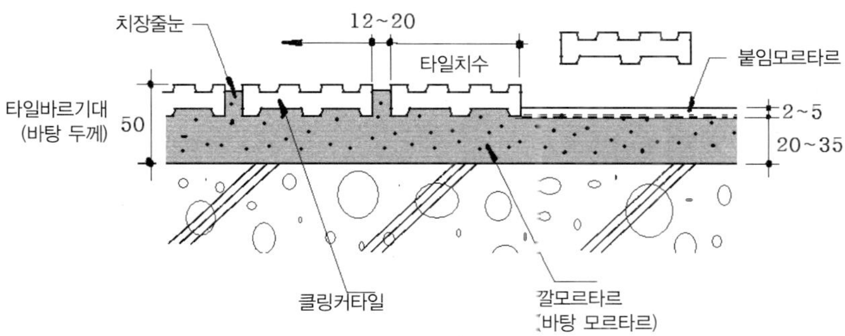

바탕모르타르를 깔 때는 두드림판으로 두드려가면서 나무흙손으로 고르게 펴 깔고 모르타르가 경화되기 전에 시멘트페이스트를 부어 타일을 깔아나간다.

1-2-17 내부장식 타일(부조) 붙이기

콘크리트 벽체에 대형 자기질타일(부조타일이라고 함)을 붙이는 경우

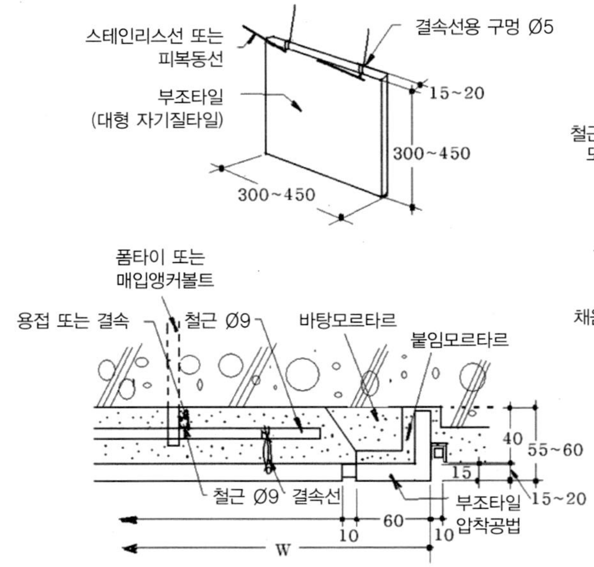

평면도

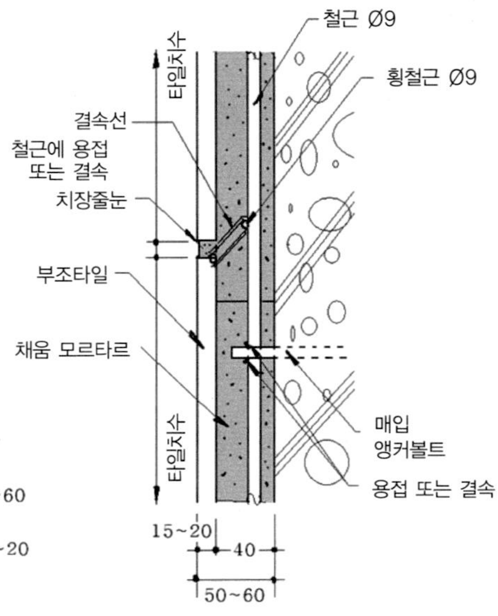

단면도

(1) 먹줄에 따라 바탕하지에 철근을 설치한다.

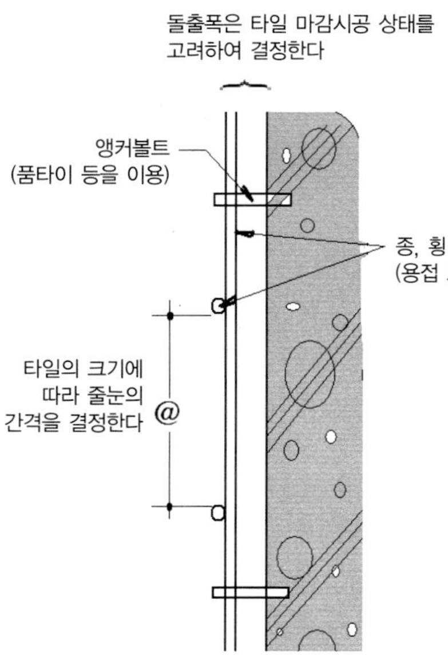

(2) 하부에 받침턱을 만든다.

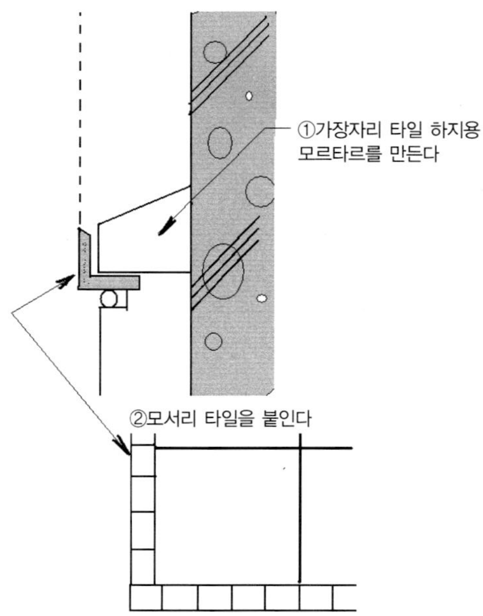

(3) 부조를 하지용 횡철근에 설치한다.

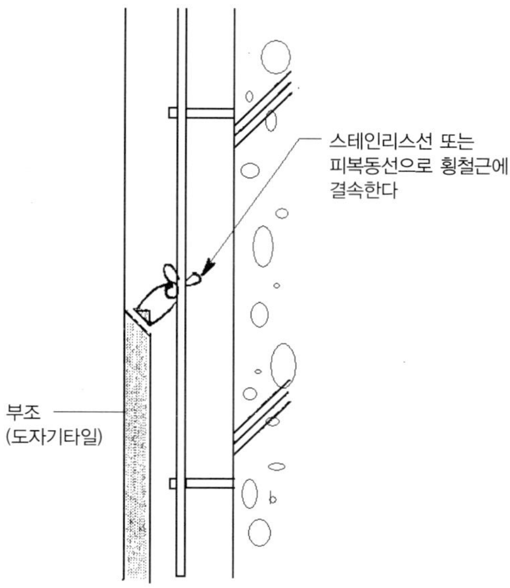

(4) 이면에 모르타르를 채운다.

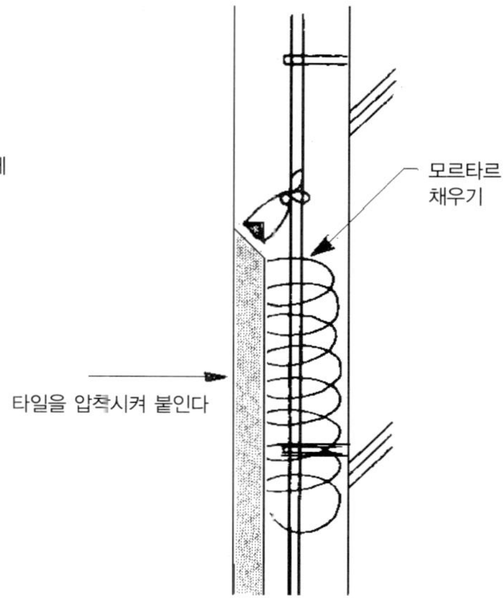

(5) 상부 가장자리타일을 붙인다.

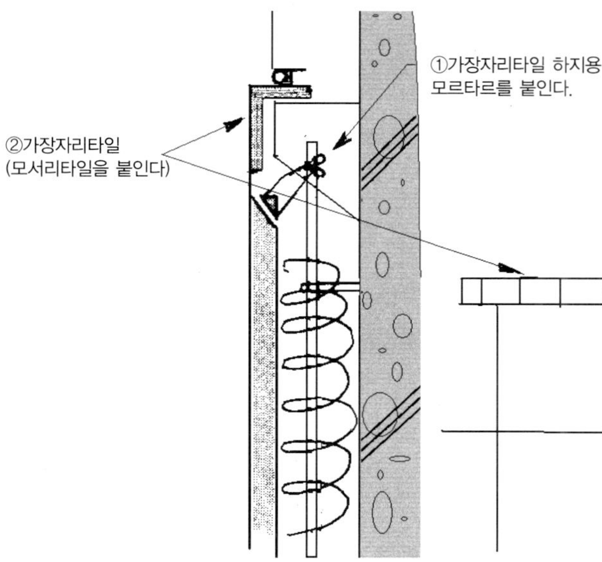

(6) 줄눈을 메운다.

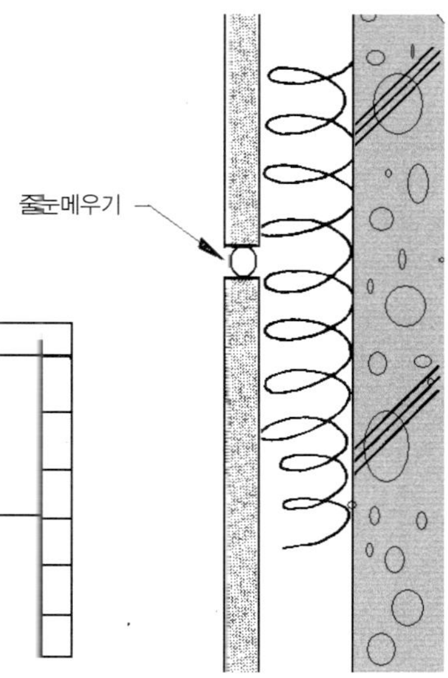

1-2-18 타일 부착력시험(인장시험 방법)

(1) 시험 방법은 접착력에 의한 인장강도를 측정하는 시험이다.

(접착력 kg/cm^2 = 최대하중kg/접착면적cm^2)

(2) 시험체

① 시험할 곳의 위치를 정한다.

② 각 시험체는 3개 이상으로 하고, 반드시 100m^{2}마다 또는 단수에 따라 1개 이상으로 한다.

③ 소정의 준비가 되었으면 줄눈 부위를 콘크리트 면까지 파서 주변을 절단한다.

(3) 시험결과 판정은 인장강도가 4kg/cm^2 또는 6kg/cm^{2}의 경우를 합격으로 한다.

① 시험 방법

시험체를 다이아몬드 커터를 이용하여 콘크리트면 2mm 정도까지 자른다. Ø100 또는 60×60mm 데스크를 붙인 후 유압펌프를 벽면에 수직으로 장착하고 작동시켜 접착인장력을 측정한다.(kg/cm^2)

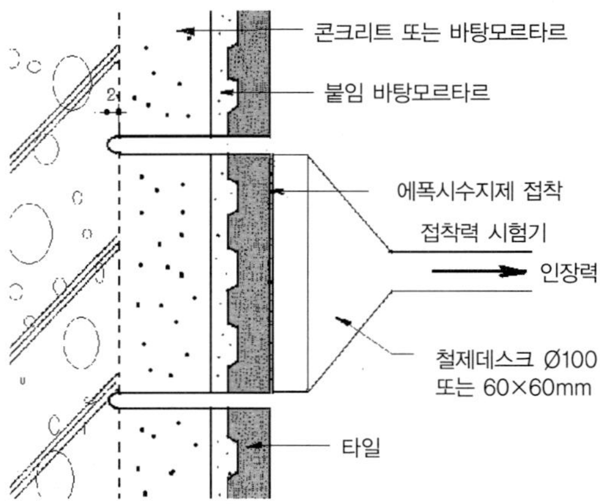

1-2-19 결함부의 보수 방법 검토

(1) 타일면 전체를 교환하지 않을 경우

① 콘크리트면에 균열이 발생하여 타일이 떨어진 경우 균열 부분을 V커트한 후 에폭시수지 모르타르로 충전하고 바탕에 바로 붙인다.

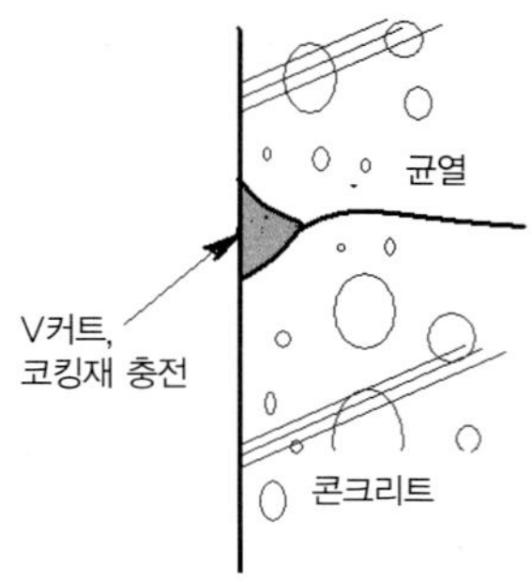

② 타일의 하지모르타르 수축균열 등으로 타일이 떨어지는 경우

하지모르타르를 벗겨내고 타일을 교체한다. 이때 하지모르타르는 3~5m 간격으로 신축줄눈을 설치한다. 줄눈도 구속되지 않도록 시공한다.

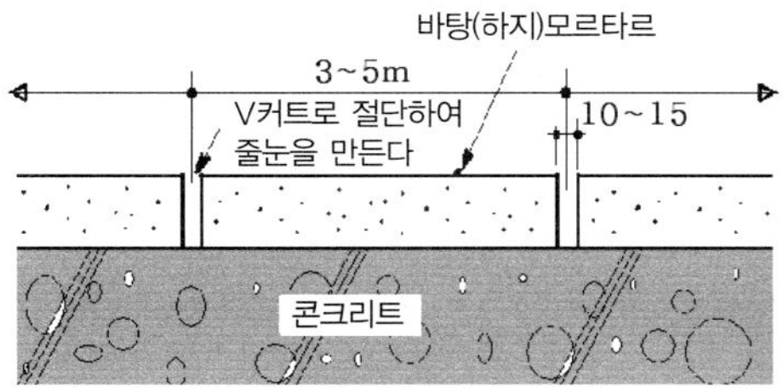

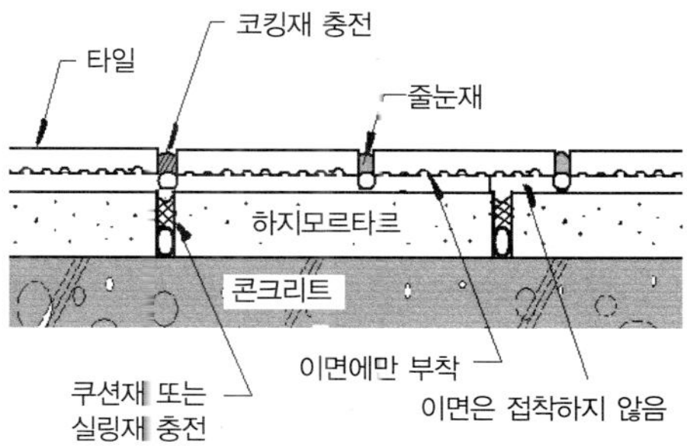

(2) 부분 보수가 가능한 경우

1) 구체의 영향을 받지 않는 균열이 타일표면에 약간 발생한 경우는 그 타일로부터 2장 정도 여분을 제거한다. 바탕의 하지모르타르를 V커트로 갈아내고 에폭시수지 또는 에폭시수지 모르타르로 충전한다.

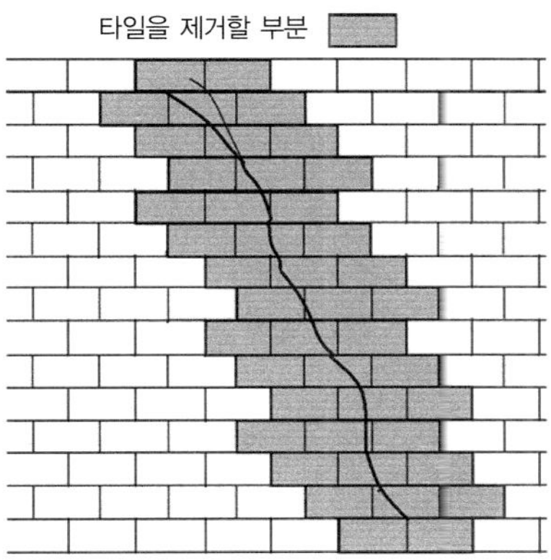

2) 타일이 부분적으로 들뜨는 경우의 조치

① 콘크리트용 전기진동드릴로 구멍을(Ø8, ℓ=50mm) 뚫는다.

② 구멍 주위의 줄눈을 갈아낸다.

③ 수동식 공기펌프를 구멍에 넣고 내부의 분진을 불어낸다.

④ 에폭시수지를 콘크리트용 나사못에 적당량 묻혀서 천천히 박는다.

⑤ 밀어 넣은 못은 쇠망치를 이용하여 약 5mm 정도로 박는다.

⑥ 못을 박고나면 주변의 분진을 불어내고 타일을 깨끗하게 청소한다.

⑦ 양쪽으로 설치한 후 줄눈을 메울 때는 줄눈용 모르타르로 충전한다. 에폭시수지제나 콘크리트 본드로 메울 때는 바탕줄눈과 색이 같은지를 사전에 검토해야 한다.

● 표 부분이 보수 개소

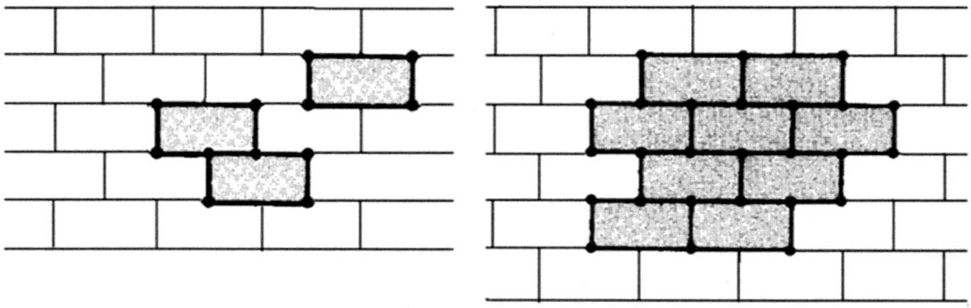

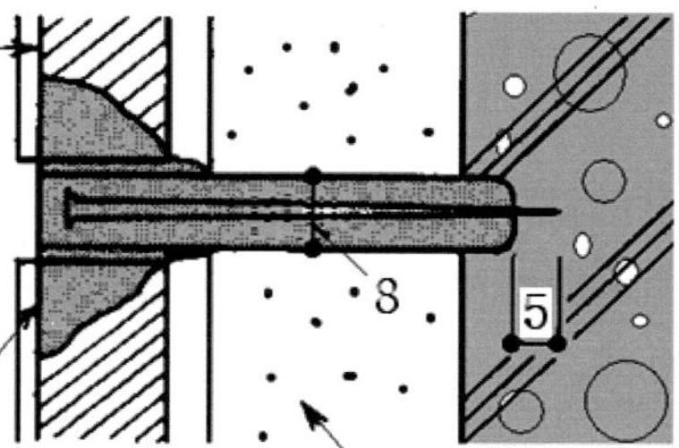

(3) 전체적으로 하지모르타르나 타일이 심하게 뜬 경우 피닝공법(pinning method)으로 보수하기도 한다.(pinning method : 모르타르면이 뜨거나 균열이 생긴 것을 보수하는 경우 모르타르가 벗겨지는 것을 방지하기 위해 모르타르 표면에서 스테인리스 나사를 박아 넣고 에폭시수지를 주입하여 고정하는 공법)

타일공사 감리공정 사례(외장타일)

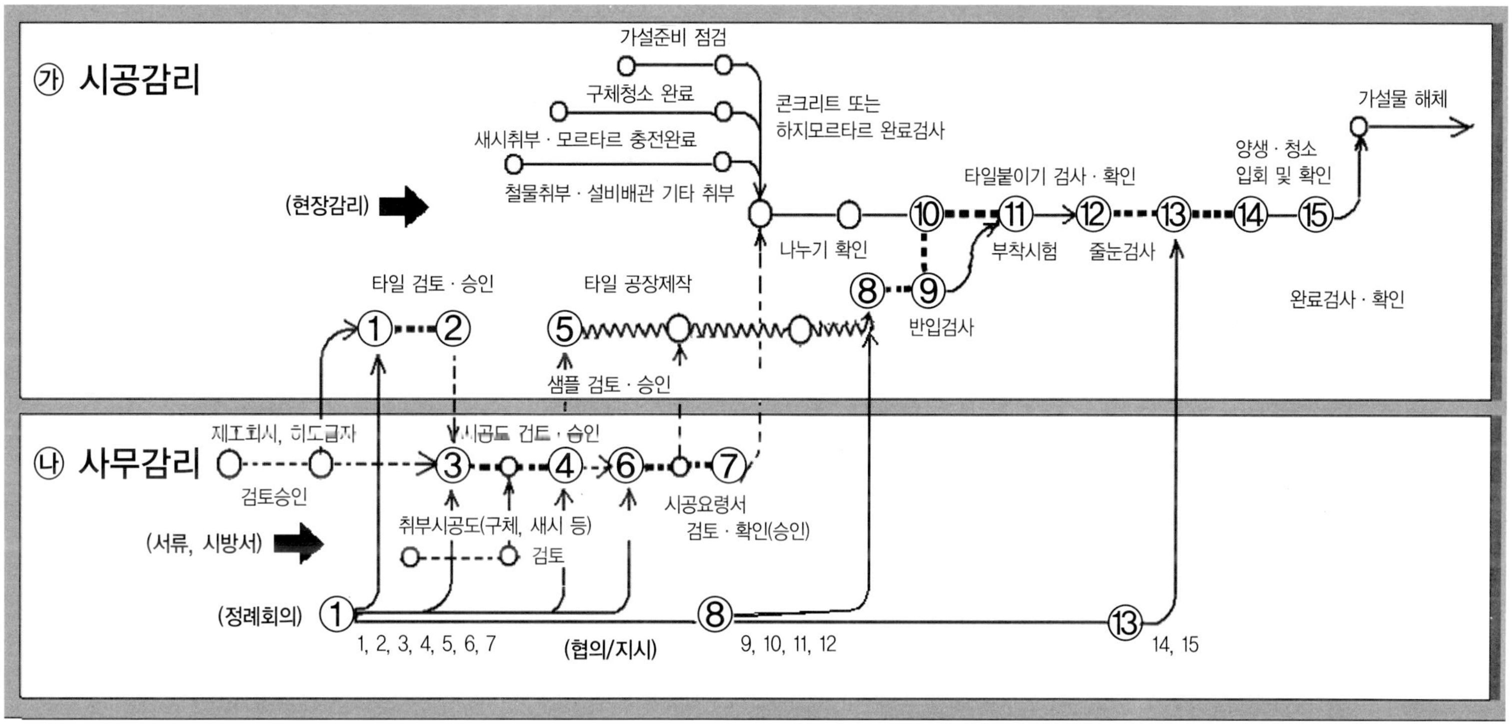

타일공사 감리공정 사례(내장타일)

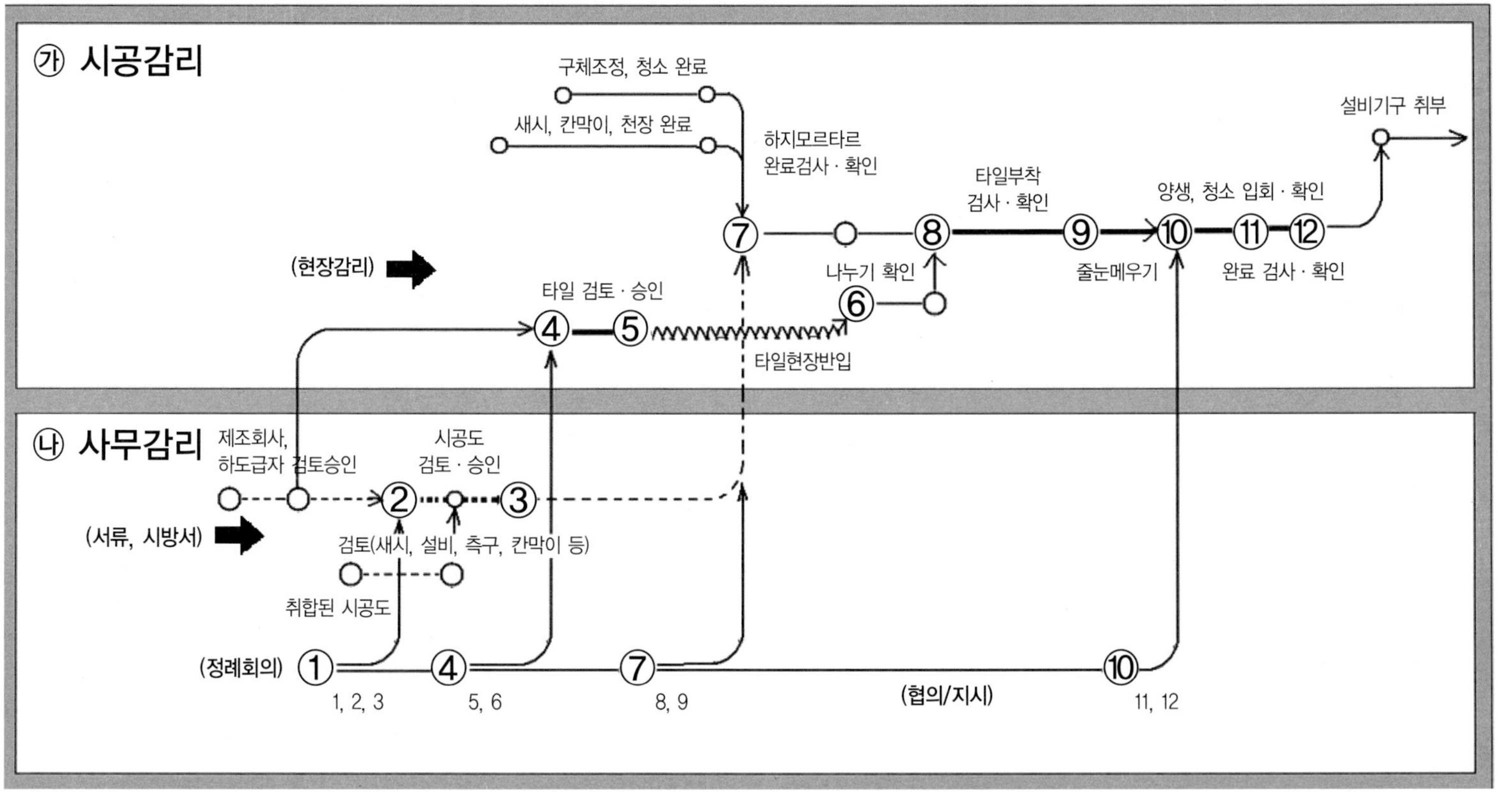

1-3 #별표, 타일공사 감리 주요 점검사항

감리 종목		범위	주요 점검사항	
1. 타일 견본품 및 제조메이커	a. 외장타일 (자기질, 석기질)		처리방법	(검토) → 승인
			처리내용	1a-1. 견본픔을 제출받는다.(형상, 치수, 색상, 소지의 상태, 유약 상태 등을 확인 또는 주문제작인 경우 상기에 준하여 시제품을 선정한다. 1a-2. 모서리용 타일의 경우 특히 ㄱ, ㅢ, ∠의 형상, 치수 확인 1a-3. 타일 뒷발(裏足)의 형상과 높이를 확인 1a-4. 납기를 점검한다. 주문제작인 경우는 타일 주문생산 일수를 확인해야 한다. (보통 시공도 승인 등 공정 점검 일정에 소요되는 일수는 약 50~60일 정도임)
	b. 내장타일 (자기질, 석기질, 도기질)		처리내용	1b-1. 도기질(반자기질) 타일을 때 (1) 치수는 제조사에 따라 다소 차이가 있으므로 확인이 필요(예 : 98×98, 97.75×97.75로 줄눈이 2mm, 2.5mm 포함하여 100각) (2) 소지상태는 도기질에 시유로 한다. (3) 유약상태는 광택 있는 것, 반광택인 것 광택이 없는 것을 구분하여 지시 (4) 돌출부의 면치기를 확인 1b-2. 세라믹타일(도자기질)일 때 (1) 수입품을 사용할 경우 납기를 확인 (2) 재질은 도기질이지만 그림이나 도안이 있으므로 사전에 확인이 필요
	c. 바닥타일 (자기질, 석기질)			1c-1. 미끄러지기 쉬운 곳에는 유약처리 없이 논슬립(凹凸)이 되는 것을 사용. 1c-2. 형상과 종류에 따라 타일나누기를 확인한다. 예 : 줄눈 포함 100각일 경우 92×92, 100×200각일 경우 90×190
	d. 모자이크타일 (자기질)			1d-1. 모자이크타일의 종류를 확인 1d-2. 시유, 무유를 확인하고, 시유는 바닥이 미끄러운 곳에서는 주의해야 한다.

감리 종목		범위	주요 점검사항	
2. 타일시공도	a. 외장타일 (후붙임)		처리방법	(검토) → 승인
			처리내용	2a-1. 마감 후 부착상태에서의 타일 형상, 종류, 치수를 확인 (1) 창, 출입구, 갤러리(외측복도) 등의 개구부 주위의 타일 형상, 종류와 상세도를 결정 (2) 줄눈나누기 도면을 점검하여 모서리 돌출부(凹凸)의 마구리타일 리스트를 확인 2a-2. 나누기 기준을 점검 2a-3. 기본 줄눈폭을 결정 (8~10mm를 표준으로 하고 ±20% 범위 내에서 외관상 좋은 것으로 결정한다.) 2a-4. 모퉁이타일은 어떻게 붙여야 하는가. 2a-5. 반쪽타일은 평타일을 절단하여 사용하지만, 모서리타일은 절단할 수 없다. 2a-6. 신축줄눈의 위치와 상세도 검토 2a-7. 설비 관련 기구를 고려하여 나누기를 할 것.
	b. 내장타일 (자기질, 석기질, 도기질)		처리내용	2b-1. 10cm각일 경우는 줄눈을 포함한 치수 100mm로 한다. 2b-2. 출입구 문틀, 화장실 부스의 격판 등 단차가 생기는 위치는 줄눈과 일치하는가. 2b-3. 수전 등 급수설비의 위치는 줄눈의 중심에 맞춰졌는가. 2b-4. 단부에는 반쪽타일 이하는 사용하지 않는 것이 원칙이다.(타일이 탈락하기 쉽고 디자인상으로 좋지 못하다) 2b-5. 오목모서리, 볼록모서리용 타일을 사용할 때는 주의할 것 2b-6. 凹모서리와 凸모서리의 줄눈나누기에 주의 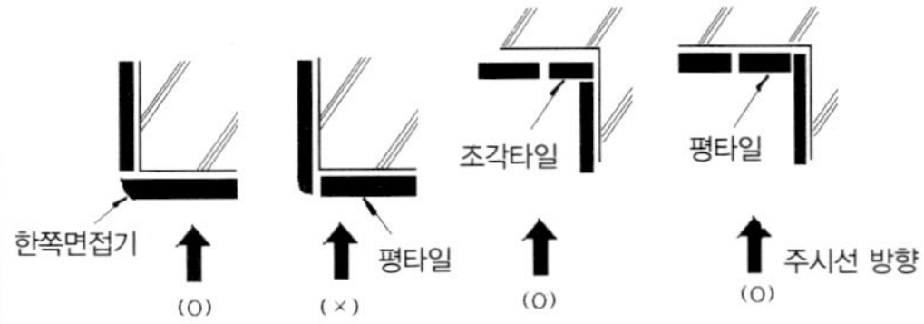 · 주시선에 대해 줄눈이 감춰지도록 나누고, 보이는 면에는 한쪽면접기를 사용한다. · 오목모서리의 경우 기본적으로 주시선에 대해 줄눈이 감춰지도록 나누지만 정면이 평타일로 마감될 경우 줄눈이 보여도 상관 없다. 2b-7. 바닥이 미장공사 마감일 때는 일반적으로 내폭목 타일을 바닥에 끼워넣는다. 2b-8. 수직 붙이기에서는 천장과 만나는 곳부터 평타일을 붙이고, 바닥과 만나는 곳에서 조정한다.

감리 종목		범위	주요 점검사항	
2. 타일시공도	c. 바닥타일 (자기질, 석기질)		처리방법	(검토) → 승인
			처리내용	2c-1. 바닥의 미장공사 마감 위에 시공할 때는 모르타르를 뭉치지 않게 균일하게 깔고 그 위에 타일을 놓아 위치를 조정한 다음 다시 타일을 빼내고 시멘트페이스트를 부어 타일을 누르듯이 붙인다. 2c-2. 타일치수의 1할 정도로 줄눈으로 계산한다.(최소 6~최대 11mm) 2c-3. 화장실 세면장 등은 보통 4~5mm 정도의 줄눈으로 시공한다. 2c-4. 클링커타일 바닥시공에서는 줄눈이 15mm 정도 이상이어야 타일 오차를 커버할 수 있다. 2c-5. 바닥점검구, 화장실 변기 위치, 기둥 주위 줄눈나누기에 각별한 주의가 필요하다.
	d. 모자이크타일 (자기질)		처리내용	2d-1. 위 c의 바닥타일 참조
3. 시공요령서			처리방법	(검토) → 확인 (또는 승인)
			처리내용	3-1. 외장타일 압착공법의 (예) (1) 시공요령서에 기재된 사항을 확인하고 현장작업을 철저히 준비할 것. Ⅰ. 총칙 ①시공요령서 적용 범위 ②작업상 필요한 협의 ③작업원에 대한 지도방법 등 Ⅱ. 개요 ①현장관리조직에 대하여 Ⅲ. 사용 재료 확인 ①타일에 대해서 ②사용하는 세골재에 대해서 ③사용할 시멘트에 대해서 ④혼화재에 대해서 ⑤줄눈재에 대해서 Ⅳ. 타일 현장반입시 검사요령 Ⅴ. 현장 붙이기에 대해서 ①줄눈나누기 및 신축줄눈에 대해서 ②타일붙이기에 대해서 (ⅰ) 구체에 바로 붙이는 경우 또는 모르타르 하지에 붙일 경우 바르기 전 하지상태에 대해서

<table>
<tr><th>감리 종목</th><th>범위</th><th colspan="2">주요 점검사항</th></tr>
<tr><td rowspan="2">3. 시공요령서</td><td rowspan="2"></td><td>처리방법</td><td>(검토) → 확인 (또는 승인)</td></tr>
<tr><td>처리내용</td><td>(ⅱ)붙임모르타르에 대해서
③타일붙이기 작업에 대해서
④줄눈 메우기 및 메우기 전 점검에 대해서
⑤양생 및 청소, 기타 주의사항에 대해서
Ⅵ. 작업 중에 현장책임자가 해야 할 검사확인 항목에 대해서
①매일 확인해야 할 사항에 대해서
②1공정에 대해 전체로 확인해야 할 사항에 대해서
③특별히 해야 할 사항에 대해서

3-2. 시공요령에서 특히 주의해야 할 사항
(1) 외장 자기질 타일을 붙일 때 일반적인 주의사항
1) 작업에 적절한 기상 상태인가.
①동기(冬期)에 5℃ 이하의 온도에서는 작업을 중지할 것.
②동기공사에서 타일 동해에 대한 양생계획이 수립되어 있는가.
2) 비계발판작업 등, 기타 작업과 협의는 어떻게 되어 있는가.
3) 하지바탕이 모르타르인 경우 모르타르가 경화하기 전에 주변에 진동이 발생하는 작업은 없는가.
4) 위, 아래작업이 되지 않도록 마감장소별 공정표를 점검할 것.
5) 주변의 정리, 정돈상태는 좋은가.
6) 비계 지지철물을 철거할 경우 재작업이 되지 않도록 레벨상태 등에 주의할 것.
(2) 주의해야 할 박리상태의 경우
1) 붙인 후 타일면이 떠있지 않는가를 점검.
①건물의 균열 부분에 붙은 타일이 박리되지 않았는가.
②특히 모르타르 하지바름의 경우 콘크리트와 하지가 떠있지는 않는가.
③강재새시 등의 녹이 침투되어 있지 않는가.
④패러핏 부분의 타일이 옥상바닥의 팽창으로 밀릴 가능성은 없는가.
2) 대책
①신축줄눈을 반드시 설치하고 하지인 바탕 상태의 거동을 면밀히 조사할 것.
②타일 이면의 뒷발(裏足)을 선정하여 접착력을 높일 것.
③타일 붙이는 방법 선정시 공법 및 올바른 시공법을 정할 것.</td></tr>
</table>

감리 종목	범위	주요 검검사항	
4. 견본품 제작 및 붙이기		처리방법	(검토) → 승인
		처리내용	4-1. 견본품 검토 및 시험붙이기 검토 및 확인
5. 반입검사 (a. 외장타일)		처리방법	(검사) → 확인
		처리내용	5a-1. 타일 제조회사(메이커) 확인 5a-2. 제품 확인 (1) 1상자 내에 있는 제품의 색상을 확인, 극단적으로 색이 다른 것들은 없는가. (2) 표면에 상처 또는 결함 있는 것은 없는가. (3) 표면이 평활하나 휘었거나, 비틀린 것은 없는가. (4) 치수오차와 뒷발(裏足) 상태를 확인할 것. (5) 타일 이면에 출하시 가루가 묻어 있는가. (6) 인방용 타일 이면에 붙은 동선(Ø1mm) 확인 및 접착상태 점검 5a-3. 타일수량 확인.
(b. 내장타일)		처리내용	5b-1. 타일 제조회사(메이커) 확인 5b-2. 제품 확인 (1) 지정색이 맞는가. (2) 색조, 광택이 있는 것과 광택이 없는 것의 구별은 확실한가. (3) 색이 얼룩진 것이 없는가, 표면에 상처나 결함은 없는가. (4) 평면, 한 면 치기, 2면치기 등의 형상, 치수가 정확한가. (5) 정방형일 때는 4변 또는 장방형일 때는 대면변에 대해 치수 등이 맞지 않는 것은 없는가. 5b-3. 수량 확인
6. 타일붙임공법 (① 압착공법)		처리방법	(검사) → 확인
		처리내용	6①-1. 타일 붙이는 시공은 단위별로 상부에서 횡방향으로 붙여 나가고, 뒷발(裏足) 중간 이상까지 모르타르가 충전되도록 붙인다. (1) 밀착공법일 때(vibrator공법) 진동기로 타일면에 2점 이상을 진동시켜 붙임모르타르가 줄눈 깊이의 1/2 정도로 나올 때까지 눌러서 압착시키는 공법 (2) 나무망치 등으로 두들기는 공법일 때 나무망치로 두들겨서 붙임모르타르 두께의 약 1/2 정도 타일 뒷발에 채워질 때까지 밀어넣는다. 6①-2. 부착 정도는 타일면적의 약 80% 정도 이상으로 하고, 압착시 모르타르가 타일 이면에 파고들어갈 때 거품이 생기지 않도록 할 것.(시험붙이기를 하여 타일의 접착면적을 확인하는 것이 좋다) 6①-3. 줄눈고치기는 15분 이내로 할 것. 6①-4. 이어붙일 경우는 남은 붙임모르타르를 긁어내고 새 붙임모르타를 사용한다.

감리 종목	범위	주요 점검사항	
		처리방법	(검사) → 확인
6. 타일붙임공법 (②개량압착공법)		처리내용	6②-1. 작업능률은 압착공법보다 다소 떨어지지만, 바탕모르타르의 오픈타임이 단축되고 붙임모르타르의 효과도 커진다. 6②-2. 대형 타일 부착 때는 처지는 경향이 있으므로 시험 붙이기를 할 필요가 있다. 6②-3. 압착 바탕용 하지정리를 한 후, 혼화제가 들어간 모르타르를 1매의 타일 이면에 부착하여 붙인다. 6②-4. 하지모르타르와 타일 이면의 모르타르가 잘 부착되도록 매 타일마다 타일 이면의 아래쪽에서 위쪽으로 눌러바른 다음 붙인다.
(③쌓기공법) 적상공법 또는 진빵공법이라고도 한다		처리내용	6③-1. 줄눈나누기에 따라 타일을 붙이는 데 수평실을 따라 타일 이면에 모르타르를 둥글게 담고 아래에서부터 붙여나간다. (1) 직접 모르타르를 타일에 올려서 붙이므로 오픈타임 없어 모르타르의 양호한 접착을 기대할 수 있다. (2) 타일 이면의 공간으로 어떤 형태로든 물이 침입하여 시멘트 잿물로 인한 백화가 흘러나오므로 주의. 또 곰팡이 등 각종 세균이 증식하는 원인이 되어 최근에는 거의 사용하지 않는 공법이다. (3) 공간 부분이 생기므로 타일의 균열, 박리, 동해의 원인이 되고 있다.(대체공법은 개량쌓기공법 또는 개량압착공법을 이용한다) 6③-2. 1일 쌓기 높이는 1.5m 이하로 한다. 6③-3. 세라믹타일인 경우 흡수성이 매우 높기 때문에 시공 전에 충분히 습윤한 상태가 필요하다.
(④ 유닛공법) 모자이크타일공법, 또는 시멘트페이스트 바르기 공법		처리내용	6④-1. 합성수지 혼화제가 포함된 시멘트페이스트를 바르고 그 위에 유닛타일(모자이크 등)을 눌러 붙이는 법.(중형 타일 이상에서는 수축균열, 작업성, 보수성(保水性)에 문제가 있어 적용 불가) 6④-2. 시멘트페이스트의 1회 도포면적은 약 $3m^2$ 이내로 한다. 6④-3. 타일을 붙이고 줄눈모르타르를 위에서 부어 종 · 횡으로 눌러 바른다. 6④-4. 옥내 붙이기 후, 시기를 봐서 스프레이로 물을 뿌려 습윤상태로 만든 다음 종이를 벗긴다. 6④-5. 옥외에서는 원칙적으로 붙임모르타르가 완전히 경화한 후에 종이를 벗겨낸다.

감리 종목	범위	주요 점검사항	
		처리방법	(검사) → 확인
6. 타일붙임공법 (⑤ 접착제로 붙이기)		처리내용	6⑤-1. 타일 붙이기는 화장실, 세면장, 싱크대 앞 벽면에는 100각, 150각 정도의 크기가 적당하다.(타일 중량으로는 약 150g/1매당 이하, 유닛타일인 경우 1,200g/1유닛당 이하로 한다) 최근 강력접착제 개발로 중형타일을 붙이기도 한다. 6⑤-2. 바탕하지면의 마감은 모르타르 쇠흙손 마감으로 하고, 바름면의 정밀도는 ±1mm로 한다. 6⑤-3. 바탕면(중도 재벌 포함)의 건조기간은 여름철(하절기)에는 1주일 이상, 그 외 기타 동절기에는 2주간 이상으로 한다. 6⑤-4. 접착제는 에폭시수지재를 사용한다.
(⑥ 바닥타일 붙이기)		처리내용	6⑥-1. 모자이크타일 붙이기 요령 (1) 붙임모르타르의 포설 면적은 1회당 약 10m²를 표준으로 한다. (2) 바탕 하지를 습윤케한 위에 혼합된 시멘트모르타르를 막대자로 균일하게 두드려서 다진 후 시멘트페이스트를 두께 약 3mm 정도로 바르고 붙인다. (3) 붙인 후 타일의 배열을 즉시 고치고, 시기를 봐서 표면을 습윤케하여 종이를 제거한다. 6⑥-2. 줄눈이 일정한 100각, 100×200각 등의 자기질타일 붙이기 요령 (1) 붙임모르타르 깔기 면적은 1회당 6~8m²를 표준으로 한다. (2) 줄눈나누기를 바탕으로 하여 모서리가 나온 곳, 점검구 주위를 눌러주며 붙인다 (3) 붙이는 면적이 넓을 경우 약 3m²를 표준으로 하여 붙여 나간다. (4) 줄눈메우기는 줄눈 부분을 청소한 후 가급적 빨리(다음 날) 고무흙손으로 확실하게 충전시킨 위에 마감줄눈을 줄눈 전용 흙손으로 잘 채워 넣는다. (5) 타일 표면이 emboss상태의 凹凸이 있는 경우 부착된 모르타르는 걸레 또는 스펀지 등으로 빨리 확실하게 제거해야 한다. 6⑥-3. 바닥타일의 줄눈용 모르타르 배합비(용적비)의 확인 (1) 모자이크타일의 줄눈모르타르 (시멘트 : 모래 = 1 : 0~0.5) (2) 바닥타일 줄눈모르타르 (시멘트 : 모래 = 1 : 1~1.5) (3) 클링커타일 줄눈모르타르 (시멘트 : 모래 = 1 : 1.5~2.0) (4) 줄눈폭이 4mm 이하일 때는 모래를 사용하지 않는다. 6⑥-4. 바닥타일을 붙인 후 3일간은 타일 위를 직접 보행해서는 안 된다.(부득이한 경우는 보양용 디딤판을 사용한다)

감리 종목	범위	주요 점검사항	
7. 줄눈메우기		처리방법	(검사) → 확인
		처리내용	7-1. 타일을 붙이는 작업 도중에 타일 이면으로 빗물 등이 침입하지 않도록 양생해야 한다. 7-2. 타일을 붙이는 작업 중 또는 작업 후 줄눈메우기를 마감할 때까지 하절기의 일사량이나 급랭 건조 또는 겨울철 바람의 방향 등을 고려하여 동해를 방지하기 위한 적절한 양생을 해야 한다.(시트, 울타리, 난방기 배치 등) 7-3. 줄눈메우기 작업은 반드시 타일의 들뜸, 마감상태 불량, 돌출면 처리 등의 검사를 실시한 후에 행한다. (1) 줄눈작업 시기는 계절(여름, 겨울)에 따라 다르지만 보통 타일을 붙인 후, 1~5시간이 경과한 후에 줄눈파기를 한다. (2) 계절에 따라 차이는 있으나 붙임모르타르가 24시간이상 충분히 경화된 후, 1~2일간을 선정한다. (3) 줄눈 메우기는 줄눈의 하부와 측면을 세밀히 청소한 후에 줄눈기구로 메워 넣는다. (4) 유닛타일이나 모자이크타일처럼 도포하여 줄눈을 메울 때는 도포 후 줄눈기구로 공극이 생기지 않도록 잘 눌러서 충전한 후에 주변을 스펀지나 걸레로 닦아낸다) (5) 줄눈면은 깊이가 일정하도록 완전히 메우고, 줄눈모르타르가 하지의 모르타르와 잘 부착되게 하여 줄눈이 타일을 구속할 수 있도록 줄눈을 충분히 눌러주어야 한다.
8. 양생 및 청소		처리방법	(검사) → 확인
		처리내용	8-1. 청소와 양생은 불안정한 가시설물이나 오염에 주의하고, 들뜸이나 짝짝이, 파손 등을 검사한 후에 한다. 8-2. 출입문, 창 등에 주의하고 신축줄눈의 실링이 완료된 후에 물로닦기 → 세제바르기 → 물세척 순서로 진행한다. 8-3. 청소는 실내에 물이 스며들지 않을 정도로 충분한 수압으로 브러시, 걸레 등을 사용하여 세척하는 것이 원칙이다. 8-4. 오염이 심한 경우에는 산(酸) 등의 세척제로 닦아낸다. 산 세척 시 농도는 다음과 같다. (1) 공업용 염산을 사용할 경우 30배로 희석해서 사용 (2) 5~10%의 염산수용액 (3) 염산 25%의 용액을 30배로 희석해서 사용
9. 완료검사			(검사) → 확인
		처리내용	9-1. 타일이 들뜬 곳이 있는지를 검사 (1) 줄눈을 메우기 전에 1차 검사하는 것이 좋다. 타일을 붙인 후(3~5일 경과 후) 철근봉, 소형 쇠망치를 사용하여 한 장씩 가볍게 두드려서 소리를 듣고 타일이 떴는지 여부를 검사한다. 외벽 등 넓고 높은 곳은 적외선 검사기를 이용하여 실시한다. 9-2. 설비 밴드캡, 장비, 플레이트 등이 타일과 접하는 경우 주변을 실링재 등으로 방수가 완벽하게 처리되어 있는가. 9-3. 눈으로 봐서 타일이 오염되어 있지 않는지, 상처는 없는지, 줄눈의 시공상태가 양호한지를 점검한다.

제2장

석재공사(石材工事)

2-1 석재공사 사전 점검사항

2-1-1 시공 전 일반사항 확인

1. 설계도 · 시방서에 따라 공사범위를 확정한다.
2. 석재의 종류 · 색상과 마감 상태를 견본품으로 확인한다.
3. 사용재료의 수량이 맞는지 수량조서를 확인하고 조사한다.
4. 제작공장이 선정되었는지 선정된 가공장의 현지조사를 한다.
5. 전체공정에 의한 시공계획서를 작성하고 시공도 작성과 검토를 한다.
6. 재료반입과 현장내 가공 · 정리장소가 준비되어 있는가를 확인한다.
7. 석재의 종류가 사용 장소에 적합한가를 확인한다.
8. 마감먹줄을 확인한다.(기둥중심, 창, 벽, 출입구 등이 양호하게 되어 있는지 확인)
9. 비계설치, 해체와 시공 주변의 배관, 도장, 용접공사 등이 완료되었는지 확인한다.
10. 손상 · 오염에 대한 양생방법을 협의한다.
11. 건식공법에 대한 충분한 검토 및 협의를 한다.

2-1-2 석재 붙이기 및 깔기

1. 공사에 사용할 각종 철물은 적절한가, 철물의 부착간격 위치, 수량을 확인한다.
2. 바탕면의 결함 부위를 조사하고 보수검사를 사전에 실시하여 반입된 석재의 치수, 형상, 수량, 손상 여부를 확인한다.
3. 하지면의 처리와 석재 이면에 사용할 모르타르의 대용물을 확인한다.
4. 석재 이면을 충전할 경우 이면재의 선택은 적절한 것인가를 확인한다.
5. 상단부의 석재를 받을 수 있도록 충분한 상태가 되었는가, 수평 · 수직 줄눈폭이 일정하게

유지되고 있는가 확인한다.

6. 바닥석재 깔기에서 구체와 접하는 개소에 신축줄눈이 설치되어 있는지 확인한다.

7. 줄눈모르타르의 배합이 적절한가를 확인한다.

8. 줄눈마감은 협의, 지시된 상태로 되어 있는지, 줄눈시공은 충분히 눌러서 메우고 청소가 잘 되어 있는지 각 공정마다 확인한다.

9. 오염, 파손 방지, 양생은 바르게 하고 있는지 확인한다.

10. 결정화유리 등은 석재의 시공에 준하여 시공되고 있는지 확인한다.

2-2 석재공사 시공관리 및 감리 요점정리

2-2-1 관리 참고자료

1. 자연석의 특징과 마감시의 일반적인 주의사항

(1) 대리석(사문석을 포함)

1) 탄산석회가 해저에서 추적된 것이 수성암과 석회암인데, 이중 대리석은 석회암이 변성된 변성암이다. 트래버틴, 사문암 등이 있다.

2) 대리석의 색상

① 순백색 계열, ② 점토질이 함유된 회색, ③ 철 또는 망간이 함유된 적 · 청색

④ 탄소분이 함유된 회색, 청색, 흑색 ⑤ 사문암을 포함한 녹색 등이 있다.

3) 동일한 석재에도 절단방향에 따라 모양(석목)이 다르다.

4) 석재의 두께는 나누기의 크기에 따라 벽 : 20mm, 바닥 : 25~30mm가 보통이다.(바탕 하지면과 석재 이면과의 공간은 벽면일 때는 25~75mm, 바닥일 때는 30mm 정도) 경우에 따라서는 배면에 고강도수지판을 붙여서 두께 10mm 내외로 가공된 것도 있다.

5) 대리석의 크기는 일반적으로 600×900 내외로 나누기를 하고 줄눈은 실내의 경우 폐쇄형 줄눈(0.3mm)이나 외부에 사용할 경우에는 필히 신축줄눈을 설치해야 한다.

6) 마감은 일반적으로 벽은 연마, 바닥은 거친연마 또는 물갈기로 한다. 외부에는 풍화되므로 특별한 경우가 아니면 시용하지 않는 편이지만 사문암, 트래버틴이 사용되고 있다.

7) 대리석은 바닥을 제외하고는 대부분 백화방지를 위해 건식공법으로 시공되고 있다. 방수를 목적으로 해야 하는 곳에는 이면재(裏面材)를 도포하여 시공한다.

(2) 화강암

1) 결정질 화성암(석영+장석+운모 등)

2) 거의 풍화하지 않는다.

3) 석재 두께는 나누기 크기에 따르지만 분쇄한 돌의 두께는 보통 25~50mm 정도, 벽에 사용하는 것은 두께 25mm, 바닥에 사용할 경우 배면에 특수한 보강재를 붙이는 경우를 제외하고는 두께 25~30mm가 대부분이다.(보강판을 붙일 경우 10~12mm 석재판을 사용)

4) 바닥, 벽용으로 깬 돌을 사용할 경우 두께 120mm 정도를 사용한다.

5) 습식공법인 경우(이면에 모르타르를 채워넣을 경우)에는 전면에 석재 이면재를 바른다.

6) 광내기에는 폴리싱 파우더를 사용하여 연마한다.

7) 화강암 가공

① 보통 벽은 광택 연마

② 바닥은 약간 거친 연마 또는 물갈기

③ 토치램프로 구워 凹凸지게 표면을 박리시키는 제트마감공법도 있다.

(3) 안산암, 사암, 응회암, 점판암 등

① 안산암, 점판암은 경질로 화강암에 준하여 광택연마로 한다.

② 사암, 응회암은 연질이므로 거친 연마 정도로 마감한다.

2. 테라초(Terrazzo) 및 인조석 제조와 시공시 주의사항

1) 테라초는 일반적으로 대리석 종석을 이용하여 입도 6~12mm체를 통과하는 것으로 6mm 이하인 경우가 인조석을 연출하게 된다.

2) 인조석 제조공정은 테라초와 동일하다. 종석은 화강암, 안산암을 사용한다.

3) 테라초 블록 제조공정을 점검하고, 인조석에 사용하는 종석의 종류와 마감 정도를 확인한다.

4) 테라초 블록 설치방법

① 보통 대리석 공사에 준하고 벽 두께 35mm, 바닥 두께 30~40mm 정도로 한다.

② 하지면과 석재 이면의 소요공간은 벽면 40mm, 바닥 30mm 정도로 한다.

③ 실내는 보통 무줄눈이며, 외부의 경우는 3mm 정도, 바닥줄눈은 5mm 정도로 한다.

5) 인조석 설치방법

① 자연석과 동일한 방법으로 취급하며, 취부하는 방법은 화강석에 준한다.

② 구체와의 긴결이 확실하여 자연석보다 더 유ㄹ 하다.

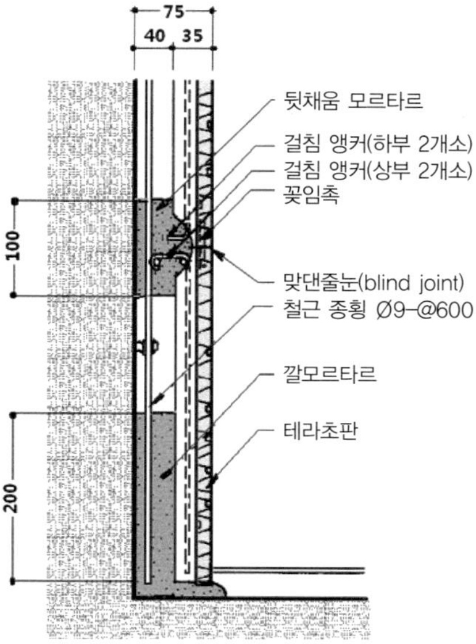

벽

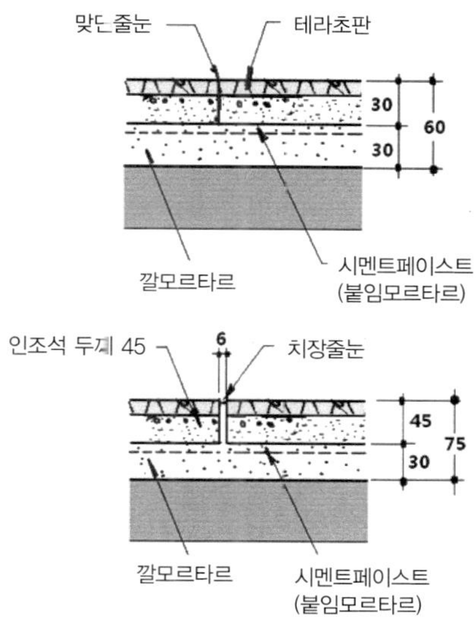

바닥

3. 석재의 마감과 가공공정

(1) 석재의 종류와 마감

석재 종류			마감의 종류			
			바닥		벽	
			광내기마감	거친마감	광내기마감	거친마감
화강암	판석	백색, 분홍색 적색 흑색, 기타	• 거친갈기(무광) • 물갈기 (무광) 본갈기(유광)	• 제트마감 (버너마감)	거친마감(무광) 물갈기(무광) • 본갈기(유광)	제트마감 (버너마감)
	쪼갠돌	상동	• 거친마감(무광) • 물갈기(무광) 본갈기(유광)	• 정다듬 • 잔다듬메 • 잔다듬 · 버너마감	거친마감(무광) 물갈기(무광) • 본갈기(유광)	정다듬 잔다듬메 잔다듬 버너마감
대리석		트래버틴, 오닉스, 오색무늬, 사문석, 기타	• 거친마감(무광) • 물갈기(무광) • 본갈기(유광)		• 본갈기(유광)	

※판석 : 주로 톱으로 켜서 가공한 두께가 얇은 판석

(2) 석재 표면가공의 종류와 가공공정

마감 종류		가공공정(기계가공)
1	거친(조면)마감	마지막으로 #60번 철브러시 또는 탄화규소연마재를 사용하여 원반 또는 원심기로 갈아낸다.
2	물갈기	마지막으로 #180 탄화규소(carborundum) 숫돌을 사용, 원심기로 갈아서 마감한다.
3	본갈기(무광)	마지막으로 #F의 탄화규소 숫돌이나 다이아몬드 숫돌을 사용하여 원심기로 갈아내어 마감한다.
4	본갈기(유광)	마지막으로 #F의 탄화규소 숫돌이나 다이아몬드 숫돌을 사용하여 원심기로 갈아내고 다시 광내기 가루로 갈아서 마감한다.

※가공하지상태 : 정품은 잔다듬메 100번으로, 일반사용품의 경우, 톱으로 켠 상태에서 가공한다.

(3) 연질석재의 마감 종류와 가공공정

마감 종류		가공공정
1	톱 다듬질	체인 톱으로 평행이 되도록 쓴 상태
2	거친 다듬질	톱으로 켠 그대로 원반으로 마감한 상태

(4) 석재의 거친(조면)마감 종류와 가공공정

마감 종류		가공공정
1	정다듬	① 두께 50~60mm 원석의 표면을 정으로 쪼아 조면으로 가공한 것으로, 거친마감, 중간마감, 고운마감 모두 손가공으로 한다.(단, 기계가공일 때는 돌 두께 25mm 이상)
2	혹두기	① 최소 두께 100mm 이상 거친돌 표면을 해머로 다듬고, 심한 요철이 없게 손으로 메다듬하여 장식효과(큰혹두기, 중간혹두기, 작은혹두기)를 내는 외장용에 사용한다.
3	도드락다듬	① 30~40mm로 정다듬한 돌 표면을 도드락망치에 의해 어느 정도 매끈하게 손가공 또는 기계가공한 것이다. ② 바닥면의 미끄럼 방지 또는 장식적인 목적으로 사용한다.
4	버너마감	① 고열의 불꽃으로 돌 표면의 껍질을 엷게 벗겨 거친면을 다듬는 거친갈기이다. 돌 두께는 27mm를 사용한다. ② 건축물 외벽용에 사용한다. 단, 열처리로 강도가 저하되어 있으므로 구조재로는 사용하지 않는다.
5	잔다듬	① 도드락 마감면을 평행선으로 조각하듯이 치밀하게 깎아서 고운 요철면으로 만든 것이다.
6	특수가공	① 두께 27mm 이상의 석재 표면에 고압의 금강사로 분사하여 표면처리한 샌드블라스팅(Sandblasting)한 것이다. ② 두께 27mm 이상의 석재 표면을 고압수로 분사하여 표면을 박리시킨 워터제트 마감한 것이다.

※물감으로 착색한 석재는 색상이 변할 수 있다.

4. 석재의 양생방법

① 초기양생은 석재공장에서 이루어지므로 공장 담당자와 마감에 대해서 긴밀하게 협의해야 한다.

② 만약의 경우 우수로 인해 포장지의 염료, 녹, 약품 등이 석재에 침입하는 일이 없도록 양생재료를 선택해야 한다.

③ 석재의 양생계획은 마감면의 오염, 석재의 파손 방지와 함께 설치 시점에서 마감을 검토하지 않으면 모퉁이의 양생 재료를 현장설치 시에 뜯어버리게 된다.

5. 바닥 석재 붙이기

(1) 포석을 까는 방법

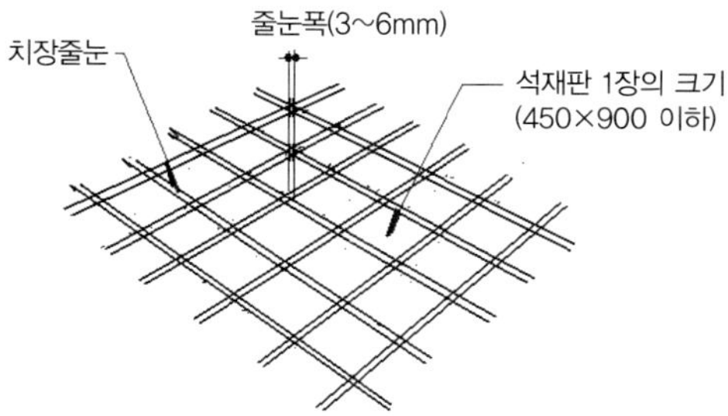

통줄눈

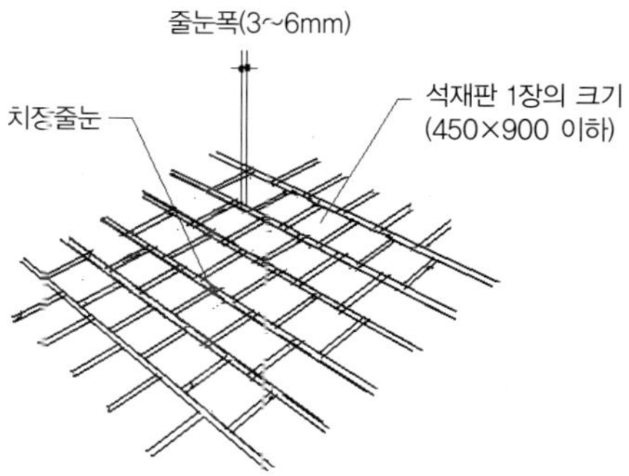

막힌줄눈

(2) 대리석 깔기

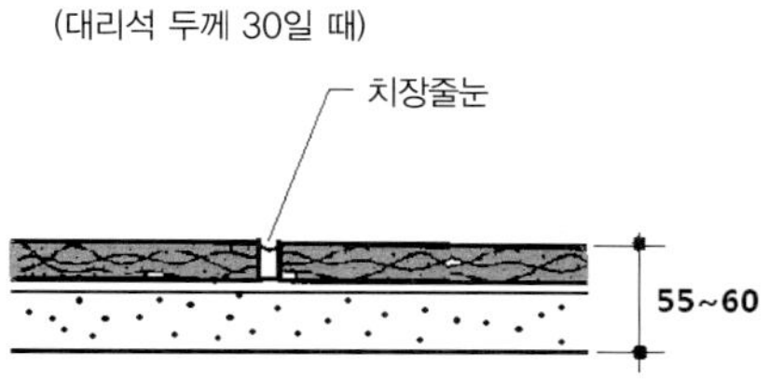

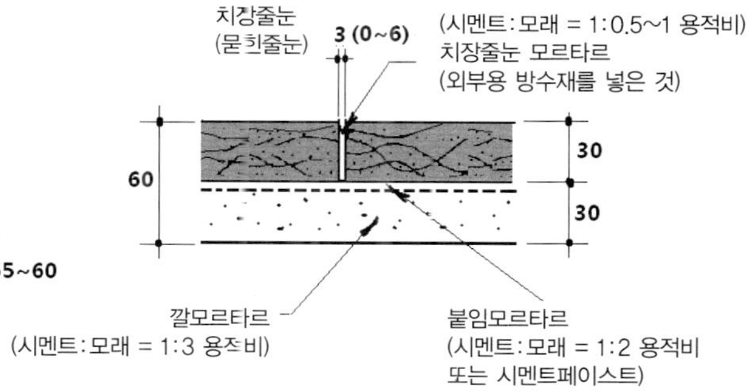

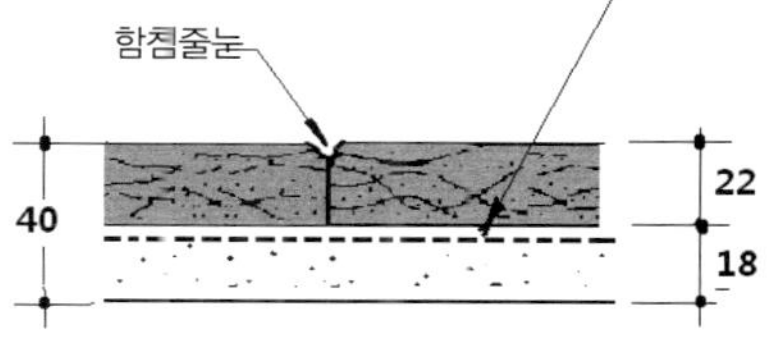

(3) 화강석 깔기

1) 가공석재일 때

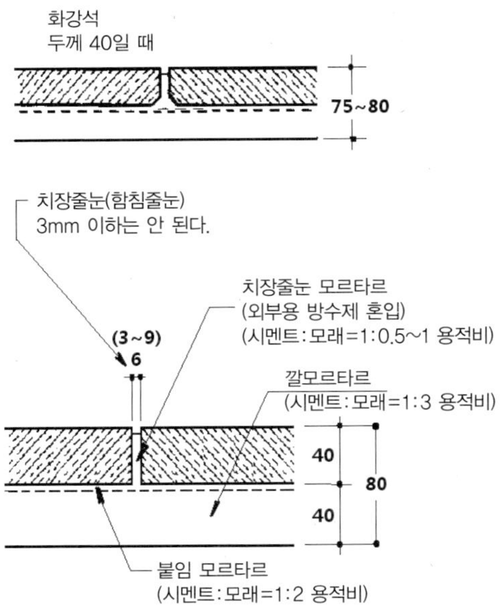

2) 깬돌일 때

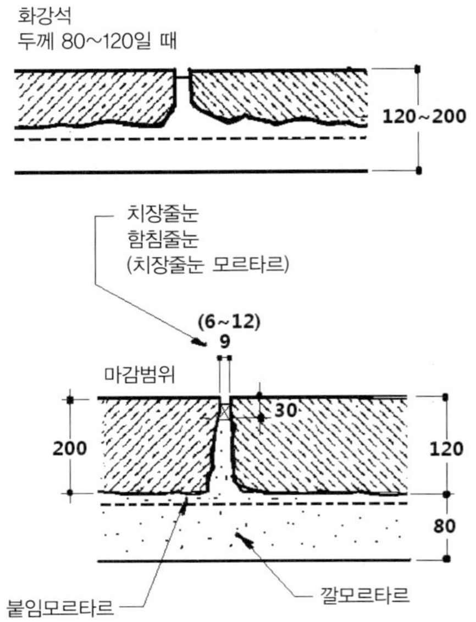

3) 경석재(단단한 돌) 붙이기

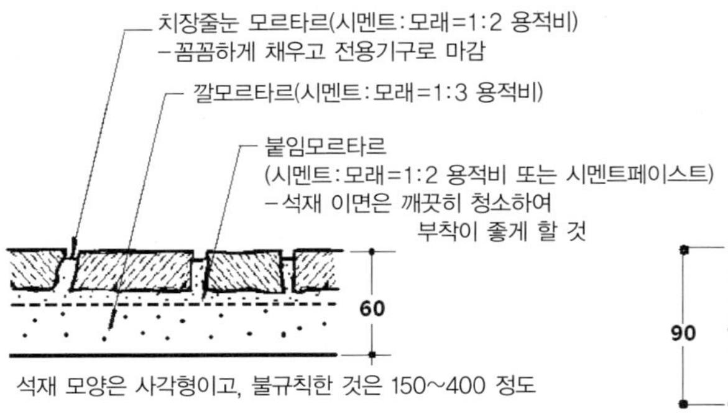

4) 연석재 붙이기

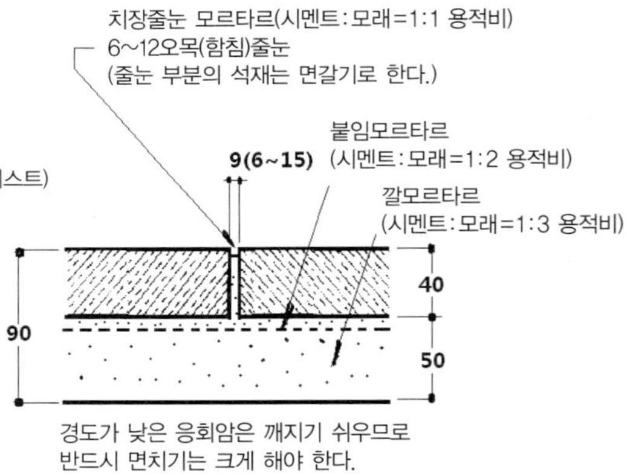

6. 벽 석재 붙이기

(1) 건식 붙이기공법(예)

돌 하나에 대해 하중을 받는 하단용 철물과 상부에 있는 조정용 철물로 고정시킨다.

(2) 철물 설치의 정밀도에 따라 외벽 석재면의 평활도를 결정하기 때문에 미세조정이 가능한 볼트를 사용해야 한다.(상부 조정용 볼트 또는 루즈 볼트)

(3) 석재와 구체의 움직임에 대한 신축에 대응하기 위해 석재 주변을 실링재로 줄눈 설치한다.

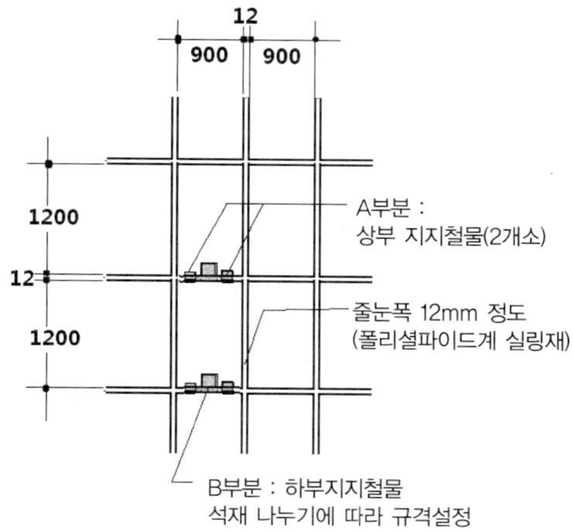

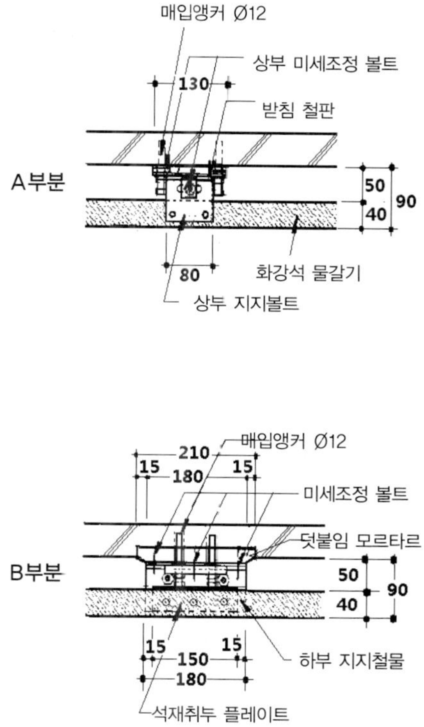

석재 붙이기 평면

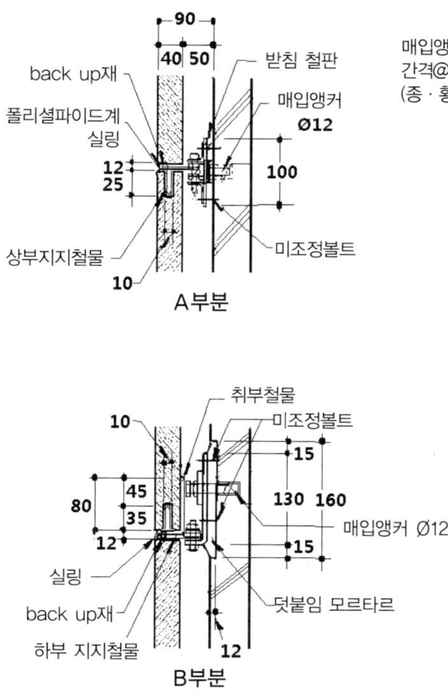

석재 취부단면

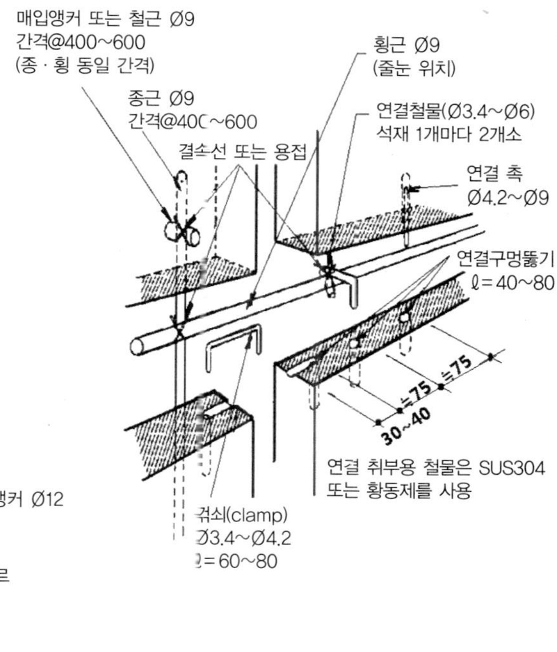

석재취부 철물 연결도

(2) 습식 붙이기 공법 (예)

1) 대리석 붙이기

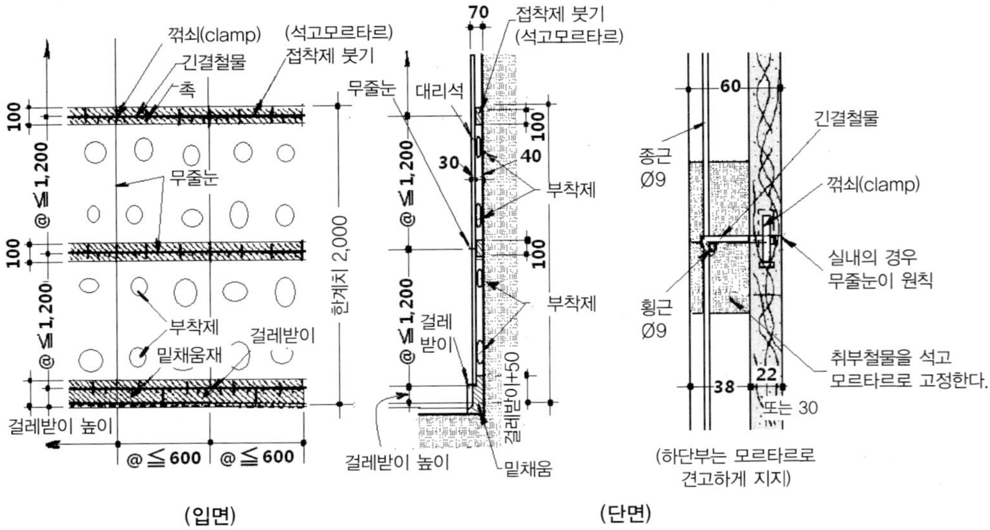

실내측 입면 및 단면

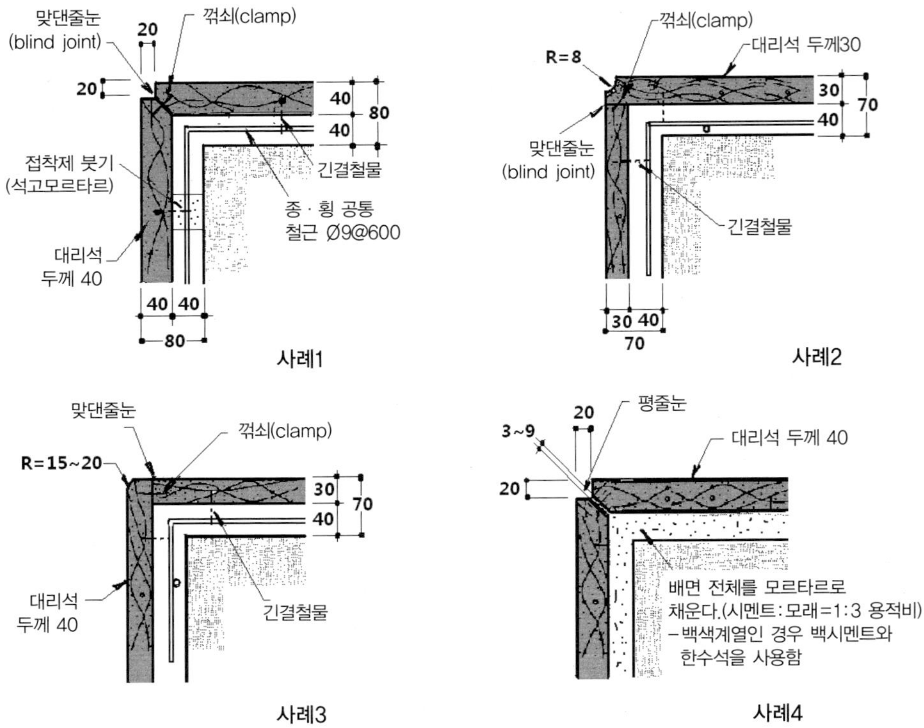

실내 벽면 붙이기 상세(평면)

2) 화강석 붙이기

① 가공석일 때 (경제적인 치수 600×900~1,200㎜ 정도)

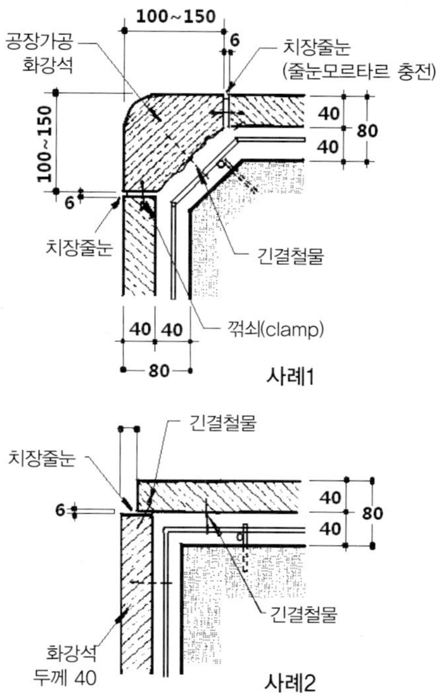

(평면)

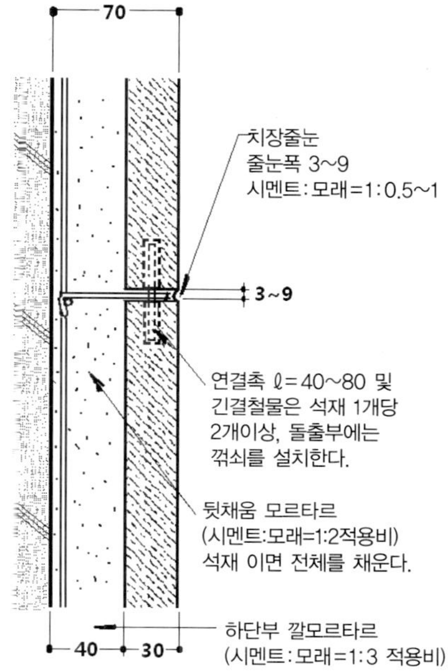

(단면)

② 깬돌일 때

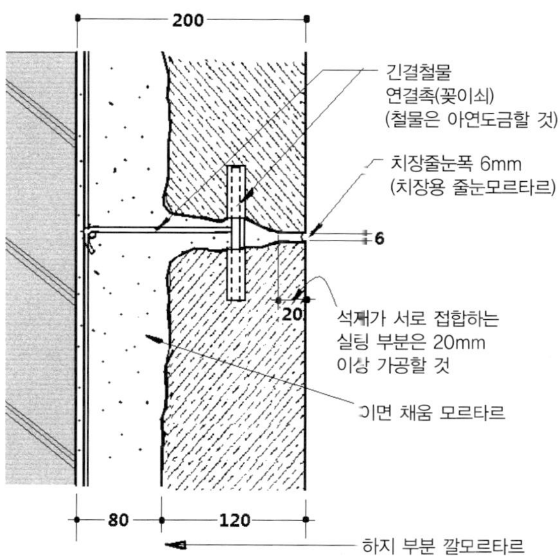

3) 연석(판석) 붙이기

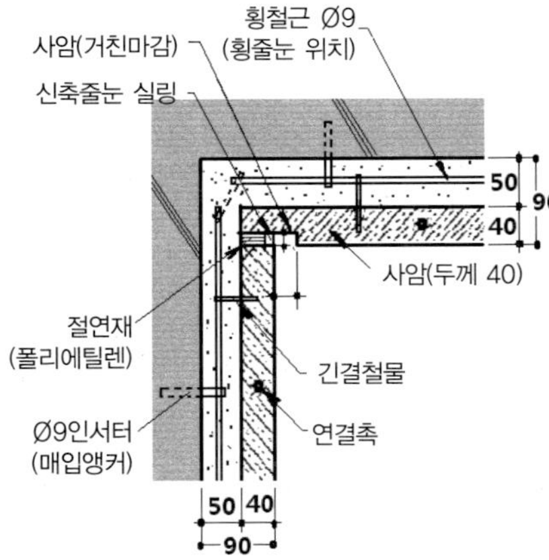

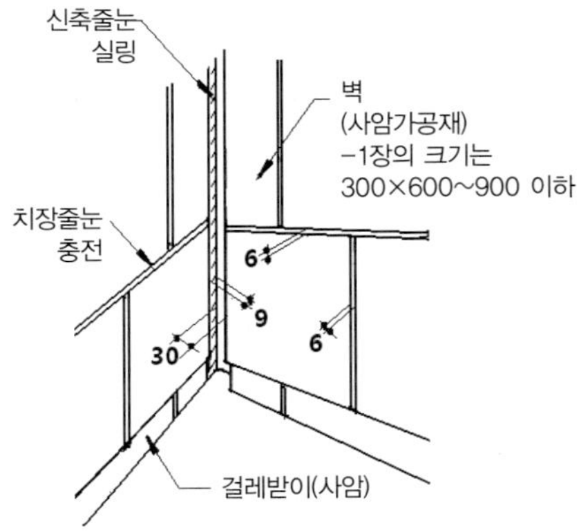

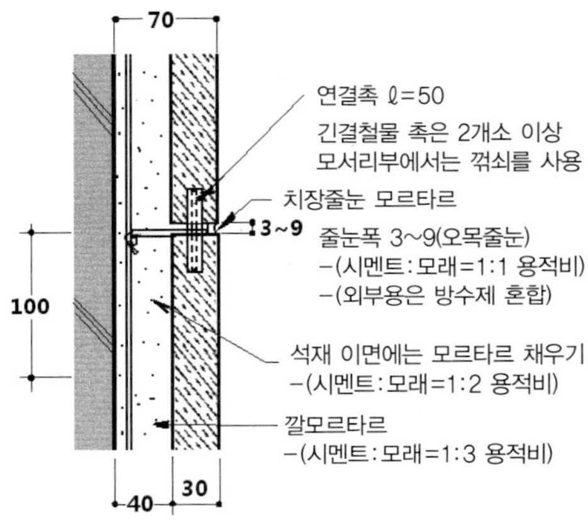

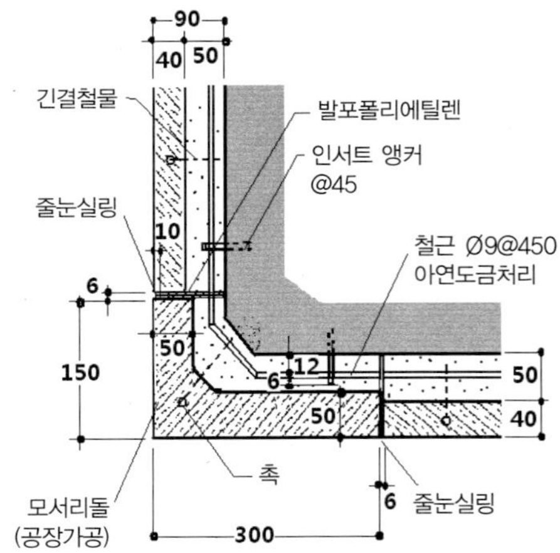

4) 경석(두꺼운 석재) 붙이기

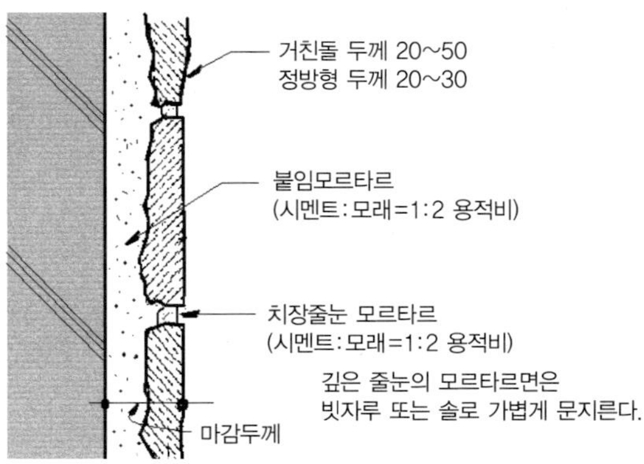

7. 석재의 방수처리

철의 녹이 석재 표면으로 스며들어 얼룩이 생기는 경우가 있으므로 방청처리를 해야 한다.

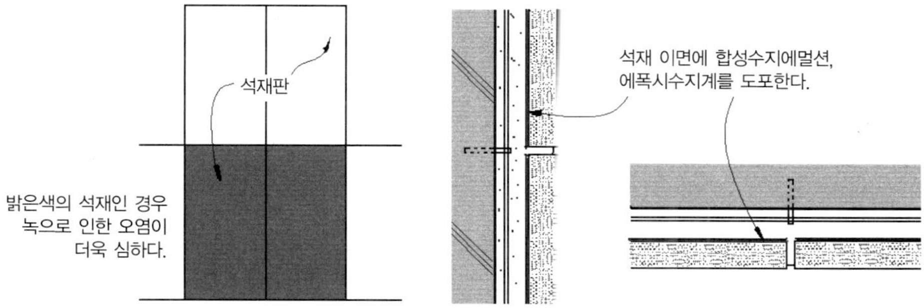

입면 단면 평면

8. 벽, 바닥 석재 붙이기와 신축줄눈

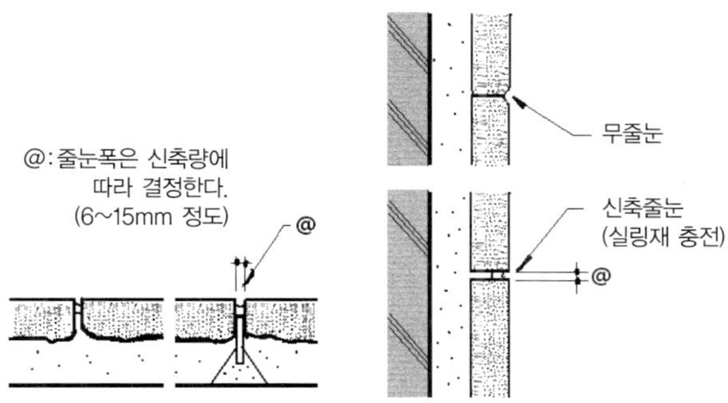

바닥석재 깔기 벽 석재 붙이기

9. 기타 석재 및 테라초 마감의 예

(1) 난간, 두겁대 등

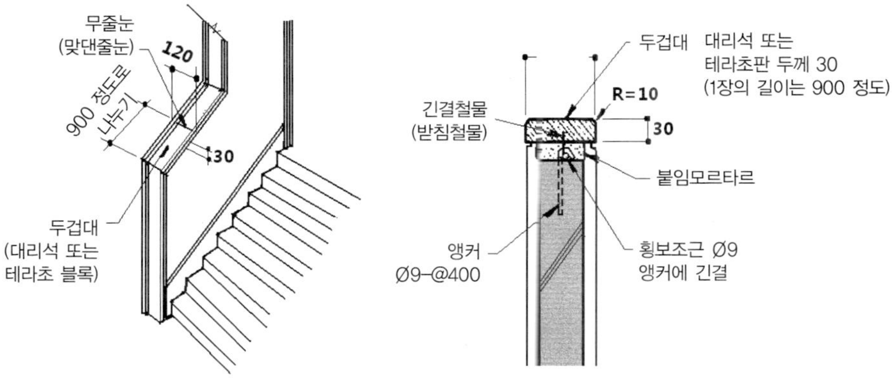

(2) 라이닝 선반

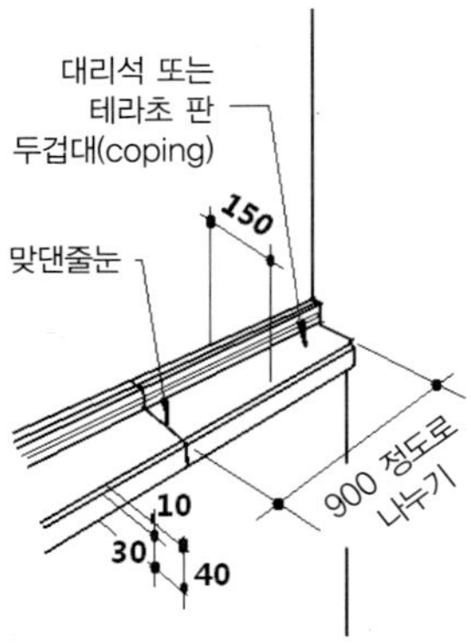

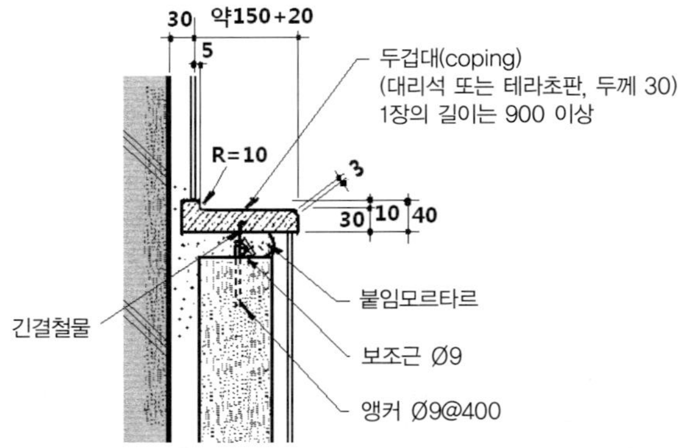

(3) 문지방(문턱)

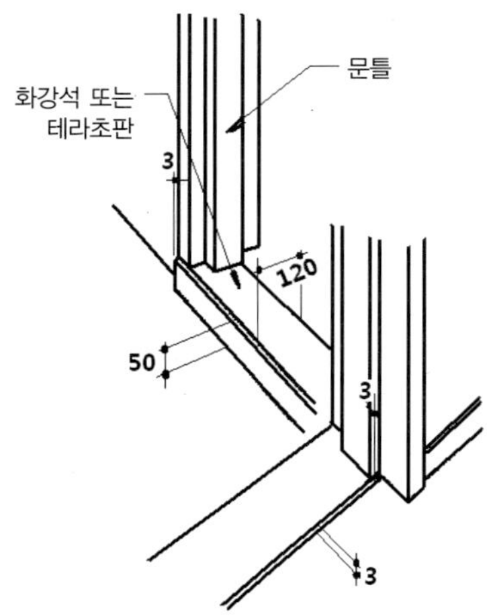

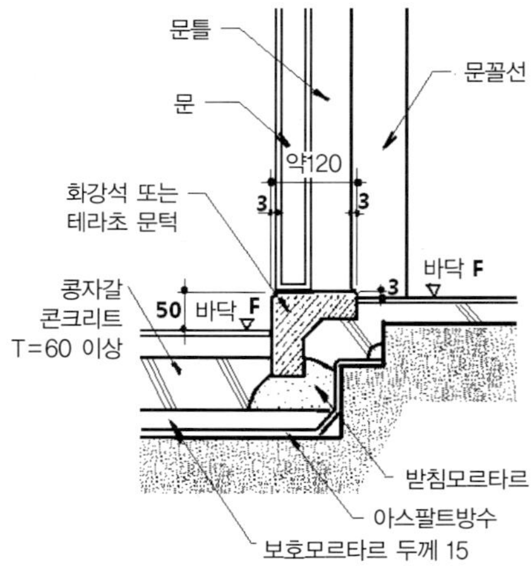

(4) 마룻귀틀

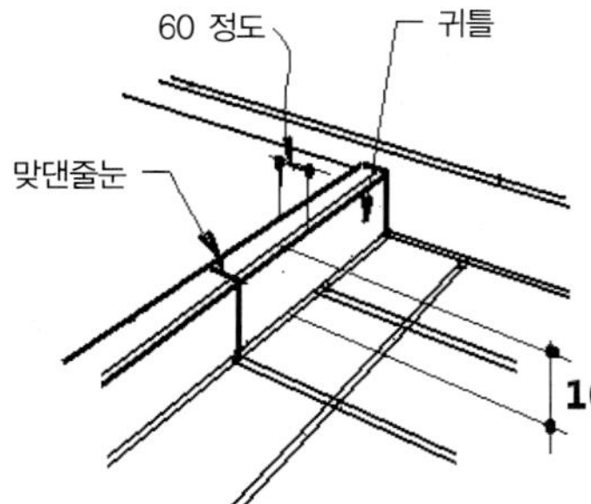

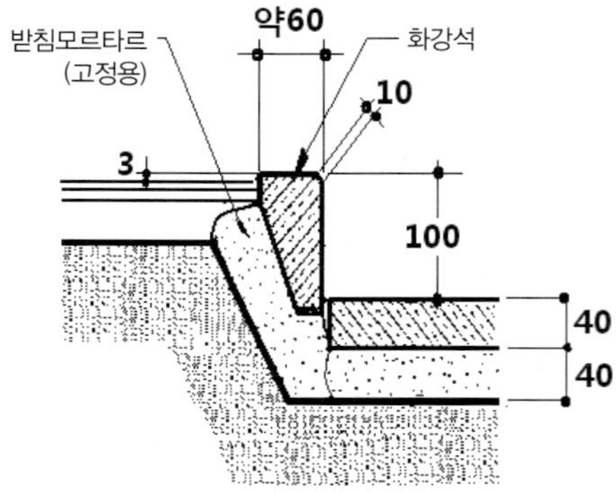

(5) 걸레받이

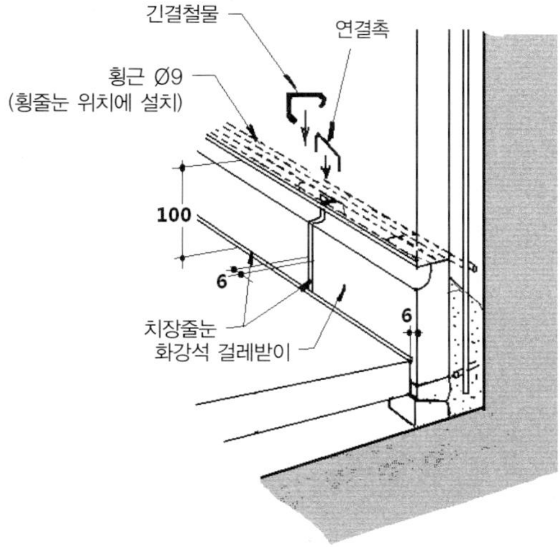

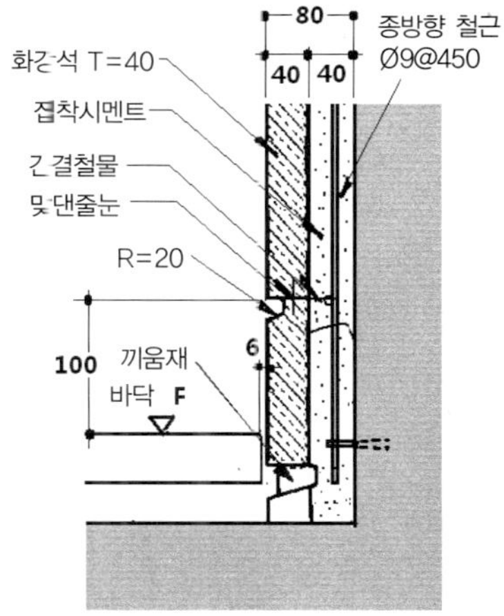

사례1

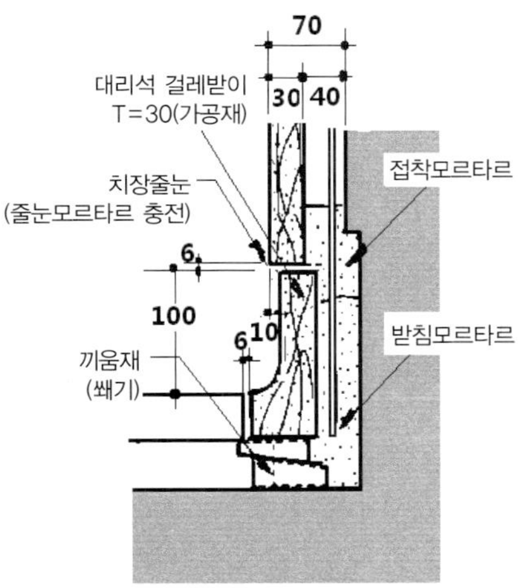

사례2

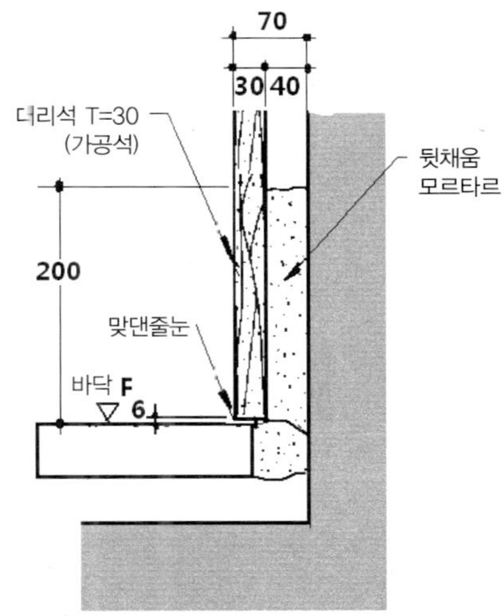

사례3

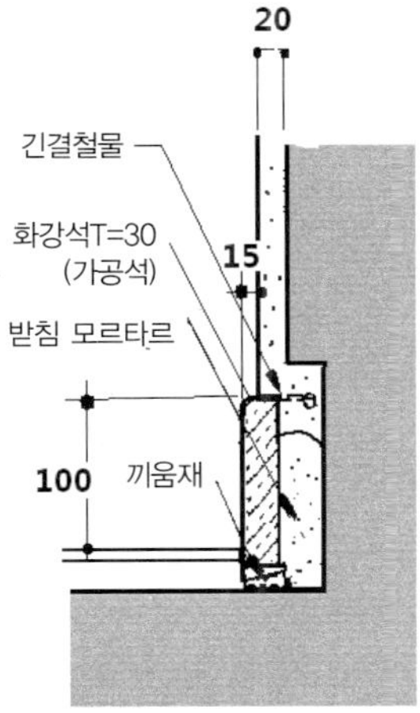

사례4

석공사 감리공정 사례

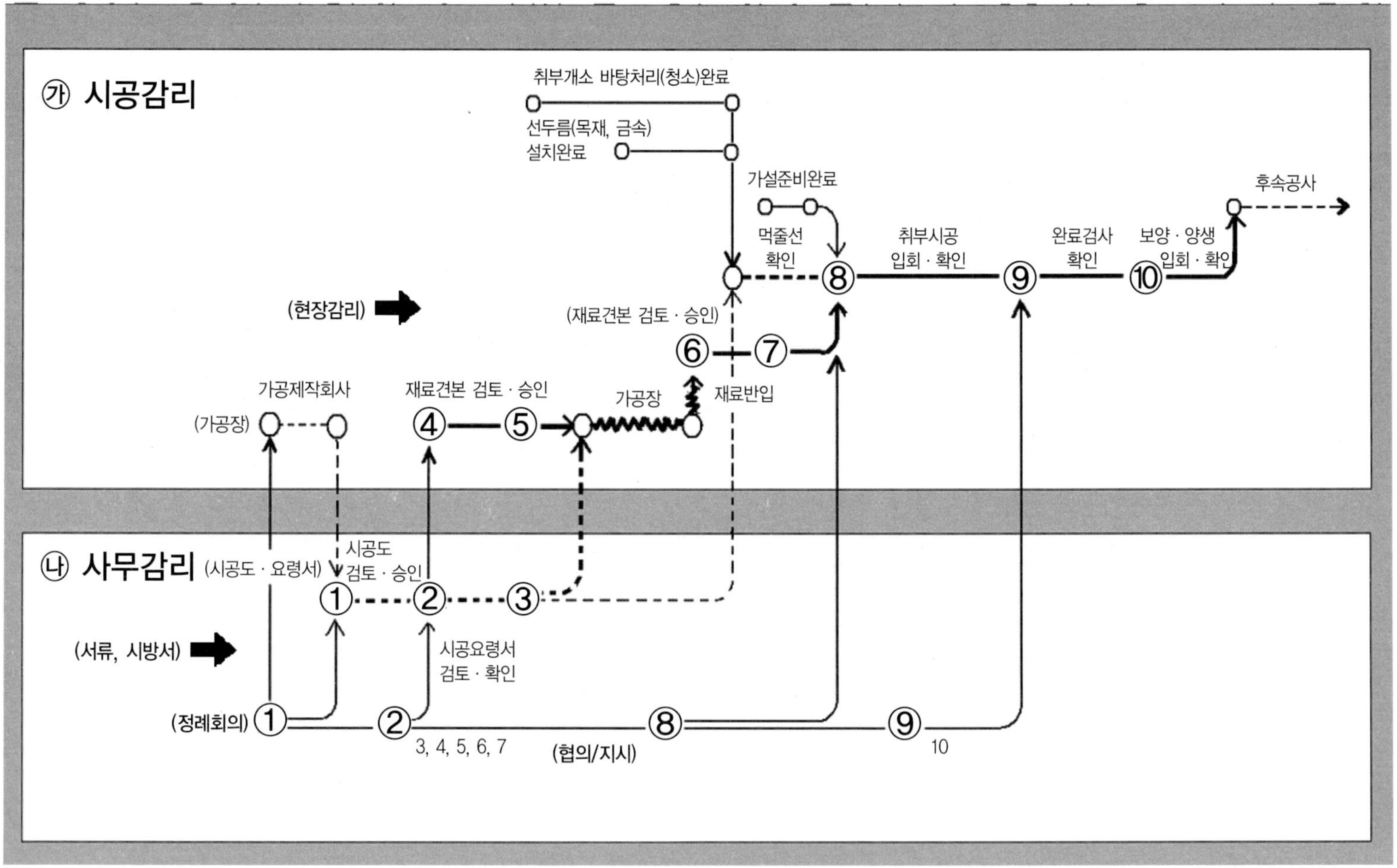

㉮ 시공감리
(현장감리)
㉯ 사무감리
(서류, 시방서)
(정례회의)
(시공도 · 요령서)
(가공장)
가공제작회사
시공도 검토 · 승인
재료견본 검토 · 승인
시공요령서 검토 · 확인
가공장
재료반입
(재료견본 검토 · 승인)
취부개소 바탕처리(청소)완료
선두름(목재, 금속) 설치완료
가설준비완료
먹줄선 확인
취부시공 입회 · 확인
완료검사 확인
보양 · 양생 입회 · 확인
후속공사
3, 4, 5, 6, 7
(협의/지시)
10

2-3 #별표, 석재공사 감리 주요 점검사항

감리 종목	범위	주요 점검사항	
1. 시공도		처리방법	(검토) → 승인
		처리내용	1-1. 재료의 종류와 사용 장소를 확인한다. 1-2. 사용할 석재의 형상(각석, 사괴석, 판석 등)을 확인한다. 1-3. 재료의 두께를 확인한다. 1-4. 표준 형상과 석재 나누기 치수(돌나누기도)를 확인한다. 1-5. 건식 및 습식 공법에 따른 긴결방법과 취부철물을 확인한다. (1) 석재 나누기 도면에 긴결철물 위치를 확실하게 기입할 것. 바닥에서 H=2m 이상인 경우는 특히 주의할 것. 1-6. 습식인 경우 하지 받침 상태와 붙임 두께를 점검한다. 1-7. 석재 이면의 이면재 바르기, 방수처리 등을 점검한다. 1-8. 모서리가공 석재의 수량을 점검하고, 현치도를 검토한다. 1-9. 외모서리, 안모서리, 틈새, 절단면 전반에 대한 가공 현치도(現寸圖), 마감도를 검트한다. 1-10. 계단석의 디딤판 구배와 걸레받이, 면치기 등을 점검한다. 1-11. 물끊기, 물막이, 물빠지는 구멍 등을 점검한다. 1-12. 줄눈 크기, 줄눈폭 나누기 및 표면마감을 점검한다. 1-13. 창호류, 치장철물, 설비기구와의 접합부를 점검한다. 1-14. 현장 석재나누기 기준선과 나누기 치수를 확인한다. 1-15. 설치할 번호를 부여하고 기입한다. 1-16. 석재료의 납기 및 가공재 반입일을 검토한다.
2. 시공요령서		처리방법	(검토) → 확인
		처리내용	2-1. 시공 장소별 쌓기 또는 붙이는 공법을 확인한다.(건식, 습식 등) 2-2. 재료의 균열, 상처, 철분 등의 불량품을 가려내는 것이 기술되어 있는가. 2-3. 취부장소별 마무리 종류와 가공공정을 확인할 수 있는가. 2-4. 특히 중요한 곳은 유토(기름섞인 모형 만드는 흙) 또는 석고로 모형을 만들어 검토 · 확인 가능하도록 되어 있는가. 2-5. 재료에 따른 적절한 양생방법이 되어 있는가. - 석고에 적절한 양생방법 - 취부방법에 따른 적절한 양생방법 - 젖었을 때 석재에 오점을 남기지 않는 재료로 가공되어 있는가, 취부 시에 양생재가 탈락하게 되어 있지는 않는가. 2-6. 석재 종류, 두께, 이면 상태의 마감이 어떻게 되어 있는가. (1) 습식(모르타르 채우기) 공법일 때는 마무리가 어떻게 되었느냐에 따라 균열을 유발하는 원인이 되는 경우가 있음.

<table>
<tr><th>감리 종목</th><th>범위</th><th colspan="2">주요 점검사항</th></tr>
<tr><td rowspan="2">2. 시공요령서</td><td rowspan="2"></td><td>처리방법</td><td>(검토) → 확인</td></tr>
<tr><td>처리내용</td><td>(2) 바닥 대리석을 깐 경우 두께 25mm, 마감치수 550~600이면 600각으로 가능하지만, 그 이상이 되면 650 이상을 사용해야 함.
2-7. 취부시 바탕하지에 사용되는 철근, 긴결철물류를 확인한다.
2-8. 벽 붙임석재와 바닥에 깔 석재에 대한 신축줄눈을 고려한다.
(1) 넓은 면적일 때 벽체의 팽창 · 수축의 영향으로 엣지에 결함이나 균열이 발생할 수 있다.
(2) 실내측 대리석 붙이기는 보통 맞댄줄눈(무줄눈)으로 한다.
2-9. 석재판 이면에 방수처리가 고려되어 있는가 확인한다.
(1) 우수에 노출되는 석재는 석재 이면이나 끝단에 방수처리가 필요한 석질이 있으므로 주의할 것.
(2) 방수재는 하지에 적절한 재료인지도 확인이 필요하다.
2-10. 실내 측벽일 때 대리석은 건식공법으로 한다.
(1) 모르타르를 사용한 습식 공법은 표면광택을 소실하므로 주의가 필요. 긴결철물은 스테인리스 또는 황동철물을 사용할 것.
(2) 모르타르로 메울 때는 아스팔트나 내알칼리 도료를 바를 것.
2-11. 외부 습식 붙이기일 때 붓기에 완만한 모르타르는 W/C비가 적은 것이 좋다.
(1) 모르타르에 공극이 많으면 우수의 침입 등으로 수산화석회가 발생되어 석재 표면이 오염될 수 있다.
(2) 염류가 많은 물이나 골재를 사용하지 말 것. 백화가 발생할 수 있다.
2-12. 붙임용, 줄눈용 등에 사용할 모르타르의 배합비를 확인한다.</td></tr>
<tr><td rowspan="2">3. 재료 견본
(석재, 테라초, 인조석 등)</td><td rowspan="2"></td><td>처리방법</td><td>(검토) → 확인</td></tr>
<tr><td>처리내용</td><td>3-1. 석재를 가공하기 전에 석재의 종류를 검사 · 확인한다.
(1) 석재의 질, 색조, 이색 등(산지, 석산, 가공공장을 조사)
1) 색조, 패턴에 의한 대리석 분류(트래버틴계, 오닉스계, 한수석 등)
2) 색조, 패턴에 의한 화강석 분류(백, 흑, 적, 연분홍색)
3) 사암은 나누기 가능한 크기와 두께를 확인한다.(보통 900×900 내외)
(2) 재료마다 반점, 녹, 균열, 손상 유무를 검사한다.(특히 대리석은 색, 모양, 얼룩이 없이 양호한지 여부를 확인)
(3) 석재의 크기와 두께를 확인한다.
3-2. 도드락상태, 연마, 마무리 종류 및 가공상태를 확인
3-3. 테라초, 인조석류는 시공장소별로 견본 시제품을 검사 · 확인한다.
(1) 종석의 종류, 입도의 크기, 색조.
(2) 마감상태는 견본 시제품으로 결정한다.
(3) 제작용 바탕준비 상태와 형틀을 검사한다.
(4) 크기 및 두께를 점검한다.
3-4. 마무리 줄눈재와 색조화 확인</td></tr>
</table>

<table>
<tr><th>감리 종목</th><th>범위</th><th colspan="2">주요 점검사항</th></tr>
<tr><td rowspan="2">4. 취부 시공
(석재, 테라초 등)</td><td rowspan="2"></td><td>처리방법</td><td>(입회) → 확인</td></tr>
<tr><td>처리내용</td><td>4-1. 시공도에 따라 쌓는 방법, 붙이는 방법을 확인한다.
4-2. 석재쌓기, 붙이기용 긴결철물은 콘크리트 타설시 매입되어 있는가를 확인한다.
4-3. 석재 붙이기의 하지상태를 확인한다.
4-4. 마무리 먹줄을 점검하고, 동일한 기준자를 사용하는지 확인한다.
4-5. 현장 실측에 의한 석재의 나누기 치수보정이 되어 있는지 확인한다.
4-6. 사용 장소별 석재분류 검사가 되었는지 확인하고, 한번더 일반적으로 보아서 색조가 현저히 다른 곳이 없는지 확인한다.
4-7. 철물류의 준비를 재확인한다.
4-8. 돌 붙이기용 설비의 점검과 양생계획이 되어 있는가를 확인한다.
4-9. 석재 이면, 취부할 곳에 철근 등이 노출되어 있지 않는지 확인한다.
(1) 석재 이면쪽에 철근이나 결속철선이 노출되어 걸리지는 않는가.
(2) 석재를 관통하는 부분에 녹으로 오염될 위험은 없는가.
4-10. 붙이는 작업을 검사한다.(준비가 잘되어 붙이는 작업이 원활한지를 확인)
4-11. 불안정한 곳은 없는지 확인한다.
4-12. 건식공법, 습식공법인 때 시멘트페이스트 채움 검사.(사암, 응회암 등의 연질석재는 흡수성이 높기 때문에 줄눈모르타르의 수분을 흡수하여 모르타르 경화불량을 일으키기 때문에 석재의 끝단은 충분히 습윤하여 시공함)
4-13. 습식공법인 때는 뒷 채움 시공을 확인한다.(모르타르 채움)</td></tr>
<tr><td rowspan="2">5. 완료</td><td rowspan="2"></td><td>처리방법</td><td>(검사) → 확인</td></tr>
<tr><td>처리내용</td><td>5-1. 줄눈메우기와 줄눈 상태를 확인한다.
5-2. 석재마무리 주위의 청결 상태를 확인한다.(물로 씻기, 청소 등)
5-3. 물청소의 경우 염산류를 사용하지 말 것.
(1) 염산류는 석재 중의 철분을 부식시키기 때문에 원칙적으로 사용해서는 안 된다.
(2) 부득이한 경우에는 물에 엷게 희석하여 세척한 후 산분이 남지 않도록 할 것.</td></tr>
</table>

<table>
<tr><th>감리 종목</th><th>범위</th><th colspan="2">주요 점검사항</th></tr>
<tr><td rowspan="2">6. 보호 및 양생</td><td rowspan="2"></td><td>처리방법</td><td>(입회) → 확인</td></tr>
<tr><td>처리내용</td><td>6-1. 양생방법은 미리 계획한 대로 유지한다.
(1) 양생에 멍석 등을 사용하여 우기일 때는 되면 오랫 동안 얼룩이 없어지지 않으므로 사용하지 말 것. 줄눈에 못을 박아 양생용 시트를 붙인다.
(2) 대리석의 연마면에는 판으로 덮는 양생방법이 좋다.(호분가루 등을 바르면 용해되어 광택이 없어진다)</td></tr>
</table>

제3장

미장공사(美裝工事)

3-1 미장공사 사전 점검사항

3-1-1 시공 전 준비사항 확인

1. 설계도 · 시방서를 검토한다.
2. 지정된 재료와 시공 전후 관련 공정을 확인한다.
3. 재료에 대한 품질시험을 확인하고, 시공업체에 대한 기술실적 및 기능자 보유를 조사 · 확인한다.
4. 시공요령서가 작성되어 있는지 확인하고 양중 및 소운반 계획을 검토한다.
5. 미장재의 보관방법이 완전하고 공기는 적절한지를 검토한다.
6. 동력, 용수, 전등, 가설설비계획 등이 수립되어 있는가를 확인한다.
7. 재료 혼련 기계의 능력과 작업환경, 작업장의 안전 등을 검토한다.

3-1-2 재료

1. 제조일자와 품질시험을 확인한다.
2. 재료의 입도, 불순물, 사용할 수질을 검사한다.
3. 안료의 유 · 무와 시멘트 혼화제를 검토한다.
4. ALC제품은 특히 표면처리제를 검토해야 한다.
5. 사용할 시멘트의 종류와 방수제, 착색제 등을 검토한다.
6. 내 · 외벽 미장에 앞서 하지(바탕)와 적응이 되는 재료인지를 검사한다.
7. 부재료인 메시 등의 재질에 대해 사전 검토하고 승인한다.

3-1-3 착수 전 바탕처리 점검

1. 콘크리트 하지의 평활면 처리, 콘크리트 이음 부분의 처리(방수처리 등) 하지를 점검하고조치한다.
2. PC, ALC, 석고플라스터의 하지처리를 점검하고 처리되어 있는지 확인한다.
3. 라스의 종류에 따라 시공바탕 처리는 확실하게 되어 있는가를 확인한다.
4. 이종(異種)하지 접속부의 균열, 박리 방지 조치는 충분한가를 확인한다.
5. 바름면이 들뜨지 않는지 검사하고, 수평 · 수직 상태 검사 및 새시, 출입문 등과 접하는 주변의 마감을 확인한다.
6. 양생과 안전대책을 확인한다.

3-1-4 바닥, 벽, 천장 재료별 시공의 공통사항

1. 시멘트 모르타르인 경우 하지의 레이턴스를 제거한다.
2. 기준먹놓기, 하지의 조정 · 마감 후 살수양생, 양생기간을 확인 및 지시한다.
3. 각 재료별 특성에 맞는 시공과 청소를 실시한다.
4. 인조석 갈기, 합성수지에멀션플라스터, 석고플라스터, 시멘트모르타르에 대한 초벌, 중벌, 마감시공과 양생방법을 확인한다.

미장공사의 기본 공정

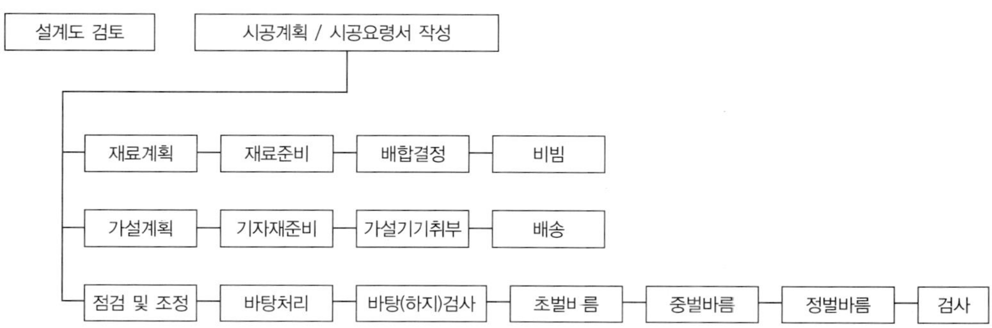

3-2 미장시공 관리 자료 및 감리 요점정리

3-2-1 관리 참고자료

1. 미장공사 공정

(1) 현장 미장공사 순서

1) 미장공사는 직접 인력으로 해결해야 하므로 일이 번거롭고 귀찮은 작업이지만 실패해서는 안 되는 작업이다.
2) 현장에서 작업순서는 재료를 반죽하여 소운반하고, 미장공이 바르는 순서로 작업이 진행되지만 스프레이(spray)작업 등 일부 특수한 경우는 전문업체에 의뢰하여 시공한다.

(2) 미장공사 공정 점검

1) 목공사의 문틀, 걸레받이, 천장선두름 등은 일반적으로 미장하지 않는다.
2) 선행 미장할 곳을 점검한다. 예를 들면
   ① 벽 하지 모르타르를 바른 다음 빗질자국을 내어 건조수축이 빨리 끝나도록 하고 마무리미장에 대비할 것.
   ② 바닥의 경우 나중에 각종 마감공사가 겹칠 경우 바닥이 충분히 건조되지 않아 바닥이 뜨는 경우가 있으므로 충분한 양생기간을 둘 것.
   ③ 계단실 미장의 경우 충분한 양생기간을 둘 것.
3) 벽면의 비계연결자국과 구멍 난 주위에 대한 조치
   ① 벽에 외부비계가 연결되었던 부분의 미장은 불룩 튀어나오지 않도록 보수할 것.
   ② 그외, 벽, 바닥의 중간 부분, 걸레받이 주위, 외부 부착철물 주위의 잘못된 곳을 보수할 것.

2. 미장공사시 주의사항

(1) 양생 및 안전대책

1) 공사 착수 전 근접하는 다른 부재 등의 마감면이 오염되지 않도록 적절한 방법으로 보양해야 한다.
2) 미장면의 오염방지 외에 조기건조로 인한 강풍이나 햇빛을 피하게 한다.

① 옥외에서는 시트(sheet)를 덮고 산수(散水) 등으로 양생한다.

② 내부 새시나 유리면에는 두터운 천 및 비닐시트, 폴리에틸렌필름 등으로 피복시킨다.

③ 바닥모르타르, 인조석갈기 등은 필요에 따라 물을 뿌려서 2~3일간 습윤상태로 양생한다.

3) 양생중 약 1주일 간은 우기로 인한 피해를 입지 않도록 한다.

4) 근접해 있는 건물이나 도로를 보양하는 안전대책을 수립하고 확인한다.

5) 바닥으로 떨어진 모르타르는 경화되기 전에 제거하고, 작업완료 후는 정리정돈, 청소를 실시한다.

(2) 한랭기, 서중기 공사에 대한 주의사항

① 시공하는 장소의 기온이 5℃ 이하일 때는 작업을 중지하고, 필요한 경우 적당한 보온을 하고 최소 5℃ 이상이 유지되도록 난방을 한 후 시공한다.

② 외부는 기온이 따뜻한 날을 선택하여 작업하도록 해야 하며, 야간에 동해를 입지 않도록 조기에 작업을 중지하여 양생한다.

③ 한랭기 시공에서는 조강포틀랜드시멘트를 사용하고, 흡수율이 적은 0.15mm 이하로 1~2%의 모래를 사용하는 것이 좋다.

④ 내한성이 강한 모르타르 접착증강제를 사용하면 동기(−3℃)에 시공이 가능하다.

⑤ 하절기에는 외부 미장 바름 두께의 급격한 건조로 시멘트의 수화반응을 얻을 수 없다. 이러한 드라이아웃 현상을 피하기 위해 햇빛이 강한 시기를 피하든가 시트(sheet) 등으로 피복하고 산수 · 양생한다.

(3) 천장 바르기 면적의 제한

① 콘크리트 슬래브(slab)에 직접 모르타르, 석고플라스터, 돌로마이트플라스터를 바를 경우 떨어질 우려가 많으므로 바르는 1구획을 4m×4m 이하로 할 것.

(4) 건물의 진동

장비 운전, 기계작동, 재료반입 시에 격심한 진동을 주어서는 안 된다. 특히 미장작업 시는 충분히 경화하기까지 주의해야 한다.

3. 하지(바탕)면 처리시 주의사항

1) 콘크리트, 콘크리트블록의 하지가 평활하지 않거나 돌출부 등은 보수하여 두께가 고르게 하지를 조정한다.

① 콘크리트의 경우는 거푸집 철거 후 바로 실시할 것.

② 된비빔 모르타르를 사용할 것.(1:2 용적비)

2) 벽이 25mm<보수범위≦50mm일 때는 용접철망을 하지에 고정시켜 탈락을 방지할 것.

3) 바닥모르타르를 바를 경우 하지의 레이턴스를 기계갈기 등으로 제거하고 물로 청소할 것.

4) 하지의 조정과 습윤상태 확인

① 하지를 청소하고 물로 씻은 후 시멘트페이스트 두께 1mm 정도로 바르고(또는 모르타르 접착증강제) 현저하게 고르지 못한 곳은 모르타르로 수정하고 표면에 빗살을 내어 둘 것.

② 바닥의 모르타르를 바른 경우 표면에 물이 고여 있는 상태에서 시공하면 박리의 원인이 되므로 주의할 것.

5) 하지 또는 바름면이 들뜨는 경우 균열이 발생한 경우에는 즉시 보수할 것.(제거한 부분은 기름, 먼지 등을 제거, 철저히 청소)

4. 미장재료 구성과 경화메커니즘

(1) 재료 구성

1) 결합재 : 바탕재료와 접착하기 위한 재료. 즉 포틀랜드시멘트, 석고플라스터, 소석회, 합성수지, 점토 등이 있다.

2) 골재 : 탄성을 유지하고 균열방지, 단열성, 흡음성, 흡수성 등을 개선하기 위해 사용하는 모래, 규사, 석분 등이 대표적이다.

3) 혼화재료

① 혼화재 : 소석회, 돌로마이트플라스터, 플라이애시, 황토, 석회석분 등

② 혼화제 : 수용성 수지, 감수제, 방수제, 응결조절제 등

혼화제는 AE제와 기타 혼화제를 혼합한 것일 때 사용량은 모르타르강도 등에 현저한 영향을 미치지 않을 정도로 사용해야 한다. 사용 바탕에 따라 하도용 혼화제(발포스티롤의 미세분말로 된 것으로 골재에 강력한 접착력이 있음)는 혼화제+시멘트에 물을 가하여 1분간 혼련시킨다. 효과로는 탄성에 의한 균열, 박리 방지에 유효하고, 바름 두께를 얇게 할 수 있어서 종전 모르타르의 약 1/3 정도 경량으로 가능한 이점이 있다. 또 폴리머디스퍼전(Polymer Dispersion) 모르타르 접착증강제가 있는데, 이의 특징은 다음과 같다.

a. 혼입형의 경우

㉮ 하지접착성이 강해 특히 장기간 접착강도가 보통 모르타르의 2배에 가깝다.

㉯ 유연성, 가소성이 있어 하지의 변형에 대응할 수 있는 탄성을 가지고 있다.

㉰ 방수성, 내약품성이 있어 흡수율이 적다.

㉱ 모르타르의 흡수량이 감소한다.

㉲ 모르타르의 백화현상을 줄일 수 있다.

b. 도포형의 경우

㉮ 콘크리트 하지에 다소 수분이 있어도 건조한 상태라도 좋으나 단, 포화수로는 불가능하므로 주의를 요한다.

㉯ 초벌모르타르는 바른 직후 작업이 가능하고 경화 후에도 가능하다.

4) 비드(Bead) : 시멘트모르타르의 두께를 조정하거나 모서리와 각진 부분 등의 파손을 방지하기 위해 사용하며 아연도금철재나 알루미늄재를 사용해 왔지만 최근에 와서는 철재의 녹슬음, 온도차에 의한 균열을 방지하기 위하여 고급 건축물에나 ALC 건축에서는 고강도 엔지니어링 플라스트 제품을 많이 사용하고 있다.

(2) 재료 메커니즘

1) 기경성 재료 : 석회, 돌로마이트플라스터, 섬유벽 등으로 물과 배합하여 수분 증발과 공기 중의 탄산가스와 반응하여 불용성 고화물을 형성하는 재료이다.

2) 수경성 재료 : 시멘트모르타르, 석고플라스터 등으로 물과 수화반응에 의해 고화물을 형성하는 재료이다.

5. 표준모르타르 배합

(1) 용적비에 의한 최소 배합비

바탕(하지)	시공장소	초벌 및 라스 붙이기	고름질 및 중벌(재벌)	정벌
		시멘트 : 모래	시멘트 : 모래	시멘트 : 모래
콘크리트	바닥마감 바르기	–	–	1 : 2.0~2.5
	내벽	1 : 2.5~3.0	1 : 3	1 : 3
	천장 · 처마	1 : 2.5~3.0	1 : 3	1 : 3
	외벽 및 기타	1 : 2.0~2.5	1 : 3	1 : 2.0~3.5
시멘트벽돌 및 블록	내벽	1 : 3	1 : 3	1 : 3
	외벽 및 기타	1 : 3	1 : 3	1 : 2.0~3.5

주) (1) 용적비에 대한 표준은 다음과 같다.
시멘트 : 포틀랜드시멘트 단위용적 중량비 1.2kg/ℓ 표건상태
모래 : 표면건조 포수상태인 표건상태의 용적
(2) 중 · 정벌바르기용 모르타르에는 포틀랜드시멘트 1에 대해서 소석회, 돌로마이트플라스터, 포촐란 등 무기질 혼화재를 0.1~0.3 정도 첨가하는 것이 좋다.
(3) 콘크리트 바탕면을 평활하게 하든가, 바닥면을 평활하게 하기 위해 시멘트페이스트를 바를 경우 조합은 시멘트 : 세사(가는 모래) = 1 : 1하고, 현장 시공장소와 시기에 따라 혼화제를 혼합한다.
(4) 정벌에서 소석회를 섞을 경우 내벽은 시멘트 : 모래 : 소석회 = 1 : 3 : 0.3, 외벽은 1 : 2 : 0.5로 한다.

(2) 기성 배합모르타르(레미탈, 유색시멘트, 석고플라스터, 돌로마이트플라스터, 회반죽, 단열 모르타르, 수지모르타르, 셀프레벨링재, 폴리머시멘트모르타르, 황토모르타르 등)는 공장가공 배합된 것을 사용한다.

(3) 모르타르 표준 바름 두께

바탕(하지)	시공장소	초벌 및 라스 붙이기	고르기	중벌 (재벌)	정벌	계
콘크리트 및 시멘트벽돌/블록	바닥	–	–	–	30	30
	내벽	6	5	6	2	20
	외벽	6	7	6	6	25

6. 마감면과 공법

(1) 규준 설정

1) 바닥인 경우

① 바닥마감의 경우는 바닥줄눈봉 상단을 기준으로 한다.(줄눈봉 설치의 간격은 실내 바닥은 @1.8m, 복도는 @3.6m 간격을 표준으로 함)

② 바닥 모르타르는 콘크리트 타설 후 가급적 빠른 시기에 착수한다. 기간이 오래 경과된 경우 시멘트페이스트를 바르고 빗자루로 충분히 문질러 바른다.

③ 줄눈이 없는 경우는 걸레받이와 병행하여 중간에 규준대를 놓고 불규칙한 면을 조정한다.

④ 최종 쇠흙손질은 모르타르 응결 개시 30~40분 전에 착수하고 흙손자국이 남지 않도록 마감한다.

2) 벽인 경우

① 중벌에서 돌출된 모서리나 개구부 주위 외에 평면벽에 적당한 간격으로 기준점을 설정하여 이를 기준으로 바른다.

② 그런 다음 불룩한 부분을 조정한 후 평탄한 면을 기준으로 하여 바른다.

(2) 흙손마감의 종류

1) 나무흙손마감 : 나무흙손으로 바르는 마감

2) 쇠흙손마감 : 나무흙손으로 바른 위에 쇠흙손으로 눌러 바르는 마감

① 정벌에서는 수분 흡수상태에 따라 응결 개시 30~40분 전에 흙손자국이 남지 않도록 마감한다.

② 중벌에서는 충분히 건조되었을 때 수분을 뿌려가며 평탄하게 고른 다음 평활하게 바른다.

3) 솔질 마무리 : 먼저 나무흙손으로 바른 후 가능한 솔에 물이 없도록 하여 솔질로 거친면 마감을 하는 것.

(3) 바르는 공법과 횟수

1) 1회 바르기

① 콘크리트면인 경우 바탕면이 정밀하여 평활도가 좋다면 벽마감은 두께 10mm 정도로 1회 미장마감이 가능하다.

② 바탕(하지)면에 시멘트페이스트를 눌러 바른 경으 수분상태를 확인한 후 바로 이어서 정벌 바르기를 한다.

2) 2회 바르기

① 건물의 규모, 마감 상태가 현저히 좋고 마감벽 두께가 20mm 이하일 때는 초벌 바르기를 한 후 중벌(재벌) 바르기를 생략하고, 정벌 바르기로 마감한다.

② 하도 위에 정벌로 마감할 경우 하도의 수분이 빠지는 것을 보아 고름대로 고르고 정벌 바르기를 한다.

③ 수분이 빠지는 정도를 보아 당일 중으로 정벌 바르기를 하는 것이 좋다.

(4) 쇠흙손마감면의 점검

① 마감면은 광선을 사선으로 비추어 쇠흙손자국, 얼룩, 겹친 곳 등이 없는지 점검한다.

② 모서리, 수평면을 걸쳐 연속설치된 새시, 출입문틀, 걸레받이, 회랑 등이 일정하게 되어 있는지를 점검한다.

(5) 솔, 빗질마감면의 점검

평탄한 나무 고름대를 이용하여 균질하게 바름이 되었는지를 점검한다.

(6) 미장 후의 양생

바른 후 2~3일 간은 비닐시트 또는 폴리에틸렌 필름 등으로 통풍을 억제하고, 습윤한 상태가 유지되도록 하지 않으면 균열이나 박리의 원인이 되므로 주의해야 한다.

(7) 모르타르 미장면의 점검

① 표면에 쇠흙손자국, 균열(수축균열, 망상균열, 모상균열), 박리, 불경화, 변환, 백화 발생 등이 없는가.

② 지정된 물구배가 잘 되어 있는가.

③ 나무망치 등의 기구를 이용하여 소리음으로 미장면에 들뜸은 없는지를 확인한다.

7. 미장줄눈과 균열 방지

(1) 줄눈

① 신축줄눈 또는 유도줄눈은 줄눈봉을 눌러 끼우는 방식, 파내고 합성수지 제품의 줄눈을 매입하는 방식을 사용하지만, 단순한 구조에서는 V커트 홈파기로 마감하기도 한다.

② 외벽 마감시 문틀과 연결 부분, 지붕, 발코니, 외벽을 관통하는 파이프 주위, 드레인 주위 등은 홈을 파서 실링재(sealing compound)로 충전하기 위해 9mm 정도로 줄눈을 파놓는다.

③ 미리 줄눈봉을 설치하여 미장한 마무리 후, 줄눈봉을 빼내고 줄눈을 마무리하는 것이 번거롭다고 느끼는 경우, 미장을 마감한 후 커트로 파내는 경우도 있다. 이때는 미장면 하지까지 깊이 파야 하는데, 주의해야 한다.

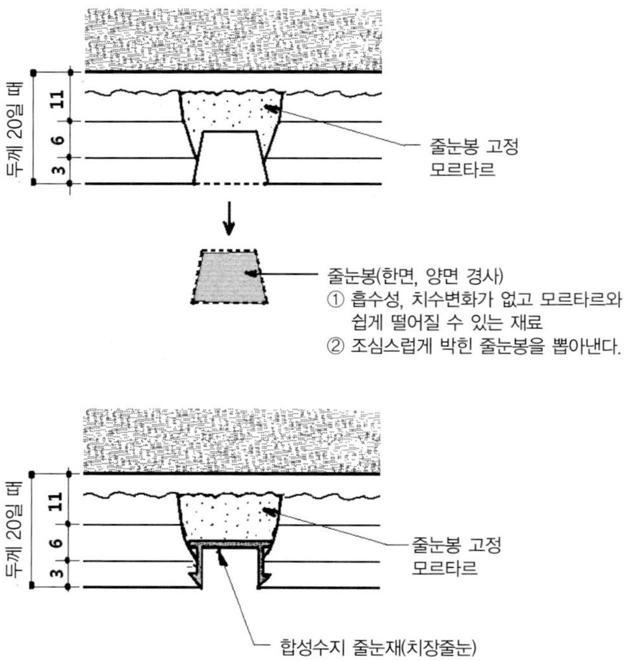

a. 벽 신축줄눈의 경우

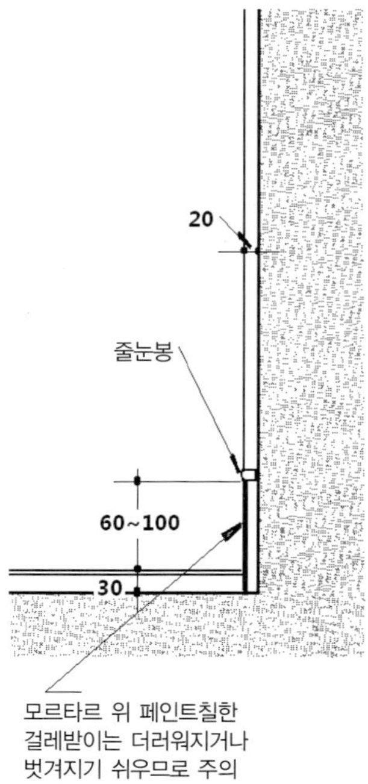

b. 걸레받이 분리

[벽 신축줄눈]

(2) 미장면 균열 방지

① 서로 다른 바탕의 접속부 균열에 대한 방지처리

콘크리트나 시멘트벽돌(블록)과 철골조의 라스바탕 등은 구조가 달라서 진동변화에 대한 무브먼트(movement)로 반드시 균열이 발생한다. 따라서 하지에서 절연줄눈을 설계하든가, 신축을 고려한 마감을 해야 한다.

② 콘크리트 이어치기면에 대한 처리

미장을 바르는 것만으로는 균열을 방지할 수 없다. 콘크리트 타설시 이 부분에 줄눈을 설치하든가, 용접철망(와이어 메시) 등을 삽입하여 보강할 필요가 있다.

③ 개구부, 터지고 들뜨는 균열 방지

개구부와 기타 부분이 터지고 들뜨는 균열 방지는 메탈라스, 유리섬유 등으로 고름질한 후 재벌층을 바른다.

8. 균열 파손 부분은 시공도면으로 점검

(1) 미장의 균열 파손이 생기기 쉬운 부분은 다음 그림과 같다.

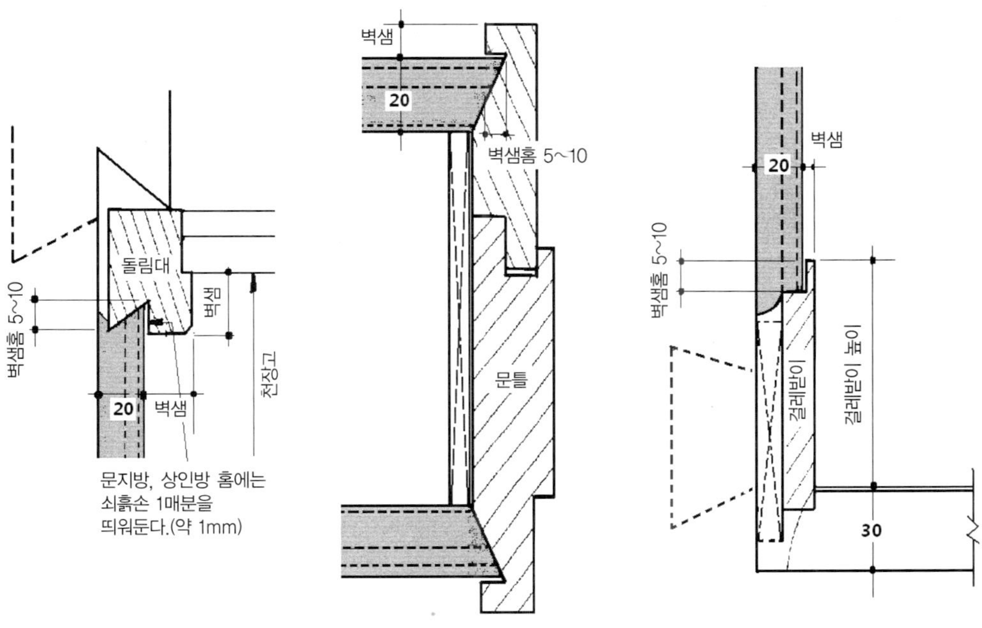

(a) 돌림대 (b) 문틀 (c) 걸레받이

9. 바닥콘크리트의 올바른 흙손마감 요점

(1) 쇠흙손 마감 횟수

종별	쇠흙손 횟수		적요
	쇠흙손	나무흙손	
A종	3	1	가이드레일 평행자 사용
B종	2	1	–
C종	1	1	

단, 동력회전식 쇠흙손을 사용하여 시공할 경우에는 A종 및 B종의 횟수를 1회씩 감한다.

(2) 모르타르마감

1) 벽 미장마감의 요점

① 기둥류, 출입문틀, 걸레받이, 새시 등의 위치를 정한 후에 마감에 문제가 발생하면 걸레받이, 출입문틀, 돌림대 등의 단차를 맞춰놓고 기둥의 돌출모서리, 안모서리를 수직으로 조성한 다음 걸레받이, 돌림대 등을 조금씩 조정하여 마감한다.

② 넓은 면적을 바를 경우에는 기준자를 이용하여 평활하게 바른다.

2) 바닥 모르타르마감의 요점

① 콘크리트면을 하루 전 정도 충분히 물을 주어 습윤한 상태로 만든다.

② 마감면을 표시하는 수평실을 설치한다.

③ 수평실에 따라 주행하는 수평기준자를 모르타르로 고정시킨다.

④ 장치를 고정시키고 기준자를 주행기준자에 따라 균일하게 밀고 나간다.

⑤ 나무흙손으로 평활하게 한 다음, 사용한 기준자를 이용하여 고른다. 보충용 모르타르를 채워가면서 균일하게 바른다.

⑥ 물 흡수상태를 보아 가면서 쇠흙손으로 광택이 날 때까지 여러 번 문지른다.

⑦ 특히 벽가장자리에서 도려낸 부분은 걸레받이 불량을 가져올 수 있으므로 주의를 요한다.

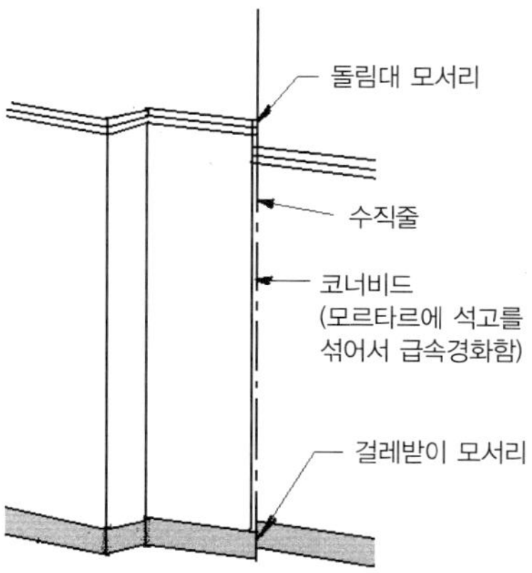

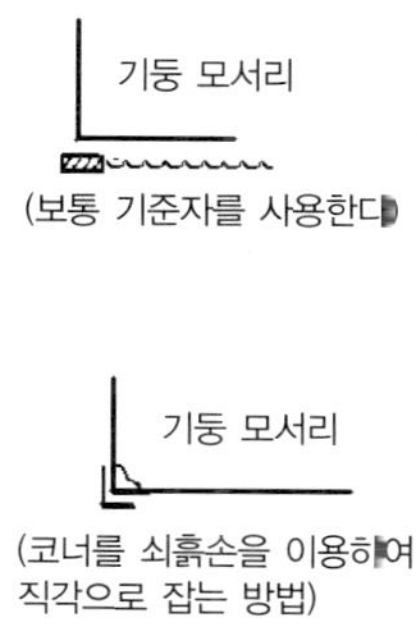

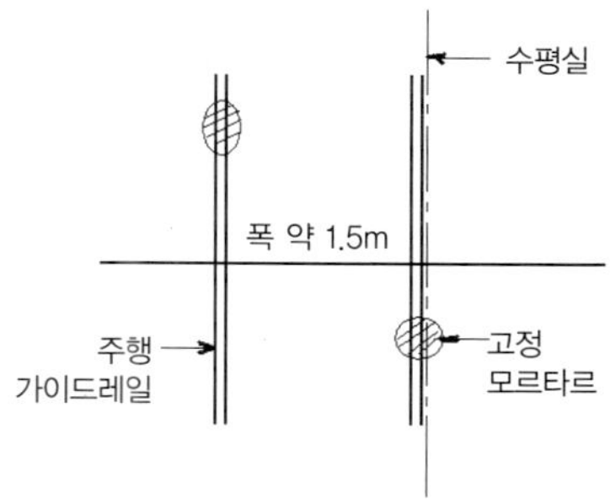

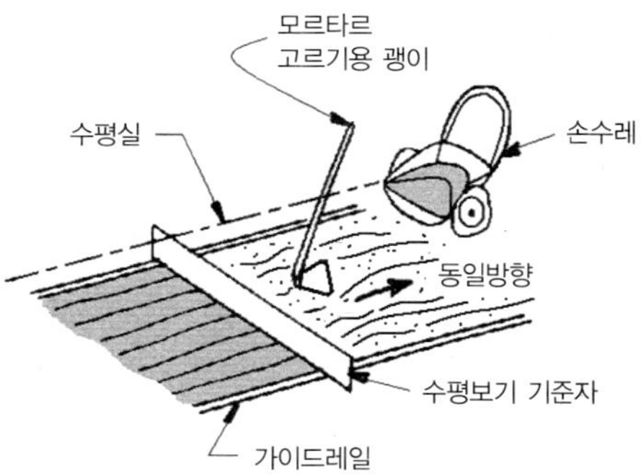

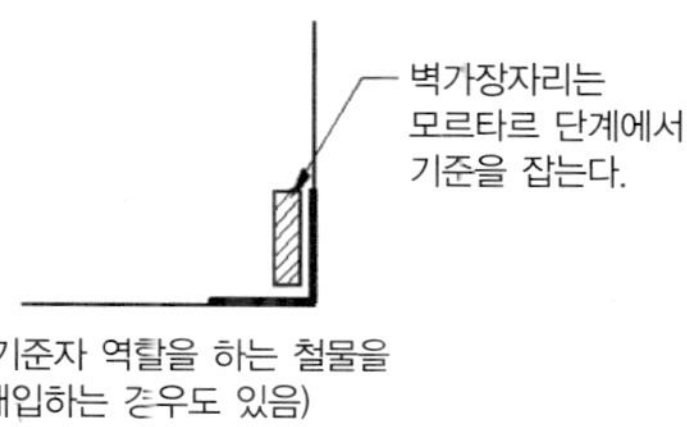

10. 고분자합성재 바닥과 셀프레벨링(self-leveling) 바닥재

(1) 고분자합성재 바닥 바르기

방진성, 탄력성, 내수성, 내약품성 등을 목적으로 하는 바닥 바름재로 에폭시계, 폴리에스테르계, 폴리우레탄계 등에 잔모래와 안료를 혼합하여 시공한다.

① 배합비율은 제조사에 따른다.

② 충분한 건조가 필요하며, 바탕면의 레이턴스, 녹, 기름 등을 제거해야 한다.

③ 프라이머를 바르고 롤러 또는 쇠흙손으로 평탄하게 바른다.

④ 모르타르는 흙손으로 두껍게 바르고, 정벌바름은 솔 또는 롤러로 균등하게 바른다.

(2) 셀프레벨링 바닥 바르기

자체 유동성이 있어 모르타르 스스로 편평한 표면을 만드는 바닥재이다. 석고계와 수지시멘트계가 있다. 석고계는 내구성이 약하고 수지시멘트계는 건조수축균열에 큰 결함이 있다. 시공시 실내온도가 낮은 경우 양생중 크랙, 들뜸 등의 하자가 발생하므로 주의해야 한다. 특히 수지계가 심하게 발생한다.

① 현장 시공시 가공재료를 물과 배합할 때는 제조사에 따른다.

② 콘크리트면에 부착된 레이턴스, 유지분, 돌출부는 그라인더로 갈아 제거하고, 양생한 후 전체 면에 충분하게 프라이머를 도포한다.

③ 프라이머 도포 후 대개 24시간 내에 셀프레벨링재를 가사시간(open time) 내에 시공한다. 재료를 부으면서 바로 수평기준대를 이용하여 골고루 퍼지게 한다.

④ 셀프레벨링재 두께는 일반적으로 10mm 정도를 최대치로 한다.(경우에 따라 15~20mm까지 가능하지만 너무 두꺼우면 균열 발생의 원인이 됨)

11. ALC 외벽 미장재

ALC의 단점을 보완하지 않고서는 쾌적하고 내구성 있는 건물을 지을 수 없다. 특별한 외단열공법으로 외벽을 마감하지 않을 경우에는 대부분 미장으로 마감하고 있는데, 이때 ALC를 사용한 외벽 미장재로는 수지미장재나 기타의 마감재를 사용하고 있으나 적합하지 않은 재료가 대부분이다. 따라서 이런 재료를 사용한 외벽은 일정기간이 지나면 균열로 인한 외벽면 파열이 발생되고 있다.

ALC는 연질의 재료이다. 그러므로 이 연질의 재료와 잘 맞는 재료는 현재로서는 독일 알세코(Alsecco)사에서 개발한 '알시톱' 및 이와 유사한 수입제품이다. '알시톱' 등의 미장재가 국내에서 수입 사용된 지 15년이 경과하였으나 이의 사용을 잘 모르고 있는 실정이다. ALC 전용 마감재인 알시톱(Alsitop)은 경량의 마감재로서 마감재의 두께가 10mm이지만 단위사용량은 총 8kg/㎡에 불과하여 작업이 용이할 뿐 아니라 매우 경제적인 마감재이다. 폭우에도 우수한 발수성능을 발현할 뿐 아니라 습기를 이동시키는 투습성능도 매우 탁월하여 ALC 내부의 높은 습기를 빠른 기간 내에 건조시키는 놀라운 성능을 보유하고 있다.

ALC 벽체가 건조해지기 때문에 습기로 인한 문제, 즉 결로, 곰팡이 발생 등의 여러 가지 문제를 방지할 수 있다. 실내의 경우는 전용 초벌마감재인 '인텍S'(바름 두께 4mm 정도), '스토레벨 인' 등을 같이 사용하면 더욱 탁월한 효과를 얻을 수 있다. 또한 알시톱(Alsitop) 마감재의 내부에는 미세한 섬유가 혼합되어 있어 ALC벽체의 균열 발생에도 매우 탁월한 성능을 지니고 있다.

(1) 외벽 바탕면 바르기 (초벌)

알시톱 초벌 바르기는 5mm를 바르도록 되어 있으나 벽면의 정밀도에 따라 약 5~6mm를 바른다. 시공 전 창호 주변에는 창문비드를 설치하고 전용 코너비드(엔지니어링 플라스틱제품)를 두께 10mm에 맞추어 설치한다. 이때 사각 전용 못을 사용하여야 못이 빠져서 비드가 탈락하는 하자를 방지할 수 있다. 또 창호 주위에는 유니버설 메시를 부착하고 초벌을 바른다. 코너비드는 국내산 아연제품를 사용하는 경우가 있는데 시간이 지나면 녹이 발생하고 코너 부분에서부터 미장재를 균열, 탈락시키는 문제가 발생하므로 재료 선정에 주의를 필요로 한다(아연재 코너비를 사용해서는 안 된다).

(2) 정벌 바르기

외벽 정벌마감은 초벌을 바른 후 1일 이상 경과한 후에 나머지 두께를 평활하게 바른다. 이때 지정된 질감(texture)으로 마감하기도 한다. 특히 정벌마감 후에 별도의 도장이나 마감이 필요하지 않다. 즉 바르고 나면 표면마감이 완료된다. 또 실내의 경우에는 국내산 석고 플라스터 바르기를 해도 무방하지만 강도가 약한 점이 흠이다.

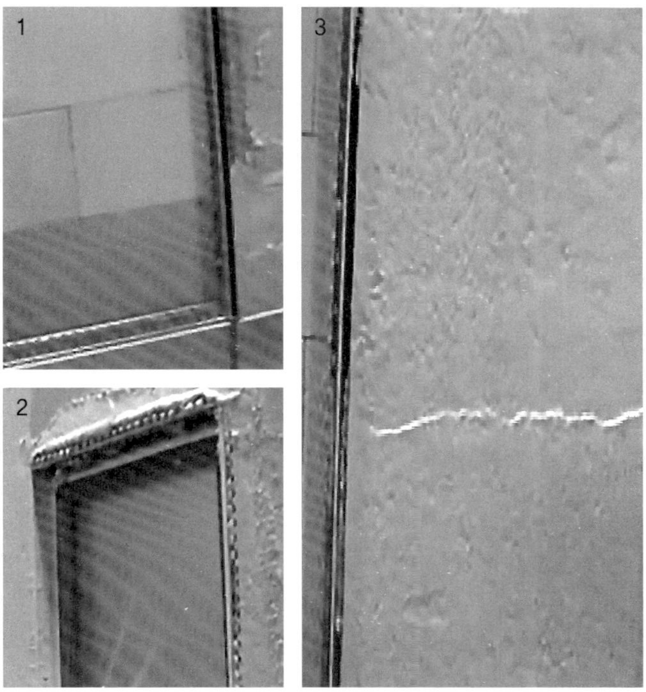

외부 알사톱 미장공사를 하기 전에 창문비드와 코너비드를 설치하고 초벌 바르기를 한다.
(1, 2 창문비드 설치, 3. 코너비드 설치)

미장공사 감리공정 사례

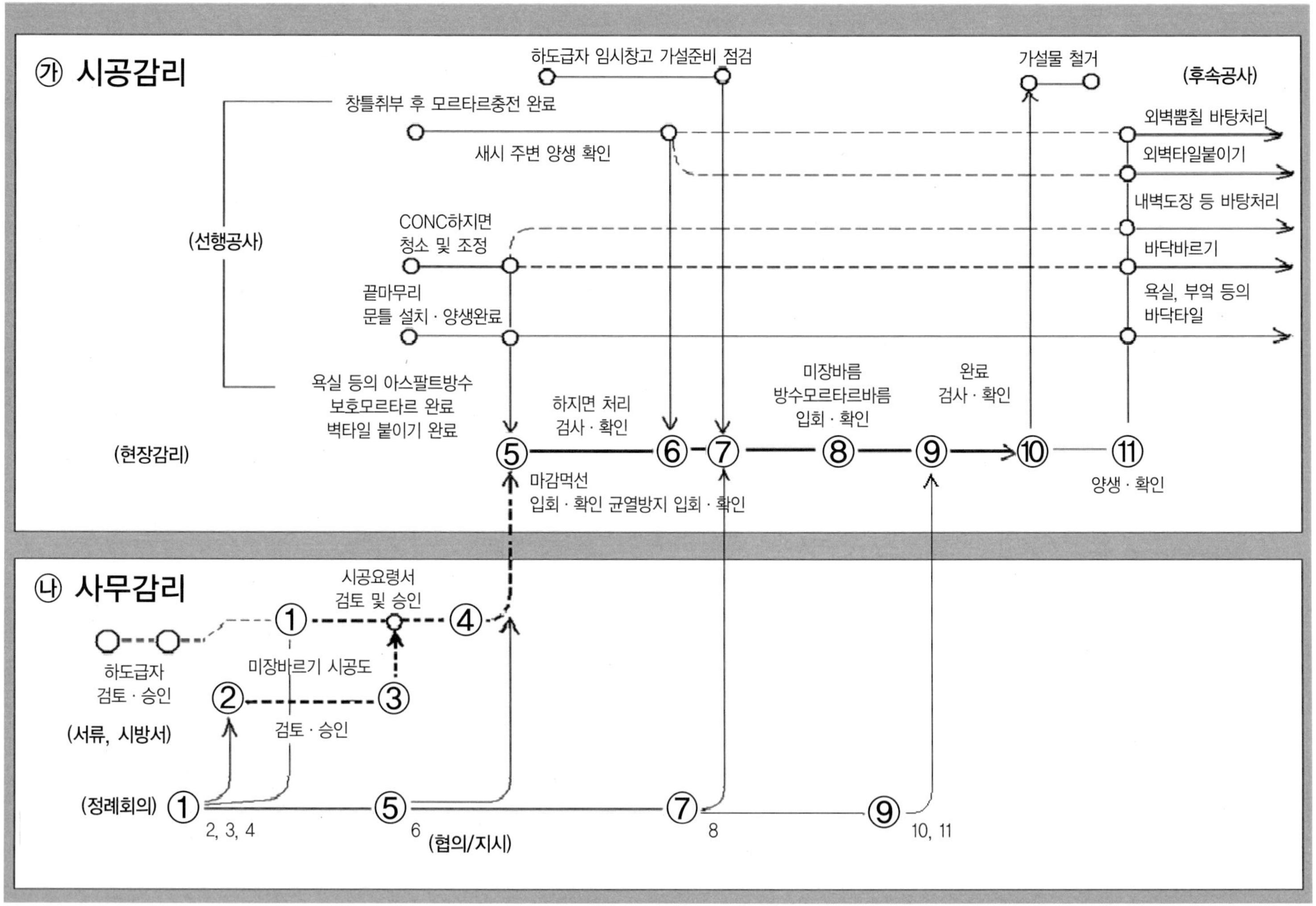
㉮ 시공감리
하도급자 임시창고 가설준비 점검
가설물 철거
(후속공사)
창틀취부 후 모르타르충전 완료
새시 주변 양생 확인
외벽뿜칠 바탕처리
외벽타일붙이기
내벽도장 등 바탕처리
바닥바르기
욕실, 부엌 등의 바닥타일
(선행공사)
CONC하지면 청소 및 조정
끝마무리 문틀 설치 · 양생완료
욕실 등의 아스팔트방수 보호모르타르 완료 벽타일 붙이기 완료
하지면 처리 검사 · 확인
미장바름 방수모르타르바름 입회 · 확인
완료 검사 · 확인
(현장감리)
마감먹선 입회 · 확인 균열방지 입회 · 확인
양생 · 확인
㉯ 사무감리
시공요령서 검토 및 승인
하도급자 검토 · 승인
미장바르기 시공도
검토 · 승인
(서류, 시방서)
(정례회의)
2, 3, 4
6
(협의/지시)
8
10, 11

3-3 #별표, 미장공사 감리 주요 점검사항

감리 종목	범위	주요 점검사항	
1. 시공요령서		처리방법	(검토) → 승인
		처리내용	1-1. 재료를 확인한다. (1) 시멘트류는 반드시 KS제품을 사용한다. 1) 바닥용 : 보통 포틀랜드시멘트를 사용 2) 벽용 : 보통시멘트 외에 실리카 시멘트, 고로시멘트를 사용하고 있다. 3) 혼합시멘트를 사용할 때는 혼화재를 사용해서는 안 된다. (2) Plaster류는 KS제품을 사용한다 1) 제조 후 6개월 이상 경과한 것은 사용하지 말 것. 2) 석고보드 위에 바를 경우 하도 바르기는 보드 전용 플라스터를 사용할 것. (3) ALC는 ALC전용 플라스터를 사용한다. 1) ALC에는 수지제시멘트를 사용하지 말 것. 2) 제조 후 6개월 이상 경과한 자료는 사용하지 말 것. (4) 모르타르 접착증강제(도포형, 혼화형)를 사용할 경우 제조메이커를 확인할 것. (5) 사용재료 제조년 · 월 · 일과 보관상태에 대해서 점검한다. 1-2. 배합계획을 확인한다. (1) 재료 배합장소는 적절한가.(모래, 먼지, 이수 등이 혼합되지 않는 장소) (2) 재료의 공급 방법을 점검한다. 1) 가수 후 가사시간을 지킬 것. (3) 사용장소, 하지의 종류, 시공시기, 시공방법, 마감종류에 따라 각각 배합비를 결정하고 지시된 사항이 이행되고 있을 것. (4) 배합표에 따라서 혼화제, 사용장소, 혼합량을 확인할 것. 1) 합성수지, 합성고무에멀션 등의 혼화제는 혼련 후 가사시간을 지킬 것. 2) 바르는 각 층별로 (초벌, 재벌, 정벌) 배합이 다르므로 중벌용을 하도로 사용하지 말 것. 3) 바닥모르타르에는 혼화제를 사용하지 말 것. (5) 배합 및 시공년도를 확인한다. (6) 사용할 기계의 능력과 공정을 검토한다. 1-3. 반죽상태를 확인한다. (1) 반죽해둔 것이 2시간 이상된 것은 사용하지 말 것. 1-4. 쇠흙손 바르는 상태를 확인한다. (1) 개구부 주위 등에 공극이 생기지 않도록 쇠흙손을 충분히 눌러서 바를 것. (2) 견본 바르기를 실시할 것. 1-5. 바르는 두께를 확인한다. 1-6. 한랭기, 서중기 시공시 주의사항을 확인한다. 1-7. 바르는 층의 양생과 건조기간을 지키고 있는지 확인한다. (1) 초벌 바르기는 2시간 이상.(혼화제가 들어 있으면 1시간 이상) (2) 재벌 바르기 두께가 9mm 이상이면 3~5일 이상, 두께가 5mm 정도면 2일 이상으로 할 것. (3) 정벌 바른 후 경화되면 적당히 환기시키고, 건조시킬 것. 1-8. 작업원의 배치와 시공범위(면적)를 확인한다. 1-9. 양생과 안전대책을 확인한다.

감리 종목	범위	주요 점검사항	
2. 설치마감 시공도		처리방법	(검토) → 승인
		처리내용	2-1. 새시, 출입문틀 등 기타 미장과 접합되는 재료에 대한 마감을 확인한다. 2-2. 줄눈나누기, 줄눈마무리를 확인한다.
3. 하지(바탕)면 처리		처리방법	(검토) → 승인
		처리내용	3-1. 미장 두께가 고르지 않은 곳이 없도록 하지처리를 확인한다. (1) 콘크리트, 콘크리트블록 등에 미장할 경우 동절기(5℃ 이상일 때)에는 14일 이상, 하절기에는 7일 이상 건조기간을 두고 초벌바르기를 하였는가. (2) 바르기 두께는 1회 9mm 이하(6~7mm), 최대 25mm로 할 것. 25mm 이상일 때는 보강근을 삽입하고 건조기간을 두고 매회 같은 방법으로 바른다. (3) 초벌 바름 또는 메시(라스) 먹임한 곳은 2주 이상 방치하여, 바름면에 균열 등의 결함을 발생시킨 후 보수한 다음 재벌 또는 정벌로 마감한다.(바탕 고름질은 바름 두께가 너무 두꺼울 때 하고, 초벌 바름처럼 방치기간을 둠) 3-2. 바탕 콘크리트나 모르타르에 균열이 있는 경우에는 그 부분을 V커트하여 보수 · 조정하고 경화 후 초벌을 바른다. 3-3. 비계받침판(연결부) 등 제거 부분을 확인한다. 3-4. 바탕면의 레이턴스, 유지분, 먼지 등을 완전히 제거하고 청소를 충분히 한후 물로 씻는 것을 확인한다. (1) 외벽 콘크리트면 등은 1~2일 전에 물로 씻어둔다.(바르기 직전에 물을 뿌리는 것은 처짐이 생기고, 부착 불량을 일으킴) (2) 실내에서 콘크리트벽이나 콘크리트 블록벽의 하지 및 모르타르, 플라스터류의 초벌바르기는 청소를 하고 반드시 적정한 수분을 갖도록 한다.(적절한 수분이 남을 때까지 적심) 3-5. 콘크리트면이 평활하면 표면을 거칠게 하든가 또는 용적비로 시멘트 1 : 모래 1에 수용성 고분자혼화제를 적당량 넣은 모르타르를 얇게 뿌리고 경화시켜 거친 바탕을 만든다. 3-6. 모르타르 접착증강제를 바를 경우 바른 후의 하지는 흡수성이 저하되기 때문에 된비빔모르타르로 시공한다.(흡수성이 너무 강한 하지에는 접착증강제를 2번 정도 바름) 3-7. 콘크리트 하지인 경우 확인할 사항 (1) 거푸집 철거 후 이어치기 부분의 공극, 곰보가 난 곳에는 꼼꼼하게 모르타르를 충전하고, 거푸집 잘못에 의한 돌출부와 긴결재로 사용했던 철선 등을 제거하여 미장 바르기에 적절한 조치가 되어 있는가를 확인할 것. (2) 외벽에서 이어치기로 생긴 Cold조인트, 세퍼레이터로 사용한 파이프 구멍, 새시 주위에 비바람으로 인해 우수의 침입이 우려되는 곳에는 실링 또는 시멘트방수 등의 처리를 한다. (3) 콘크리트 표면에 경화 불량, 기타 강도에 영향을 미치는 것이 있으면 와이어브러시 등으로 제거하고, 깊은 경우에는 파내고 모르타르로 충전한 후 빗살자국을 만든다. 3-8. 콘크리트블록 벽면 하지의 경우 확인할 사항 (1) ALC 등의 경량블록은 건조수축이 크기 때문에 조적시 가급적 빨리 초벌바르기를 하고 장기간 방치시켜 둔다. 3-9. 메탈라스, 라스보드 바탕일 때 확인할 사항 (1) 부착의 상태, 시공 잘못, 돌출 등이 없는지를 확인할 것.

감리 종목	범위	주요 점검사항	
4. 마무리 먹매김		처리방법	(입회) → 확인
		처리내용	4-1. 수평 · 수직 창틀의 중심 등에 기준선을 정하고 마무리 바름 두께의 먹선을 놓아 확인한다. 4-2. 줄눈나누기와 시공 방법을 확인한다. (1) 경화 후 제거한 줄눈봉 (2) 치장 줄눈봉 (3) 바른 후에 홈을 파서 만든 줄눈(토준줄눈) 4-3. 외부 혹은 물을 사용하는 실내의 바닥 물구배에 유의해야 한다. 4-4. 방수보호층에 신축줄눈을 설치할 경우는 동일한 위치에 보호모르타르의 줄눈봉을 설치한다.
5. 균열방지		처리방법	(입회) → 확인
		처리내용	5-1. 콘크리트 이어친 면을 점검한다. 5-2. 쇠흙손으로 바르는 모르타르나 뿜칠, 라스를 붙일 경우에는 세로줄눈을 @3m마다 설치한다. 5-3. 이질재 접합부 하지에 줄눈이 설치되어 있는지를 확인한다. 5-4. 콘크리트 블록벽 하지일 때는 키워놓은 루핑에 따라 세로줄눈이 설치되었는지를 확인한다. 보통 경량블록의 경우 약 @2m마다, 중량블록인 경우 @3m마다 설치한다. 5-5. 개구부 주변처럼 균열이 생기기 쉬운 곳을 점검한다. (1) 시멘트 모르타르 바르기에는 메탈라스를 붙이고, 플라스터 등에는 포상(布狀)의 라스를 붙인다. (2) 문틀 및 창틀 주위는 세로줄눈을 설치하는 것이 좋다. (3) 목재로 제작된 주위에는 약 1mm(쇠흙손 1매 두께) 틈을 만든다. 5-6. 균열에는 바탕의 수축에 의한 지도상 균열, 건조불충분으로 인한 망상균열, 급격한 건조로 인한 모상균열이 있고, 구조체의 부동침하, 외력이나 바탕의 불량, 바름두께의 불균일, 라스 겹침 불량 등으로 인해 발생하므로 각 공정을 면밀하게 검사해야 한다.
6. 미장바르기		처리방법	(입회) → 확인
		처리내용	6-1. 공통 사항 (1) 원재료의 확인, 견본품으로 재질과 색상을 확인한다. (2) 미장 두께와 최종 마무리 두께를 확인한다. (3) 미장마감의 종류를 확인한다.(예 쇠흙손마감, 나무손마감, 뿜칠마감 등) (4) 건조방치기간, 전체 공정을 점검한다. (5) 작업할 주변의 상태(진동, 먼지 등), 다른 공사와 겹친 곳 등이 없는지 확인한다. 6-2. 콘크리트 바닥 표면 고르기 마감의 점검 (1) 수평 및 구배를 확인할 것. 콘크리트 타설 전에 설치된 가이드레일 또는 마감 높이를 표시하는 기준 설정을 확인할 것. (2) 고르기용 규준대를 확인할 것. 가이드레일 또는 기준 높이를 정확하게 보지(保持)하고 있는지 확인할 것.

<table>
<tr><th>감리 종목</th><th>범위</th><th colspan="2">주요 점검사항</th></tr>
<tr><td rowspan="2">6. 미장바르기</td><td rowspan="2"></td><td>처리방법</td><td>(입회) → 확인</td></tr>
<tr><td>처리내용</td><td>(3) 쇠흙손 마감의 정밀도와 양생을 확인한다.
1) 마무리하면서 시멘트, 모르타르, 물 등을 표면에 뿌리지 말 것.
2) 표면이 굳어지는 것을 확인하면서 초벌, 재벌, 정벌의 소요 정밀도로 마감할 것.
3) 방수하지는 강도를 봐가면서 물을 산포할 것.

6-3. 바닥 모르타르마감의 점검
(1) 된비빔으로 쇠흙손 마무리한다. 줄눈은 종 · 횡 모두 약 @2m 정도에 설치한다.
(2) 이어바르기는 줄눈이 있는 곳에서 하여 건조수축으로 인한 균열 발생이 없도록 한다.

6-4. 벽 모르타르바름 점검
(1) 바르는 방법을 확인한다.
1) 1회 바르기, 2) 2회 바르기, 3) 3회 바르기
(2) 초벌 바르기 혼화재를 이용한 3회 미장을 점검한다.(접착제 도포는 초벌 바르기가 아님)
1) 바르기 30분 전에 물 뿌리기를 할 것.
2) 물이 흡수되면 바르기 시작할 것. 바르는 두께는 3~5mm 정도로 하고, 빗살자국을 낼 필요는 없다.
3) 바르기한 다음날 바름면에 충분히 물을 뿌려 양생할 것.
4) 재벌바르기를 하기까지 양생기간은 최소한 1주일 정도로 할 것.(재벌바르기 전에 필히 물뿌리기를 실시함)
5) 재벌, 정벌 바르기의 두께는 각각 10~15mm로 할 것.
(3) 3회 바르기에서 재래방식 점검
1) 초벌 바르기 및 고름질 점검
① 초벌 바르기 후 14일 이상 방치한다.
② 시멘트페이스트 또는 수지접착제를 도포했을 때는 바로 이어서 모르타르를 바르고 쇠흙손으로 빗살자국을 낸다.(기복이 심한 곳은 재벌을 바르기 전에 메우고 바름)
③ 들뜬 곳이 있는지를 확인하고 재벌을 바른다.
2) 중벌(재벌) 바르기 점검
① 파낸 부분의 구석, 모서리 등은 형판을 사용하여 떨어진 부분을 재벌 전에 올바르게 고쳐 바른다.
② 기준자를 따라 바르면서 적당히 건조한 상태를 보아가면서 나무흙손으로 평탄하게 바른다.
③ 초벌, 중벌에서는 거친모래를 사용한 빈배합으로 한다. 눈에 띄지 않을 정도의 미세한 균열로 분산시킨다. 즉 거친모래 사용, 시멘트를 많이 사용하지 않고, 바름 두께를 두껍지 않게 하고 급격한 건조를 피한다.
3) 정벌 바르기 점검
① 중벌의 물 흡수상태를 보아가면서 바른다.
② 면의 보수한 곳에 주의하면서 쇠흙손자국, 처짐, 들뜸이 없도록 주의해서 바르고 1~2일 습윤한 상태를 유지시킨다.</td></tr>
</table>

감리 종목	범위	주요 점검사항	
6. 미장바르기		처리방법	(입회) → 확인
		처리내용	4) 방치시간 점검 바탕(하지)처리-(14일 이상) → 초벌 바르기(고름질)-(14일 이상) → 중벌(재벌) 바르기-(흡수상태를 보아가면서) → 정벌을 바른다. (4) ALC벽면의 경우에는 반드시 내·외부 전용 미장재를 사용하여 바른다.(국내산 : ALC제조사 전용재 및 화이트플라스터, 에코플라스터, 수입산 : 알시톱, 스토릿 k, 스토레벨 노브, 스토레벨 인, 인택 S 등이 있음)
7. 방수모르타르 바르기		처리방법	(입회) → 확인
		처리내용	7-1. 방수모르타르 시공장소를 확인한다. (1) 외부 1) 외벽에 설치되는 창틀, 출입문, 환기구 등의 틀과 콘크리트 사이의 채움 모르타르 2) 모르타르로 마감되는 패러핏의 두겁대, 처마 주위 3) 외부계단의 바닥, 치올림, 걸레받이 등 (2) 내부 1) 화장실, 욕실 등의 가구 주위 처움 모르타르 2) 탕비실 등에 사용하는 장척 비닐시트, 비닐아스타일 등의 하지 균질 모르타르 3) 기계실, 물탱크실, 오일탱크실 등의 바닥 고름 모르타르 7-2. 방수모르타르 바르기 점검 (1) 방수제는 건축용 시멘트 방수제도 KS에 합격한 것을 사용한다. (2) 모르타르의 배합(용적비)은 시멘트:모래=1:2를 표준으로 한다. (3) 바르는 두께는 20mm 정도로 하고, 1회 바름두께는 10mm 이하로 바른다. 1) 콘크리트면을 물로 깨끗이 씻을 것. 2) 접착제 시멘트페이스트를 콘크리트면에 솔로 잘 바를 것. 3) 기준선에 따라 나무흙손으로 재벌을 바르고 빗살무늬를 내어 정벌 바르기를 준비할 것. 4) 정벌을 바를 것.(쇠흙손 사용)
8. 미장공사 완료		처리방법	(검사 → 확인
		처리내용	8-1. 바닥 모르타르 바르기 확인 (1) 마감면의 평활도 검사 (2) 미장 후 양생상태 점검 8-2. 벽, 천장 모르타르면 확인 (1) 쇠흙손 정밀상태 검사 (2) 솔질마무리면의 상태 검사 (3) 비계연결 지점의 흔적, 기타 잘못된 곳에 대한 조치가 완료되었는지를 재검사

제4장

도장공사(塗裝工事)

4-1 도장공사 사전 점검사항

4-1-1 시공전 일반사항 확인

1. 설계도 · 시방서를 확인했는가.
2. 시방서 내용에 따라 도장재료와 공법이 입지조건과 소지 부위와 적합한가.
3. 시방서에 따라 시공계획서가 작성되어 있는가.
4. 도장업체의 관리상태, 기능공 자격 등이 조사되어 있는가.
5. 사용하는 도장재가 KS규격 인증을 받은 것인가.
6. 마감색상, 광택, 표면모양(Texture)의 견본은 잘 보관되어 있는가.
7. 사용하는 도장재의 규격번호, 규격명칭, 종류, 제조년 · 월 · 일, 부호 등을 확인하였는가.
8. 도장공정과 도장재의 사용방법, 건조방법, 주의사항을 확인하였는가.
9. 지정한 색, 광택 등이 제조사와 협의한 제품으로 도장면적에 충분한 소요량의 도장재가 반입되어 있는가.
10. 도장시의 온도, 습도가 적절하게 정리되도록 되어 있는지, 보관제품에 대한 온 · 습도 등에 대한 기록이 유지되고 있는가.
11. 현장에 보관된 도장재료는 소방법에 따라 합당한 장소에 보관되어 있는가.
12. 유기용제나 독극물 함유 표시가 있는 재료는 관리체계가 갖추어져 시공되고 있는가.
13. 도장시 작업환경(가설막이, 비상통로, 안전망, 비산방지, 채광 등)을 갖추고 있으며 현장 정리정돈 및 작업 후 양생은 잘되고 있는가.
14. 도장공법을 이해하고 이에 대한 조치가 되어 있는가.(붓도장, 롤러도장, 에어스프레이도장 또는 에어리스도장 등)
15. 도장작업시 안전용구를 착용하고 있는가. 도장작업 후 정리정돈 상태는 적절한가.

4-2 도장 시공관리 자료 및 감리 요점정리

4-2-1 관리 참고자료

1. 도장공사시 일반적인 주의사항

(1) 희석량 : 사용하는 재료에 대하여 묽기 정도에 대한 중량비

(2) 도포량 : 사용면적에 도포할 원료의 희석 전의 표준량.(실제는 도포면의 상태나 시공시 손실을 감안하여 여분을 산정한다. 단지, 비닐계, 에나멜도료는 원도료를 희석하여 혼합한 후의 양을 표준으로 하고 있음)

(3) 방치시간 : 온도 약 20℃ 내외, 습도 약 75%일 때 차기공정으로 옮길 때까지의 최소시간.(온 · 습도 조건이 격심한 경우에는 별도르 방치시간을 정할 필요가 있음)

(4) 곰보처리 : 곰보, 움푹 들어간 곳, 큰 균열은 매립용 퍼티를 바르고 주걱으로 눌러서 메우고, 1회 바름 두께는 엷게 바르고, 건조한 후 이어서 평탄하게 바르고 퍼티가 건조한 후에 연마지로 갈아낸다.

(5) 땜용 퍼티 : 바탕에 퍼티를 바를 때 때우기할 바탕면의 상황에 따라 심하게 움푹 들어간 곳, 잘못되어 간격이 큰 곳 등에 사용하는 땜용 퍼티를 나무주걱, 금속주걱으로 엷게 바르고, 건조한 후 연마지(#120~180)로 갈고, 표면이 평활할 때까지 1~3회 정도 되풀이한다.

1) 구멍메우기용 퍼티 : 오일퍼티

2) 땜용 퍼티 : 오일퍼티에 백아연페인트를 혼합한 것.

바탕 퍼티를 주걱으로 바를 때는 바탕의 깊은 부분부터 퍼티를 엷게 바르고 건조시킨 후에 내수연마지(#180~240)를 사용하여 물로 간 다음에 바탕 전면에 퍼티를 주걱이나 뿜칠로 바르는데, 특히 물로 연마할 때는 표면이 평활할 때까지 되풀이한다.

(6) 흡입 방지 : 소지바탕이 노송나무(히노키) · 삼목 · 소나무류처럼 흡수성이 좋은 소재는 얼룩으로 착색될 경우 흡수방지제를 먼저 솔로 바른 다음 스프레이로 가볍게 뿌려준다.

(7) 눈먹임 : 거친 털(돼지털)로 만든 솔이나 나무 또는 쇠로 된 주걱(spatula)으로 잘 펼치면서 나무에 생긴 구멍에 밀어 넣어 바른다. 잠깐 방치하여 덜 말라 끈적한 것은 거친 면걸레를 이용하여 나뭇결의 직각방향으로 훔쳐내고, 다시 한 번 부드러운 걸레로 닦아낸다. 모퉁이나 움푹 패인 곳에 눈먹임제가 잔유하지 않도록 주의한다. 눈먹임을 하기 전에 착색되어 있는 경우에는 눈먹임제를 연마하면서 착색 부분이 손상되지 않도록 주의하고, 잔여 눈먹임제가 남아 있지 않도록 주의한다.

(8) 샌드페이퍼 : 각 공정에서의 연마는 바탕 도막이 건조한 후에 실시하는 것이 원칙이다. 여러 번 중복하여 도포하는 경우에는 상도로 갈수록 입도가 가는 것을 사용한다.

(9) 목부바탕 바르기 : 소지가 나왕 같은 다공질 재료의 눈먹임 도장은 바탕페인트를 나무나 쇠주걱으로 여러 번 훑어서 여분의 도료를 닦아낸다. 그런 다음 바탕도장은 솔이나 스프레이로 뿌려 바른다. 특히 솔로 바를 경우에는 전면에 나무나 쇠주걱으로 도료를 전면에 엷게 도포하여 가능하면 평활하게 되도록 한다.

(10) 녹막이도료

1) 1회 녹막이 도장은 가공공장에서 조립 전에 바르는 것이 원칙이다. 화학처리를 하지 않은 것은 녹을 제거한 후 즉시 실시하지만 접촉되는 부분에는 도장하지 않는다.
2) 현장에 반입된 후 도막에 손상이 있는 부분은 바로 보수한다.
3) 2회째 방청도장은 현장 설치 후 또는 용접 후 도장하는 것이 원칙이다. 용접볼트 체결개소에는 용접불순물을 제거한 후 녹막이 도장을 2회 실시한다.(다만, 설치 후 도장이 불가능한 부분은 설치 전에 하는 경우도 있음)

(11) 물연마

1) 도막이 충분히 경화건조된 후에라도 물연마를 해서는 안 된다.
2) 물연마용으로 사용하는 연마재료 및 물연마 방법
   ① 연마재료의 입도는 #320~400 정도의 연질의 경석(속돌) 가루분을 약 5배의 물에 혼합 침투시킨 양털로 압축가공한 펠트나 양모로 짠 두꺼운 모직물(Raxa : 포르투갈어 '라사' ; 양털로 짠 두툼한 직물)로 연마한다.
   ② 배면에 코르크(cork)나 고무판을 붙여서 물이 침투되면 스펀지처럼 되므로 도장면을 촉촉하게 적셔 연마하는 것도 있다.
3) 물연마로 불필요한 부분까지 습하게 되므로 주의할 필요가 있다. 또 도막이 완전히 건조된 후에 다음 공정으로 넘어간다.

(12) 뿜칠도장, 롤러도장

뿜칠도장(2회 이상이 원칙) 거리는 30cm를 표준으르 하고, 압력을 가한다. 뿜칠도장일 때는 건(Gun)을 항상 평행으로 하여 도막면이 평견이 되도록 해야 한다. 뿜칠의 폭은 1/3이 겹치도록 뿌리고 운행방향은 직각이 듸도록 하고 스프레이의 구경은 1.0~1.5mm, 뿜칠공기압은 2~4kg/cm^{2}를 표준으로 한다.

(13) 정전뿜칠도장(소부도장 등)

(14) 중도·상도 : 각층 도장에서 색이 투명한 도료는 삭의 변화가 없으므로 매회 도막시공이 판별될 수 있도록 해야 함.(보통 중도와 상도의 색상을 다르게 하는 것이 일반적임)

(15) 조합페인트의 색배합

1) 상도용(Top Coat)으로 사용하는 조합페인트는 제조메이커에서 소요의 색, 광택이 배합된 것을 사용한다.

2) 현장에서 도장업자가 배합하는 경우 백색 또는 반색조합페인트를 혼합한다.

2. 도장바탕(하지)

(1) 콘크리트, 모르타르, 석고보드, 석면시멘트판 등의 각 바탕면 처리(소지 조성)

1) 작업공정 확인

공정	도료 및 기타	바탕면 처리방법	방치시간
1. 건조		방치된 소지를 충분히 건조시킨다.	표준건조시간
2. 오염, 부착물 제거		더러운 부착물은 솔, 연마지, 걸레 등으로 제거하고, 필요시 물로 씻는다.	–
3. 구멍 메우기	건석고, 플라스터 등	균열, 핀홀, 오목 들어간 곳 등을 합성수지에멀션 퍼티 · 시멘트계 필러 등으로 처치한다.	16시간 이상
4. 연마지 갈기	연마지 #120~180	3.에서 처리한 후 퍼티면을 연마지로 갈아낸다.	

(참고) 소지의 표준방치시간(건조시간)

하지 종별	모르타르 바탕(하지)면	콘크리트 바탕(하지)면	석면시멘트판 바탕면
건조	하절기 7일 이상	하절기 14일 이상	알칼리도 pH10 이하
	동절기 14일 이상	동절기 21일 이상	

2) 공법 검토

① 원칙적으로 바탕소지면의 방치시간은 적어도 3주 이상으로 한다. 다만, 소지의 건조가 충분히 이뤄진 것이 확인된 경우에는 기간을 단축할 수도 있다.

② 더러워진 곳, 오염물 부착은 도장할 소지면에 상처가 나지 않도록 제거한다.

③ 소지균열, 구멍 등은 주변을 물로 씻은 다음 퍼티재로 메운다.

(2) 목부 바탕처리

1) 작업공정 확인

공정	도료 및 기타	바탕면 처리방법	방치시간	일반목부	라왕합판
1. 오염된 부착물 제거		바탕 소지면에 상처가 나지 않도록 오염된 부착물을 제거하고 휘발성 유류(시너)로 닦는다.		○	○
2. 송진 처리		송진을 제거하고 인두로 태우고 시너로 닦는다.		○	
3. 연마지 갈기		순결, 엇결, 보푸라기 등을 연마지로 갈아낸다		○	○
4. 옹이 처리	셀락바니스 (shellac varnish)	옹이 주변을 1~2회 솔로 바른다.	각회 1시간 이상	○	
5. 구멍 메우기	퍼티재	찢어진 곳, 금이 간 곳, 구멍, 벌어진 곳, 凹곳 등은 오일퍼티 또는 구멍 메우기용 퍼티를 사용한다.	24시간 이상	○	○
6. 연마지 갈기	연마지(#120~240)	5.의 처리 후 퍼티면을 연마지로 갈아낸다.		○	○

2) 공법 확인

① 표면으로 돌출되어 있는 못 등 녹이 생길 우려가 있는 곳은 구멍 메우기용 퍼티로 막든가 녹막이 도장을 그 부분에 한 후 도장한다.

② 더러운 오염물이 부착된 목부는 상처가 나지 않도록 제거하고, 필요에 따라 온수로 훔쳐내고 전면의 먼지 등을 청소한다.

③ 유류, 그을음 등은 반드시 휘발성 물질로 제거한다.

④ 순결, 엇결, 보푸라기 등은 소지의 재질에 따라 연마지(#120~240)로 제거하고, 특히 연마지 #240으로는 면, 각이 손상되기 쉬우므로 주의하여 사용한다.

⑤ 침출된 송진은 작은 칼로 잘라내고, 송진이 많은 부분(절의 주변)과 침출될 우려가 있는 목재(노송나무 : 히노키)는 인두를 가열하여 송진의 침출을 막고 휘발유로 닦아낸다.

⑥ 마디(옹이)가 잘린 주변으로 송진이 나올 우려가 있는 곳(삼나무, 소나무재의 중심에 있는 붉은 부분)은 셀락바니시를 1~2회 솔로 바르는 것이 좋다.

⑦ 나무가 갈라진 곳, 벌레 먹은 구멍, 상처난 곳, 이음부의 간극, 깊이 팬 곳 등은 구멍막

이 퍼티를 채우고 표면을 평활하게 한다.(눈먹임 : Filler)

⑧ 투명도료를 바를 경우(예 : 와니스, 클리어래커 도장) 소재면이 얼룩지거나 변색되고 불결한 곳은 필요에 따라 표백제를 사용하여 세척한다.(표백제는 미지근한 물에 풀고, 미지근할 때 솔이나 스펀지로 도포한다. 표백제는 미지근한 물에 세척하고 완전건조시킴) 떡갈나무처럼 단단한 것은 고무나 코르크 블록에 연마지(#150~240)를 붙여 평활하게 갈고, 필요하면 #320 정도의 내수연마지를 사용하여 등유 등의 기름으로 연마한다.

(3) 철부 바탕처리(소지정리)

1) 일반적인 작업공정 확인

공정	도료 및 기타	던처리 방법
1. 오염, 불순물 부착 제거		오염, 불순물 제거는 스크레퍼(scaper), 와이어브러시(wire brush)를 사용한다.
2. 유류 제거		휘발성 물질로 닦는다.
3. 녹 제거		일반적으로 스크레퍼, 와이어브러시를 사용한 후 연마포로 제거하고, 특별한 경우는 샌드블라스터(sand blasting)로 제거한다.

2) 공법 확인

① 소지 조성은 보통 가공공장에서 소재를 조립하기 전에 한다.

② 오염, 먼지 등을 훑어내고 단조, 용접, 리벳치기 개소에 부착된 불순물은 스크레퍼, 와이어브러시, 연마포 등으로 제거한다.

③ 기름, 구리스 등 부착물을 닦은 후에 휘발유, 트리클렌(trichlene), 솔벤트(solvent) 등의 용제로 닦아내고, 반드시 열탕에서 물로 세척한다.

④ 녹제거 후 찌꺼기, 먼지 등을 청소한다. 화학처리로 녹을 제거할 때는 제거 직후에 바로 청소를 실시한다.(화학처리시 철에 있는 수분은 에어스프레이 기구를 이용하여 완전 제거함)

⑤ 금속바탕(소지) 처리용 프라이머 칠은 페인트용 솔로 엷게 1회 바른다.

(4) 도장시 솔의 각도

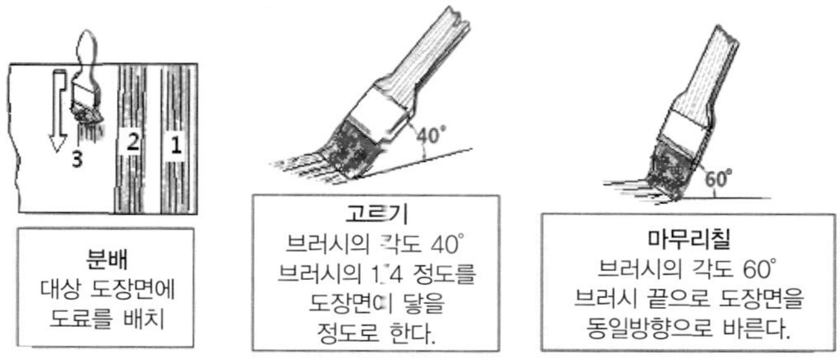

3. 도료의 종류와 바탕(하지)면의 종류

도장횟수는 3회 도장을 원칙으로 한다

	종류별 구분	기호(*)	도장 하지면
1	합성수지조합페인트	OP	실내 · 외의 목재부나 철재부
2	부틸산수지계 도료	FP	실내 · 외의 철재가구나 실내 · 외 철부
3	용제형 염화비닐수지계 도료	VP	실내의 모르타르, 콘크리트, 플라스터면
4	합성수지계 에멀션 도료	AEP	실내 플렉시블보드, 하드보드면
5	수용성 도료	EP	실내 및 실외 모르타르, 콘크리트, 슬레이트면
6	유성바니시 도료	OSL	실내 목재면
7	클리어래커	CL	실내 목부의 투명마감면
8	그래파이트(Graphite) 페인트	GP	외부의 철재부
9	Cashew nut shell수지계 도료	Cashew	실내의 목재부
10	시멘트, 후형 슬레이트용 도료	MC	시멘트기와, 두꺼운 슬레이트
11	아크릴 클리어 도료	AC	콘크리트 타설면
12	불소수지 도료	F	콘크리트, 모르타르, PC, 아연도강판, 알루미늄, FRP, 스테인리스

*기호는 일반적이므로 다르게 표현할 수도 있음.

(1) 합성수지조합페인트(OP)칠

1) 합성수지조합페인트(OP-도장 I) 도장

① 목부, 석고보드 등의 각 표면 도장작업 공정 확인

공정		도료 및 기타	희석제	희석률(%)	도포량(kg/㎡)	방치시간
1	소지 조정					
2	하도	목부하도용 조합페인트	바탕 바르기용 보일유, 유성도료용 시너	0~5	0.10~0.12	48시간 이상
3	중도	유성조합페인트	보일유, 유성도료용 시너	0~10	0.12~0.14	48시간 이상
4	상도	중도와 동일			0.10~0.12	

주) 1. 필요한 경우 퍼티작업은 하도 후에 하고, 연마지로 갈아낸다.
2. 옥외에서 보일유를 사용할 경우에는 외부용을 사용할 것.

② 철부 도장작업 공정 확인

공정		도료 및 기타	희석제	희석률(%)	도포량(kg/m²)	방치시간
1	소지조정					
2	하도 1회 (방청도장)	일반용 녹막이 페인트	바탕 바르기용 보일유, 유성도료용 시너	0~5	0.11~0.13	48시간 이상
		연단징크로 메이트 녹막이 페인트	유성도료용 시너		0.10~0.12	24시간 이상
3	하도 2회 (방청도장)	하도 1회와 동일				
4	중도	유성조합페인트	보일유, 유성도료용 시너	0~10	0.12~0.14	48시간 이상
5	상도	중도와 동일			0.10~0.12	

2) 합성수지조합페인트(OP-도장Ⅱ) 도장

① 목부, 석고보드 등의 각 표면 도장작업 공정 확인

공정		도료 및 기타	희석제	희석률(%)	도포량(kg/m²)	방치시간
1	소지조정					
2	하도	목부하도용 백색조합페인트	유성도료용 시너	0~5	0.10~0.12	48시간 이상
3	중도	합성수지조합페인트	유성도료용 시너	0~10	0.10~0.14	24시간 이상
4	상도	중도와 동일			0.09~0.11	

② 철부 도장작업 공정 확인

공정		도료 및 기타	희석제	희석률(%)	도포량(kg/m²)	방치시간
1	소지조정					
2	하도 1회 (방청도장)	시아나이드(cyanide)연 방청페인트	유성도료용 시너	0~5	0.12~0.14	48시간 이상
		연단징크로메이트 방청페인트			0.10~0.12	24시간 이상
3	하도 2회 (방청도장)	하도 1회와 동일				
4	중도	합성수지 조합페인트	유성도료용 시너	0~5	0.10~0.12	24시간 이상
5	상도	중도와 동일				

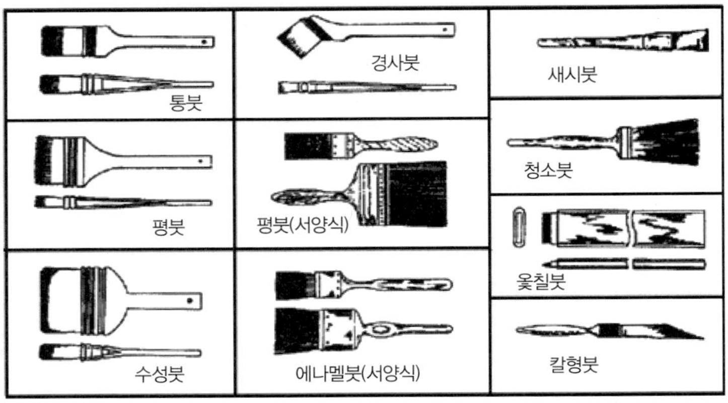

그림 4-1 붓의 종류

(2) 푸탈산수지(Puthalic acid resin)계 도료(FP)칠

1) 내 · 외부용 철부, 내외강제 가구면의 작업공정 확인

공정		도료 및 기타	배합비(중량비)	방치시간	도포량(kg/㎡)
1	하도 1회 (방청도료 도장)	방청도료	100	24~48시간 이상	0.09~0.19
		희석액	(0~5)		
2	연마지 갈기	연마지 #120~180			
3	하도 2회	하도 1회와 동일			
4	연마지 갈기	연마지 #180	100		
5	하지 퍼티 주걱 바르기	하지 퍼티	(0~5)	매회 24시간 이상	
		희석액			
6	물연마	내수연마지 #180~240			
7	중도 1회		붓도장 / 뿜칠도장	24시간 이상	0.14
			100 / 80~85		
			(0~5) / 20~15		
8	물연마	내수연마지 #240~320			
9	중도 2회	푸탈산수지 에나멜	100	24시간 이상	0.08
		희석액	(0~10)		
10	물연마	내수연마지 #320~400			
11	중도 3회	푸탈산수지 에나멜	100	24시간 이상	0.08
		희석액	(0~10)		
12	물연마	내수연마지 #400			
13	상도 도장	푸탈산수지 에나멜	100		0.07
		희석액	(0~5)		

2) 도장 종별 구분(붓도장일 때)

도장 종별 구분	소지의 종류	드장횟수			
		하도	하도퍼티	중도	상도
A종	철부	2	1~5	3	1
B종	철부	2	1~5	2	1

3) 주의사항

① 목부 또는 경금속부에 바르는 푸탈산수지 에나겔은 각각 시방서 및 작업공정이 있다.

② 도장 종별로는 보통 B종으로 한다. 경금속, 주둗소재의 면일 때는 A종으로 하고, A종일 때는 특기사항에 따른다.

③ 5.(하지 퍼티 주걱 바르기)의 공정은 소지표면 상채로는 도장시험에 사용한 견본품 수준으로 한다. 따라서 퍼티와 연마횟수는 상황에 따라 결정한다.

④ 푸탈산수지에나멜은 소요색으로 하며, 필요한 떠는 동일 제조사의 동일한 에나멜을 혼합하여 사용한다.

(3) 용제형 염화비닐수지(Polyvinyl chloride resin)겨 도료(VP) 칠

콘크리트, 모르타르, 석면시멘트판 등 각 도장면의 작업공정 확인

공정		도료 및 기타	희석액	희석률(%)	도포량 (kg/㎡)	방치시간
1	소지조정					
2	하도	용제형 비닐계 도료	사용하는 도료에 적합한 시너	30~70	0.08~0.10	2시간 이상
3	중도	용제형 비닐계 도료		40~80	0.08~0.10	6시간 이상
4	상도	중도와 동일			0.08~0.10	

(4) 합성수지(Synthetic resin)계 에멀션 도료(AEP) 칠

1) 실내 콘크리트, 모르타르, 프렉시블보드, 석고보드, 플라스터 면 등의 작업공정 확인

<table>
<tr><th colspan="2">공정</th><th colspan="2">도료 및 기타</th><th>배합비
(중량비)</th><th>도포량(kg/㎡)</th><th>방치시간</th></tr>
<tr><td>1</td><td>바탕 누르기</td><td colspan="2">합성수지 에멀션 페인트(클리어)
소지의 흡수성에 따라 0~2회 도포</td><td>100</td><td></td><td>5시간 이상</td></tr>
<tr><td>2</td><td>퍼티땜하기</td><td colspan="2">수성퍼티</td><td></td><td></td><td>2시간 이상</td></tr>
<tr><td>3</td><td>연마지 갈기</td><td colspan="2">연마지 #120~180</td><td></td><td></td><td></td></tr>
<tr><td rowspan="4">4</td><td rowspan="4">하도</td><td rowspan="2">붓도장시</td><td>합성수지 에멀션 페인트</td><td>100</td><td rowspan="4">0.10</td><td rowspan="4">5시간 이상</td></tr>
<tr><td>물</td><td>0~10</td></tr>
<tr><td rowspan="2">뿜칠도장시</td><td>합성수지 에멀션 페인트</td><td>100</td></tr>
<tr><td>물</td><td>10~20</td></tr>
<tr><td>5</td><td>연마지 갈기</td><td colspan="2">연마지 #150~180</td><td></td><td></td><td></td></tr>
<tr><td rowspan="4">6</td><td rowspan="4">중도</td><td rowspan="2">붓도장시</td><td>합성수지 에멀션 페인트</td><td>100</td><td rowspan="4">0.10</td><td rowspan="4">5시간 이상</td></tr>
<tr><td>물</td><td>0~10</td></tr>
<tr><td rowspan="2">뿜칠도장시</td><td>합성수지 에멀션 페인트</td><td>100</td></tr>
<tr><td>물</td><td>10~20</td></tr>
<tr><td>7</td><td>연마지갈기</td><td colspan="2">연마지 #180~240</td><td></td><td></td><td></td></tr>
<tr><td rowspan="4">8</td><td rowspan="4">상도</td><td rowspan="2">붓도장시</td><td>합성수지 에멀션 페인트</td><td>100</td><td rowspan="4">0.10</td><td rowspan="4"></td></tr>
<tr><td>물</td><td>0~10</td></tr>
<tr><td rowspan="2">뿜칠도장시</td><td>합성수지 에멀션 페인트</td><td>100</td></tr>
<tr><td>물</td><td>10~20</td></tr>
</table>

2) 도장 종별 구분

<table>
<tr><th rowspan="2">도장 종별 구분</th><th rowspan="2">소지의 종류</th><th colspan="4">도장횟수</th></tr>
<tr><th>바탕 누르기</th><th>하도</th><th>중도</th><th>상도</th></tr>
<tr><td>A종</td><td rowspan="2">콘크리트, 모르타르,
나무, 석고보드 등</td><td>0~2</td><td>1</td><td>1</td><td>1</td></tr>
<tr><td>B종</td><td>0~2</td><td>1</td><td></td><td>1</td></tr>
</table>

3) 주의사항

① 도포량은 합성수지 에멀션 페인트의 중량에 물을 가한 중량으로 한다.

② 6. 7.의 작업공정은 도장공정 A종일 때 한다.

③ 수성퍼티는 합성수지 에멀션 페인트에 호분 등을 혼합하여 믹서한 것으로 한다.

④ 뿜칠도장일 때는 표준배합비율은 뿜칠공기압이 2~3kg/cm² 정도인 경우로 하기 때문에 컴프레서의 압력에 따라 물의 양을 조절한다.

⑤ 바탕누르기 작업공정에서 석고보드 등인 경우 소지의 흡수성이 매우 심하여 얼룩이 생길 수 있다.

⑥ 바탕누르기에 사용하는 도료는 합성수지 에멀션 페인트로 안료가 들어 있지 않은(클리어) 것으로 하도, 상도에 사용하는 도료와 동일한 제조사 제품을 사용한다. 다만, 소지 종류와 상태에 따라 하도 또는 상도에 사용하는 재료와 동일한 제조회사의 벽용 실러를 사용하는 것이 좋다.

⑦ 2. 또는 3.의 작업공정은 바탕의 상태는 도장시험시 사용했던 견본판 정도로 한다.

⑧ 석고보드 바탕에는 한랭사(질기고 극히 얇은 무명천) 등을 바른다.

⑨ 글라스클로스(Glass cloth) 바탕에 AEP를 바를 경우 주의한다.

a. 도장면이 손때가 묻어 오염될 수 있는 곳에는 사용하지 말 것.

b. 글라스클로스의 눈목이나 재질을 확인해 볼 필요가 있음.

(5) 수용성 도료(Emulsion paint : EP) 칠

1) 작업공정 확인

공정		도료 및 기타	면처리, 배합률(중량비)		방치시간	도포량
1	바탕 누르기		1~2회		24시간 이상	
2	하도	수성도료	붓도장일 때	수성도료(분말 100) 물 90~95	5시간 이상	0.13(kg/m²)
			뿜칠도장일 때	수성도료(분말 100) 물 180~220		
3	연마지 갈기		필요에 따라 연마지 갈기는 #120~130			
4	상도	수성도료	붓도장일 때	수성도료(분말 100) 물 105~110		0.11(kg/m²)
			뿜칠도장일 때	수성도료(분말 100) 물 140~220		

주) 1) 뿜칠도장일 때 표준배합비율은 뿜칠공기압이 2~3kg/cm² 정도인 경우로 하기 때문에 컴프레서의 압력에 따라 물의 양을 조절한다.

2) 위 표 도료량을 표시한 수치는 수성양 도료의 분말 중량으로 물을 가했을 때의 중량이 아님.

3) 1)의 공정은 필요시 특기시방으로 지정한다.

2) 바탕 눌러 붙이기

바탕의 종류	도료 및 기타
콘크리트, 모르타르, 석고보드 등	표면을 깨끗이 청소한 후, 구멍이나 균열이 있는 곳은 주걱을 사용하여 전용 퍼티로 메우고 건조한 후 연마지(#180)로 전체를 갈아낸다.

3) 주의사항

① 공법

a. 수성도료를 풀거나 체거름으로 붓도장을 할 경우는 수성도료에 미지근한 물 또는 물을 서서히 가해서 충분히 풀어서 혼합하고 30분 이상 방치하여 용해되어 끈적하게 350~210μ의 끈기가 되면 사용한다. 뿜칠재인 경우는 붓도장일 때보다 반 정도의 물로 용해하고 물 사용량을 조절하면서 흐르지 않게 사용할 것.

b. 소지에 따라 석고보드 등의 바탕은 갈라진 금, 구멍, 파손, 간극 등 손상의 정도에 따라 석고 또는 전용퍼티로 평활하게 할 것.

c. 도장방법으로는 잘 혼합하여 붓 또는 뿜칠로 도장한다. 공기방울, 얼룩, 거품이 등이 생기지 않도록 조절할 것.

② 덧칠한 경우

덧칠을 할 경우에는 사전에 물로 충분히 고르게 적셔 전체적으로 습하게 한 다음 나무주걱으로 소지면에 이음매가 생기지 않도록 도막 전체를 훑어서 손상된 부분을 평활하게 바른다.

(6) 오일스테인, 바니시(OSL) 칠

스테인, 나무에 투명한 도장을 마감할 때 소지의 착색에 사용

1) 작업공정

공정		도료 및 기타	희석액	희석률(%)	도포량(kg/㎡)	방치시간
1	소지 조정					
2	착색	유성스테인으로 변색이 없고 도료에 유해작용을 하지 않고 밀착에 해가 되지 않은 것	유성도료 시너	0~20	0.05~0.07	10시간 이상
3	얼룩 처리					
4	색 누름	셀락바니시(shellac varnish)	변성 알코올		0.05~0.07	
5	바니시 도장	유성바니시	유성도료용 시너	0~10	0.06~0.08	

(7) 목부 클리어래커(Lacquer : CL)칠

1) 작업공정

공정		도료 및 기타	희석액	희석률(%)	도포량(kg/㎡)	방치시간
1	소지 조정					
2	착색	유성, 수성 혹은 알코올성 착색제로서 변색이 어렵고, 도료에 유해한 작용이나 밀착을 저해하지 않을 것	희석액	0~40	0.05~0.07	10시간 이상
3	얼룩 처리					
4	하도	목재용 실러	래커(Lacquer), 시너	60~70	0.08~0.10	2
5	눈먹임	목재용 충전제(Filler) 혹은 클리어래커도장에 적당한 눈먹임제				12
6	중도 1회	실러(sealer)	래커(Lacquer), 시너	40~60	0.25	2
7	중도 2회	중도 1회와 동일				
8	상도 1회	클리어래커	랙커, 시너	90~110	0.15	2
9	상도 2회	상도 1회와 동일			0.15	

주) 1. 작업공정 7 또는 9 이후에 연마지 갈기를 해야 하는 경우에는 물연마로 할 것.
2. 무색투명마감인 경우 공정 2와 3을 생략하고, 소지에 따라 눈먹임이 필요치 않을 경우 공정 5를 생략한다.

2) 주의사항

① 연마지 갈기 : 중도 도장 후 건조시킨 다음 연마지로 갈아야 할 경우에는 소지의 긴쪽으로 평활하게 문지를 것. 이 공정의 경우 중도도막이 거의 없어진다.

② 상도 : 상도 도장은 뿜칠도장으로 할 것. 습도가 75~80%로 높으면 도장면에 백화가 생길 우려가 있다.

③ 마무리 : 상도를 기준으로 하여 실시할 것.

④ 갈기 : 폴리싱컴파운드를 천에 묻혀 도장면을 갈아 평활하게 한 다음 깨끗한 걸레로 컴파운드가 도장면에 잔유하지 않도록 제거할 것.

(8) 그래파이트 페인트(Graphite Paint : GP)칠

1) 특징

고순도의 흑연(그래파이트)을 안료(합성수지바니시)를 배합한 유성도료, 도막은 투수성이 적고 내후성이 우수하며 대기 중에서 도막의 물성변화가 적어 장기간 광택을 유지한다.

2) 알키드수지계 (A)마감(현장 시공성이 좋으며 가능한 뿜칠도장으로 할 것)

① 2종 녹방지인 경우

작업 공정		도료배합과 처치	도장횟수	도장간격(상온)	도포량(kg/㎡)
1	소지 조정	desksand, wire foil, scraper를 사용하여 가능한 한 꼼꼼하게 바로 방녹제를 바른다.			
2	하도	방청용 붉은색 100 도료용 시너 A 0~5%	2	매회 24시간 이상	매회 0.14~0.16
3	상도	그래파이트페인트 A 100 에나멜 시너 1회째 0~5% 2회째 20~30%	2	매회 16시간 이상 7일 이내	매회 0.10~0.12

② 화학처리일 때

작업 공정		도료배합과 처치	도장횟수	도장간격(상온)	도포량(kg/㎡)
1	소지 조정	화학처리법에 의한 완벽한 소지 조정을 할 것			
2	표면 처리 프라이머	메탈릭(metallic) 100 메탈릭 전용 시너 5~10%	1	3시간 이상 또는 80℃ 15분 소부	0.08~0.10
3	하도	프라이머 100 도료용 시너 5~10%	2	매회 16시간 이상	매회 0.16~0.18
4	상도	그래파이트 페인트 A 100 에나멜 시너 1회째 0~5% 2회째 20~30%	2	매회 16시간 이상 7일 이내	매회 0.12~0.14

주) 1. A 또는 AC는 모두 뿜칠도장 시의 희석률을 표시한 것.

3) 아크릴수지계 (AC)마감

속건성이 있고, 마감면의 질감이 좋지만 붓도장 시는 마감면이 좋지 않을 수 있다.

① 분사(Blast)법일 때

작업 공정		도료배합과 처치	도장횟수	도장간격(상온)	도포량(kg/㎡)
1	소지 조정	샌드블라스트 또는 제트블라스트에 의한 붉은 녹은 밀스케일로 완전히 제거하고 소지면을 청소한 다음 바로 바른다.			
2	1차 프라이머	프라이머 100 프라이머, 시너 5~15% (에어레스 스프레이 도장)	1	3시간 이상 6개월 이내	0.13~0.15

작업 공정		도료배합과 처치	도장횟수	도장간격(상온)	도포량(kg/㎡)
3	하도	프라이머 100 프라이머, 시너 5~15% (에어레스 스프레이 도장)	1	16시간 이상 3개월 이내	0.15~0.18
4	상도	그래파이트 페인트 AC 100 그래파이트 페인트 AC용 시너 50~80% (에어레스 스프레이 도장)	2	매회 3시간 이상 7일 이내	매회 0.12~0.14

② 화학처리일 때

작업 공정		도료배합과 처치	도장횟수	도장간격(상온)	도포량(kg/㎡)
1	소지조정	화학처리법에 의한 완벽한 소지 조정을 할 것			
2	표면처리 프라이머	메탈릭 100 메탈릭 · 시너 5~10%	1	3시간 이상 또는 80℃ 15분 소부	0.08~0.10
3	하도	프라이머 100 프라이머 · 시너 20~30%	2	매회 3시간 이상	매회 0.13~0.15
4	상도	그래파이트 페인트 AC 100 그래파이트 페인트 AC용 시너 50~80% (에어레스 스프레이 도장)	3	매회 3시간 이상 7일 이내	매회 0.12~0.14

주) 1. A 또는 AC는 각종 공사의 조건, 강판의 두께, 형식, 공장설비에 따라 나눈 것.
2. AC는 자연건조 또는 강제건조하는 것으로 하고 프라이머 -100℃×15분, 그래파이트 페인트 AC는 -100℃×15분
3. 재칠도장일 때는 시방서의 하도공정을 각각 적용하여 시공한다. 상온은 18℃~20℃를 기준으로한다.

(9) 캐슈 넛 쉘(Cashew Nut shell)수지계 칠

1) 자연건조용, 소부용 등으로 견고한 도막을 얻을 수 있다.

2) 특징

① 도막은 강인하고, 탄력이 풍부하고, 광택이 좋으며, 표준색은 46색 정도가 있다.

② 밀착력이 강해 내수(耐水), 내열(耐熱), 내유(耐油), 내용해성(耐溶解性), 전기절연성 등이 풍부하다.

③ 용제를 첨가하면 붓도장 또는 스프레이도장이 가능하다.

3) 시공체크

① 자연건조일 때 건조시간(상온 20℃ 정도)은 손으로 만져서 느끼는 건조상태는 3~4시간, 경화건조시간은 12~15시간 정도이다. 따라서 현장시공일 때는 먼지, 분진 등에 대한 보양이 필요하다.

② 소부도장일 때는 투명은 130~140℃에서 1시간, 검정은 140~150℃에서 1시간

정도 소요된다.

(10) 시멘트기와, 후형 슬레이트용 도료 칠

색상이 선명하고 아름답고, 내후성(자외선, 눈, 비, 바람)에 강하고, 내알칼리성, 내수성이 좋아 방수효과가 좋다. 스프레이건으로 시공하는 것이 좋다.

(11) 아크릴수지(Acrylic resin : AC) 도료 칠

1) 속건성 · 투명성이 높고, 내후성이 좋으며, 광택 유지가 좋고, 내수성 · 내알칼리성이 우수하다.

2) 짙은 콘크리트 색상과 비슷하게 하기 위해서는 다음에 주의한다.

① 저온시(5℃ 이하), 강풍시에는 도장하지 말 것.

② 핀홀, 곰보류는 수지모르타르, 시멘트필러로 충전 · 보수한다.

③ 흡수상태가 심한 재료를 사용할 경우 얼룩이 생기기 쉽다.

④ 레이턴스, 백화(efflorescence), 타르(tar)는 충분히 제거한 후 도장할 것.

⑤ 붓도장 시공은 얼룩이 생기기 쉽다. 에어레스 스프레이 혹은 에어 스프레이로 도장하는 것이 좋다.(2차압 : 90~12kg/㎠)

(12) 불소수지(Fluoride resin : F) 도료 칠

1) 120~160℃의 저온 소부도장이 가능하며, 공장도장, 현장도장까지 폭넓은 도장이 가능하다.

2) 프라이머가 없어도 소지에 대한 부착력이 높기 때문에 금속바탕 질감을 나타내는 투명도장이 가능하다.

3) 타 재료와의 비점착성이 높기 때문에 실링재 선택에 주의할 필요가 있다.

4) 불소도료는 초내후성으로 알루미늄, 아연도금강판 등에 사용되지만 철이나 전기아연도금 강판에는 사용하지 않는 것이 좋다.

5) 초내후성 불소수지 도료는 다음과 같은 특징이 있다.

① 내후성(耐候性), 내자외선(耐紫外線)에 우수하고, 내산성(耐酸性), 내알칼리성 등 내약품성(耐藥品性) 및 여러 용제에 대한 내용제성(耐溶劑性)이 우수하여 초내후성(超耐候性)의 특징이 있다.

② 도막이 비점착 특성을 가지고 있어 오염이 쉽게 되지 않고 혹시 오염되었다해도 물 또는 시너 등으로 간단하게 세척할 수 있다.

③ 콘크리트, 모르타르, PB판, 아연도금판, 알루미늄, 스테인리스, FRP에도 도장이 가능하다.

④ 스프레이, 롤러, 붓도장 모두 가능하다.

4. 붓칠 방법

(1) 솔붓 칠하기

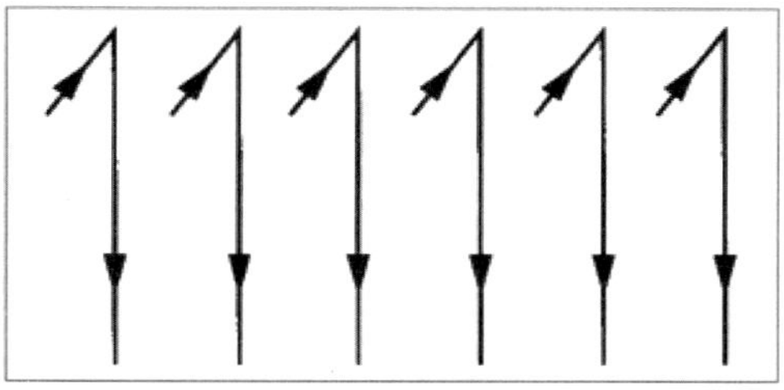

도장면에 대하여 필요 도포량의 도료를 막대모양으로 배분하여 칠한다.

(2) 솔붓 고르게 펴기

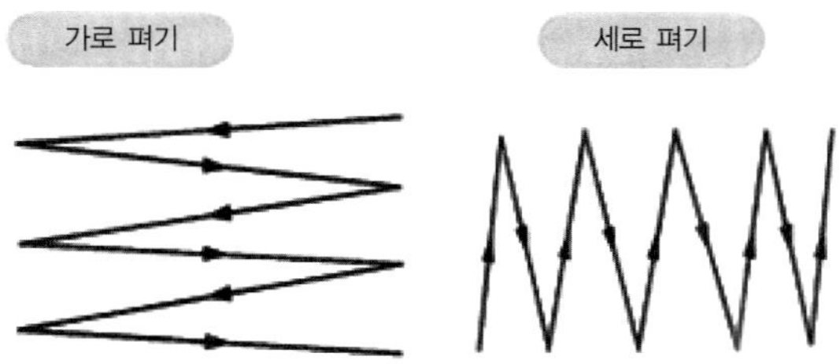

가로, 세로를 교다로 되풀이해 가면서 균일한 상태가 되도록 고루 편다. 필요에 따라 2~3회 반복한다.

(3) 솔붓 마무리

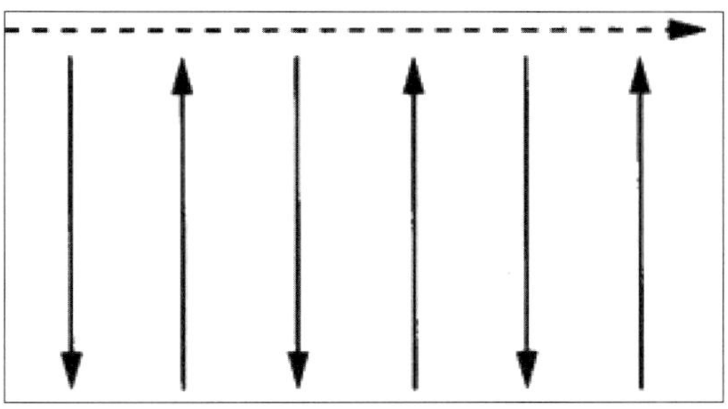

일정한 방향으로 가볍게 똑바로 붓을 움직여서 붓결자국이나 도료의 뭉침을 없앤다. 상하변에 붓자국을 남기지 않는다.

(4) 휘발계 도료의 붓칠

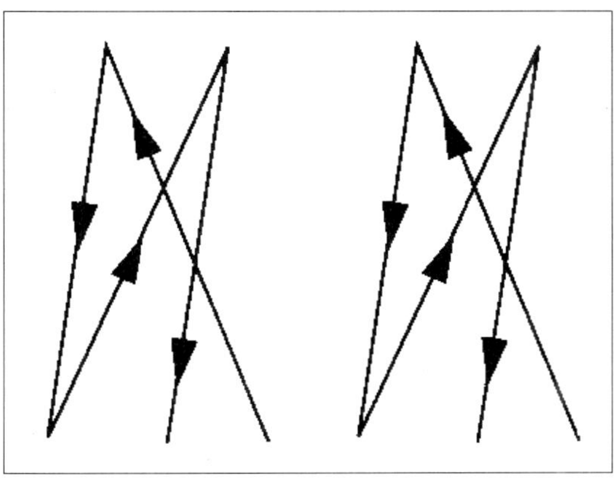

(5) 롤러브러시 도구와 칠하는 법

1) 롤러브러시에 의한 분배도장법

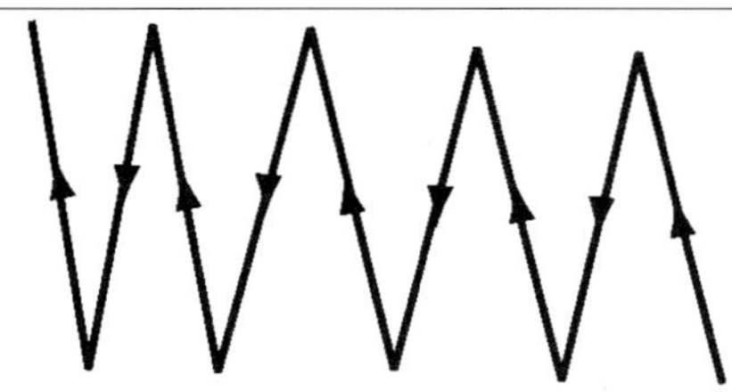

롤러를 W바형으로 가볍게 운행시켜, 도포면에 필요 도포량을 분배하여 칠한다.

2) 롤러브러시에 의한 고르게 펴기 도장법

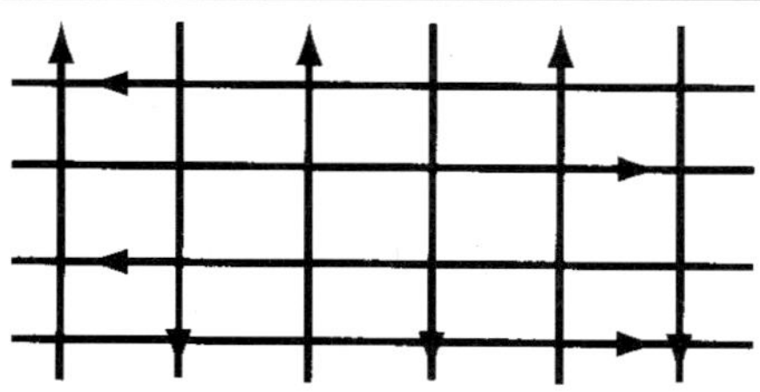

롤러를 재빠르게 조밀하게 상하좌우로 운행시켜 균일하게 얼룩이 생기지 않도록 고루 편다.

3) 롤러브러시에 의한 마무리 도장법

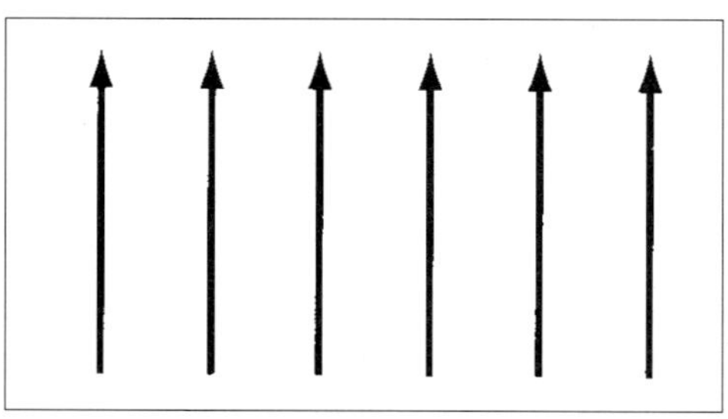

아래에서 위로 가볍게 똑바로 롤러를 운행시켜 마무리한다.

(6) 솜뭉치 도장법

1) 도장면 문지르기와 마무리법

도장면 문지르기

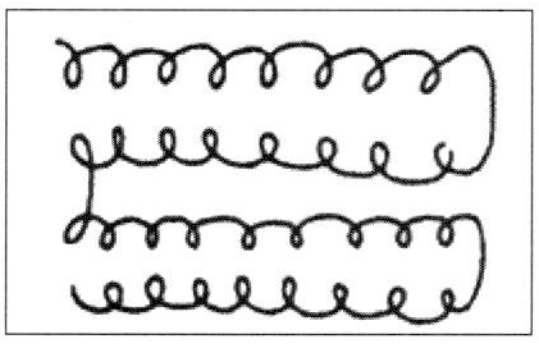

》원호를 그리듯이 신속하게 연속적으로 실시하여, 1회의 작업이 끝나면 건조시킨 다음, 도면이 평활해질 때까지 재차 반복 실시한다.

마무리 손질

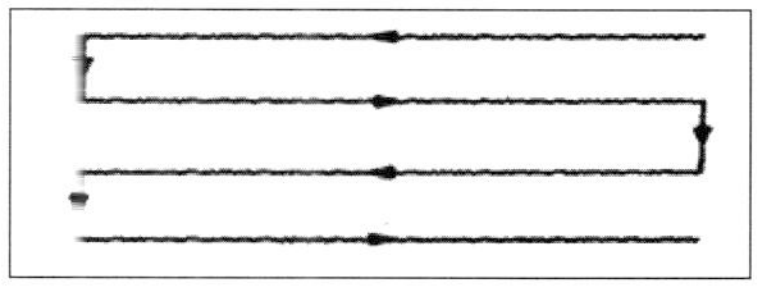

도장면이 평활해지면 나뭇결과 평행으로 솜뭉치 자국을 지우기 위해 마무리를 실시한다.

5. 재도장시 주의사항

(1) 도막의 노후가 아닌 경우 재도장

도막이 오래되어 균열, 벗겨짐은 없고 단지 페인트 색만 끝손질할 경우에는 비눗물 또는 1~2%의 가성소다용액으로 도장면에 바르고 부착물이나 오염물을 제거한 후 물로 충분히 씻는다. 건조 후 상처난 곳, 구멍난 곳 등은 퍼티로 충전하고 중도, 상도 각 1회씩 바른다.

(2) 도막의 노후로 인한 재도장

① 도막이 오래되어 갈라지고, 부풀어 오르고, 벗겨지고, 오염되었을 때는 박리제(remover)를 이용하여 도막을 전부 제거한다. 부득이 토치램프를 사용할 때는 화재예방에 충분히 유의하여야 하며, 특히 소지를 태우는 일이 없도록 주의해야 한다.

② 박리제는 용제성을 사용하는 것이 원칙이다. 부득이 알칼리성의 박리제를 사용할 때는 사전검토가 필요하다.

③ 용제성 박리제를 사용했을 때는 휘발성 물질로 충분히 세척하고, 알칼리성을 사용했을 때는 초산 등의 중성제로 충분히 세척해야 한다.

④ 벗겨낸 후에는 소지를 충분히 건조시켜 전면을 연마지로 문지르고 위의 ①~③에 준하여 도장한다.

4-2-2 뿜칠(spray)마감 도장재

1. 도장재의 종류와 관리 참고자료

(1) 마감도장재의 종류와 호칭

No	종류와 ①층구성 및 ②바름 두께	뿜칠마감 호칭명	용도	마무리 형상	공법
1	얇은 마감도장재 ①하도재+주재 ②3mm 정도 이하	시멘트계 마감재 : C형	외장용 내장용	1. 모래벽 모양 2. 유자피 모양 3. 잔물결 모양 4. 요철 모양	롤러바름 뿜칠바름 흙손바름
		규산질계 마감재 : Si형			
		합성수지에멀션 마감재 : E형			
		가동형 외장 엷은 마감재 : E형			
		방수형 외장 엷은 마감재 : E형			
		합성수지용액계 마감재 : S형			
		(내장용)			
		내장용 엷은 마감재 : L형			
		규산질계 마감재 : Si형			
		에멀션수지계 마감재 : E형			
		수용성수지계 마감재 : W형			
2	두꺼운 마감도장재 ①하도재+주재 ②4~10mm 정도	외장용 두꺼운 마감재 : C형, Si형, E형	외장용	1. 스터코 모양	뿜칠 및 흙손마감
		내장용 두꺼운 마감재: C형, L형, G형, Si형, E형	내장용		
3	복층 마감도장재 ①하도재+주재+상도재 ②3~5mm 정도	시멘트계 방수형 복층마감재 : CE형	내 · 외장용	1. 유자껍질 모양 2. 凹凸 모양	뿜칠 및 롤러바름
		규산질계 복층마감재 : Si형			
		합성수지에멀션 복층마감재 : E형 방수형 에멀션복층마감재 : E-1, E-2형			
		반응경화형 합성수지 에멀션계 복층마감재 : RE형			
		합성수지용액계 복층마감재 : RS형(에폭시, 우레탄)			
4	경량골재 마감도장재 ①하도재+주재 ②3~5mm 정도	뿜칠용 경량마감재, 흙손바름용 경량마감도장재	주로 천장용	1. 모래벽 모양 2. 평탄한 모양	뿜칠, 흙손바름

(2) 복층도장 스프레이건 시공시 주의사항

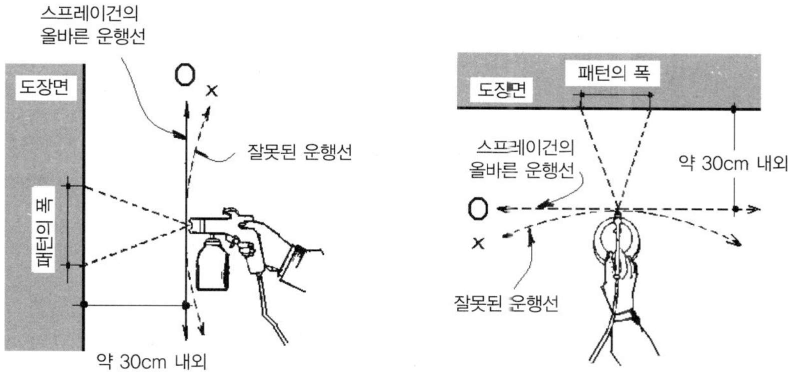

(a) 수직일 때 (b) 수평일 때

스프레이건의 올바른 사용법

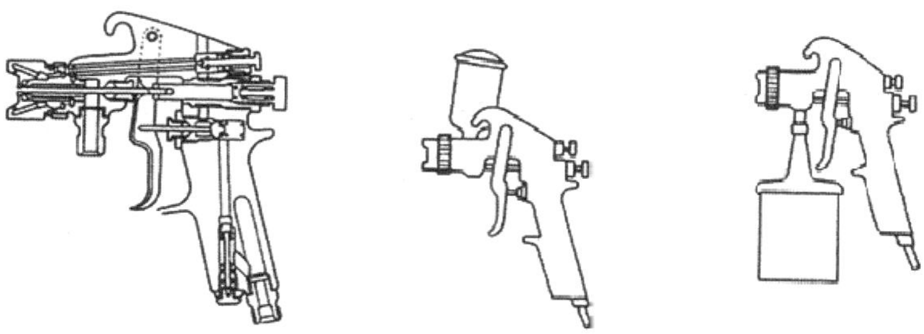

(a) 에어스프레이건 (b) 중력식 건 (c) 흡상식 건

일반적으로 사용되는 스프레이건(gun)

(3) 도장시공시 롤러공법의 종류

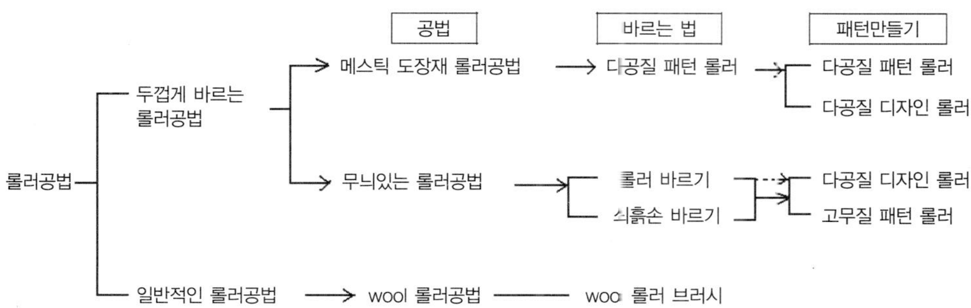

(4) 시멘트계 및 석고계 소지용 도료의 종류

<table>
<tr><th>전색재 분류</th><th colspan="4">도료의 종류</th></tr>
<tr><td rowspan="6">열가소성 전색재</td><td rowspan="2">수용성 수지</td><td colspan="3">합성수지에멀션 페인트(유광, 무광)</td></tr>
<tr><td>합성고무계</td><td colspan="2">아크릴고무계 탄성도료</td></tr>
<tr><td rowspan="4">용제형</td><td>고무계 도료 또는 합성고무계</td><td>천연고무계 도료</td><td>염화고무계 도료</td></tr>
<tr><td rowspan="3">비닐계 도료</td><td colspan="2">염화비닐수지 도료</td></tr>
<tr><td colspan="2">아크릴수지 도료</td></tr>
<tr><td colspan="2">NAD타입 도료(아크릴계)</td></tr>
<tr><td rowspan="7">열경화성 전색재</td><td>1액형</td><td colspan="3">습기경화형 폴리우레탄 바니시</td></tr>
<tr><td rowspan="6">2액형</td><td rowspan="2">1액형 에폭시수지 도료</td><td colspan="2">두꺼운 도막형(후막형)</td></tr>
<tr><td colspan="2">탈에폭시수지 도료</td></tr>
<tr><td colspan="3">2액형 폴리우레탄수지 도료</td></tr>
<tr><td colspan="3">아크릴우레탄수지 도료</td></tr>
<tr><td colspan="3">건조형 불소수지 도료</td></tr>
<tr><td colspan="3">실리콘-아크릴수지 도료</td></tr>
</table>

2. 복층도장 시공 전 일반사항 확인

(1) 사전 준비

1) 설계도 · 시방서의 내용을 조사하고, 시공범위 뿜칠공사 전후 관련 작업관계를 고려하여 공정을 검토한다.

2) 시공계획서와 시공요령서를 작성한다.

① 뿜칠공사의 오염방지, 도장층에 대한 양생방법을 검토한다.

② 하지의 상태를 확인하고, 한랭시 공사에 대한 양생방법을 검토한다.

3) 외벽방수, 구체보호 등 특수한 성능을 요구할 때는 보증기간을 검토한다.

4) 견본품을 만들어 패턴, 색상 등을 결정한다.

5) 반입재료의 보관문제, 용제에 대한 인체에 미치는 영향을 고려하여 환기장치 등을 검토한다.

6) 작업에 필요한 비계 등의 가설계획을 검토한다.

(2) 재료조사

1) 지정된 재료에 대한 제조사 확인 및 품질시험성적표 등을 검토한다.

2) 바탕하지 상태의 불균질에 대한 하지처리용 수지 혼합모르타르에 대한 배합비 등을 검토한다.

3) 하지조정재료는 적절한가, 뿜칠에 필요한 수량과 제조기간을 확인한다.

4) 하도재 실러로부터 상도마감재까지 동일한 제조사인지 또 전용재인지를 확인한다.

5) 하도재는 내수, 내알칼리성이 우수한 제품인지를 검토한다.

6) 시멘트계의 재료는 습기에 변형을 일으킬 수 있어 보관에 주의해야 한다.

7) 합성수지에멀션 재료는 일사광을 피하고, 저온시에 동결되지 않도록 보관에 주의해야 한다.

(3) 바탕하지 조사

1) 마감재의 종류가 바탕상태에 적응하는 재료인지 검토한다.

2) 콘크리트 등의 하지(바탕)에 먼지, 유지분, 거푸집 녹이 제거되고, 이어친 곳, 턱이 진 단차 등이 조정되었는지를 조사한다.

3) PC 및 ALC패널에 균열이나 파손이 없는가, 모르타르 하지인 경우 들뜬 곳이 없는지를 조사한다.

4) 외벽 ALC패널인 경우는 특수시멘트계 전용 하지조정재로 전면 하지조정이 되어 있는지를 확인한다.

5) ALC패널, 규산칼슘판 등의 표면에는 흡입조정 및 표면강화를 위한 용제형 실러를 도포하였는지 확인한다.

(4) 시공시 조사

1) 인화성이 증기의 발산 우려가 있어 흡연, 난로 등의 사용을 금지하고 화기에 주의한다.

2) 작업 중 유기용제에 의한 중독 등을 고려하여 실내 작업 시에는 환기시설을 하고, 비계 등의 간격은 작업공법에 맞추어 설치한다.

3) 재료는 기계혼련을 원칙으로 한다.

4) 실내용, 실외용을 구분하여 올바르게 사용하고 있는지를 확인한다.

5) 시험 뿜칠로 재료의 소요량이 표준 사용량을 지키고 있는지, 뿜칠 이어치기로 인한 얼룩 등이 없도록 롤러 또는 뿜칠용 건(Gun)의 조작이 적절한지를 조사한다.

6) 사용재료가 드라이아웃으로 강도 저하가 되지 않도록 하고, 소지 조정, 뿜칠횟수, 뿜칠량 등이 규정 내에 적절한 마감시공인지를 점검한다.

(5) 뿜칠 형태에 따른 마감재

1) 얇은뿜칠 마감재

① 시멘트계 얇은마감재 -- -------------------------------------- (C계)

a. 적용 하지상태가 적절한지를 확인한다(실내 · 옥외)

b. 2회 뿜칠이 기본이며, 1회 뿜칠로 마감할 경우에는 사전협의가 필요하다.

c. 재료, 배합, 소요량, 뿜칠횟수, 가사시간 등이 표준공정에 의해 적절하게 시공되는지 확인한다.

② 규산칼슘계 얇은마감재 -------------------------------------- (Si계)

a. 위 a, b, c와 동일하다.

b. 실내용, 실외용으로 구분되어 있어 적절한지 검사한다.

③ 합성수지에멀션계 얇은마감재 -------------------- ---------- (E계)

a. 시멘트계 a.~c.내용과 동일하며, 실내 · 옥외용으로 구분되어 있다.

b. 사벽상(砂壁狀) 또는 착색골재 사벽상의 마감이기 때문에 표면의 색, 마감면이 결정한 패턴과 일치하는지 검사한다.

④ 합성수지용액계 얇은마감재 --------------------------------- (S계)

a. 위 a, b, c의 내용을 확인한다.

⑤ 내장용 수용성 수지계 얇은마감재 --------------------------- (W계)

a. 위 a, b, c의 내용을 참조한다.

⑥ 복층마감재 --------------------------------------- (CE계 및 Si계)

a. 위 a, b, c의 내용을 참조한다.

b. 凹凸모양의 뿜칠로 패턴을 결정한다.

c. 작업순서는 하지조정, 프라이머, 중도재(2회 기본) 뿜칠, 상도재(탑코팅) 뿜칠 또는 롤러-시공으로 한다.

2) 복층뿜칠 마감재

① 합성수지에멀션계 복층마감재 -------------------------------- (E계)

a. 복층마감재 a.~c.을 참조

② 방수형 합성수지에멀션계 복층마감재 -------------------- (E-Ⅰ, Ⅱ계)

③ 반응경화형 합성수지에멀션계 복층마감재 ---------------------- (RE계)

④ 합성수지용액계 복층마감재 -------------------------------- (RS계)

⑤ 방수형 합성수지용액계 복층마감재 ------------------------ (RS-Ⅰ계)

3) 두꺼운 뿜칠 마감재

① 시멘트계 얇은마감재(C계), 규산칼슘계 얇은마감재(Si계), 합성수지에멀션계 얇은 마감재(E계), 복층뿜칠마감재(RE, RS계)를 포함하며, 모두 凹凸모양의 뿜칠 패턴으로 중도도포량으로 두꺼운 정도를 나타낸다.

② 작업공정과 마감은 복층마감재를 참고한다.

도장공사 감리공정 사례

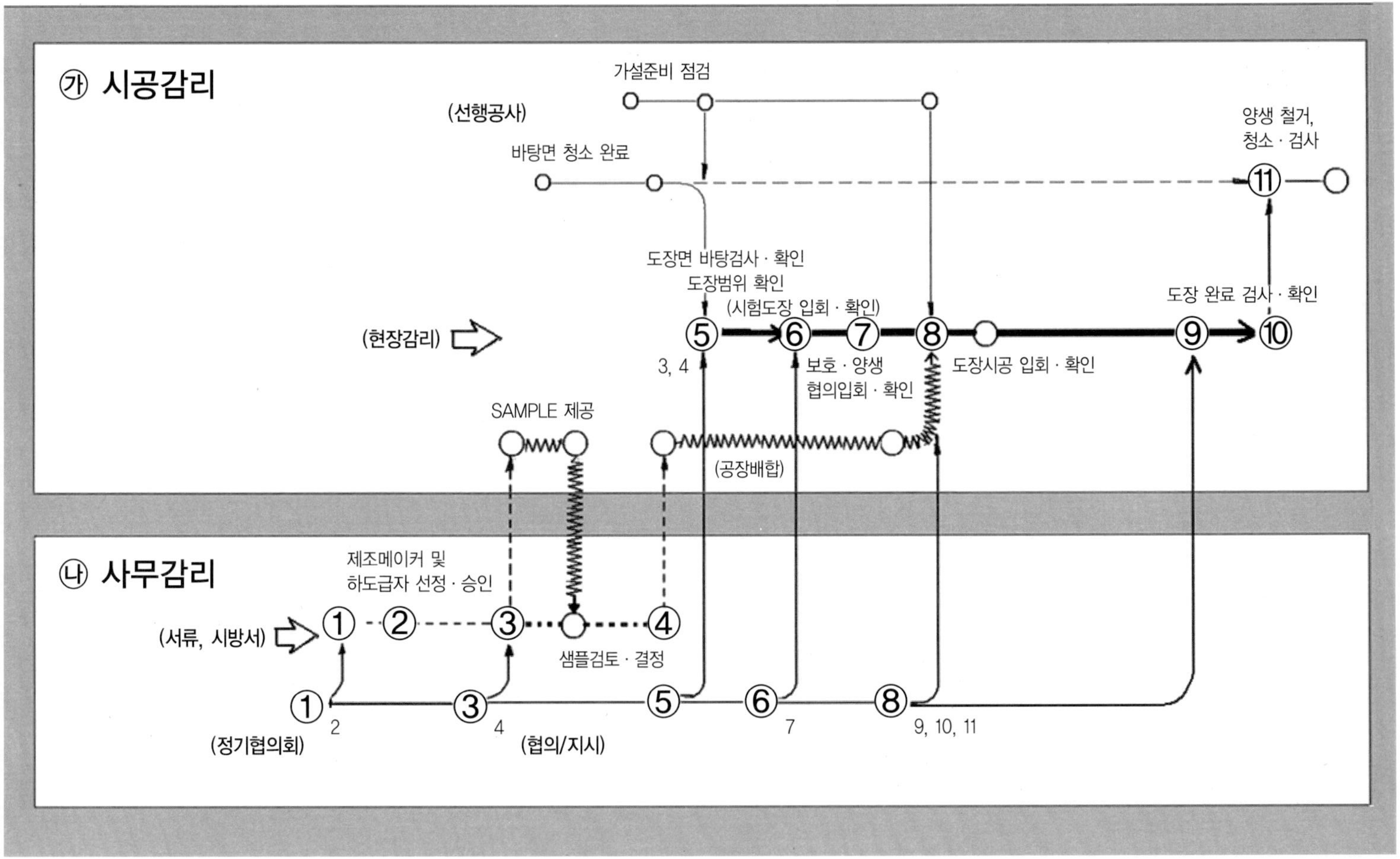
㉮ 시공감리
가설준비 점검
(선행공사)
바탕면 청소 완료
양생 철거,
청소 · 검사
도장면 바탕검사 · 확인
도장범위 확인
(시험도장 입회 · 확인)
도장 완료 검사 · 확인
(현장감리)
3, 4
보호 · 양생
협의입회 · 확인
도장시공 입회 · 확인
SAMPLE 제공
(공장배합)
㉯ 사무감리
제조메이커 및
하도급자 선정 · 승인
(서류, 시방서)
샘플검토 · 결정
2
4
7
9, 10, 11
(정기협의회)
(협의/지시)

4-3 #별표. 도장공사 감리 주요 점검사항

감리 종목	범위	주요 점검사항	
1. 메이커 및 하도급자		처리방법	(검토) → 승인
		처리내용	1-1. 제조 메이커 및 하도급자 확인
2. 견본 칠하기		처리방법	(검토) → 승인
		처리내용	2-1. 제조 메이커 지정 여부를 확인 2-2. 도장공정, 색상, 마감 등은 견본을 제출하여 실물시험 도장으로 결정한다. 1) 제조 메이커의 공장배합일 때 사용량이 적거나 갑작스럽게 색상을 교환해야 할 경우 동일제품으로 현장배합이 가능한가. 2) 시험 도장판의 하지는 현장하지와 동일한가. 3) 정해진 공정에 따라 각 도장층이 구분되도록 일부를 남겨두고 반드시 겹치도록 하여 체크한다. 4) 광택의 정도(광택, 무광택, 반광택 등) 및 종별로 체크한다.
3. 도장하지 (도장 할 바탕 또는 소지)		처리방법	(검사) → 확인
		처리내용	3-1. 소지 조정 및 하지면 처치를 체크 (1) 녹, 스케일, 유해한 부착물(먼지, 분진, 이물질, 구리스, 타르, 수분, 회반죽, 플라스터, 시멘트, 모르타르 등) 노화, 색이 바랜 도장은 제거한다. (2) 침출 또는 용출된 유해물(수분, 기름, 수지, 산, 알칼리 등) 작용을 막는 조치를 한다. (3) 도장이 잘 부착되도록 필요한 조치를 취한다. 3-2. 모르타르 하지일 경우 특히 소지 조정을 확인 (1) 하지면의 건조 정도는 충분한가.(수분 5% 이하, 표준 pH9.5) (2) 특히 유성페인트를 바를 경우 하지가 충분히 건조하지 않으면 알칼리성분이 침투되기 쉽다. (3) 도료의 부착을 좋게 하기 위한 필요한 조치를 취한다. 3-3. 철부 하지면에 대한 소지 조정 확인 (1) 방청은 스크래퍼 등으로 녹을 완전히 제거하고, 유지분 등은 세척한다. (2) 연(납)화합물이 주가 된 방청도료는 2회 도장을 원칙으로 한다. 3-4. 목부 하지면에 대한 소지 조정 확인면의 결함.(상처, 구멍, 갈라짐, 뒤틀림, 옹이, 흡수성이 불균일한 곳 등)이 보수된 면으로 한다.
4. 도장범위		처리방법	(입회) → 확인
		처리내용	4-1. 마감별 도장 리스트 확인 (1) 도료의 종류별, 수성, 유성, 수지계 등을 구분하여 체크한다. (2) 도장 끝머리 등 마감 구분을 시공도에서 확인한다. 1) 벽면, 처마, 천장면 등의 줄눈, 선두르기 등의 위치를 확인. 2) 마구리, 겉모양, 마무리도장이 부실한 곳은 없는지 확인 3) 가구나 여닫이문의 상 · 하 마구리면 점검

감리 종목	범위	주요 점검사항	
4. 도장범위		처리내용	4) 방화문의 퓨즈메탈, 기밀창이 접하는 놋쇠 부분, 마찰접합부 등의 도장으로 기능이 저하되지 않는지 사전에 점검한다. 4-2. 현장에서 재시험이 필요한가를 확인 (1) 공정, 도장공의 기능, 색, 광택, 배색 상태 및 마감면의 마무리 상태 등을 확인하기 위하여 실제 환경과 동일하게 하지가 조정되어 있는지 체크한다. (2) 견본바르기 시험은 공장에서 대형 시험편으로 하든지 또는 실제로 건물의 일부를 이용하는 방법을 사용한다. 4-3. 현장배합을 할 경우 지정된 배합장소에 입회하였는가. 도료 소지면의 조밀, 흡수성의 크고 작음, 기온의 고저 등 배합규정 범위 내에서 도장이 가능한가를 조정
5. 양생		처리방법	(입회) → 확인
		처리내용	5-1. 도장장소 주변(바닥, 벽, 천장 등)은 적절하게 필요한 양생을 하였는가. 5-2. 도장 완료 후 도장면에 오염, 손상을 주지 않도록 적절한 보양을 하고 있는가.
6. 개봉		처리방법	(입회) → 확인
		처리내용	6-1. 개봉되지 않은 상태로 현장에 반입된 제품에 대한 입회 (1) KS마크, 상표, 규격명칭, 포장번호, 색번호, 제조 년·월·일 및 수량 체크 6-2. 매 공정에 동일 메이커제품을 사용하는 것이 원칙 (1) 하도, 중도 및 상도는 동일한 제조사 제품을 사용할 것. (2) 희석제 선정에 주의하고, 계통이 다른 도료에 혼합을 금할 것.
7. 도장작업 (시공)		처리방법	(입회) → 확인
		처리내용	7-1. 주변을 청소하고 건조 및 도장작업 중에는 근처에서 타작업 중지 7-2. 강풍일 때, 기온이 낮을 때, 습도가 높을 때, 환기가 충분하지 않은 곳에서 도장작업 금지 (1) 기온 5℃ 이하, 습도 80% 이상, 환기가 충분하지 않는 등, 도료건조에 부적당한 장소(습도가 80% 이상인 경우 들뜨고 하얗게 변하기 쉽다) (2) 비, 눈, 강풍, 도장장의 불결 등에 의해 물방울, 쓰레기, 흙먼지 등이 도막에 달라붙기 쉬울 때 7-3. 도료는 사용 직전에 휘저어서 필요한 만큼만 사용한다. 7-4. 퍼티 땜이 있을 때의 건조시간은 샌딩할 수 있는 시간으로 한다. 7-5. 도포량은 표준량을 도포했는가. (1) 움푹 팸, 얼룩, 물결모양, 오그라듦, 거품, 붓자국 등의 결함이 없이 균등하게 도포되었는가. (2) 엷게 여러 번 바르는 것이 이상적임.

감리 종목	범위		주요 점검사항
7. 도장작업 (시공)		처리내용	7-6. 도료의 건조시간(방치시간) 내에 덧바르기를 해서는 안 된다.(건조하기 전에 도막을 겹쳐 바르면 용제가 바탕도막을 침해하여 1회째 바른 도막 두께를 유지하지 못하게 되는 결함이 생김) 7-7. 불투명 도료인 경우 하도, 중도 공정은 상도와 다른 색을 발라서 구분이 되도록 한다. (1) 다른 색으로 바른 횟수의 확인이 가능 (2) 보통 하도는 상도보다 엷은색을 칠하여 점차로 마감색상에 가깝게 칠한다. 7-8. 창호, 난간 등을 설치한 후에 방청처리면이 손상된 용접부에는 상도에 적합한 방청도료로 보수한다. 7-9. 도장횟수를 확인한다. (1) 철골-공장방청, 현장녹막이칠 후 마무리 2회 이상 (2) 철물-공장방청, 현장보수 후 마무리 2회 이상 (3) 목부-소지정리 후 마무리 3회 이상, 기타 특기에 따라 도장한다. 7-10. 철물의 소부도장을 체크한다.(외부격자, 난간, 펜스 등) (1) 철공장에서 용접부에 붙은 스패터(spatter) 등의 제거 확인 (2) 작업공정 체크 1) 탈지, 바탕조정(세정용 시너로 기름, 더러운 곳을 완전하게 닦고 1시간 양생된 상태) 2) 프라이머 뿜칠(녹막이, 마감도료와의 길착을 높인다. 양생시간은 약 40분) 3) 멜라민(melamine) 수지도료 뿜칠 4) 소부도장(소부도장장의 크기를 사전에 체크하고, 사용연료 프로판가스, 온도 160℃, 소요시간 40분 정도) 5) 포장, 발송, 납품 (3) 샘플과 현물의 마감상태를 확인
8. 도장작업 완료		처리방법	(검사) → 확인
		처리내용	8-1. 도장공사시 발생하는 도막의 결함은 체크하였는가. (1) 붓자국 및 물결무늬 (2) 탄력 부족(소지에 유분이 잔류하든가, 하도작업시 샌딩이 잘못되어 발생) (3) 오그라들기 현상(건조 불량, 너무 두껍게 바른 경우) (4) 거품, 핀홀(용제의 증발속도가 빠를 경우, 바르는 속도가 빠를 경우) (5) 스며들기 현상(바탕색이 마감색에 스며나옴) (6) 들뜸 현상(하도의 건조 불량, 상도의 용제가 하도의 막을 침투했을 때 발생) (7) 백화발생 현상(도장시 습도가 높을 때, 공기 중에 수증기가 도장면에 응축 · 흡착되어 발생) 8-2. 도장 후에 발생한 도막의 결함은 없었는가. (1) 황변화 발생(누렇게 변하는 것) (2) 들뜸 발생(도막중 용제가 급격히 가열되었든가, 수분으로 가용성물질이 용해되어 도막이 들뜸) (3) 뒤틀림, 균열 발생 및 변 · 퇴색 발생 (5) 부풀기 현상(bulking)

4-4 #별표, 복층마감공사 감리 주요 점검사항

<table>
<tr><th colspan="2">감리 종목</th><th>범위</th><th colspan="2">주요 점검사항</th></tr>
<tr><td colspan="2" rowspan="2">1. 메이커 및
하도급자</td><td rowspan="2"></td><td>처리방법</td><td>(검토) → 승인</td></tr>
<tr><td>처리내용</td><td>1-1. 내 · 외장재 제조메이커 및 시공업자 확인
1-2. 제조메이커 지정 여부 확인</td></tr>
<tr><td colspan="2" rowspan="2">2. 견본 칠하기</td><td rowspan="2"></td><td>처리방법</td><td>(검토) → 지시</td></tr>
<tr><td>처리내용</td><td>2-1. 외장재 샘플 확인과 검토, 협의/지시
2-2. 내장재 샘플 확인과 검토, 협의/지시 등</td></tr>
<tr><td colspan="2" rowspan="2">3. 뿜칠장소</td><td rowspan="2"></td><td>처리방법</td><td>(입회) → 확인</td></tr>
<tr><td>처리내용</td><td>3-1. 설계도, 시방서 등에 의한 범위를 재확인한다.
3-2. 조인트부 및 줄눈부의 뿜칠마무리 확인한다.</td></tr>
<tr><td rowspan="3">4. 바탕
하지면</td><td rowspan="2">a.
외장재</td><td rowspan="2"></td><td>처리방법</td><td>(검사) → 확인</td></tr>
<tr><td>처리내용</td><td>4a-1. 복층마감재(뿜칠타일)의 바탕하지 점검
(1) 콘크리트 치장면인 경우
1) 모르타르, 먼지, 거푸집박리제 등이 잔류한 경우는 칩핑이나 브러시 또는 샌딩처리로 제거한다.
2) 콘크리트 타설 후 잘못된 부분이나 곰보가 생긴 부분, 핀홀이 있는 곳은 손질한다.
3) 하지면의 건조상태를 반드시 점검한다.
(2) 모르타르 바르기면인 경우
1) 양생기간 : 1~2주 필요
2) 경화 불량, 균열이나 들뜬 곳, 레이턴스, 백화(efflorescence)를 제거한다.
(3) Pre-Cast Concrete인 경우
1) 탈형 후 양생기간 : 자연양생일 때는 4주 이상, 강제양생일 때는 5일 이상이 필요.

4a-2. 합성수지에멀션 사벽상뿜칠재의 하지 점검
(1) 양생기간은 2~3주간이 필요하며, pH10 이하, 수분 8% 이하로 해야 한다.
(2) 핀홀 등의 처리로 평활하게 한다.
(3) 백화, 분진, 레이턴스 등을 제거하고, 흡입현상을 방지하기 위해 프라이머 등을 처리한다.
(4) 재도장 보수공사일 때는 완전 제거한 후 실시한다.</td></tr>
<tr><td>b.
내장재</td><td></td><td>처리내용</td><td>4b-1. 고분자입상 도료
(1) 콘크리트 모르타르면일 때 하지면의 건조상태를 확인해야 한다.
(2) 소지조정, 퍼티시공 상태를 점검한다.

4b-2. 아크릴수지를 이용한 뿜칠도료의 하지점검
(1) 하지가 잘 건조된 후에 바른다.
(2) 알칼리성 하지는 피막한 후에 시공한다.</td></tr>
</table>

감리 종목	범위	주요 점검 사항	
5. 보호 및 양생		처리방법	(입회) → 확인
		처리내용	5-1. 작업한 근처에 부착된 재료가 붙어 있는 상태로 양생되지는 않았는지 확인 5-2. 폴리비닐필름 등의 보양재, 접착테이프가 말끔하게 제거되었는지 확인 5-3. 시공 후 얼마 안 되어 오염된 경우는 바로 제거하고 재시공한다.
6. 재료 개봉		처리방법	(입회) → 확인
		처리내용	6-1. 반입된 재료 개봉에 입회 (1) 공장배합의 경우 : 색 샘플과 동일한 제품인지 제품번호 등을 비교한다. (2) 현장배합의 경우 : 제조사, 재료번호 등을 확인한 후 배합재의 종류와 수량이 견본품과 동일한지 확인한다. 6-2. 사용 전에 재료를 잘 교반하여 재료가 균일해지도록 하여 사용한다.(교반 시에는 전동공구를 이용할 것)
7. 시제품 뿜칠하기		처리방법	(입회) → 확인
		처리내용	7-1. 실제 시공할 바탕하지면에 시험뿜칠을 시연한다. 7-2. 보드 등에 시험 뿜칠한 후 색상, 질감(Texture)을 확인
8. 뿜칠 시공 (a.주요외장재)		처리방법	(입회) → 확인
		처리내용	8a-1. 복층마감재(복층타일)의 경우 : RE, RS (1) 기온 5℃ 이하에서는 컴파운드의 성능이 저하되므로 작업을 중지해야 한다. (2) 비가 온 후에는 건조상태를 확인한 후 작업한다. (3) 시공 중에 비나 눈 또는 강풍이 있을 경우에는 작업을 중지한다. (4) 작업공정을 확인한다. 1) 콘크리트 및 철부인 경우 전용 프라이머를 사용할 것. 2) 주재 및 하지재는 전면적으로 균일하게 뿌리고, 중도의 패턴(형상 크기)도 균일하게 할 것. 탑코트(Top Coating)가 메탈릭컬러인 경우 컴파운드 색조가 일치하지 않는 경우도 있다. 3) 중도 작업시 뿜칠 후 롤러 다짐작업, 쇠흙손다짐은 일정방향으로 균일하게(상 · 하 · 좌 · 우) 할 것. 4) 탑코팅은 중도작업 후 16시간 이상 경과한 후 시공하고 기온이 낮은 경우에는 건조가 지연되므로 대부분 1일(24시간) 이상 건조시킨 후 시공한다.(일반적으로 탑코트는 용제형 도료나 아크릴수지도료를 사용함) 8a-2. 합성수지에멀션 사벽상 뿜칠의 경우 (1) 3~5℃ 이하의 기온 또는 하지가 충분히 건조되지 않은 상태, 강풍시 등에는 작업을 중지한다.

감리 종목	범위	주요 점검사항	
8. 뿜칠시공 (a.주요외장재)		처리방법	(입회) → 확인
		처리내용	(2) 아크릴 리신(Acryl ricin) 등의 경우 1) 치장콘크리트일 경우 견출면에 시공할 때는 주의할 것. ① 거친면 뿌리기는 2회로 하고 2회째는 추가 뿜칠을 할 것. ② 방치시간은 지촉(指觸)건조로 2시간 이상, 완전건조는 24시간 이상 할 것. 2) ALC 패널에 시공할 경우 주의사항 ① 현장배합 프라이머로 하지조정용 도장으로 1회 바르고, 방치시간은 24시간 이상이다. ② 하지조정 후 뿜칠은 2회로 하고 2회째는 추가 뿜칠로 덧칠을 한다. 3) 일반적인 공통사항 ① 물을 규정을 넘게 타면 마감이 고르게 되지 않는다. 짙은색일수록 물을 적게 사용한다. ② 기온이 3~5℃ 이하에서는 완전한 도막을 형성하기 어렵기 때문에 작업을 중지한다.
8. 뿜칠시공 (b.주요내장재)		처리내용	8b-1. 내장뿜칠재 시공시 일반적인 주의사항 (1) 5℃ 이하 기온에서는 시공하지 말 것. (2) 시공 후에는 충분히 환기가 되도록 하여 건조가 잘 되도록 할 것. (3) 두께 6mm 뿜칠인 경우에는 3mm 뿜칠 후 건조시킨 다음에 나머지 3mm 뿜칠을 할 것. 8b-2. 고분자입상 도료인 경우 (1) 내압식 스프레이건으로 시공하며, 컴프레서의 압력은 4.5~6.0kg/cm², 뿜칠거리는 1.0~1.2m로 한다. (2) 각 공정 확인 1) 실러 바르기 : 뿜칠 1회. 도장간격(상온) 8시간 이상 2) 하도 바르기 : 뿜칠 1회, 도장간격(상온) 3시간 이상 3) 단색마감 : 뿜칠 2회, 도장간격(상온) 6시간 이상 4) 다채색 복층마감 : 뿜칠 1회, 도장간격(상온) 1시간 이상 8b-3. 아크릴수지인 경우 (1) 스프레이건에 의한 뿜칠 방법 점검 1) 흡수시 얼룩을 방지하기 위해 1회째는 솔로 바르고, 凹부분은 퍼티로 메우고 샌딩한다. 2) 너무 지나치게 뿌리면 얼룩이 생긴다. 3) 수정할 경우에는 충분히 건조시킨 후에 물로 씻어낸다.
9. 완료		처리방법	(검사) → 확인
		처리내용	9-1. 가설비계 등을 해체하기 전에 실시 (1) 시공누락 부분, 얼룩이 지는 곳이 없는지 확인 (2) 오염되어 흉한 곳이 없는지 확인 (3) 보양물 처리가 말끔하게 정리되었는지 확인

제5장

금속공사(金屬工事)

5-1 금속공사 사전 점검사항

5-1-1 시공 전 일반사항 확인

1. 설계도 · 시방서
2. 환경 · 기상 · 입지조건
3. 시공업체의 경력조사
4. 시공도 작성 여부
5. 온도변화에 의한 신축 검토
6. 설치방법에 대한 검토
7. 방식 · 누수방지에 대한 마감상세도
8. 구체공사와 마감 및 기계설비공사와 관련 사항
9. 제품의 운반, 반입 및 하치장과 보관방법
10. 가설비계 및 작업장 확보 여부
11. 작업용 동력 및 설비
12. 적정 제품이 반입되었는가.
13. 금속재료의 품질, 재료보증서 또는 품질증명서
14. 사전 매립된 설치용 철물 확인
15. 제품의 보양방법

5-1-2 재료의 종류별 특징 확인

1. 철

① 강재의 형상과 종류

② 내후성강의 종류

③ 스테인리스강의 종류

④ KS제품 및 재료의 메이커 지정 여부

2. 알루미늄합금

① 알루미늄합금의 종류

② 기성품인가, 주문제작품인가의 여부

③ 재료의 메이커 지정 여부

3. 기타

① 동 또는 합금의 종류

5-1-3 방식 · 방청 확인

1. 일반사항

① 건물의 입지조건과 금속의 부식환경 검토

② 실내의 환경조건 확인

③ 방식 · 방청을 고려한 재료의 선택 여부

④ 용접 및 꺾임 부위에 대한 표면가공 손상에 대한 방식과 방청

⑤ 콘크리트에 매립된 부분에 대한 방식과 방청처리

⑥ 이종금속 간의 접촉에 대한 처리

⑦ 제품마다 소정의 방청처리가 되어 있는지 여부

⑧ 준공 후 유지관리에 대한 대책

2. 방청처리 확인

① 철에 적합한 도장시방서 적정 여부

② 철의 바탕조정방법에 대한 검토 여부

③ 도장공정의 도막 두께

④ 아연도금인 경우의 종류 및 부착량

3. 표면처리 확인

① 아연도금인 경우 바탕처리시 도막의 부착성

② 스테인리스강의 표면마감 방법(mirror, hair-line 등)

③ 알루미늄합금인 경우의 표면마감

④ 동과 동합금인 경우의 표면마감

5-1-4 설치시 확인사항

1. 일반사항

① 설치도면은 사전에 감리의 승인을 받았는지 여부 확인

② 선부착과 후부착에 대한 검토 확인

③ 설치시 중량물 또는 위험 방지를 위한 조치 여부 확인

④ 진동, 충격을 받는 곳의 설치방법 확인

2. 선(先)설치공법인 경우

① 설치 위치 확인

② 매입설치된 철물의 견고성 확인

③ 콘크리트타설 중에 매입철물이 견고하게 고정되었는지와 위치 확인

3. 후(後)설치공법인 경우

① 설치 위치의 먹줄놓기 정확도 확인

② 앵커의 종류와 내력이 사전에 검토되었는지 여부 확인

4. 인서트, 앵커볼트 등의 설치시 확인사항

① 인서트가 거푸집 먹줄 위치에 견고하게 고정되었는지

② 인서트 공(孔) 내부로 시멘트페이스트가 유입되지는 않았는지

③ 콘크리트타설 전에 앵커볼트 지름(徑), 길이, 설치 위치를 점검

④ 콘크리트타설 후 앵커볼트를 설치할 경우 슬리브의 위치, 크기, 깊이와 설치시 충전재의 종류

⑤ 충전재는 공극 없이 충전되었는지 여부

⑥ 확장 앵커철물의 경우 콘크리트 단부에서의 치수 등 먹줄이 적절한지 여부

⑦ 후시공 앵커의 경우 매입구멍에 철근, 배관 등 매설물을 점검하고 특히, 타격용 앵커인 경우는 시공 전에 바탕조사와 총 취급자의 자격 여부 검토

5. 제품 설치시 확인사항

① 설치할 위치 재확인

② 설치에 지장이 있을 경우 바탕재(하지)의 조정이 가능한가

③ 마무리 용접방법(철, 스테인리스, 알루미늄합금)

④ 용접시 주변에 가연성 물질 철거 및 보양

⑤ 용접, 볼트체결 등 마무리 후 방청, 방식 및 청소

5-2 금속공사 시공관리 자료 및 감리 요점정리

5-2-1 관리 참고자료

1. 금속표면처리(전기도금법)

(1) 아연도금 : 도금이 두꺼울수록 좋고, 아연도금으로단 할 경우는 산, 알칼리에 약하기 때문에 소부도장을 할 필요가 있다.

(2) 염화아연(Zinc Chloride)도금 : 아연도금을 한 것에 크롬(Chrom)산과 여러 가지의 혼합된 산(酸)을 침투시키는 것이 방식이 높다. 표면이 뿌옇게 되는 현상이 발생하기 때문에 소부도장을 하는 것이 좋다.

(3) 크롬(Chrom)도금 : 공기 중에서 매우 안정적으로 변색되고, 동(銅)도금 위에 두께 0.001mm 정도를 도금한다.

2. 염화비닐강판

염화비닐시트(염화비닐수지 두께 0.1~0.32mm, 경질, 반경질 등이 있음)를 접착한 것.

(1) 기계가공이 가능하며, 비닐과 금속판이 박리(剝離)할 우려가 없다.

(2) 비닐 피막은 70℃가 되면 연화하기 때문에 용접 ㅅ에는 손상을 고려하여 특수용접이 필요하다.

(3) 절단면이 작은 부분이라도 비닐퍼티에 의한 방청처리가 안 되므로 주의할 필요가 있다.

(4) 내마모성, 내후성, 내식성이 우수하고, 내약품성도 좋은 편이다.

(5) 도장철판이 피막철판을 사용하는 것보다 녹이나 유독가스에 저항성이 있지만 도장 두께가 0.3mm 이하로 보장성이 희박하다.

(6) 염화비닐 피막 두께 0.1mm 이하 불연재 인정

염화비닐 피막 두께 0.1≤0.25mm 준불연재 인정

(7) 한 면 또는 양면이 코팅일 때

- 한 면(판두께+염화비닐 두께). 예 : 0.29mm+0.2mm(판두께 종류별 0.35…0.6, 0.8mm) 등
- 양면(염화비닐 두께+판두께+염화비닐 두께). 예 : 0.2mm+0.32mm+0.2mm (〃) 등

(8) 코팅법(Coating) : 재료를 피막도장으로 보호하는 방법

- 양전기도장법 : 염화비닐시트를 프레스로 가압시킨 것.
  두께는 0.2~0.3mm가 코팅되어 있음.
- 롤(Roll)압착법 : 염화비닐시트를 롤에 의해 연속적으로 압착시킨 것.
  양면 또는 한 면에 코팅되어 있음.

3. 치장강판(프린트 철판 등)

(1) 고온에 대한 내열성은 100~140℃ 정도로 한다.

(2) 크롬 (Chrom, Cr) 처리된 아연철판에 그라비어 옵셋 프린트(Gravure Offset Print)방식으로 인쇄된 것(도막두께 0.25mm 이상)으로 밀착성이 우수하고 핀홀(Pin hole)의 우려가 없는 것이 장점이다.

(3) 사용되는 잉크로는 염화비닐, 아크릴(Acryl) 수지 등이 있다.

4. 법랑철판

(1) 0.6~2.0mm 두께의 저탄소강판에 800~900℃로 법랑을 두께 0.3~0.7mm를 소부시킨 것.

(2) 시공 중에 용접불꽃이 발생하지 않도록 세심한 주의가 필요하다.

(3) 내수 · 내화 · 내후 · 내약품성이 우수하고, 변 · 퇴색이 거의 없고, 충격에 잘 견디는 반영구적이다.

(4) 법랑은 화학공업용 탱크로 개발되었으나 건축물의 내 · 외장, 욕조, 세면기 등에 이용되고 있다.

5. 동합금의 종류

(1) 놋쇠-동 : 아연 = 60 : 40

(2) 포금-동 : 아연, 니켈에 8~12%의 주석을 가한 것(구조재)

동 : 아연, 니켈에 3~7%의 주석→청동(녹청으로 변하여 장식철물로 사용)

(3) 브론즈(Bronze)(알루미늄 청동)-동 : 아연에 7~10%의 알루미늄을 첨가한 것. (값싼 유사금)

(4) 화이트 브론즈(White Bronze = 양백동)-은백색의 동 : 아연과 니켈의 합금(은보다 단단한 장식용)

6. 금속판의 접합법

(1) 기계적 접합법

- 피스, 볼트, 리벳트류는 알루미늄과 스테인리스 제품이 있다.
- 기계이음접합으로는 아연도금, 알루미늄, 황동제품이 있다.

(2) 접착법

특히 수밀성을 필요로 하는 개소는 솔기접합(Seam joint), 나사접합 등을 병용한다.

(3) 용접법

프로젝션 용접법(Projection Welding), 고주파용접법(High Frequency Welding), 스터드용접법(Stud Welding)

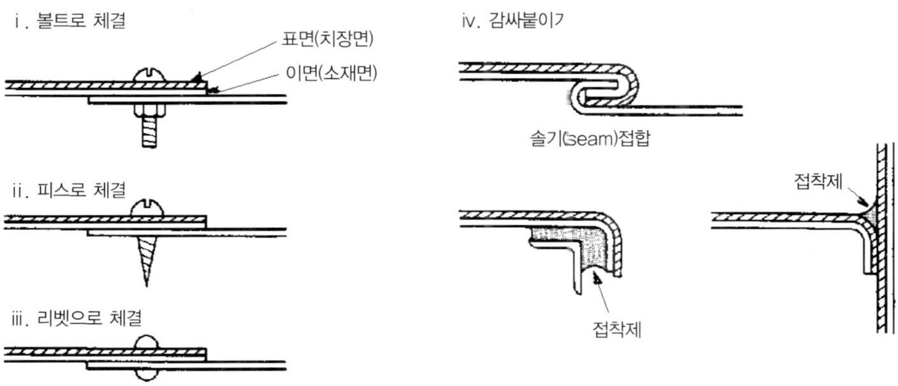

7. 경량칸막이의 바탕체크

(1) 경량칸막이 골조

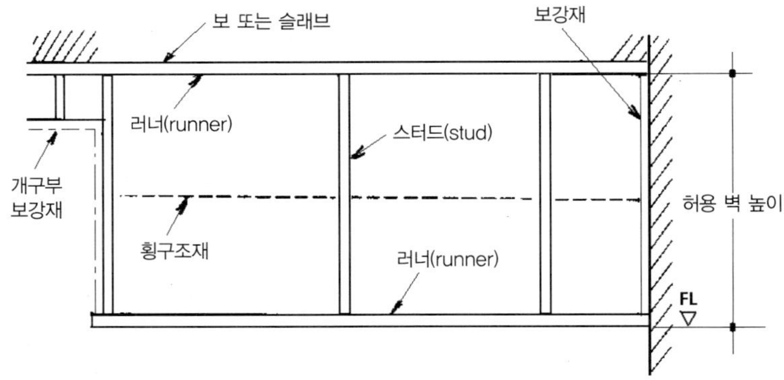

(2) Stud와 보드류의 접합

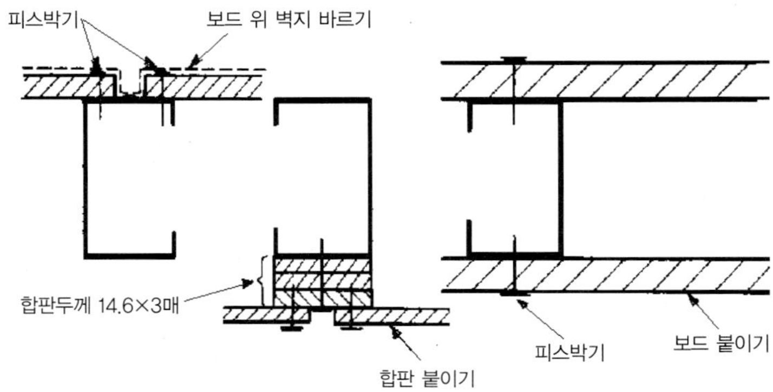

(3) Stud용접 아연도금강판 t=0.6, 0.7, 0.8mm 등

Stud간격@450mm 정도, H=3m 이상은 횡가재 장선을 보강설치(@1200 정도)한다.

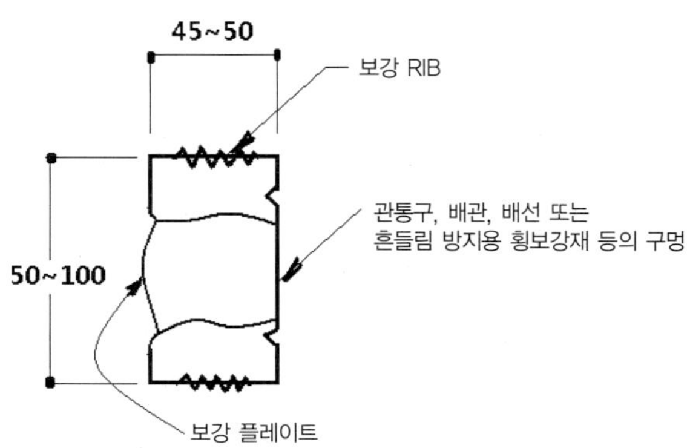

(4) 횡가재 (흔들림 방지용 장선)

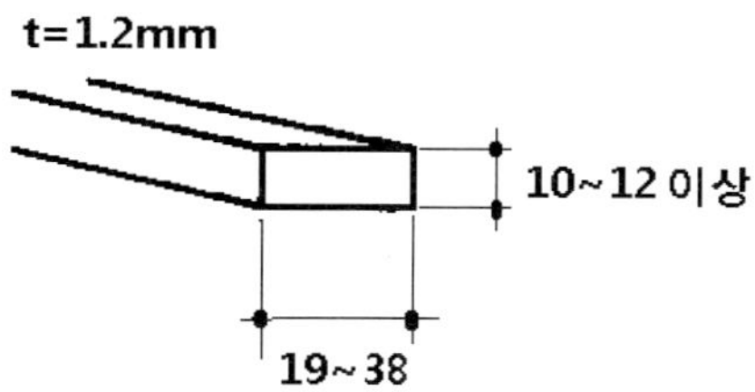

(5) 러너(Runner) t=0.6

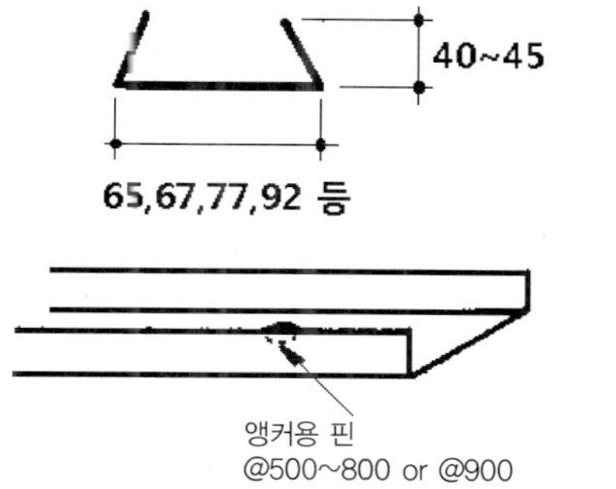

(6) 보강재 t=1.6, 2.3mm

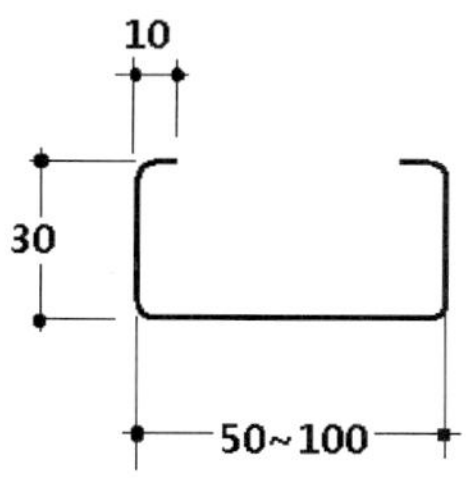

C형강의 사례

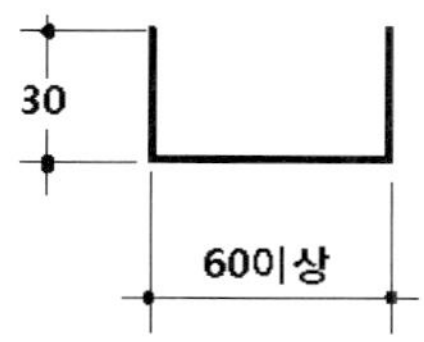

ㄷ-채널형강의 사례

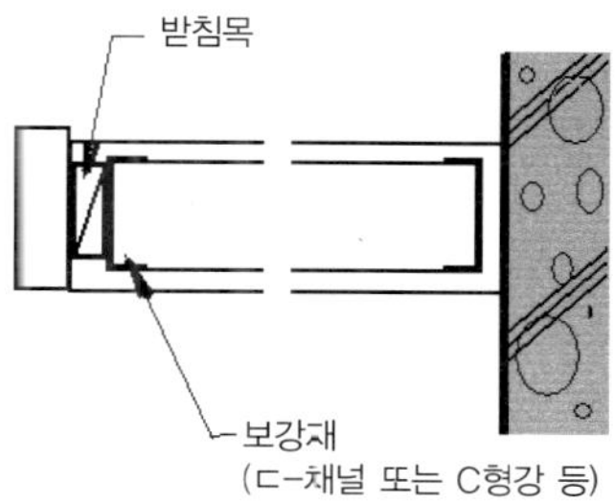

(7) 방음 · 단열벽

1) 방음, 단열재 충전

① 락울매트 두께 50 (밀도 40kg/m³ 충전)

② 락울펠트 두께 25

③ 그라스울 두께 50 (밀도 12kg/m³ 충전)

④ 그라스울 두께 25 (밀도 32kg/m³ 충전) 등

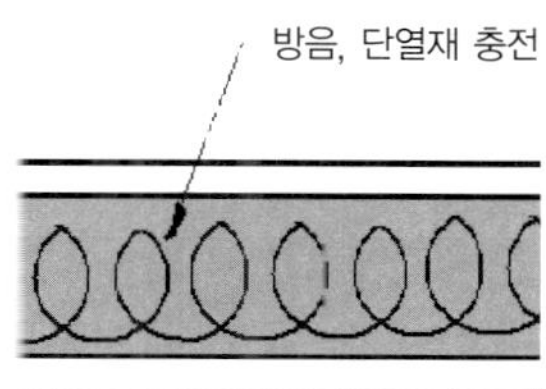

2) 더블 스터드 시스템(Double Stud System)

① 전도 방지에 유리함

② 단열성이 좋음

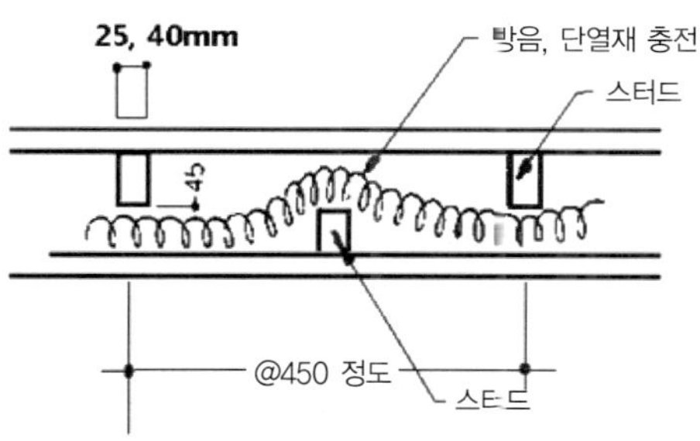

3) 필링 스터드 시스템(Filling Stud System)

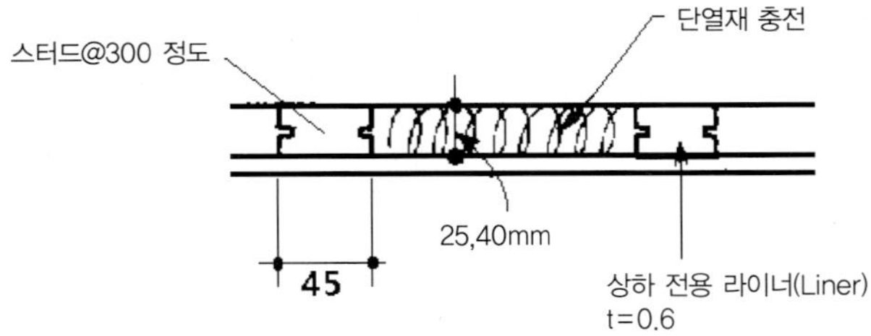

(8) 진동방지 보강용 횡가재를 사용하지 않을 경우의 벽높이

Stud(mm)	사용볼트(mm)	Stud 간격(mm)	최고 허용 벽높이(mm)
① W=65 (t=0.6)	파티클보드 12 (양면 붙이기)	@300	4,300
(t=0.8)		@450	4,100
② W=50 (t=0.6)		@300	3,700
(t=0.8)		@450	3,500
③ W=75 (t=0.6)		@300	5,100
(t=0.8)		@450	4,700
④ W=90 (t=0.6)		@300	6.400
(t=0.8)		@450	5,700

8. 금속천장(天障)의 바탕

(1) 바탕재

① 달대용 볼트 (철선 공칭경 Ø9) :

양면 나사(Screw) 및 1면 나사, 전기아연도금처리

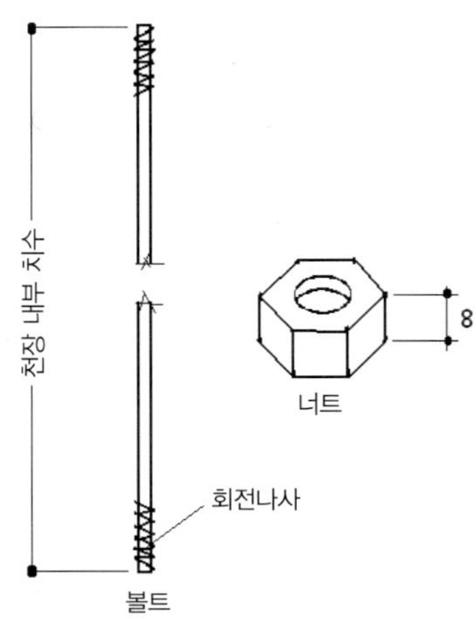

② 행거(Snap Hanger, Pin Hanger)

용융아연도금강판제 t=2.0mm

⊂25×(10, 11, 13)×1.2mm

⊂19×(10, 13)×1.2mm

⊂40×20×1.6mm

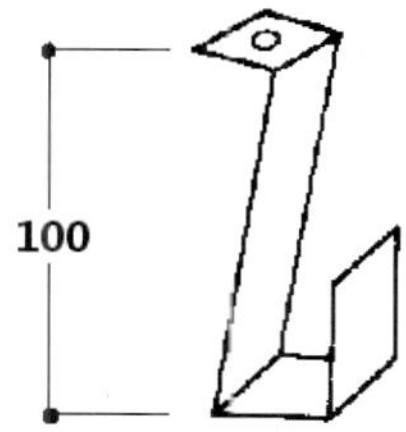

달쇠(hanger)

③ 반자틀받이(Channel Steel)

용융아연도금강판제 t=1.2~1.6mm

⊂38×12×(1.4, 1.2)mm

⊂50×(12, 15)×1.6mm

ℓ=4,000, 5,000mm 등

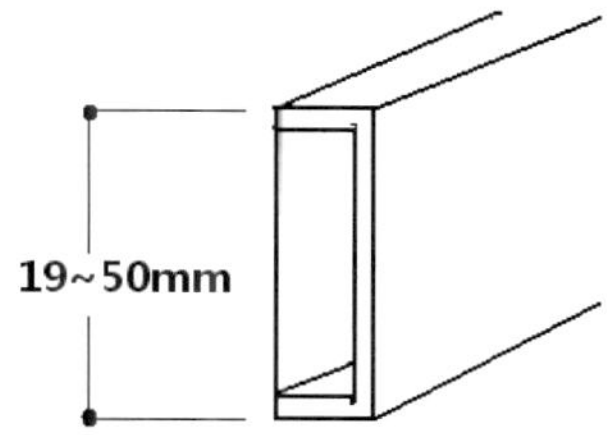

④ 반자틀 (용융아연도금강철제) t=0.5mm

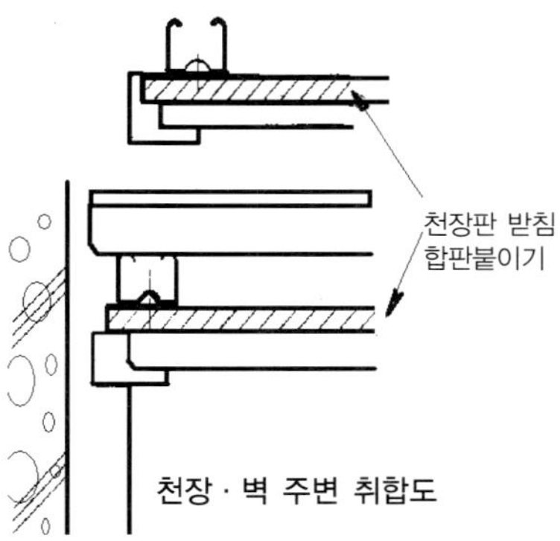

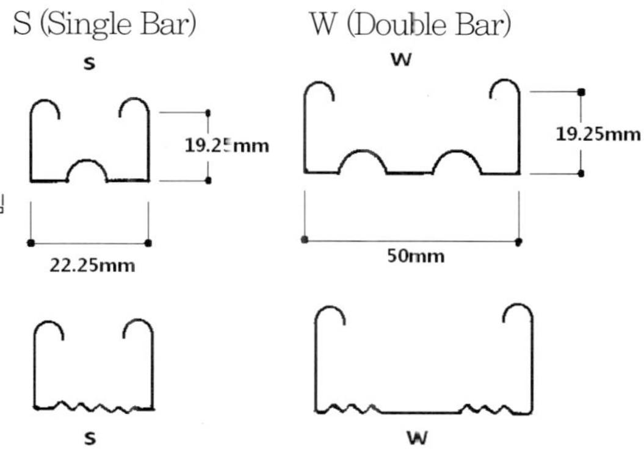

⑤ 기타 부자재

– 크립(Crip) : 바, 채널용 t=0.6mm

– 조인트(joint) : 바, 채널용 t=0.5mm 이상 모두 아연도금강판재이다.

(2) 인서트볼트의 간격 (@900~1,200mm)

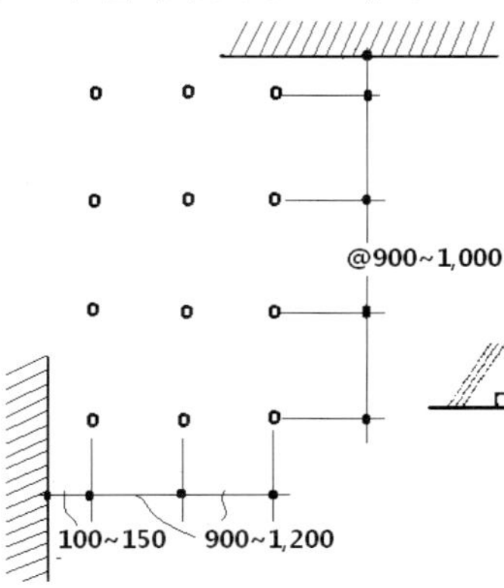

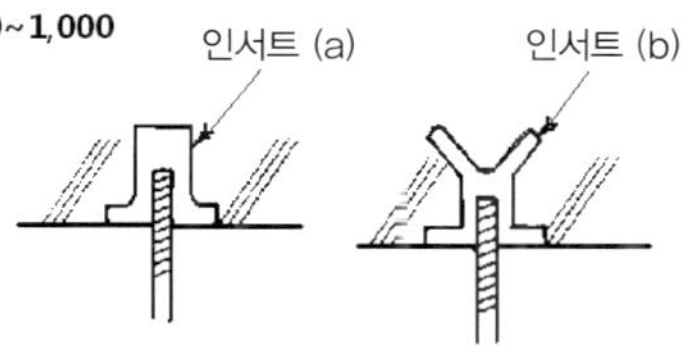

(3) 천장 내부의 경우(천장 내부가 협소한 경우는 용접)

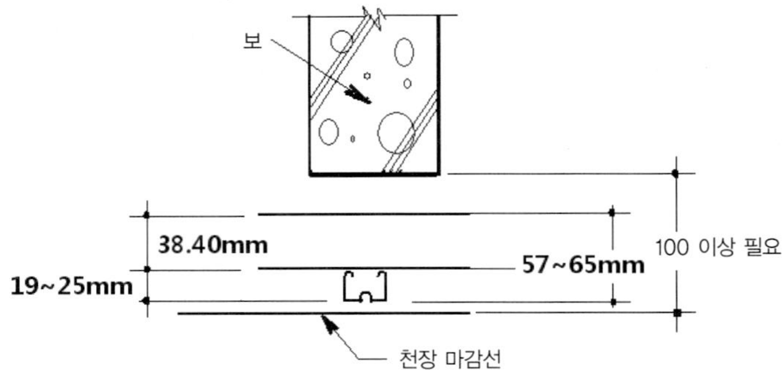

(4) 천장 개구부 주위 보강(개구부 보강은 채널 또는 보강 바를 사용함)

9. 스팬드럴(Spandrel)

(1) 알루미늄 압출형 스팬드럴(maker제품 참조)

판두께 1.0~2.0mm

면폭 100, 120mm, …

(2) 자기유도방식(Homing) 가공 스팬드럴

판두께 0.6~1.0mm

면폭 100, 150mm, …

컬러알루마이트코일재 → 컬러처리 → 투명아크릴수지 소부 코팅

(3) 흡음 스팬드럴(흡음과 단열효과)

판두께 0.6~1.0mm

면폭 100, 구멍판에 배면에는 글라스울, t=10 (32kg/m^3) 뿜칠

(4) 엠보스(Embos) 스팬드럴(치장용 스팬드럴)

판두께 0.6, 0.8mm

면폭 100mm

(5) 롤 호밍(Roll Homing) 스팬드럴

성형재료는 유약처리를 하지 않는 알루미늄, 컬러알루미늄, 컬러강판, 염화비닐강판, 스테인리스판 등이 있다.

10. 외장(外裝)

금속판 성형패널의 바탕철물에 나사못으로 고정시킨다.

(1) 패널(Panel) 배면의 보강 종류

배면 보강의 목적은 일반적으로 패널을 평편하게 하며 단열성, 차음성 향상과 결로를 방지하는 효과가 있다.(그림은 일반적인 보강방법)

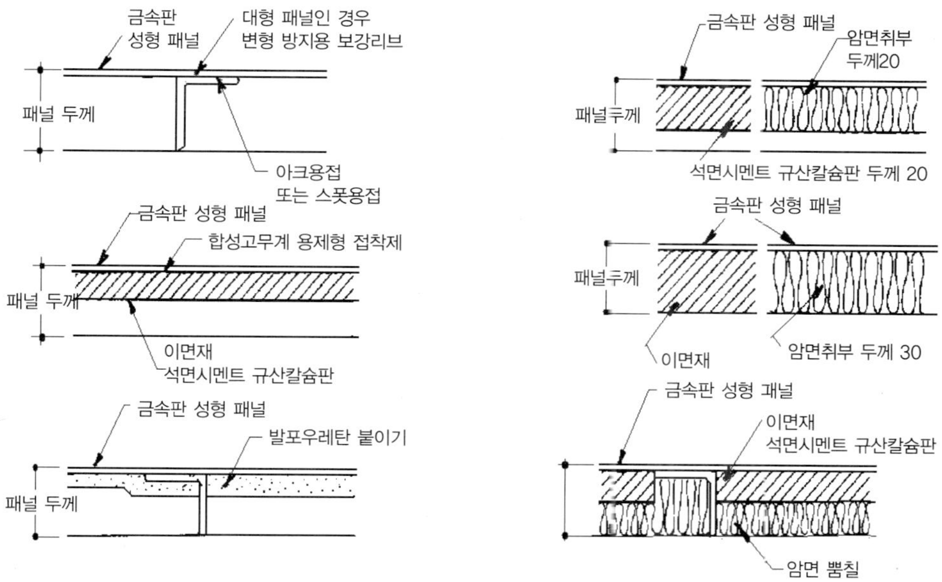

(2) 패널조인트(Panel joint)와 바탕(하지)철물의 설치법(그림은 일반적인 설치방법)

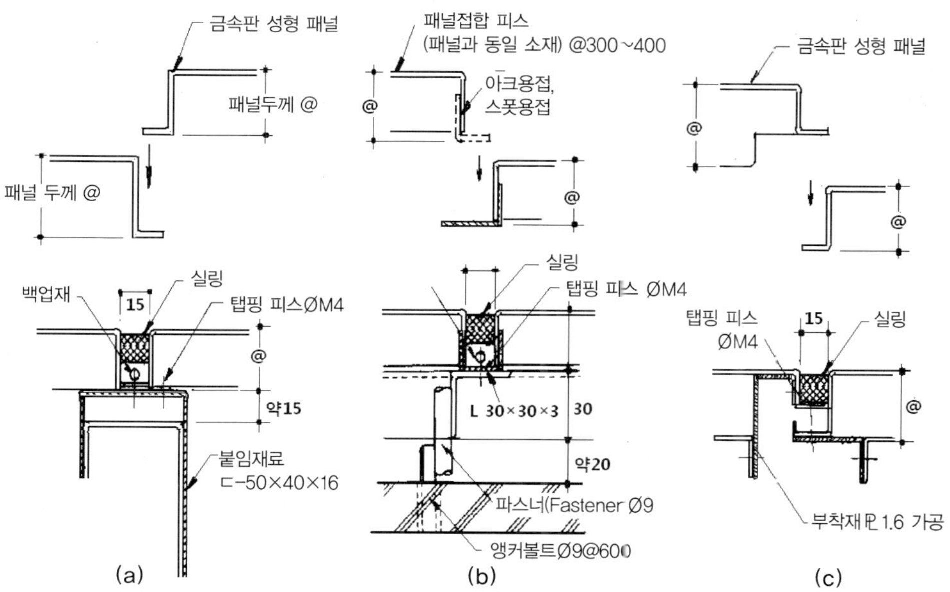

(3) 두겁대 패널조인트의 접합 사례

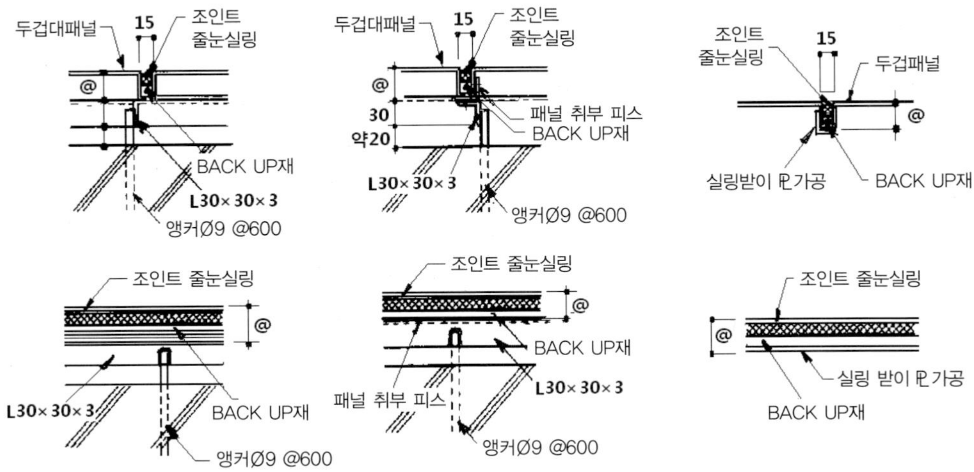

(a) (b) (c)

11. 기성알루미늄제 두겁대 경우

(1) 일반부

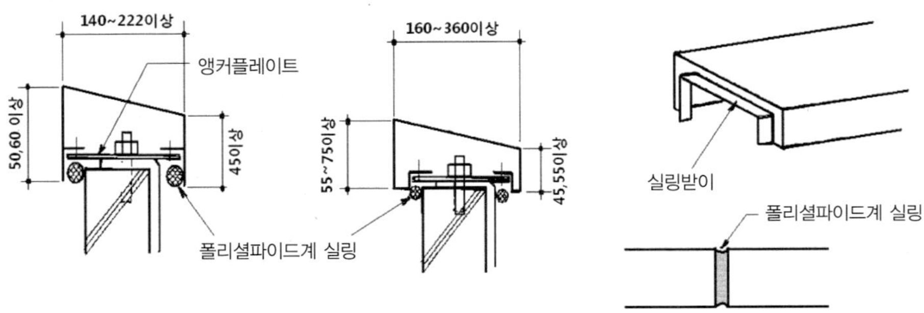

(2) 벽체 옆면의 마감과 물끊기 (그림 참조)

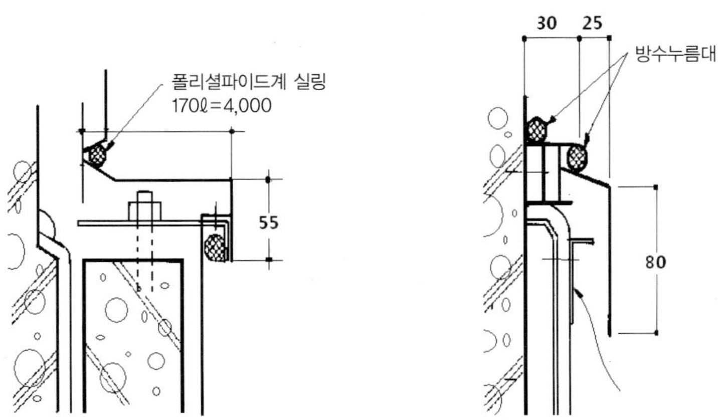

(3) 알루미늄 압출성형재 : 대개 정척 4.0m로 제작되고 물끊기 처리가 되어 있다.

(4) 앵커플레이트(강판, 아연도금), @900 (단, 피스체결용은 폭 @80mm, 끼우는 타입인 경우는 폭 @100mm임)

12. 가림막이용 알루미늄 성형재

(1) 패널 최대길이 약 7m, 스트링거(Stringer)는 5m 정도이다.

(2) 패널의 탄력성을 이용한 매입형식은 체결용 피스가 필요 없다.

(3) 패널, 스트링거 등이 내식성 알루미늄합금인 경우 절단면이 노출되어도 부식의 우려가 없다.

(4) 표준색, 소부 아크릴 도장마감이 일반적이다.

13. 알-캐스트(AL-Cast)제품인 경우

(1) 디테일과 형상 치수에 주의할 것.

① 비정형 제작품은 주조 높이가 150~180mm 정도도 가능하다.

② 보강용 리브, 취부용 볼트는 일체가 되도록 주조할 것.

③ 외부용인 경우는 공기배출구(약 10 정도)가 있을 것.

④ 주조한 다음 반전한 후에는 반드시 교정을 할 것.

⑤ 치수의 정밀도는 프리캐스트콘크리트 정도로 할 것(길이오차는 2~4mm로 최대 ±2mm)

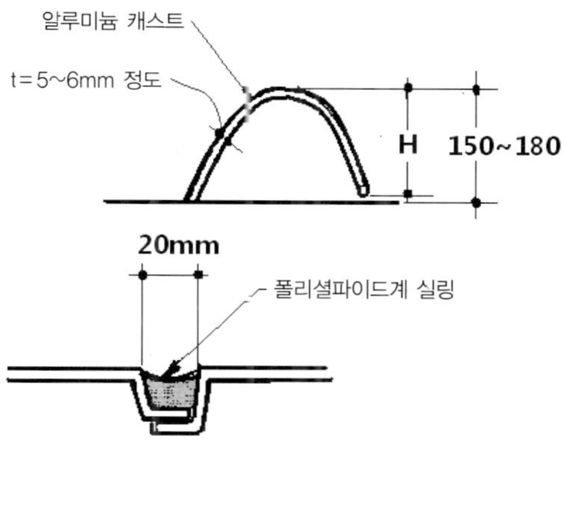

(2) 표면질감(Texture)의 처리

① 엠보스(Emboss : 표면에 요철로 치장된 것) 등을 형틀에 고정시키고, 점토상의 기본재료를 압출하든가 특수 보드를 세공하기도 한다.

② 리브(Rib)나 凹凸형을 붙인다.

(3) 표면의 색상

알루미늄 피막처리는 거의 하지 않고 유막처리를 하는 경우가 있지만 일반적으로 아크릴계 수지제나 불소수지제를 소부도장한다.

(4) 알-캐스트 제작공정

형틀제작 → (검사 · 교정한 후) → 주조 → 교정, 손질 → 도장(검측, 검사 실시) → 출하 → 설치

금속공사 감리공정 사례

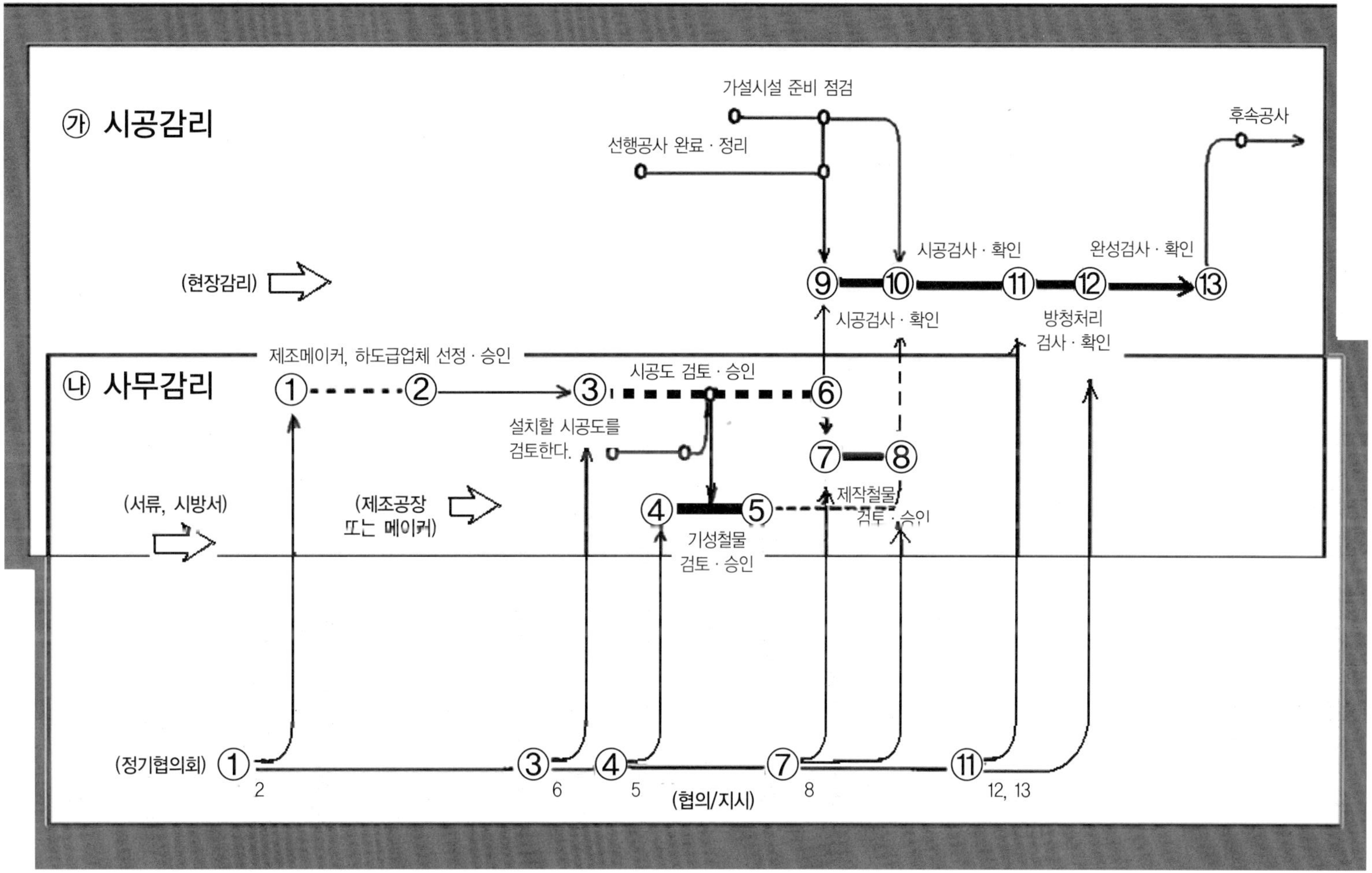

㉮ 시공감리
(현장감리)
가설시설 준비 점검
선행공사 완료 · 정리
후속공사
시공검사 · 확인
완성검사 · 확인
시공검사 · 확인
방청처리 검사 · 확인
㉯ 사무감리
제조메이커, 하도급업체 선정 · 승인
시공도 검토 · 승인
설치할 시공도를 검토한다.
(서류, 시방서)
(제조공장 또는 메이커)
기성철물 검토 · 승인
제작철물 검토 · 승인
(정기협의회)
(협의/지시)
12, 13

5-3 #별표 금속공사 감리 주요 점검사항

감리 종목	범위	주요 점검사항	
1. 메이커 및 하도급업체		처리방법	(검토) → 승인
		처리내용	1-1. 제조사의 지정 여부, 시공전문업체 확인할 것
2. 설계도 및 시공도		처리방법	(검토) → 승인
		처리내용	2-1. 기성제품 외의 경우 시공도, 공작도, 설치도 확인 2-2. 제작철물인 경우 중요한 부분(난간, 가로대, 물끊기 등)에 대해서 시제품을 확인 2-3. 사용금속 검사, 특히 전식(電食) 등에 주의할 것 (1) 이종(異種)금속간 직접 접촉 방지 (2) 알루미늄, 아연, 납 또는 알칼리에 침투된 것. 모르타르, 회반죽 등이 묻어 있지 않은지 조사할 것(알루미늄의 경우는 아크릴피막이 도포되어 있음) 2-4. 제작도와 설치, 마감도면 확인 (1) 외장용 금속판이 성형 패널인 경우 그 종류와 두께, 분할 크기, 설치방법 조사 (2) 매입형 mat의 재질, 크기, 위치 (3) 바닥 점검구의 종류, 크기, 위치, 수량 (4) 바닥용 줄눈재 (5) 지붕, 발코니 등의 난간설치 시 구조체 연결부 (6) 경량칸막이벽일 때 천장 높이, 벽마감재의 종류, 강도 및 중량에 적합한지 점검 (7) 싱크대(스테인리스) 마무리 (8) 화장실 등의 격판재 (9) 면격자 고정, 이동식 격자 등의 제작 설치 (10) 지붕용 배수트랩, 수직홈통 등 (11) 우편함, Box류, 줄눈봉 나누기 (12) 벽관통 설비 부분 마무리 (13) 비흘림, 물받이, 물끊기 치수 등 창대 주변 마감 (14) 셔터 및 자동도어 마무리 (15) 코너비드의 종류 (16) 경량철골 천장재, 천장마감재의 크기, 중량과 하지재(바탕재)와의 높이 점검 (17) 천장 점검구, 위치, 수량, 마감 (18) 스팬드럴 및 툇마루 마감 (19) 홈통의 구부림은 지반면으로부터 300mm에서 하부로 비스듬히 구부리고, 드레인은 외벽으로부터 300mm 간격을 두고 설치한다. (20) 처마홈통 마감 (21) 처마 끝 낙수받이 (22) 가림벽 철재 가로대 (23) 옥상난간 철물이 장척물인 경우 신축줄눈의 한 면은 고정상태로 할 것. (24) 철골계단 소음문제 해결 (예 : 모르타르 등의 충전재, 융단깔기, 고무타일부착 등)

감리 종목	범위	주요 점검사항	
3. 기성 철물 제품		처리방법	(검토) → 승인
		처리내용	3–1. 기성제품은 견본품과 '카탈로그'로 확인 (1) 계단논슬립은 경질알루미늄재 철물 등을 사용하고 에폭시수지제나 비스 등으로 병용하여 고정 – 비닐시트, 비닐아스타일 등 미끄럼방지를 삽입 – 바닥은 카펫류나 모르타르르 마감 (2) 배수구, 주철제 뚜껑 등을 설치시 상응하는 강도 유·무 (3) 와이어라스, 리브라스, 라스시트 등의 재질 확인 (4) 스테인리스 방충망의 눈목치수 등 확인 (5) 점검구 철물류 재질 확인 (6) 옥외잡철물류 및 기타 점검 3–2. 기성제품의 실물 확인(치수, 두께, 지름 등) 3–3. 설치장소의 설치도면 확인
4. 제작용 철물		처리방법	(검토) → 승인
		처리내용	4–1. 공정표를 확인하고 현장에서 우선 설치할 철물을 준비 4–2. 완성품 검사 (1) 제작도(시공도)와 일치하는지 확인 (2) 중요한 것은 모형이나 실물 샘플(시제품)로 확인 (3) 차양, 두겁대 등 확인을 필요로 하는 철물류 체크 – 재질(알루미늄, 스테인리스, 동, 강재도장, 알–캐스트제품, 내후성강재 등) – 반드시 제품의 두께를 점검 – 강재의 경우는 방청, 방식처리를 점검 – 알–캐스트제품인 경우 형상, 치수를 확인 – 내후성강재를 사용하는 경우 가공 후에 발청 촉진에 대한 특수처리 체크 (4) 난간류 점검 – 스테인리스 난간 ① SUS 27종을 사용한 경우–고주파 전기저항용접법에 의해 제작한 각 또는 원형 파이프 사용 ② 방청처리를 확인할 것. – 난간발치부분은 구체에 3점 이상 용접할 것. – 용접공은 유자격자인지를 확인할 것.
5. 취부 위치		처리방법	(입회 → 확인
		처리내용	5–1. 취부 설치의 위치는 먹치기를 했는가. 5–2. 취부 설치의 높이, 관통, 구부림 정도를 확인

감리 종목	범위	주요 점검사항	
		처리방법	(입회) → 확인
6. 취부 시공		처리내용	6-1. 매입용 앵커, 지지용 앵커의 고정상태는 양호한가. 6-2. 준공 후에 설치할 지지용 앵커의 매입을 누락하지는 않았는가. 6-3. 취부설치 방법은 사전에 체크되었는가. (1) 이음, 특징, 고정 (2) 피스로 고정 또는 용접고정의 종류 6-4. 경량철골천장틀의 하지(바탕) (1) 방청처리된 것으로 각 부재의 접합은 클립(Clip) 또는 볼트로 체결하고 용접처리하지 않음 (2) 매입형 조명기구, 통풍구, 점검구 등의 개구부는 채널로 보강할 것 6-5. 화장실용 철물은 녹에 주의할 것 (1) 습기와 암모니아가스에 의해 철제가 녹슬기 쉽기 때문에 도금되지 않은 철물은 사용 금지. (2) 천장 등의 고정에 사용하는 보드류를 박는 못은 아연못을 사용할 것. (3) 동(銅)도 암모니아의 침입이 쉽기 때문에 주의할 것. (4) 칸막이판 등의 취부용 철물은 스테인리스제품을 사용한다. 6-6. 외부철물에 대한 방청과 방수처리는 충분한가. (1) 부식, 발청의 원인이 되는 상처나 얼룩은 없는가. (2) 철물에 맞는 방청 방법을 사용했는가.(예: 아연도금, 콜타르 소부, 파커라이징 등) (3) 구체와 접촉부에는 실링처리되어 있는가. 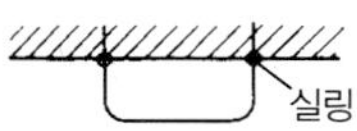 TRAP형 사다리 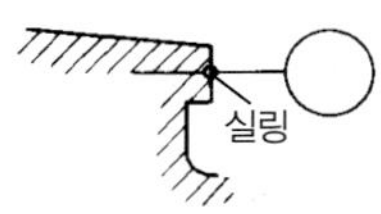 원형 파이프 접근방지대 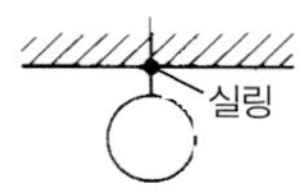 홈통 6-7. 옥상난간의 마무리는 충분한가. (1) 난간의 발치접합 부분 방청처리는 충분한가. (2) 신축에 대한 고려는 충분히 검토되었는가. (3) 흔들림, 넘어짐에 대한 방지대책은 수립되었는가. 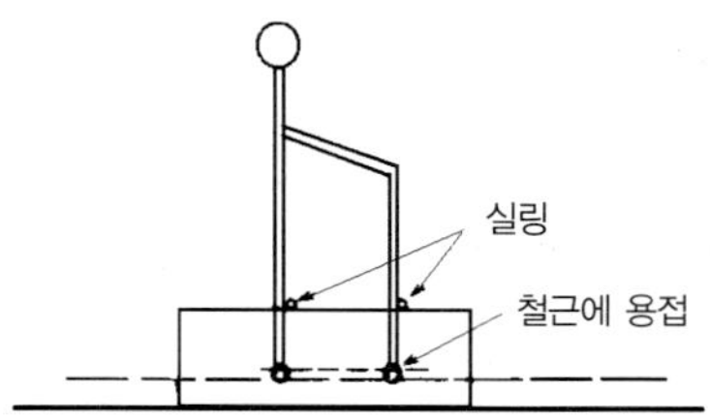 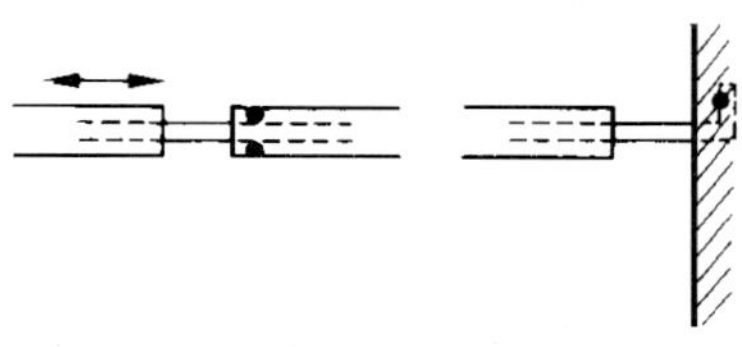

감리 종목	범위	주요 점검사항	
7. 방청 처리		처리방법	(검사) → 확인
		처리내용	7-1. 방청, 방식처리 확인 (1) 화장실, 세면장, 욕실, 탕비실, 조리실, 약품처리실 등 물을 사용하는 곳에는 크롬도금이 되어 있는가. (2) 외부트랩(Trap), 원형고리 등 철제품은 전부 아연도금이 되어 있는가.
8. 공사 완료		처리방법	(검사) → 확인
		처리내용	8-1. 마감접착부의 실링마무리 확인 8-2. 구체 관통부 등의 물막이, 방수처리 체크 8-3. 모든 접합부의 방청처리 체크 8-4. 선홈통 하부 보양용 강관 확인 8-5. 맨홀뚜껑의 방청과 고정장치 8-6. 양생, 광내기 등의 교정 완료 확인

제6장

창호공사(窓戶工事)

(목재창호, 강재창호, 알루미늄 및 플라스틱 창호)

6-1 창호공사 사전 점검사항

6-1-1 시공 전 일반사항 확인

1. 설계도 · 시방서를 검토한다.
2. 제조회사의 시공범위와 계약조건을 확인한다.

6-1-2 공정표 및 시공도

1. 제조회사와 협의하여 작성하고, 협의시 승인 · 제품검사 · 납기 · 취부설치공사에 대해 단계별로 공정표를 작성한다.
2. 시공도상에 나타낸 입면도, 단면도를 검토한다.
3. 시방서에서 요구하는 성능을 만족시키고 있는지 확인한다.
4. 건축법, 소방법을 만족하고 있는지, 구체와의 마무리에는 이상이 없는지 검토한다.

6-1-3 제품검사

1. 창호의 성능은 시험성적서 또는 시험 입회 등으로 확인한다.
2. 창호의 치수는 승인된 것과 일치하는지 확인한다.(W, H 및 안목치수)
3. 창호의 접합부가 지시한 대로 가공되어 있는지 확인한다.
4. 창호의 평탄도, 뒤틀림, 변곡 등을 점검한다.
5. 개폐 조작 여부, 표면처리 두께를 확인하고, 금구류는 협의한 것으로 부착되어 있는지 확인한다.

6-1-4 운반 및 보관, 설치준비

1. 제품 반입일시, 하역장소, 인수 등을 확인한다.

2. 반입된 제품에 대한 현장내 보관장소, 보관방법은 적절한지 확인한다.

3. 설치업체, 사용기구, 사용부재 등을 확인하고, 시공에 필요한 먹줄내기를 한다.

6-1-5 창호설치

1. 금속창호

(1) 철근콘크리트 현장타설 후 부착공법

① 콘크리트 개구부 치수와 앵커의 위치는 적절한지 확인한다.

② 임시 설치하기 위한 쐐기의 위치는 적절한가, 수평 · 수직, 출입이 가능한지 확인한다.

③ 콘크리트에 매입된 앵커 또는 인서트 용접은 적정한지 확인한다.

④ 창문틀 주위의 모르타르 충전, 실링은 적절한지 확인한다.

(2) 철근콘크리트 현장타설 선부착공법

① 콘크리트에 설치된 틀의 치수, 정밀도, 강도 등을 확인한다.

② 창, 문틀을 고정하고 있는 콘크리트 거푸집 조립상태는 적정한가, 거푸집의 수평상태 등을 확인한다.

③ 콘크리트를 타설할 때 누설될 우려가 있는 창틀 주위를 적절하게 막고 있는지 확인한다.

(3) PC콘크리트의 새시 선부착공법

① PC제조용 팔레트와 철재형틀에 특수 박리제를 바르고 있는지 확인한다.

② 새시를 고정시킬 수 있는 장치가 형틀에 설치되어 있는지 확인한다.

③ 콘크리트 타설시 새시의 오염을 방지하기 위한 제반 조치를 하고 있는지 확인한다.

(4) PC판, ALC의 새시 후부착공법

① PC판을 만들기 전에 반드시 소정의 위치에 인서트가 매입되어 있는지 확인한다.

② PC판 조립용 볼트 구멍을 이용하여 앵글피스를 사용하여 앵커를 용접한다.

(5) 철골에 새시를 부착하는 공법

① 철골의 개구부 치수는 적절한가, 철골구조의 비틀림이나 변형이 수정되어 있는지 확인한다.

② 철골의 뒤틀림, 구부러짐은 수정되었는지, 창선과 철골 띠장은 용접 등이 확실하

게 되어 있는지 확인한다.

(6) 새시를 교체하는 공법

① 기존 새시의 틀을 그대로 두고 교체하는 경우 개구부, 창을 실측한다.

② 기존 새시의 틀이 부식, 변형, 비틀어지지 않았는지 확인한다.

③ 기존 철재 새시일 때 녹 등을 제거하고, 방청도장이 되어 있는지 확인한다.

④ 수평 · 수직 상태를 재점검한다.

⑤ 기존 새시 전체를 제거하고 재설치할 경우에는 신규 설치와 같은 방법으로 점검한다.

(7) 셔터설치 공법

① 개구부의 치수, 가이드레일, 케이스 설치용 앵커의 위치가 정확한지 확인한다.

② 앵커의 용접, 피스, 모르타르 등의 고정방법이 적절한지 확인한다.

③ 수평 · 수직 상태와 가이드레일과 슬랫 끝부분의 걸림은 규정에 적합한지 확인한다.

④ 샤프트의 굴대받침은 정확한 위치에 고정되어 있는지 확인한다.

2. 목재창호

(1) 창호재의 함수율을 확인한다.

(2) 개구부의 치수, 틀, 상인방, 문지방 등의 기울기를 확인한다.

(3) 여닫는 문과 문틀의 상하좌우 치수를 확인한다.

(4) 미세기문의 경우 기둥이나 문틀에 잘 맞도록 조정되어 있는지 확인한다.

3. 설치 후 조정, 양생, 청소 및 검사

(1) 창호설치 후 미세기문 및 여닫이문의 개폐상태가 좋은가, 부품의 탈락 또는 철물류의 불량은 없는지를 확인한다.

(2) 사용된 장식물과 창호의 치수, 중량과의 관계가 적정한지 확인한다.

(3) 창호설치 후 모르타르, 회반죽 등의 다른 마감공사로 인한 오염방지는 되어 있는지 확인한다.

(4) 창호 하부틀에 비계판이나 디딤판을 설치하여 보양하고 있는지 확인한다.

(5) 창호 부위에 코킹으로 충전되어 있는지, 물빼기용 구멍이 설치되어 있는지 확인한다.

(6) 유리는 규정된 것을 사용하고 있는지, 개폐조정이 되어 있는지 및 인도시 제출할 제반 서류는 준비되어 있는지 확인한다.

6-2 창호공사 시공관리 자료 및 감리 요점정리

6-2-1 관리 참고자료

1. 창호작업의 전체적인 흐름

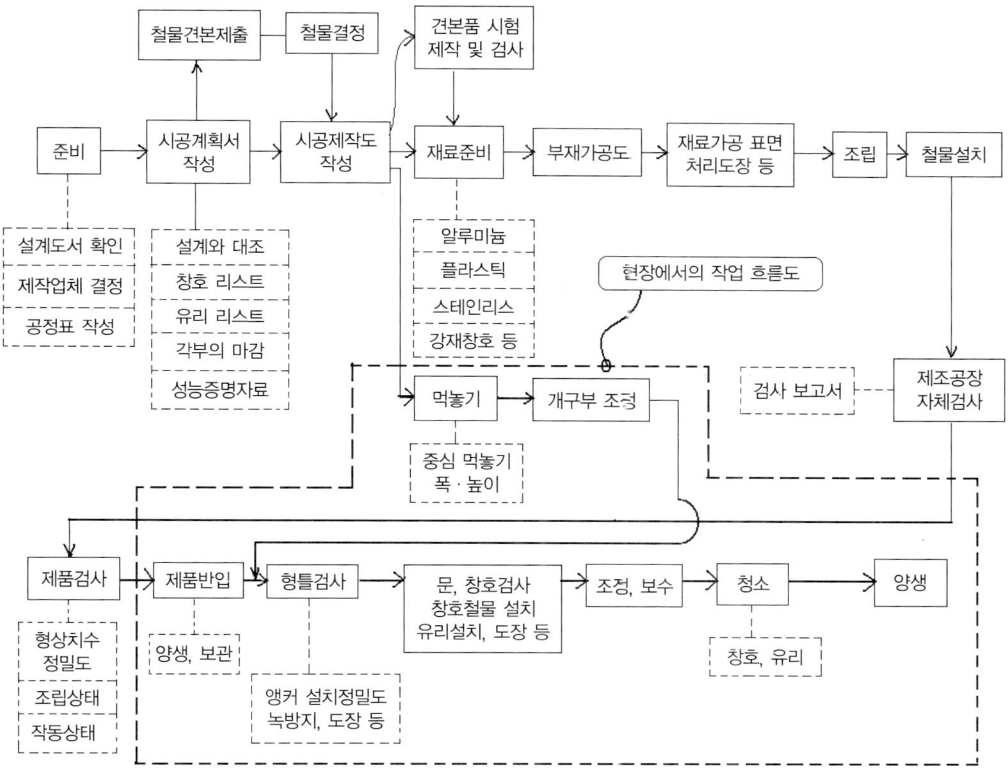

2. 창호에 요구되는 성능 및 시험방법

(1) ISO, ASTM, AAMA, AS/ZN에 의한 각 성능

1) 내풍압성 및 강도(kgf/cm^2) : 창호 $1m^2$당 어느 정도의 풍압에 견딜 수 있는지를 나타내는 성능이다.

① 건물의 설치장소에 따라 지상 높이를 고려하여 설치한다.(건축기준법)

② 새시 양면에 수직등분포하중을 재하했을 때, 중앙부 최대 변위, 창틀, 수직 등 각 부재의 휨상태가 규정 이내에 있을 것.(하중을 제거한 후 창틀, 레일, 기타 잔류변형이 없는지 점검함)

2) 기밀성($m^3/h \cdot m^2$)

① 문틀과의 간격에서 얼마나 공기가 빠져나오는지를 나타내는 것으로 $1m^2$ 면적당을 1시간당의 통기량으로 나타낸 것이다. 즉 열손실을 적게 하여 에너지를 절감하고, 소음을 억제하여 조용한 환경을 만들고, 먼지의 침입을 억제하여 쾌적한 환경을 만든다. 수치가 적을수록 성능이 좋다. 예 : $0.5m^3/h \cdot m^2$, $2.0m^3/h \cdot m^2$

② 기밀성이 좋고 나쁜 것은 차음성능에 영향을 미치는데, 기밀성이 좋으면 열손실을 감소시켜 에너지를 절약할 수 있다. 기밀재로는 연질염화비닐 또는 네오프렌고무를 사용한다.

3) 수밀성(kgf/m^2)

면적 $1m^2$당 어느 정도의 풍압까지 물의 침입을 방지할 수 있는지 나타내는 것이다. 실내에 빗물이 침입하는 것을 막는 데 중요한 성능이다. 일반적으로 바람이 강하면 비가 적고, 비가 많으면 바람이 약한 경향이 있다. 따라서 내풍압성의 풍압력보다 낮게 설정한다.

예 : $25kgf/m^2$로 가압했을 때, 실내로 누수되지 않아야 함.(산수량$2/min \cdot m^2$)
$35kgf/m^2$로 가압했을 때, 실내로 누수되지 않아야 함.(산수량$4/min \cdot m^2$)
$70kgf/m^2$로 가압했을 때, 실내로 누수되지 않아야 함.(산수량$2/min \cdot m^2$)
$100kgf/m^2$로 가압했을 때, 실내로 누수되지 않아야 함.(산수량$4/min \cdot m^2$)

4) 차음성(dB)

실외에서 실내로 들어오는 소리, 실내에서 실외로 나가는 소리를 어느 정도 차단할 수 있는지를 나타내는 성능이다.

5) 단열성

열이 벽체를 통해 실내에서 실외로, 실외에서 실내로 전해지는 것을 열관류율(K값)이라고 한다. 이는 실내 · 외공기의 온도차가 1℃일 때, $1m^2$당 1시간에 몇 W의 열이 이동하는지를 의미하며, $W/m^2 \cdot K$로 나타내고 있다. 이 역수를 열관류저항(R값)이라 하고, 열이 전해지기 어려움을 의미하며, $m^2 \cdot K/W$로 단열성의 등급으로 나타내고 있다.

6) 방로성

결로의 발생을 어느 정도 막을 수 있는지를 의미한다. 결로가 발생하면 실내 마감을 오염시켜 미관에 좋지 않고, 구조체에 악영향을 미친다.

7) 방화성

건축물의 화재에 안전성 레벨을 나타내는 성능을 말한다. 건축기준법 및 시행령 등으로 규제하고 있다.

3. 목재창호의 구조

(1) 여닫이 도어의 구조

① 치장용 테두리

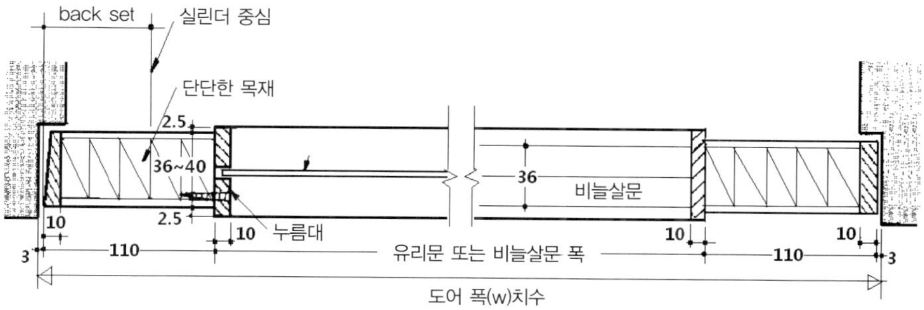

② 심재

③ 문틀재

④ 표면재

합판(보통합판, 내수합판, 치장합판, 특수합판 등)은 두께 4~5mm를 표준으로 사용한다.

⑤ 루버

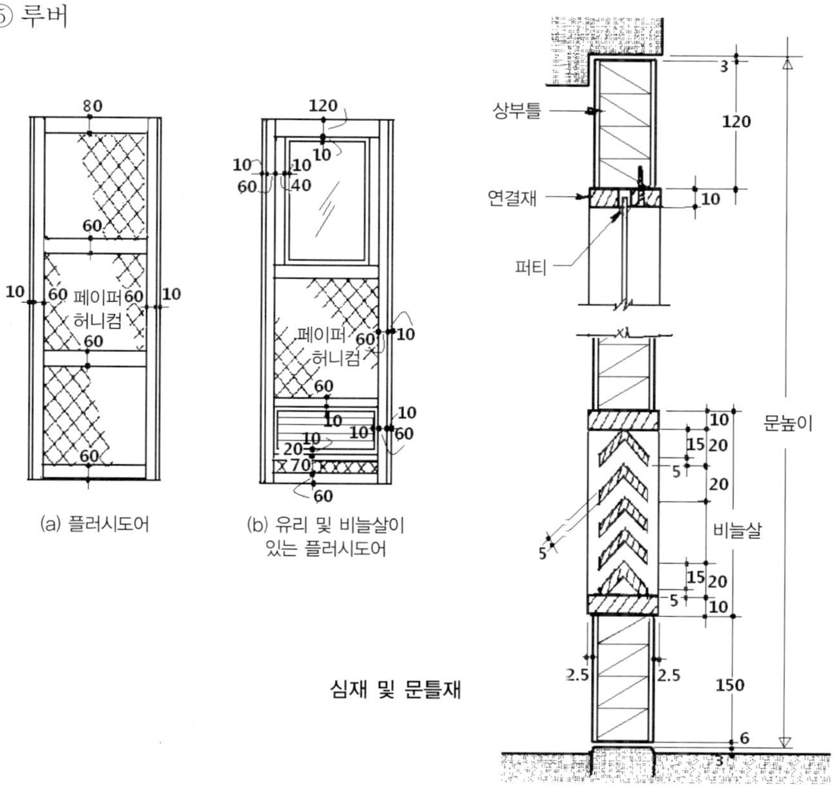

심재 및 문틀재

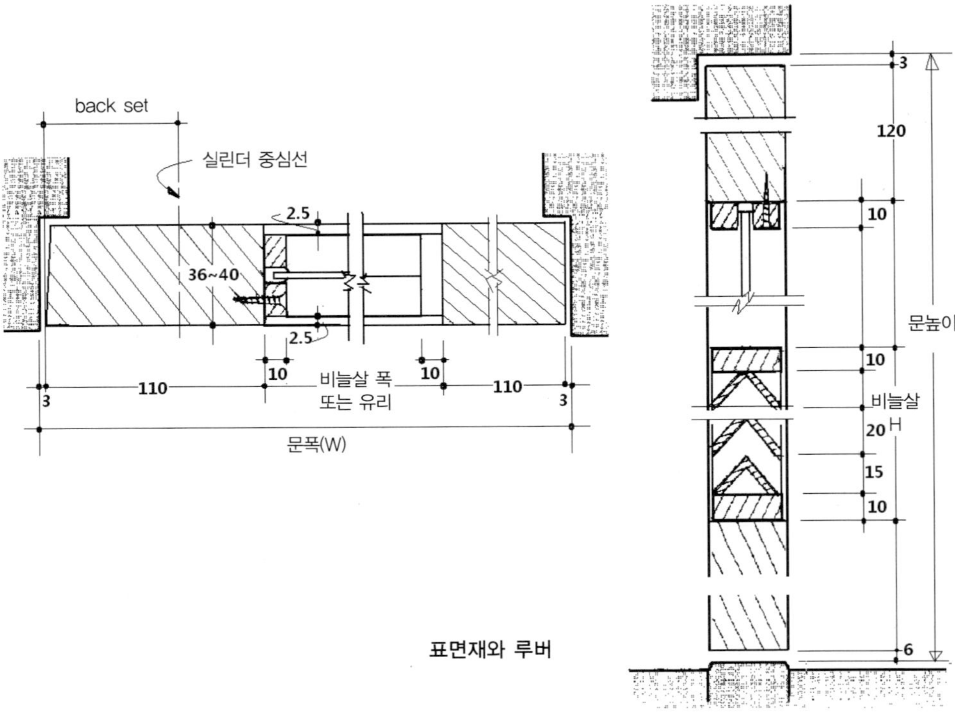

표면재와 루버

(2) 문틀의 구조

목재 문틀의 예상 표준치수(mm)를 나타낸다.

① 문틀 두께 : 36, 40, 45mm 등

② 문틀에 사용하는 수종

	불투명도장일 때	투명도장일 때
1종	히노키(노송나무)	졸참나무, 벚나무
2종	쓰기(삼나무, sugi), 스프러스, 솔송나무 등	너도밤나무, 느릅나무, 라왕 등

③ 문틀, 문 및 창살, 루버, 누름대로 사용하는 목재는 반드시 동일한 목재를 사용하는 것이 원칙이다.

(3) 맹장지의 구조(주로 일본식 칸막이 겸 목재문으로 사용)

① 문틀재는 삼나무, 노송나무를 사용하고 옻칠이나 바니시를 바른다.

② 종이는 초배지는 미농지나 반지를 사용하고, 마무리 바름용으로는 연노랑색의 창호지를 바른다.

4. 목재창호의 차음, 방화, 단열성

(1) 미세기문

① 차음성 : 홈이 있는 목재문은 알루미늄문과 별 차이가 없다.

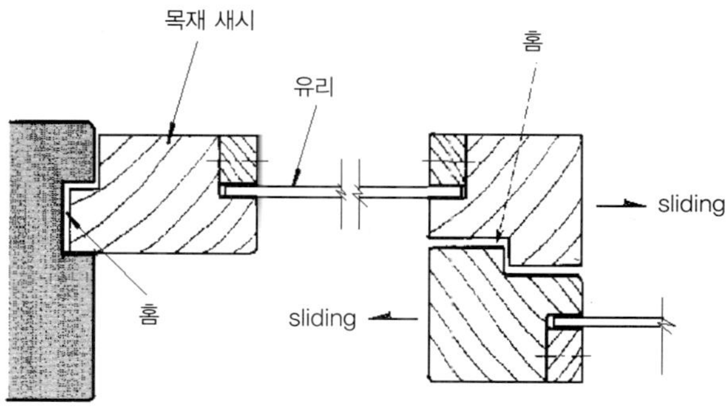

② 방화성 : 한쪽에서 약 30분 동안 840℃로 열을 가했을 때 알루미늄과 별 차이는 없다. (약 12~15분 정도 차이가 있다는 보고서가 있음)

③ 단열성 : 노송나무 집성목일 때의 새시가 보통 알루미늄보다 단열성이 30% 정도 높다.

(2) 여닫이문

① 합판 플러시 차음도어의 마무리 예

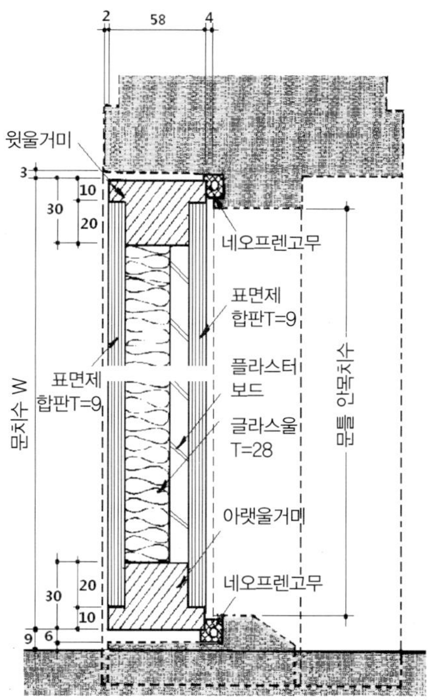

(a) 수평단면

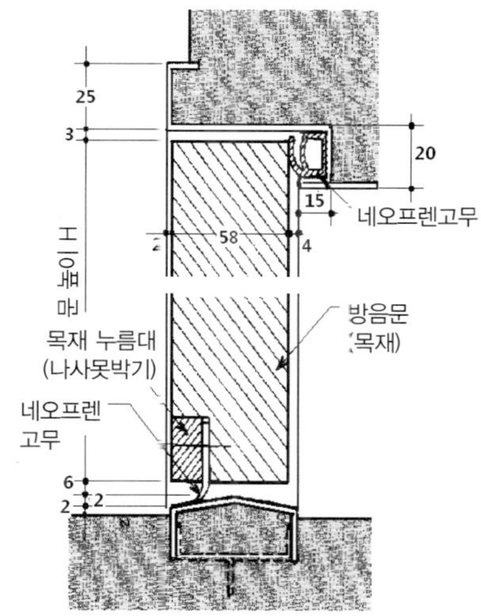

(b) 수직단면

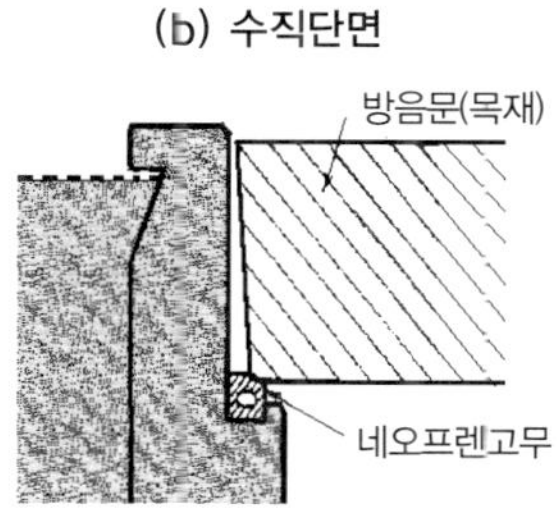

(c) 틀평면

② 차음문의 맞닿는 부분의 마무리 예

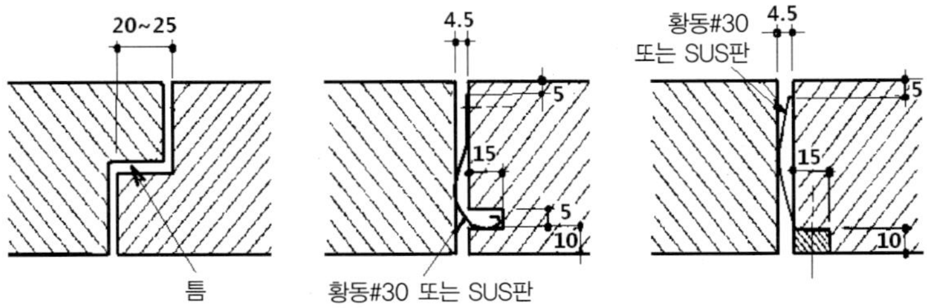

5. 강재(Steel)창호

(1) 스틸창호의 공장제작 공정

1) 시공도 승인 → 2) 공작도 작성 → 3) 재료수배

(문틀제작)	(문짝제작)
4) 재료의 절단(셔링작업)	4) 재료의 절단
↓	↓
5) notch 및 구멍뚫기	5) notch
↓	↓
6) 접고 구부림 가공	6) 접고 구부림 가공
↓	↓
7) 검측	7) 검측
↓	↓
8) 배면도장	8) 배면도장
↓	↓
9) 접기 가공	9) 접기 가공
↓	↓
10) 접합부 용접	10) 패널 보강
↓	↓
11) 변형잡기	11) 접합부 용접
↓	↓
12) 마무리	12) 마무리
↓	↓
14) 조정	3) 철물 설치
↓	
15) 제품검사	
↓	

16) 방청과 도장(조립 전 배면 도장 1회, 조립 후 용접부 보수 후 방청과 도장)

↓

17) 출하

(2) 스틸도어의 마무리 표준시방

1) 스틸도어(SD)의 표준사양

(a) 한면 개폐 도어

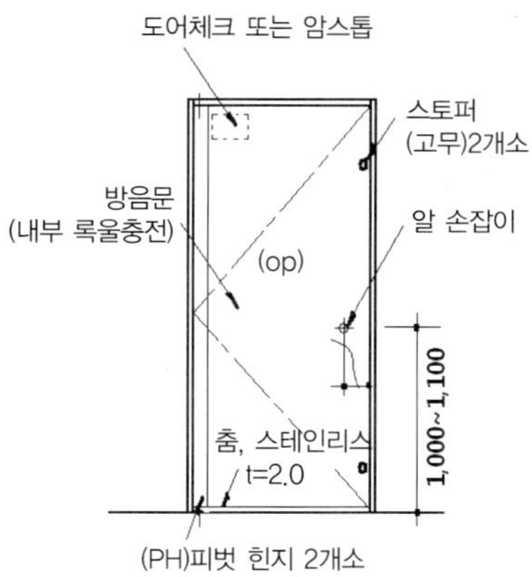

(b) 양면 개폐 도어

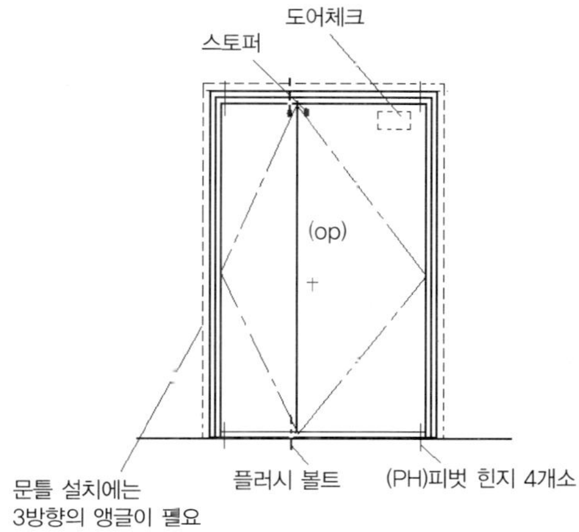

2) 외부 출입구 비막이 마감의 예

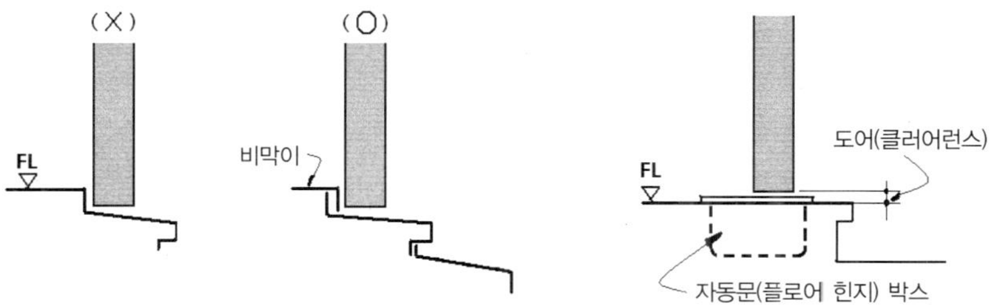

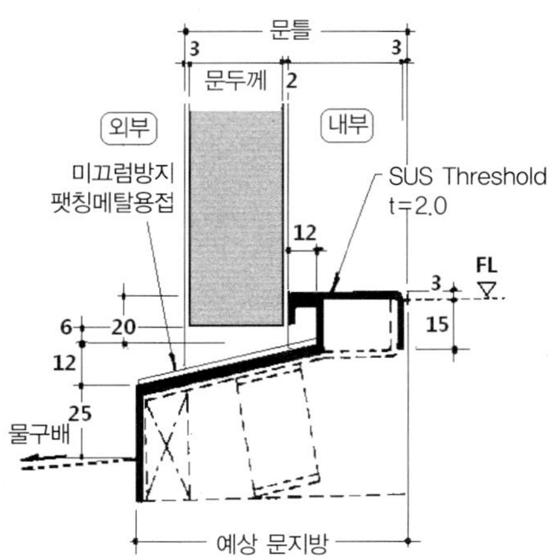

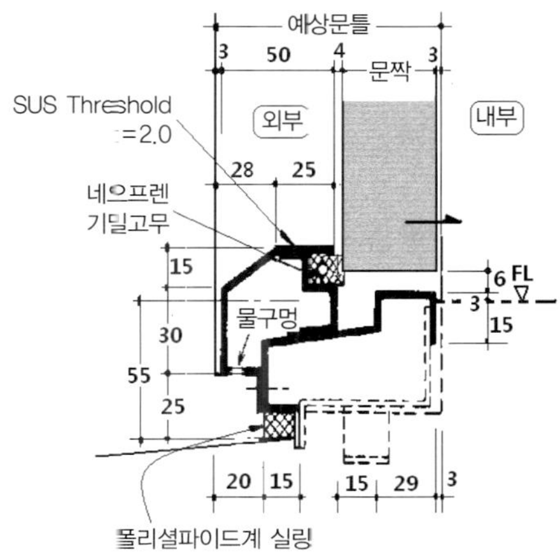

3) 방화문의 사례

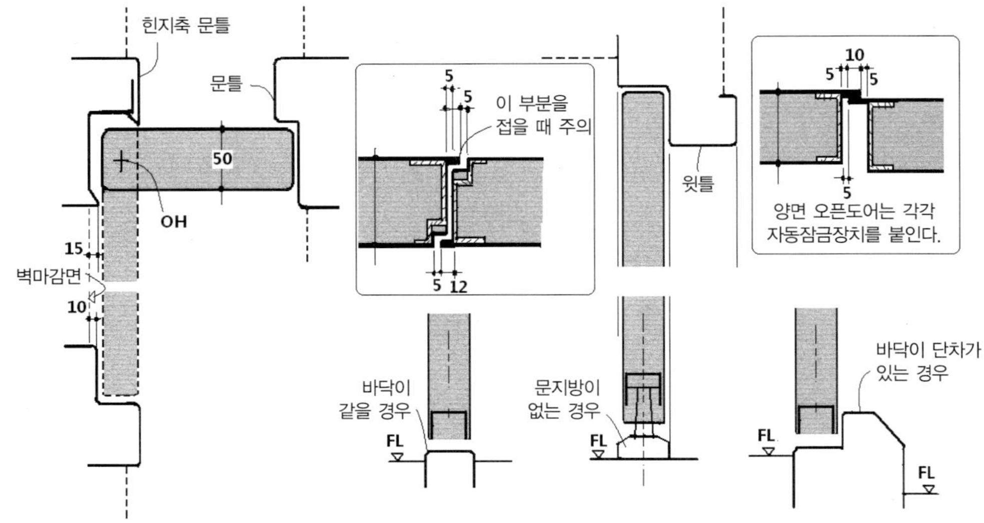

4) 방음문의 사례

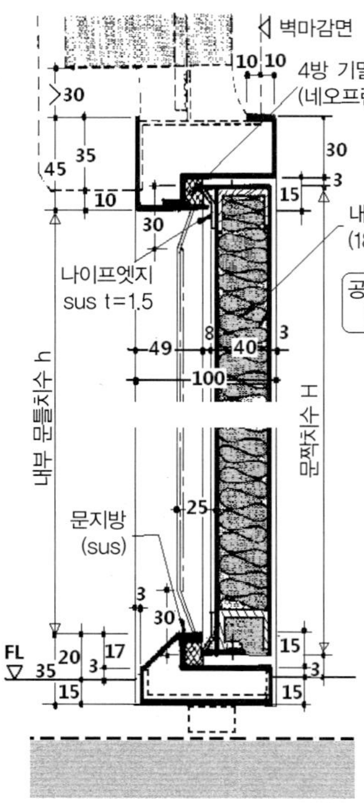

기밀 도어의 사례

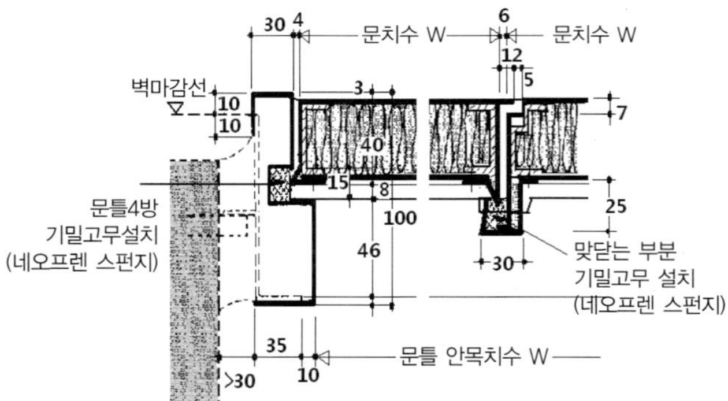

문틀마감 사례-1

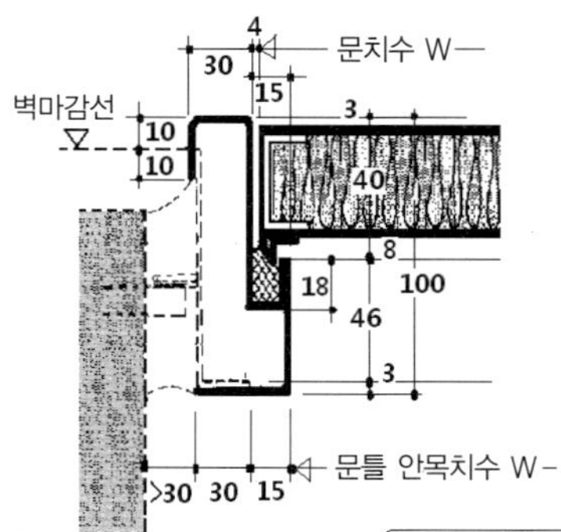

문틀마감 사례-2

6. 창호의 주요철물

(1) 실린더 설치 방법과 사용 사례

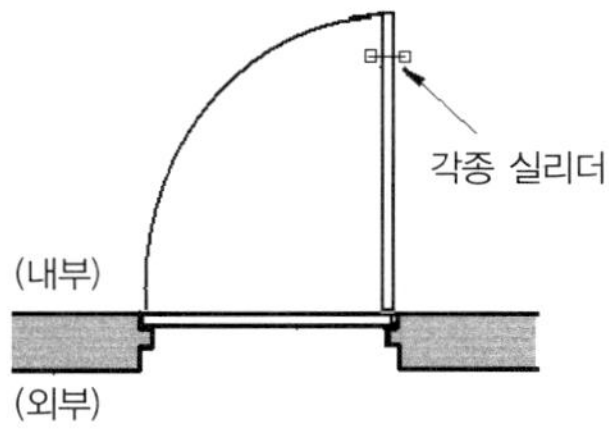

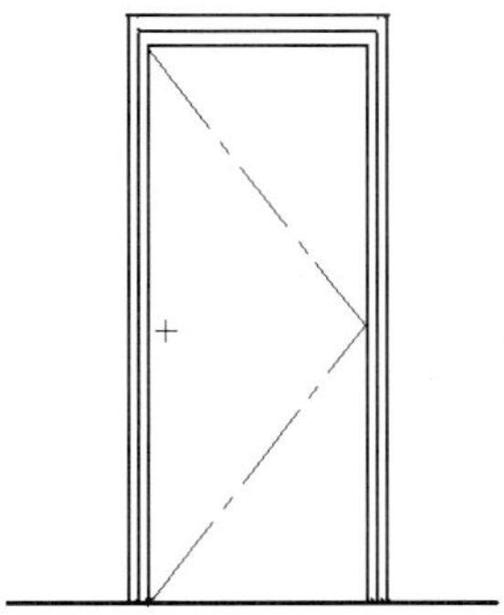

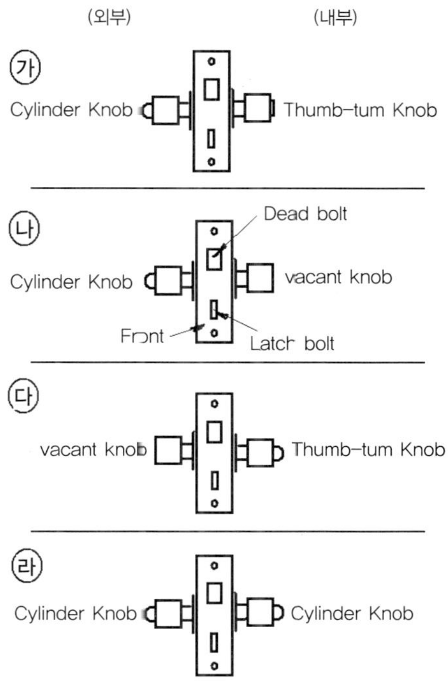

(2) 공실린더(vacant cylinder)

(3) 표시정

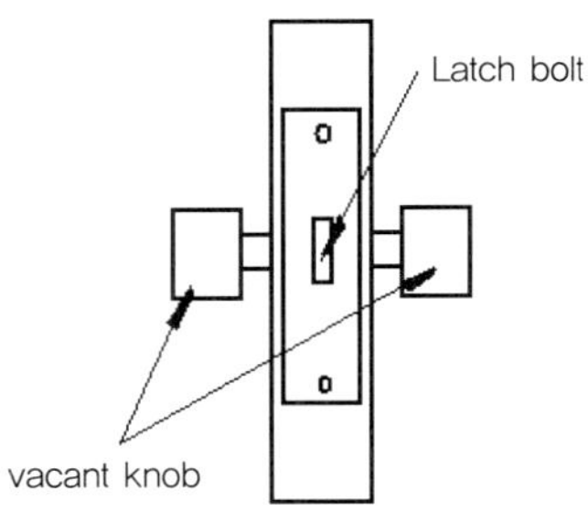

(공실린더)

(표시정)

(4) 플로어 힌지(FH, Floor Hinge), 자동힌지(OH, Auto Hinge)

(5) Case Lock 및 기타 실린더

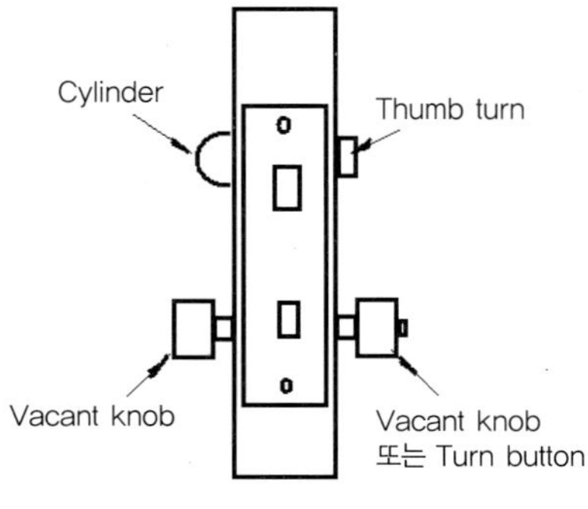

(A형의 예)

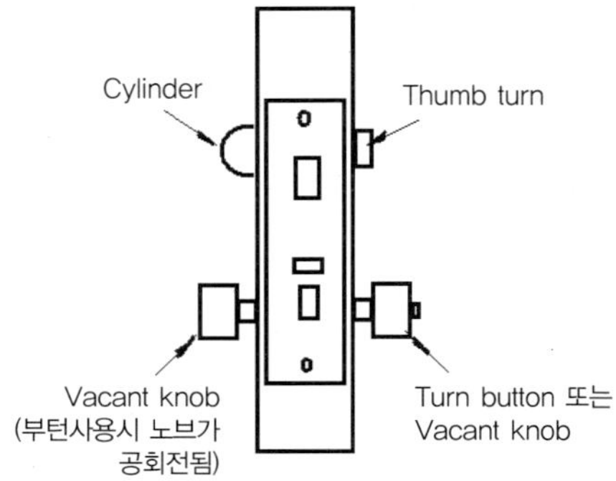

(B형의 예)

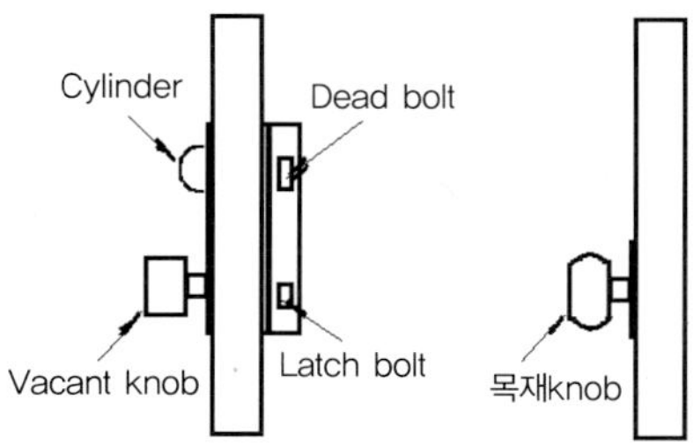

(특수실린더)

(마그네트 Catch)

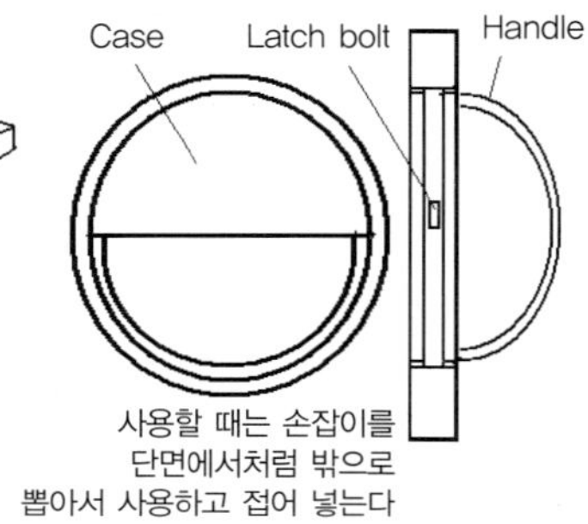

(케이스핸들)

(6) Key 시스템

① 실린더 키를 이용한 각각 다른 잠금장치(디스크 실린더, 전자 실린더, 핀 실린더 등)

② 마스터 키 장치(MK)

③ 역마스터 키 장치

④ 그랜드 마스터 키 장치(GMK)

⑤ 동일 키 장치(KA)

⑥ 컨스트럭션 키 장치

7. 창호 설치도

(1) 콘크리트벽 종단면 마감

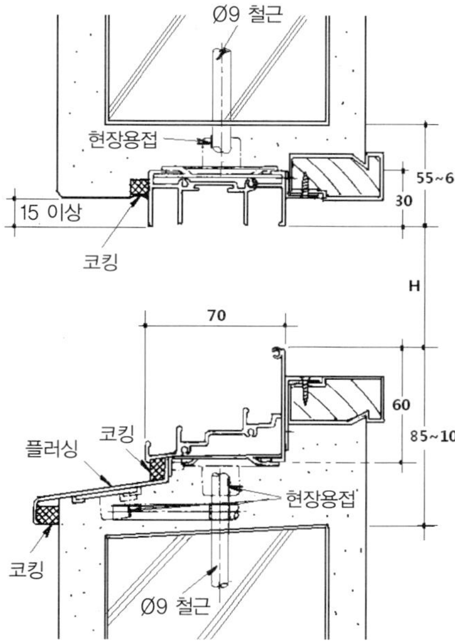

콘크리트 모르타르 마감일 때

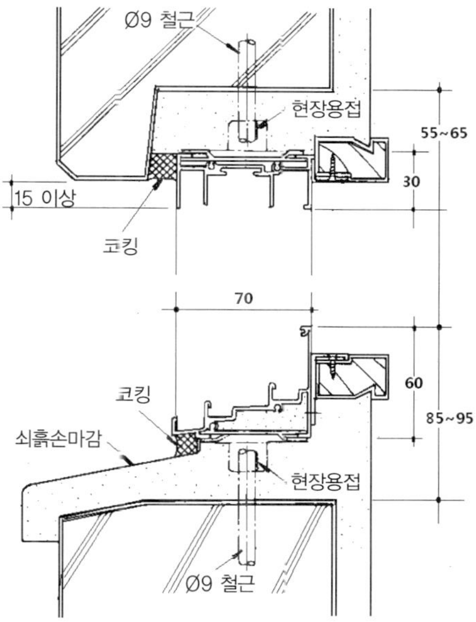

ㅊ 장콘크리트 마감일 때

(2) 모르타르 바탕에 타일 마감일 때와 ALC의 표준마감도

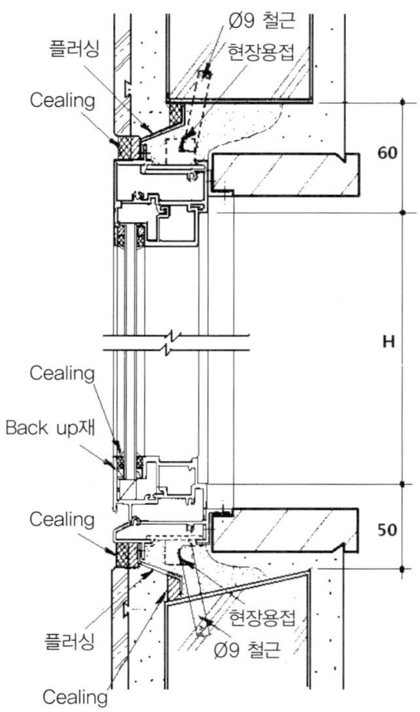

모르타르 타일 붙임일 때

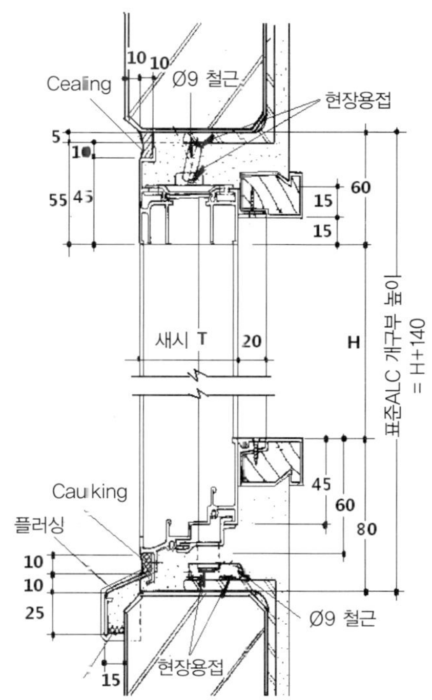

ALC창호 표준마감

(3) 창호설치에 필요한 기준 먹내기, 여유 공간과 고정위치

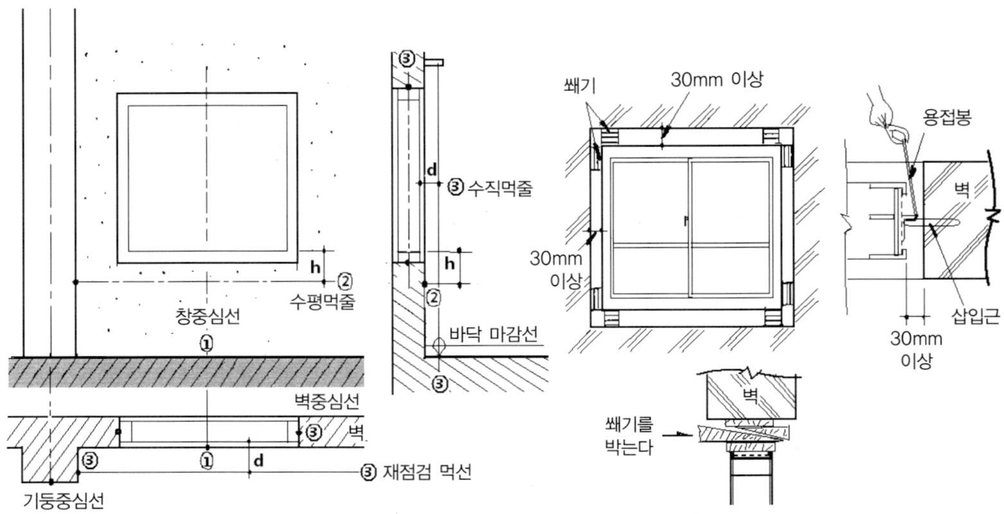

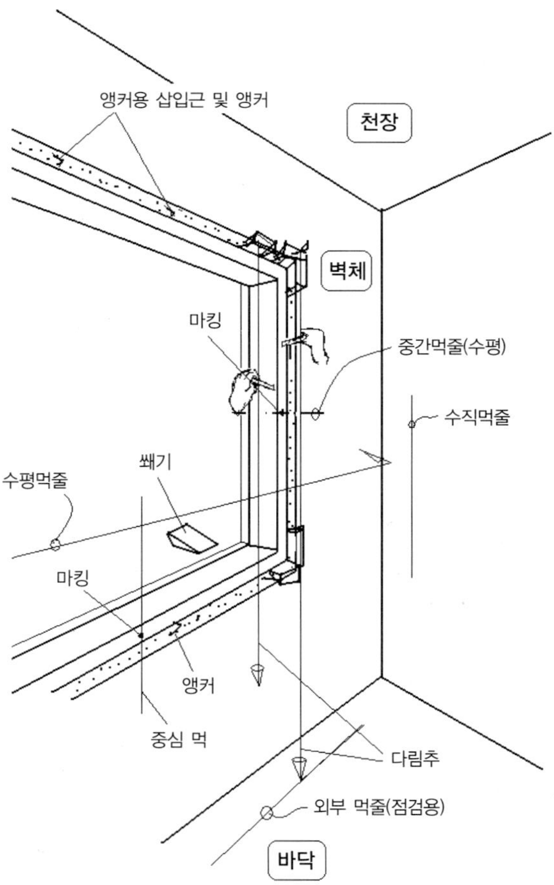

8. 알루미늄창호(AL & PL 창호)

(1) 새시 마감도

1) 미세기창의 사례

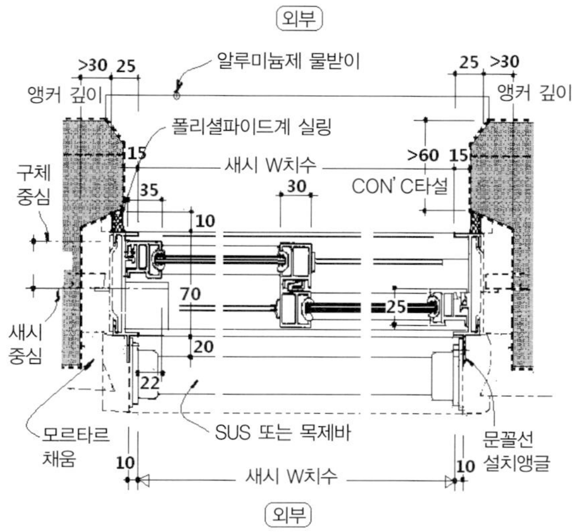

평면마감도

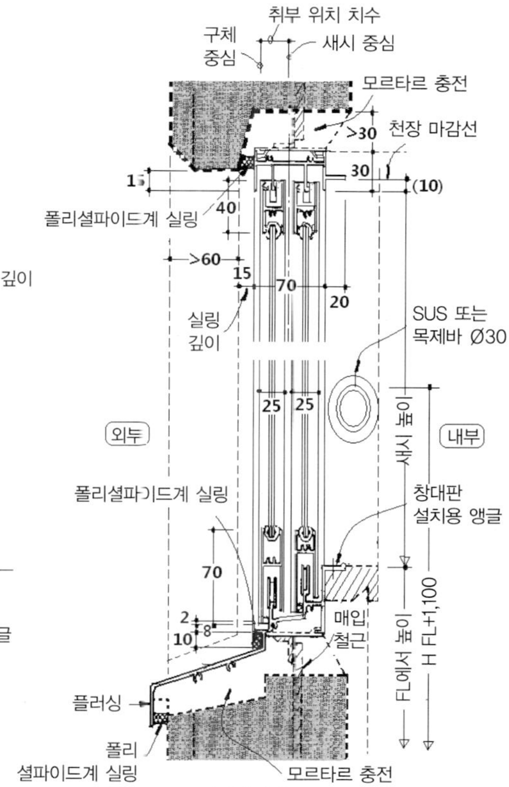

단면마감도

2) 도어의 사례

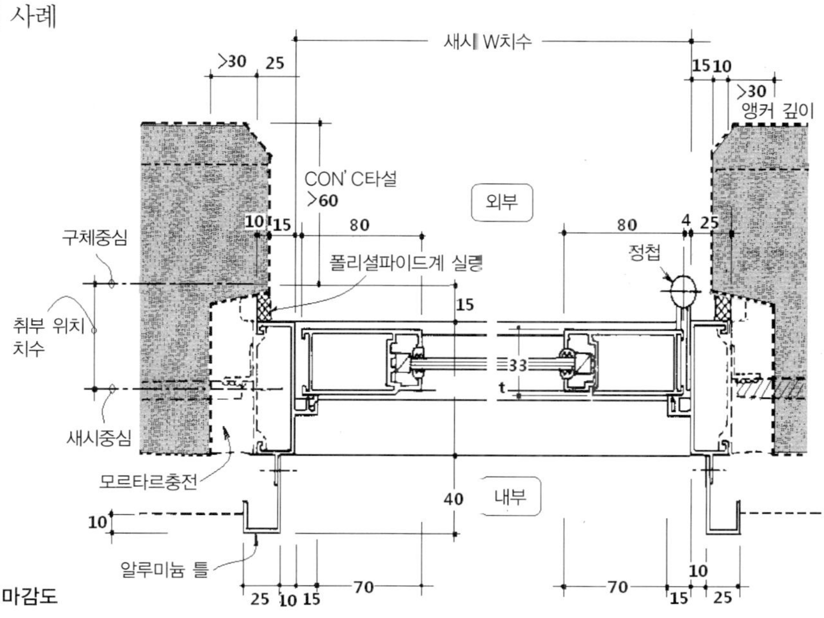

평면마감도

9. 커튼월과 새시의 점검

(1) 건물 내부로 빗물이 침입하지 않도록 하는 것이 가장 중요하다. 빗물이 침입하기 쉬운 곳을 명확하게 파악해야 한다. 새시 주위, 신축줄눈의 처리, 유닛(unit)의 조인트 부분, 새시 취부시 물구배, 플러싱 등이 어떻게 설계되어 있는가, 현장에서 어떻게 취부되어 있는가를 확인한다.

(2) 특히 열에 의한 신축이 큰 금속커튼월의 경우 새시 연결 부분, 유닛의 줄눈접합부에 대한 마무리뿐만 아니라 층간변위에 대응하는 치수를 충분히 고려하여야 한다.

10. 새시용 부자재

(1) 개스킷(Gasket) : 저렴한 연질 염화비닐수지재, 고가고급품인 네오프렌고무 및 EPDM고무

(2) 패널조립용 실러(sealer) : 부틸고무(섬유보강 점착성 합성고무질 sealing sheet)

11. 개폐도어 방식의 종류

(1) 자동개폐방식

① 매트식(mat method)

② 터치식(touch method)

③ 광선식(beam ray method)

④ 전자식(electron method)

(2) 원격개폐방식

① 배연창 개폐장치

② 일반 오프레이트 장치

12. 새시의 제품검사

(1) 외관검사

1) 기본사항

① 표면처리

② 접합상태(용접, 변형, 핀홀, 콤보 등)

③ 바 접합부 마무림상태

④ 철물의 새김눈처리

⑤ 잘못된 곳, 틈(공차 0.5mm)

⑥ 보강판

⑦ 인양장치 상태

⑧ 보양상태

2) 시공도에 의한 각 부분별 마감 확인(예)

① 새시 주변의 실링받이 상태

② 창대물받이 마무리 상태

③ 도어 내부마감과 틀의 간격

④ 목제틀, 상판대, 커튼박스 등과의 접합용 앵글 부착 가능 여부

⑤ cleaning bolt가 있는 경우 취부 위치와 수량을 체크

⑥ 방충망 레일의 상하 설치 상태

(2) 치수검사

1) 새시틀 외관의 치수 및 안치수를 측정

2) 대각선 변위 측정 및 직각도 측정

3) 구부림 혹은 뒤틀림 체크

① 패널의 뒤틀림 상태, 공차 1m마다 1mm

② 휨 상태, 공차 1m마다 1mm

4) 타공 가공 위치

(프레스 가공 ±1.5mm 이내, 선반가공 ±0.3mm 이너, 볼트구멍 0.5mm 이내)

(3) 부식처리검사

1) 강재, 알루미늄 새시의 경우 콘크리트, 모르타르나 이종금속, 특수목재 등의 접촉으로 발생하고, 부식은 수분에 의해 발생하므로 상세설계에서 누수되지 않는 구조가 되도록 검토한다.

2) 알루미늄은 이종(異種)금속(동, 철 등) 접촉시 수분이 가해지면 전식작용을 일으켜 부식한다.

창호공사 감리공정 사례(목재창)

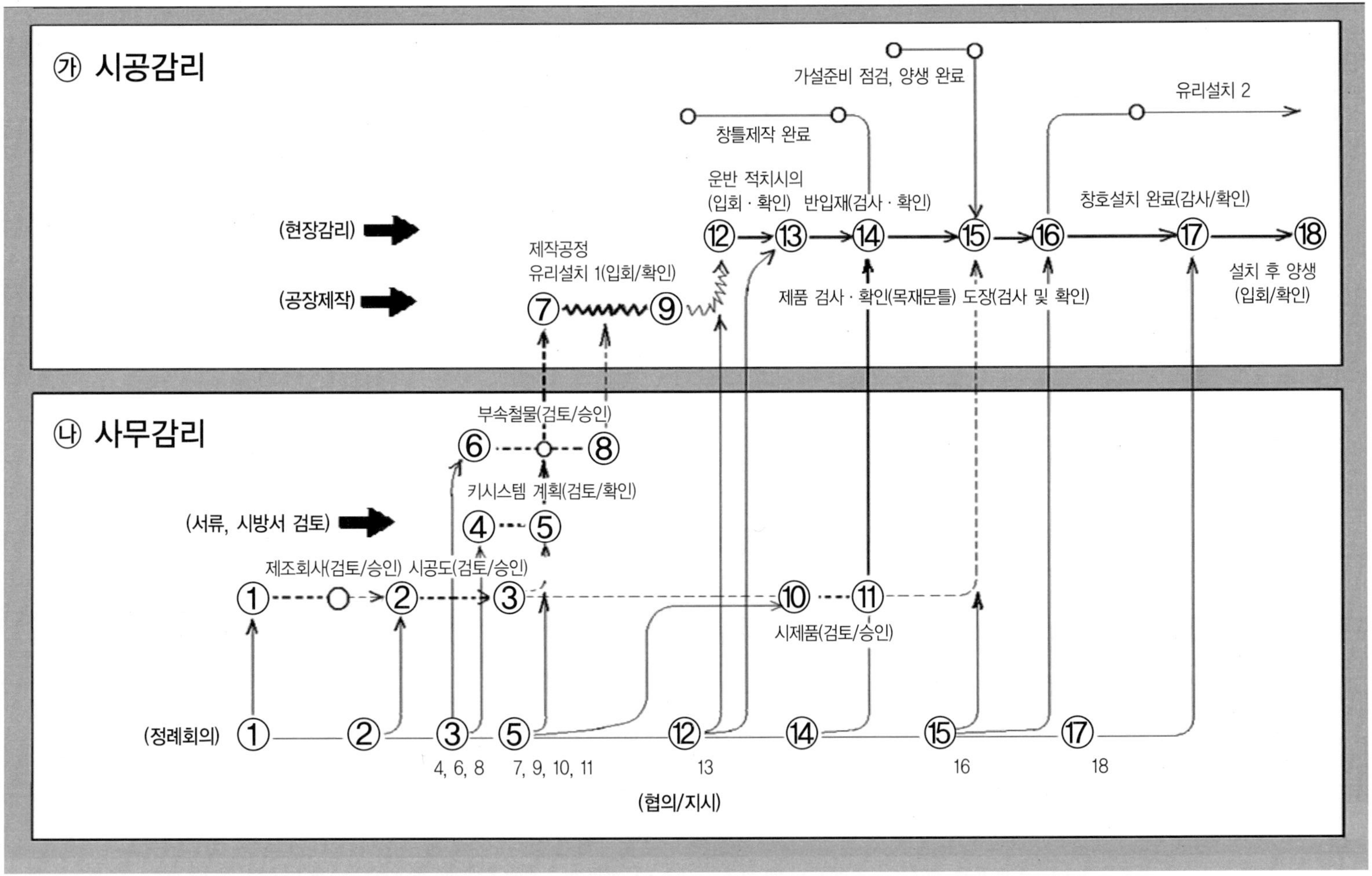

6-3 #별표, 창호공사 감리 주요 점검사항

6-3-1 목재창호

감리 종목	범위	주요 점검 사항	
1. 하도급업체 제작소		처리방법	(검토) → 승인
		처리내용	1-1. 지정된 메이커가 있는가를 확인 1-2. 제작공장 선정과 승인은 실적증명을 체크할 필요가 있음.(재료의 보유량, 기계장비의 설비, 제품품질 신뢰)
2. 설계도 및 시공도승인		처리방법	검토) → 승인
		처리내용	2-1. 창호 리스트에 따라 부호, 종류별 분류, 수량, 개구부의 치수, 철물의 종류와 수량 체크 2-2. 개폐방식과 잠금장치방식 확인 2-3. 여닫이문의 치수 확인 2-4. 공조용 배기 루버 유무, 면적, 재질을 체크 확인 2-5. 안치수의 제한, 울거미치수, 접합방법, 문짝용 합판의 재질과 두께, 모접기 등의 확인 2-6. 바닥 마감두께(마루, 융단 등)에 대한 여유를 점검 2-7. 창 및 도어에 들어갈 유리의 종류와 두께를 점검 2-8. 현촌도(現寸圖) 점검 (1) 접합부의 홈파기 상태 (2) 장부 및 구멍뚫기 점검 (3) 부재치수와 외형치수, 면과 누름대의 형상 점검 (4) 유리, 징두리판의 마감 2-9. 창호재료의 수종 및 저질 확인
3. Key시스템 설계		처리방법	(검토) → 확인
		처리내용	3-1. master key의 필요 여부, 특히 강재 창호의 경우 사전에 key 시스템과 종류가 확정되어야 함. 3-2. 시스템 관리의 확인(특히, 호텔 등에서는 그룹별 시스템 관리가 필요)
4. 부속철물 승인		처리방법	(검토) → 승인
		처리내용	4-1. 종류, 재료, 크기, 취부 개소, 취부 위치를 시공도에 따라 점검 4-2. 잠금방식과 DC, PH, FH 등을 확인 4-3. 제조 메이커 및 기구, 재질 디자인 검토 4-4. 미닫이, 여닫이, 문고리, 손잡이, 누름대, 오르내리꽂이쇠 등의 결정 4-5. 레일, 호차, U형 스테인리스 레일, 문턱 미끄럼방지 등을 점검

감리 종목	범위	주요 점검사항	
5. 창호 색상 확인		처리방법	(검토) → 승인
		처리내용	5-1. 유성도료, 오일스테인 등은 샘플을 만들어 동일한 재료, 색상이 확인되도록 지시 5-2. 합판 표면판의 무늬와 색이 다르게 나타나지 않도록 지시
6. 제작검사		처리방법	(입회) → 확인
		처리내용	6-1. 목재류는 반드시 지정된 규정의 것을 사용할 것. 함수율을 확인하고 8~15 이내의 것을 사용할 것. 6-2. 수종과 등급 확인 6-3. 합판의 규격 증명, 내수성 접착제의 성능증명서를 확인 6-4. 나왕목재 등에 사용한 방충재 성능과 처리제원 확인 6-5. 목재 플러시 도어(Flush Door), 목재 유리문 등의 점검
7. 운반, 보관시 양생 확인		처리방법	(입회) → 확인
		처리내용	7-1. 운반시 진동, 충격에 의한 파손에 대해 보호, 양생 상태를 확인 7-2. 보관에서 취부시까지 정리, 정돈상태와 충격에 의한 손상이 없도록 양생상태가 좋은지 점검 7-3. 운반시 또는 보관시 누수로 오염되지 않도록 되어 있는가를 확인
8. 제품 검사		처리방법	(검사) → 확인
		처리내용	8-1. 치수 정밀도 및 수량을 점검 8-2. 플러시도어, 판자문, 여닫이문, 유리넣은 문, 창호지를 바른 문 등을 점검 8-3. 시공도 협의사항 확인(암장부 및 숫장부, 표면의 형태, 수정, 유리홈 등) 8-4. 반입 후 양생에 대한 지시 등
9. 창호기능검사		처리방법	(검사) → 확인
		처리내용	9-1. 문틀, 문주, 상인방의 휨, 기울기 점검 9-2. 가조립에 의한 정밀도 검사 9-3. 문틀 깎고 맞추기 검사 9-4. 문꼴선, 벽샘과의 벌어짐 점검

감리 종목	범위	주요 점검사항	
10. 문틀 도장 확인		처리방법	(검토) → 확인
		처리내용	10-1. 색 마감 확인 10-2. 여닫이문, 환기창 등의 상부, 절단 부분의 도장 확인
11. 창호 설치 완료검사		처리방법	(검사) → 확인
		처리내용	11-1. 개폐의 조정과 잠금장치 조정 · 확인 11-2. 도어스톱, 문짝이 잘 맞는지, 주변의 간극이 일정하지 않은지를 검사 11-3. 오르내리기창의 정밀검사 11-4. 부속 철물의 취부 위치와 상태 검사 11-5. 나사못 등의 취부상태 검사 11-6. 파손 수리 부분에 대한 검사 11-7. 미세기문의 휨, 뒤틀림 등을 검사
12. 설치 후, 양생 확인		처리방법	(입회) → 확인
		처리내용	12-1. 마감 후 손상 등에 대응한 양생 상태 확인

창호공사 감리공정 사례(SD창호)

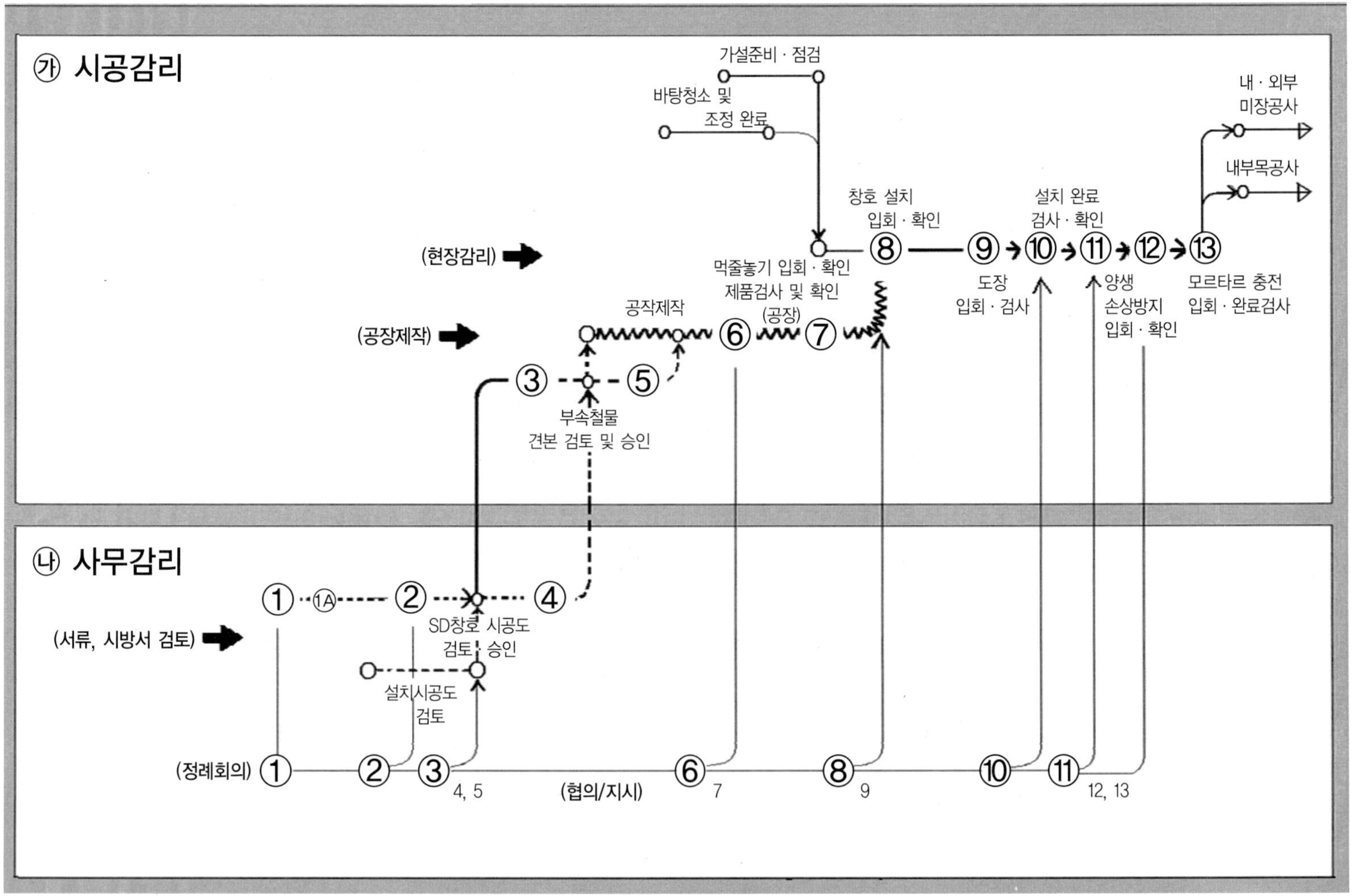

6-3-2 강재창호(SD)

감리 종목	범위	주요 점검사항	
1. 제작메이커 및 하도급체		처리방법	(검토) → 승인
		처리내용	1-1. 창호 메이커의 점검 (1) 특기시방서에 메이커가 지정되어 있는지 확인 (2) 새시의 발주시기 및 제작능력을 확인하였는가. (3) 시공도작성 능력은 어느 정도인가. (4) 공장제조에 대한 사내 검사체제가 되어 있는가. (5) 창호 새시업체에 정식등록된 업체인가. 1-2. 창호철물에 대한 점검 (1) 특기시방서에 메이커 지정품이 명시되어 있는가. (2) 실린더 종류와 모양(강재, 알루미늄, 목재 및 동종 메이커 제품 확인)과 마스터 키 확인
2. 강재창호 시공도 승인		처리방법	(검토) → 승인
		처리내용	2-1. 설계도와 대조 (1) 창호배치도 및 창호 리스트를 대조하여 종류별, 수량을 확인 (2) 층별, 실별, 창호의 개폐 실효성을 확인 (3) 주공사와 취합 검토 1) 빗물처리용 바 아무름 2) 벽체에 매입되는 문과 벽체의 소요두께 3) 플로어힌지의 위치와 구체 철근의 위치 (4) 주변 마감재와 취부 검토 1) 줄눈나누기 2) 마무리 두께 3) 문꼴선, 커튼박스 등의 취합 등 4) 특히 타일과 접합장소는 타일 나누기 치수가 고려되어 있는가. 5) 기타 관련된 마감공사와의 마무리상태 확인 (5) 외부 출입구 마무리 상태는 적절한가? 1) 외부로 개폐할 때와 내부로 개폐할 경우 문턱에 물막이가 설계되어 있는가. 2) 도어와 바닥마감과의 간격은 적절한가.(자동문인 경우 주의) 3) 마루재, 물구배, 바닥드레인 등이 적절하게 설계되어 있는가. 4) 강풍에 의해 도어가 개폐되도록 되어 있지는 않는가. (6) 설비공사와의 관련성 검토 1) 문을 개폐했을 때 스위치, 콘센트 등 벽에 부착된 기구와의 관계가 고려되어 있는가. 2) 문의 개폐와 조명기구, 스프링클러, 벽 또는 천장기구와 부딪치지는 않는가. 3) 루버, 댐퍼 등의 필요 여부 확인 4) 외부에 루버가 붙은 경우 방충망이 빠지지 않았는가. 5) 루버가 설치된 곳은 필요한 개구부 면적이 확보되어 있는가, 설비의 용량 변경이 없었는지, 방화구획에서는 휴즈가 있는 댐퍼가 설치되어 있는가. 6) 문 설치 전에 설비기구의 반입에 대해 사전에 재검토 되었는가. (7) 창호철물 선정과 유리문의 두께와 강도를 검토, 방화구획과 연소 부분에 대한 적법 여부 확인 (8) 콘크리트 구체의 경우, 개구부 치수를 사전에 점검

감리 종목	범위	주요 점검사항	
2. 강재창호 시공도 승인		처리내용	2-2. 외부에 사용하는 도장강판재 도어는 특수도장용 강재검사 증명서 또는 특수도장처리 증명서를 확인하고, 외부에 면한 3방향에 수밀성 접합재를 사용하여 문이 잘 여닫히도록 되어 있는가. 2-3. 창호 강판재 두께 검사(국토해양부령에 준함) (1) 표면재, 테두리재 두께는 t=1.6 이상인가. (2) 앵커, 라이너, 문틀재는 2.3이 되는가. (3) 문턱재, 엣지재는 2.0 또는 1.5스테인리스를 사용하였는가. 2-4. 방화문은 방화구획을 확인(갑종방화문 · 을종방화문) (1) 방화문의 두께는 1.6 이상이며 문턱이 스테인리스로 되어 있는가. (2) 상시 개방형의 방화문인 경우 연기감지기 연동 자동개폐식 구조로 되어 있는가. 2-5. 방음문의 구조를 확인 (1) AT(air tight)도어일 때 1) 도어 내부 락울, 비중 180kg/m^3품으로 사방에 기밀구조 고무로 되어 있는가. (2) SAT(semi-AT)일 때는 사방에 수밀 스펀지를 설치하여 접촉이 좋도록 되어 있는가. 2-6. 내후성 강재를 사용한 창호의 경우 점검 (1) 부재치수는 메이커의 규격표로 확인했는가. (2) 평식반(Planer)에 걸 부분은 명확하게 되어 있는가. (3) 녹 안정화 처리가 되어 있는가. 2-7. 염화비닐강판재를 표면재로 사용할 경우 점검 (1) 제조 메이커 확인 및 방화문 인정을 확인 (2) 코팅 처리에 대한 사양, 색, 무늬를 확인하고 손상된 부분의 보수방법을 확인 2-8. 행거도어 점검 (1) 제조 메이커의 확인 및 방화문 인정 확인 (2) 부드럽게 개폐 가능한지 점검 2-9. 자동도어 기계장치 점검 (1) 틈없이 바르게 마무리되어 있는가. (2) 점검구의 위치와 마무리 상태를 확인했는가. 2-10. 강재 셔터(shutter) 점검 (1) 수동, 전동셔터인지 확인 (2) 중량 셔터의 경우 1) 슬랫 두께 1.6, 케이스 두께 1.6, 스테인리스 가이드레일 두께 2.0으로 되어 있는가. 2) 박스가 있는 인방 부분은 스테인리스로 피복되고 헤어라인 마감인가. 3) 조작시 누름버튼 케이스는 스테인리스 또는 강판 소부도장 마감으로 되어 있는가. (3) 경량 셔터의 경우 1) 슬랫 두께 0.8, 케이스 박스 두께 1.6으로 되어 있는가 2) 가이드레일 및 박스 인방 부분은 스테인리스 헤어라인 마감인가.

감리 종목	범위	주요 점검사항	
2. 강재창호 시공도 승인		처리내용	(4) 그릴 셔터의 경우 1) 가이드레일 및 박스 엔방, 파이프는 스테인리스로 되어 있는가. (5) 기타 사항 1) 가이드레일 마무리는 흔들리든가 덜커덩 거리지는 않는가, 기구점검구 위치는 정확한가, 방화구획용 셔터는 연기감지기 연속자동개폐장치로 되어 있는가. 2) 도장은 강재창호에 준하여 도장되어 있는가.
3. 부속철물 견본 승인		처리방법	(검토) → 승인
		처리내용	3-1. 창호용 철물의 종류와 수량을 점검 3-2. 제조 메이커의 지정 여부를 확인하고 주요한 철물은 견본품에 의해 결정되었는가. 3-3. DC, PH, FH, 스토퍼 등은 창호 중량에 적정한 철물이 설치되어 있는가. 3-4. 외부에 사용되는 계단문 등의 경우 풍향, 강풍에 견딜 수 있는 내풍압강도를 가진 철물이 취부되어 있는가.(DC, PH, FH 등) 3-5. 잠금장치의 방향은 맞게 설치되어 있는가. 3-6. 도어 클로즈 취부방향과 부착 후벽과 공간이 확보되었는가. 3-7. 각종 철물은 강재, 알루미늄, 목재 등에 적합한 것으로 부착되어 있는가.
4. 공장제품 확인		처리방법	(검사) → 확인
		처리내용	4-1. 사내 자체검사보고서 접수 확인 4-2. 관련 각종 증명서 접수 확인 (1) 창호강재 검사증명서 (2) 록울, 글라스울 등 충전재 제품 증명서 (3) 녹막이도료 제품 증명서 및 기타 4-3. 공장검사 사항 (1) 지정된 스케일에 의한 제품 규격의 정밀도는 만족되는가. 1) 테두리 W 허용오차 ±1.5mm 이내 2) 테두리 H 허용오차 ±1.5mm 이내 3) 테두리 안목치수 허용오차 ±1.0mm 이내 4) 테두리 대각선치수 허용오차 ±2.0mm 이내 (2) 눈대중에 의한 외관 마감상태 확인 1) 현저하게 휘었거나 두틀린 곳은 없는가(패널의 뒤틀림은 공차 1m당 1mm 이내, 틈의 결함은 공차 0.5mm 이내) 2) 표면처리상태를 점검 3) 용접 부분의 상태가 극심한 균열이나 핀홀이 없는가, 현저하게 오손된 부분은 없는가. 4) 시공도에 따라 조립, 마감 등 상세한 부분을 점검했는가. (3) 행거도어의 작동상태 및 뒤틀림, 휨 등을 점검 (4) 납기의 확인(제작기일과 최종납기, 전체 공정과의 설치기간, 운반 반입, 양생방법을 확인) 체크 4-4. 입회한 제품검사 기록작성 및 확인

감리 종목	범위	주요 점검사항	
5. 취부 설치 시공 확인		처리방법	(입회) → 확인
		처리내용	5-1. 현장반입제품의 점검과 취부, 설치 전 점검 5-2. 보통 하층에서부터 설치작업을 시작하지만 공정에 따라 취부 순서를 조정하였는가. 5-3. 취부 설치 위치에 대한 먹줄을 확인하였는가. 5-4. PC판 등에 직접 설치된 경우, 사전에 인서터 매입을 확인하였는가. 5-5. 콘크리트 타설, 시공인 경우 보강양생이 확인되었는가. 5-6. 다음의 경우 세우기 전에 이면에 철근을 용접하고 모르타르(외부는 방수 모르타르)를 충전하였는가. (1) 문턱(문지방) 등의 이면에 모르타르 충전이 어려운 부분과 문턱의 폭이 넓은 경우는 잘못되면, 밟으면 凹들어가면서 현저하게 소리가 들림. 5-7. 눈금자에 의한 검사결과는 양호한가, 수평 · 수직상태는 양호한가. 5-8. 임시설치 후의 검사시 설치용 쐐기 등이 잘 고정되어 있는가. 고정된 상태에서 앵커 용접할 경우, 주변에 불꽃방지를 위한 양생은 잘 되어 있는가. 5-9. 한 번 가조립상태에서 전체를 다시 점검하였는가. 5-10. 앵커 부분의 용접상태를 확인하고, 모르타르를 충전했는가. 5-11. 문의 상하 마구리 부분, 녹방청은 세우기 전에 확인이 되었는가.
6. 설치 완료		처리방법	(검사) → 확인
		처리내용	6-1. 설치가 완료된 후 모르타르 충전상태는 양호한가. 6-2. 창호 취부, 설치 후 휘거나 비틀어진 것은 없고, 간극이 일정하며, 실린더 잠금장치가 양호한가. 6-3. 창호의 개폐상태는 양호한가.(체크리스트를 만들어 표시한다) 6-4. 방화문의 자동개폐장치 작동테스트는 양호한가. 6-5. 주위에 코킹처리는 완료되었는가. 6-6. 부속철물의 청소, 광내기, 보양상태는 양호한가.
7. 양생 및 손상방지		처리방법	(입회) → 확인
		처리내용	7-1. 설치 후 창대, 테두리, 문턱(문지방)은 다음 공정으로 인해 손상되지 않도록 양생되어 있는지 확인(붙임목, 합성수지 비닐커버, 골판지, 에어쿠션 등을 사용)

창호공사 감리공정 사례(AL&플라스틱)

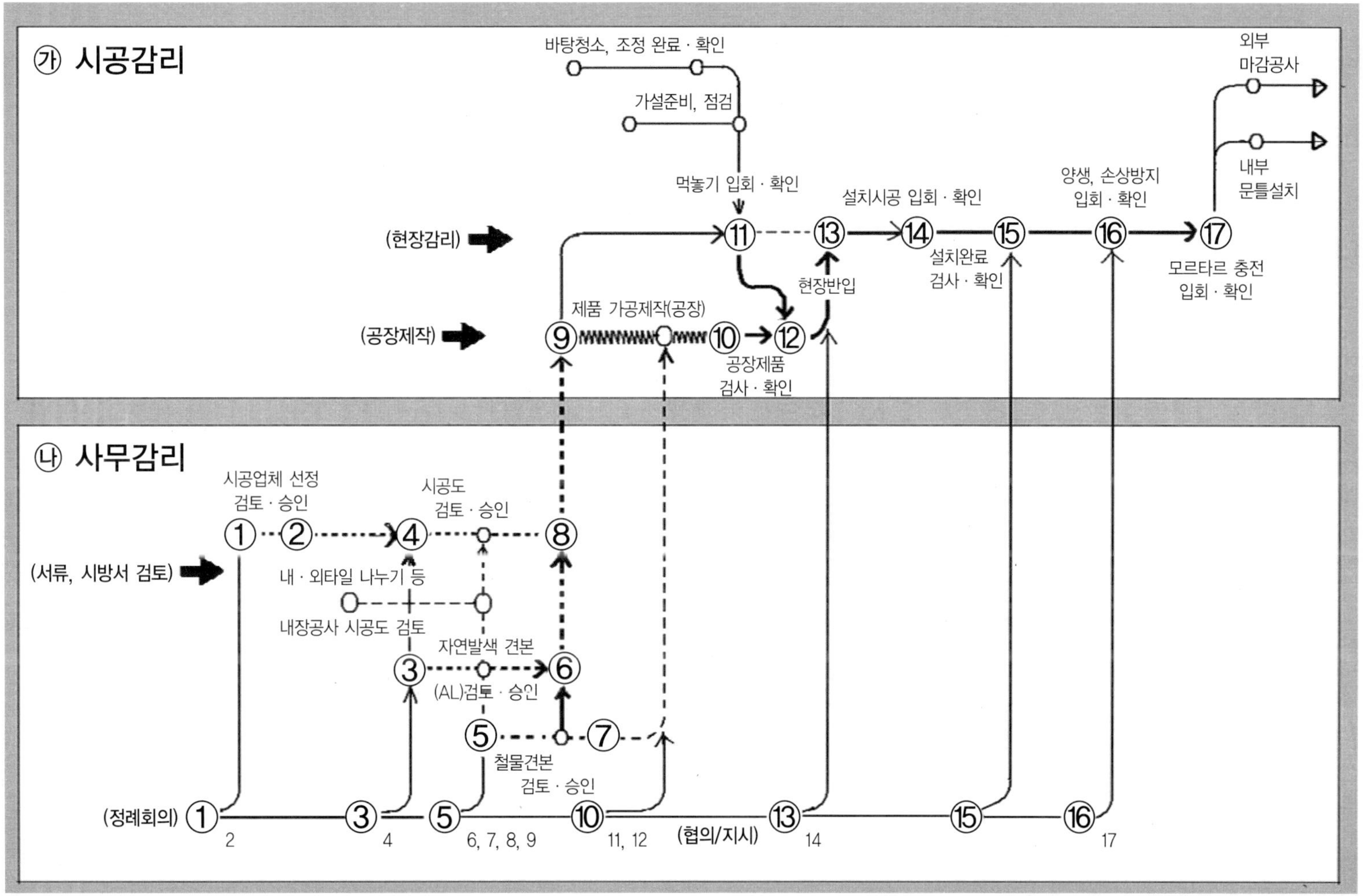

6-3-3 알루미늄(AL)창호 또는 플라스틱(PL)창호

감리 종목	범위	주요 점검사항	
1. 제작 메이커 및 하도급체		처리방법	(검토) → 승인
		처리내용	1-1. 메이커 지정 확인 및 제조업체 검토 1-2. 품질 점검 (1) 안치수(mm) (2) 창호 강도(kgf/m^2) (3) 기밀성(m^3/km^2) (4) 수밀성(kgf/m^2) (5) 차음성능(차음등급곡선) 등 1-3. 압출성형형상 조사 1-4. 자연발색. 색상, 색 배합 등 점검 1-5. 품질관리, 사내 자체검사체계 등을 확인
2. AL창호 시공도 승인		처리방법	(검토) → 승인
		처리내용	2-1. 설계도와 맞는지 확인 (1) 창호리스트를 체크(부호, 형상, 치수, 재질, 위치, 층별, 수량, 방청처리, 마무리, 철물류, 유리 등) (2) 설치 장소, 위치, 개폐 여부 점검 (3) 콘크리트벽 중심과 새시중심과의 관련 치수 (4) 개구부의 폭(w), 높이(h), 예상 단면치수 (5) FL과 창호와의 관련 치수 (6) 외부에 접할 경우 GL, FL과의 높이 및 물구배 확인 (7) 기타 마감재와의 마무리 1) 외부마감과 관계 돌공사, 타일공사, 금속공사 등 관련 상세치수와 창틀 주변 실링 도면 확인 2) 벽돌, 타일나누기와 창호치수 조정을 현촌도(現寸圖)로 해결 3) Cleaning Bolt의 설치방법 4) 콘크리트타설 등 평벽이나 돌출벽의 도장 5) 자동문, 바닥매트 하부 마감, 배수 등 6) 내부마감과의 접합(목재틀, 천장몰딩, 커튼박스 등) 7) 내부 칸막이 마감 8) 빗물막이 테두리 및 기타 재료와의 접합(적절한 물구배, 물끊기, 실링처리 등) (8) 창호철물, 기타 부착철물 위치, 형상, 재질 (9) 설치 위치와 바탕과의 관계 1) 콘크리트일 때, 계획도면에 앵커매입 위치를 명시 2) 철골일 때, 제1차 파스너 위치를 철골공작도에 명시 (10) 방식, 바탕철물 설치, 발색(전해, 자연)에 대한 처리 2-2. 시방서 확인 (1) 알루미늄 압출형재(t=2.0 등) 및 판재 두께 2.0 가공 등 (2) 알칼리성 재료 및 이종금속에 접촉하는 부분에 특별히 징크크롬메이트(zinc chromate) 도료 두께 15μ 도장 위에 아스팔트계 도료 두께 2.0μ 이상 도장(절연처리)

감리 종목	범위		주요 점검사항
2. AL창호 시공도 승인		처리내용	(3) 나사못의 재질은 충분한 강도를 가진 것을 사용하고, 녹이 발생하는 곳에는 SUS재의 것을 사용 (4) 개스킷(Gasket), 패킹(packing)재(합성고무, 합성수지 등)의 확인 (5) 장착되는 앵커간격은 45cm 이하 (6) 커튼월이나 연속창, 단창의 새시 접합부에는 폴리설파이드계 또는 실리콘계 실링재를 사용
3. 자연(전해) 발색 시제품		처리방법	(검토) → 승인
		처리내용	3-1. 자연발색, 전해발색 등 확인 (1) 황산알루마이트 : 1차적으로 황산액 중의 물질이 다공질의 양극 피막을 생성한다. (2) 2차전해로 알루마이트 피막 중에 니켈 또는 아연산니켈을 전해시간에 비례하여 침적시키면 점차 짙은 색으로 변한다.(예: 스테인리스 색 → 라이트 브론즈 → 브론즈 → 다크브론즈) (3) 잘 세척한 다음에 구멍처리를 한다. 3-2. 샘플 결정 3-3. 알루미늄 표면처리 색상을 결정 (1) 알루미늄합금 압출재 → (전해)황산액으로 양극 (2) 황산피막형성 → (전착도장)열경화성 (3) 투명합성수지(아크릴수지계 도료)를 바르든가 폴리우레탄계 합성수지 도료 7μ 이상 정전도장 처리
4. 부속철물 견본		처리방법	(검토) → 승인
		처리내용	4-1. 철물마다 제조 메이커를 확인 4-2. 부속품 확인 (1) 잠금장치, 매립실린더, 마스터 키 기능이 있는가. (2) 둥근손잡이, 헤어라인 마감 (3) 도어클로저(DC), 플로어힌지(FH), stopper가 붙는가. (4) 피벗힌지(PH), 볼베어링이 있는가, 스테인리스제품인가. (5) 화장실용 래버토리힌지 재질(SUS제품) (6) 크레센트 쇠장식, 손잡이 핸들 등 재질 확인 (7) 대형 손잡이, 정첩, 도어스톱 등의 재질 확인 4-3. 바람막이, 창호 중량, 사용방법 점검
5. 공장제품 제작		처리방법	(검사) → 확인
		처리내용	5-1. 공장제작이 완료되면 제품검사를 하고 합격된 제품을 현장에 반입 5-2. 자체검사성적표를 점검 5-3. 검사대상품 확인 5-4. 검사대상 항목 (1) 자연발색의 경우 지시된 샘플을 비교하여 확인(색이 다른 경우가 있음)

<table>
<tr><th>감리 종목</th><th>범위</th><th colspan="2">주요 점검사항</th></tr>
<tr><td>5. 공장제품 제작</td><td></td><td>처리내용</td><td>(2) 외관검사(눈으로 검사, 강재스케일로 검사, 간극 게이지로 검사)
1) 형재, 압출 불량, 표면처리 불량, 흠, 부식 여부 등 점검
2) 가공조립, 불량 조립, 부품 부착의 위치, 틈간격 등의 점검
(3) 치수검사(지정된 강재 스케일로 검사)
1) 틀의 안치수 폭 허용오차 ±1.5mm
2) 틀의 안치수 높이 허용오차 ±1.5mm
3) 대각선 치수의 차이 허용오차 ±2.0mm 이내
(4) 작동검사
1) 부드럽게 개폐되는가.
2) 잠금상태, 기타 시방서 특기사항을 확인
5-5. 제품출하일 및 기타
(1) 취부 위치와 수량이 공정상 문제가 없는가.
(2) 양생, 출하운반에 관한 사항
1) 양생 : 철처하게 청소한 후 염화비닐필름, 폴리에틸렌필름 등으로 포장, 비닐테이프로 묶음
2) 포장 : 골판지, 목재 등으로 신중하게 포장
3) 수송 : 출하 명세서(송장) 및 상차 · 하차시 손상에 주의</td></tr>
<tr><td rowspan="2">6. 먹놓기</td><td rowspan="2"></td><td>처리방법</td><td>(입회) → 확인</td></tr>
<tr><td>처리내용</td><td>6-1. 설치 위치 확인
(1) 중심선 및 새시 중심선을 점검
(2) FL에서 새시 하단부까지 높이 점검
(3) 외벽(내벽) 중심과 새시 중심과의 관계 점검
(구체개구부와 먹줄이 달라 잘라내야 할 경우, 특히 외벽마감이 타일처럼 하지모르타르로 조정이 가능하면 모르타르의 탈락이나 떠오르는 것을 방지하기 위하여 외부에서 안쪽으로 향해 잘라낸다)</td></tr>
<tr><td rowspan="2">7. 설치 시공</td><td rowspan="2"></td><td>처리방법</td><td>(입회) → 확인</td></tr>
<tr><td>처리내용</td><td>7-1. 새시 보관상태에 주의
(1) 현장에 반입된 새시는 실내 통풍이 잘 되고 청결한 장소로 10cm 정도의 각재 침목 위에 휘거나 구부러지는 변형이 생기지 않도록 수직방향으로 쌓는다.(수평방향으로는 적치하지 않음)
7-2. 양생테이프 등으로 보호되어 있는 곳에 앵커 등의 용접을 할 경우 용접 후는 원상태로 양생
7-3. 방충망이 있을 경우 설치할 시기 확인
(방충망은 일찍 시공하면 손상위험이 있고, 추후에 시공하면 빠트리는 경우가 많으므로 주의)
7-4. 제조공장과 설치업체가 다를 경우, 현장반입 후(현장보관, 설치 등) 새시 메이커의 책임 이외 관련공사 등으로 인한 일이므로 설치 때는 시공도 등과 일치하는지 면밀히 조사할 필요가 있음.</td></tr>
</table>

감리 종목	범위	주요 점검사항	
8. 설치 완료		처리방법	(검사) → 확인
		처리내용	8-1. 실링, 모르타르 충전, 유리끼우기 등 설치 후 양생에 주의한다. 8-2. 새시 접합부 실런트의 종류를 확인한다. 8-3. 방수처리(시멘트 페이스트, 실링 등)는 모르타르나 콘크리트가 충분히 건조된 후에 실시한다.
9. 양생 및 손상방지		처리방법	(입회) → 확인
		처리내용	9-1. 설치(앵커용접, 모르타르 채우기) 후 손상, 오염 등에 주의해야 하며, 손상, 오염을 막기 위해 폴리에틸린필름, 비닐테이프 등으로 빈틈없이 막는다. 9-2. 설치 후 출입구로 사용하는 곳에는 목재 등으로 철저히 보양하고, 긴급 보수용품을 준비한다.
10. 모르타르 충전		처리방법	(입회) → 확인
		처리내용	10-1. 설치용 쐐기 등을 온전히 제거 또는 잘라내고 잔재와 철선 등을 제거하고 메운다. 10-2. 외장마감 전에 구체와 마감관계에서 방수할 곳, 실링할 장소 등은 사전에 체크하고 지시한다. 10-3. 외부벽 및 물이 닿는 부분은 방수모르타르로 충전한다. 10-4. 새시의 위치 변경으로 하부 창틀 부분의 콘크리트 물받이가 잘릴 경우, 외부 측에 거푸집을 설치하고 빈배합(균열방지로)의 공자갈 콘크리트로 밀실하게 다진다.

제7장

유리공사(GLASS工事)

7-1 유리공사 사전 점검사항

7-1-1 시공 전 일반 협의사항

1. 건축 평면도, 입면도에서 유리를 품종별로 구분한다.
2. 새시의 상세도면을 통해 유리 마무리, 내풍압성, 내진성, 열균열방지 등의 성능을 만족시키고 있는가를 조사한다.
3. 유리 취부용 재료의 종류는 내진성, 방화성능 등을 고려하여 설계되어 있는가를 조사한다. 열선반사유리의 반사영상은 요구하는 법적 범위 내에 있는가를 조사한다.
4. 양중장비, 하역장소, 비계 등을 확인한다.
5. 공정은 전체 공정표의 관련 공사일정에 지장이 없도록 작성되어 있는가 조사한다.
6. 재료와 공법이 타당한가를 조사하고 충분히 양생된 후 다음 공사가 진행되도록 일정이 작성되어 있는지 조사한다.

7-1-2 시공 전 주의사항

1. 현장내 자재의 보관장소, 보관방법의 적정성 여부를 확인한다.
2. 시공요령 및 작업 의도가 작업원들에게 바르게 전달되어 있는가를 확인한다.
3. 시공장소에 대해 안정성이 있는가를 확인한다.
4. 작업하는 장소에 당일 다른 작업과 겹치는 일이 없는지 확인한다.
5. 유리치수, 품종, 부자재, 기공장비 등을 사전에 확인한다.

7-1-3 시공 후 주의사항

1. 공사완료 후 양생이 적절한가를 확인한다.
2. 양생재 제거와 유리청소에 대해서 협의한다.

7-1-4 시공 시 확인사항

1. 새시 등 창틀에 매입하는 유리일 때

(1) 새시의 상세도면을 대조해보고 유리치수를 결정할 때는 매입유리의 클리어런스와 걸림깊이, 내풍압성, 내진성, 열균열방지성 등의 성능을 만족하도록 되어 있는지 검토한다.

(2) 유리끼우기용, 세팅블록, 백업재, 글레이징 개스킷(비드 등을 포함)은 설계에서 요구하는 성능을 만족하는지 확인한다.

2. 유리 끼우기 작업

① 유리가 소정의 치수로 절단되어 다듬어져 있는가.

② 망입유리, 선입유리는 개스킷 또는 퍼티로 끼울 경우에는 철선에 녹이 발생되어 유리 파손의 요인이 되므로 반드시 방수처리를 확인한다.

③ 새시의 설치 정밀도가 양호한가를 확인한다.

④ 유리를 끼울 홈은 청소가 잘되어 있는가. 홈 내에 돌출물, 나사못 등이 제거되어 있는가, 세팅블록의 크기와 설치는 정위치에 있는지를 확인한다.

⑤ 형판 및 젖빛유리는 안팎이 바뀌지 않았는지 확인한다. 열선반사유리도 안팎이 바뀌지 않도록 하고 인접 유리끼리 반사면의 방향이 맞추어져 있는지 확인한다.

⑥ 실링재 구법에서 백업재가 면클리어런스 내에 균등하게 유지되어 있는지 확인한다.

⑦ 글레이징 개스킷은 모서리 부분이 잘 마무리되어 있는지를 확인한다.

7-1-5 구조용 실런트 접착공사

1. 현장에서 실시할 구조용 접착실런트에 대해서는 사용할 재료를 사전에 협의하여 결정하고 제조메이커가 제출한 성능표에 따라 필요한 충전 치수와 시공방법을 확인한다.(필요한 성능 확인을 위해 테스트 피스를 준비함)

2. 기상상황에 따라 유리 및 자재보관 장소와 방법, 유리와 금속피착면에 대한 양생방법, 접착작업 예정일 등을 검토한다.

3. 유리 및 피착면을 청소하고 물에 젖지 않았는지 확인한다.

4. 실링재가 굳을 때까지 임시고정 장치가 되어 있는지를 확인한다.

7-1-6 행거유리구법의 공사일 때

1. 사전 및 시공 전 주의사항

(1) 대형 유리 반입방법, 작업순서, 끼우는 장비운용 및 작업공간 확보를 협의한다.

(2) 유리 크기 결정, 내진을 고려한 줄눈폭의 크기 확정, 필요한 세팅재와 양생이 준비되었는가를 확인한다.

(3) 기상상태를 고려한 작업 일정이 수립되었는가를 확인한다.

2. 유리 시공시

(1) 매달 유리의 중심 위치 정밀도를 확인한다.

(2) 면유리와 리브유리가 정확하게 직교하고 줄눈폭이 바르게 되어 있는가 확인한다.

(3) 면유리(Face Glass) 및 리브유리의 양단지지 부분이 움직이지 않도록 단단하고 깨지지 않는 견고한 Setting Block이 삽입되었는지 확인한다.

7-1-7 유리블록 공사일 때

1. 유리블록 공사가 바르게 되었는지 다음과 같은 내용을 점검한다.

(1) 쌓는 방법은 올바른가 확인한다.

(2) 개구부에 알루미늄틀이 정확하게 설치되어 있는가를 확인한다.

(3) 개구부 및 테두리틀의 수직 · 수평을 확인한다.

(4) 유리블록의 치수에 따라 줄눈나누기가 올바르게 되어 있는가 확인한다.(유리블록 줄눈은 8~15mm 이내로 일반적으로 10mm를 기준으로 함)

(5) 보강철근의 간격은 적절한가를 확인한다.(보강철근 간격 600mm)

(6) 비가 들이치는 부분은 방수제를 넣어 바른다.

7-2 유리 시공관리 자료 및 감리요점

7-2-1 시공관리 참고자료

1. 일반 유리에 대한 요점

(1) 투명유리(가시광선 투과율이 크고, 자외선 영역을 강하게 흡수한다)

1) 플로트 유리

① 용융금속에 해당 유리소지를 부어, 열을 가하면 표면장력과 자중에 의해 평행으로 퍼지면서 평활한 평판으로 제판되는 것이다.

② 강도는 보통 판유리와 동일하나 마판유리(polished plate glass)의 강도는 보통 유리의 3/4으로 내풍압강도를 요구하는 초고층건물의 유리에 적합하다.

③ 두께도, 가격도 마판유리와 같다.(가능한 최대 크기는 약 10m×3m 정도, 두께 15mm까지 가능)

2) 마판유리(polished plate glass)

① 보통판유리의 양면을 연마하여 투명도가 높다.(두께 3, 5, 6, 8, 10, 12mm까지 가능)

② 곡면마판유리는 마판유리를 전기료 내에서 연화시켜 곡면으로 만든 것

3) 보통 판유리

① 용융된 유리소지를 평탄한 판 위에 올려 제판한다.

② 투명유리와 젖빛유리가 있다.

③ 두께 3, 5, 6mm(가장 얇은 두께 1.9mm)

(2) 형판유리

1) 판유리의 평면에 롤에 의해 모양을 각인시킨 것.

2) 두께는 얇은 것은 2.2mm, 두꺼운 것은 4.6mm.(마판형판유리는 6.8mm 1종류가 있음)

(3) 망입, 선입판유리(두께 6.8mm±허용치수 0.6, 선재 직경은 0.4mm 이상)

1) 망입 판유리

① 파손된 경우 망으로 지지되고, 구멍이 뚫리지 않으며, 유리가 비산되지 않는다.

② 열균열을 고려한 경우는 최대면적 2.134m×0.914m 정도까지가 바람직하다.

③ 방화성능이 있어 방화유리로 사용한다.

2) 선입 판유리

① 가는 금속선을 평행으로 넣은 것이다.

② 망입선유리는 위험방지용이나 도난방지용으로 사용한다.

2. 특수 유리에 대한 요점

1) 열선흡수유리 : 보통 판유리 성분에 미량의 니켈, 코발트, 철, 셀렌을 첨가한 것.

① 자외선을 흡수한다.(태양복사에너지를 50% 흡수, 가시광선투과율은 보통판유리의 10~20% 정도 저하함)

② 온실에 사용할 경우 : 온도의 급상승과 야간에 발산을 막을 수 있어 식물성장촉진에 좋고, 반사나 어른거림이 없어 항공관제탑의 창 등에 사용된다.

③ 색상은 블루, 그레이, 브론즈 3종류가 있다.

④ 열선흡수유리의 종류는 다음과 같다.

a. 보통판	두께 3.5mm
b. 마판유리	두께 3, 5, 6mm(8, 10, 12, 15mm) 등
c. 망입형판유리	두께 6.8mm 1종류
d. 망입마판유리	두께 6.8mm 1종류

⑤ 규격치수가 클수록 열응력이 크기 때문에 열균열 파손의 위험성이 높다. 따라서 1매당의 유리면적은 $2m^2$를 넘지 않는 것이 좋다.

⑥ 새시에 사용할 경우에는 4방 밀착접합으로 해야 한다.

⑦ 유리 절단에 주의하고, 절단면에 상처가 있으면 그것이 원인이 되어 균열이 발생하기 때문에 전용 커트기로 깔끔하게 절단하고 면치기를 해야 한다.

⑧ 새시 내의 유리간격은 모든 방향에 3mm 이상을 두고, 유리를 정중앙에 바르게 안착시키기 위해 고무쿠션(세팅블록 : 경도 90° '클로로프렌고무' 혹은 '염화비닐수지재')을 반드시 양단에 설치하여 중심을 맞춘다.(2개소 이상 설치하지 않음) 길이는 다음 식에 의해 산정한다. 글레이징채널, 구조개스킷에는 세팅블록을 설치하지 않는다.

$$L = \frac{W}{n \times t \times f}$$

L : 세팅블록 1개의 길이(cm)
W : 유리 총중량(kg)
n : 세팅블록의 사용개수(보통 2개)
t : 유리두께(cm)
f : 세팅블록 단위면적당 허용하중(kg/cm^2)
∴ 클로로프렌고무일 때 5
염화비닐수지일 때 3

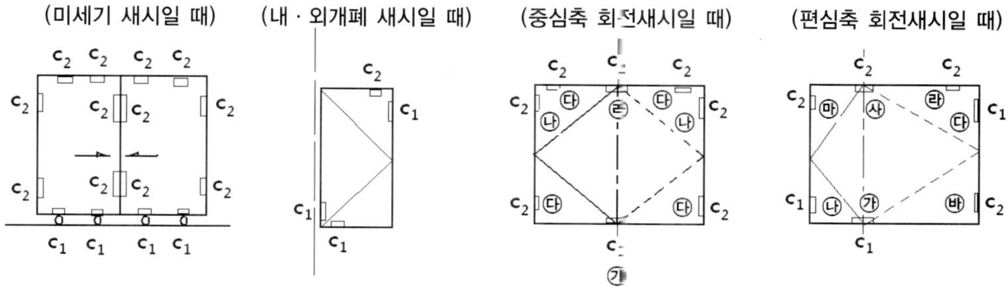

C_1은 호차의 위치에 설치한다. 상부의 C_2는 제조사의 성능이나 기능에 따라 설치하지 않을 수도 있다.

상부 C_2의 세팅블록은 문이 직각으로 되었을 때 조정할 것. 외부 문틀과 문제가 있을 수 있다.

㉮, ㉯의 세팅블록은 필수 설치 위치이다. ㉰, ㉱는 제조사의 사양에 따른다.

㉮, ㉯, ㉰, ㉱, ㉲는 필수 설치 지점이고, 기타는 제조사의 사양에 의한다.

도어별 세팅블록 설치 위치

⑨ 판유리가 직접 새시에 접촉되지 않도록 충분한 간극을 두고 실링처리한다.(새시의 상 · 하 대각선 정밀도가 높아야 함) 유리 끝 주변에는 절연테이프를 부착한다.

⑩ 유리 고정용으로는 비경화성 탄성실링재를 사용한다.

⑪ 열선흡수, 열선반사유리의 표준시공 사례(다음 그림)

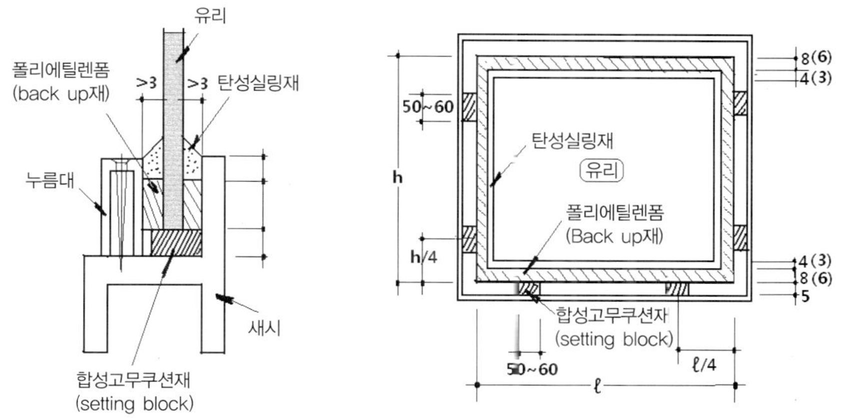

일반새시 개스킷 사용의 예 :

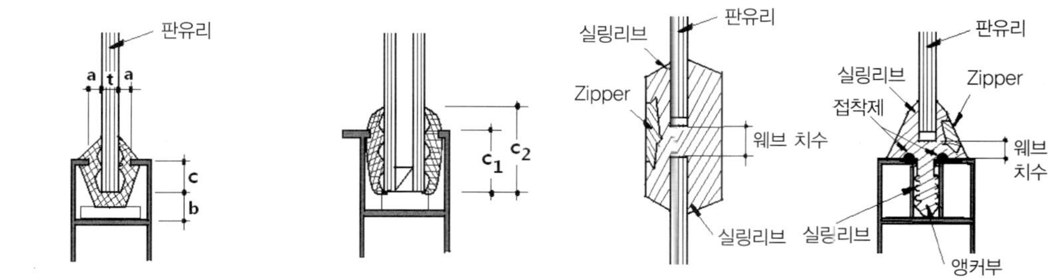

(글레이징 채널 사용의 예) (글레이징 비드 사용의 예) (H형 Zipper) (Y형 Zipper)

⑫ 구조접합 유리구법의 경우는 다음과 같이 유리멀리온구법, 금속멀리온구법(SSG : Structural Sealant Glaing) 등으로 구분한다.

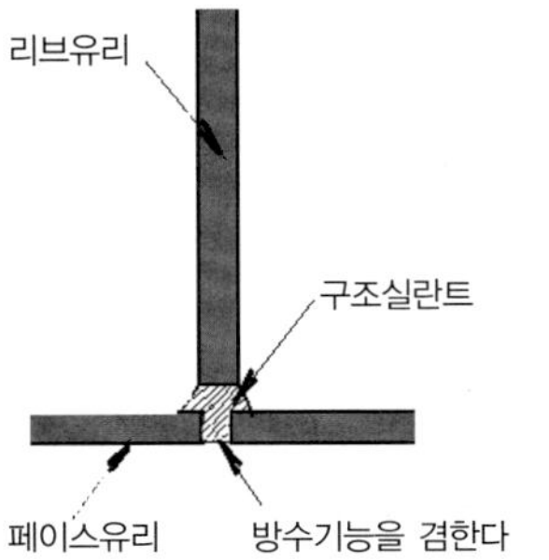

유리멀리온구법

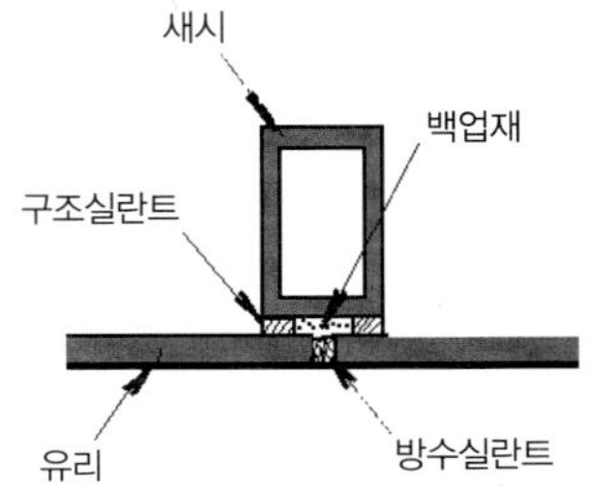

금속멀리온구법 : SSG

2) 열선반사유리(보통 판유리 표면에 금속피막을 입힌 것)

① 가시광선을 약 40% 정도 반사시킬 수 있고 태양복사에너지를 약 30% 반사하고, 흡수는 13% 정도로 유리의 온도 상승이 매우 적다.

② 유리두께는 6, 8, 10, 12mm 등이 있다.

③ 새시는 4방 누름대로 고정한다.

④ 새시에 유리가 걸리는 깊이는 유리두께의 1.2~1.5배가 적당하다.

⑤ 시공할 때 새시 내의 간극은 사방으로 3mm 이상되어야 하며, 유리가 새시홈 내부중앙에 유지되도록 '클로로프렌고무' 로 된 세팅블록을 사용하여 설치한다.

3) 열처리 유리(강화유리, 템퍼라이트유리 등)

① 보통 판유리의 3~5배 강도이다.

② 사용되는 장소 : 에스컬레이터, 난간용 스크린, 템퍼라이트유리를 여러 겹으로 하여 방탄용으로 사용하고 내수성이 좋아 수족관의 수조나 배의 유리창, 테이블 상판, 자동차유리, 쇼케이스 등에 사용된다.

③ 파손시 파편이 콩알만하여 비교적 안전하다.

④ 온도 급변화에 대한 저항이 높다.(5mm 템퍼라이트 유리는 약 200℃의 온도변화에 견딤)

⑤ 제조 후에는 절단, 구멍뚫기 등의 가공이 안 된다.

⑥ 템퍼라이트는 보통판은 두께 5, 6mm이고, 마판으로는 두께 5, 6, 8, 10, 12, 15mm 등이 있다.

⑦ 도어 등에 사용되는 유리는 두께 12mm 템퍼라이트가 사용되며, 최대치수, 형식, 임의로 여닫기 등에 주의한다.

⑧ 광선투과율 및 투시성은 보통유리와 동일하다.

4) 납유리

① X선 차단용으로 사용한다.(납 1.5mm 당량)

② 두께는 보통 9mm이고, 크기는 규격품으로 되어 있다.

③ 유리누름대는 금속성을 사용하며, X선 촬영실처럼 납유리를 사용하는 경우에는 창, 문틀 및 모르타르 충전부에도 연납 Pb1.5mm당량을 넣어 구체에 깨끗하게 마무리한다.

3. 유리취부용 재료

(1) 내부목재 창호 ---------------------- 경화성 유리퍼티

(2) 보통 알루미늄 창호 ------------------ 비닐글레이징 비드(개스킷)

(3) 강재창호, 방음창호, 방화문 등 ----------- 폴리설파이드계 실링재

(4) 개스킷 접합창호 --------------------- 실리콘계 실링

(5) 기타 ------------------------------ 네오프렌고무로 된 지퍼개스킷 (Zipper Gasket) 등이 있다.

4. 유리 고정구법

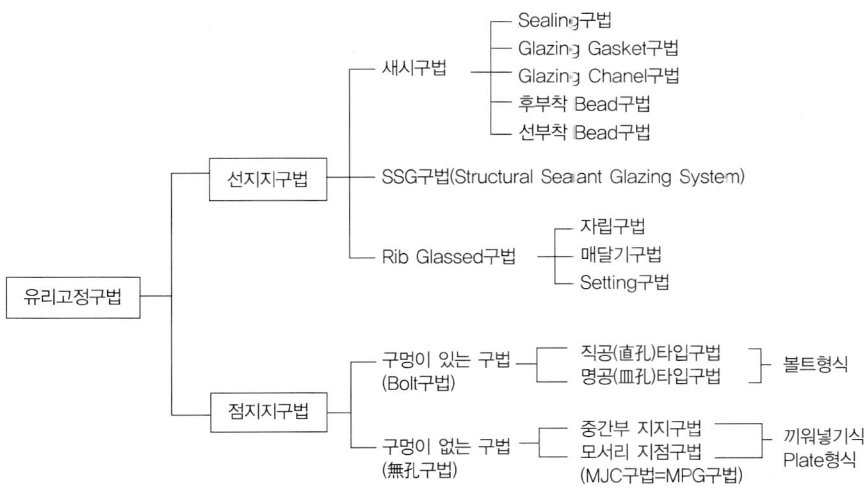

(1) 선지지구법

새시 및 새시 리스, 그리고 매다는(suspension) 방식의 구법이다. 또 매다는 구법으로는 SF법(Suspension Frameles), SM법(Suspension Metal mullion), F구법(Frameles)이 있다.(다음 그림 참조)

(2) 점지지구법

유리에 구멍을 뚫어 매다는 구법과 모서리를 이용하여 고정시키는 방법인데, 구멍에 볼트로 체결하여 지지하므로 볼트방식이라고도 한다. 대표적인 것이 DPG(Dot Point Glazing System)구법이다.

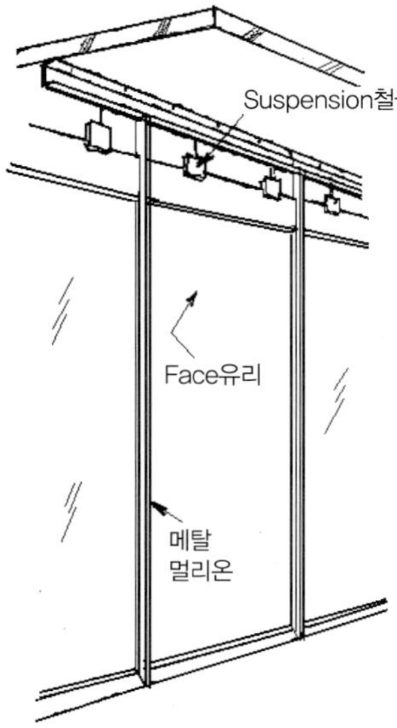

SM구법

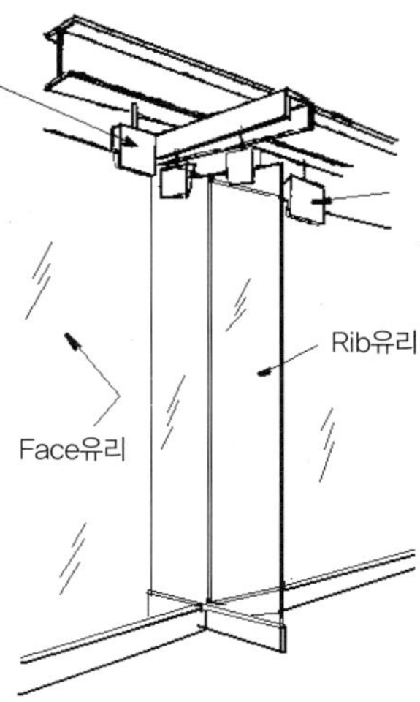

SF구법

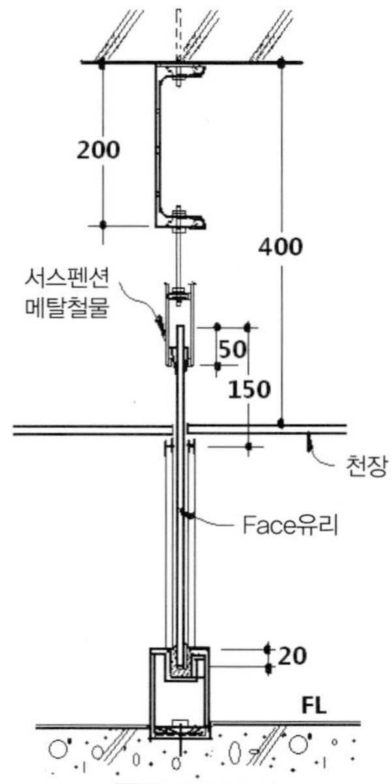

단면개념도

5. 유리 지지구법

유리 지지구법

- 강구조법 ─ 새시를 프레임이나 트러스로 지지하여 핀으로 접합하는 구조
- 유연구조법 ─ 케이블이나 그리드를 이용하여 핀으로 접합하는 구조(돔 유리구조에 사용)
- 혼합구조법 (강+유연구조)

(건축재료와 구법 6.2 유리의 지지구법 참조)

6. 유리블록

(1) 블록 내부에 0.3기압 정도의 건조공기가 봉입되어 있다.

(2) 쌓을 때는 4변에는 방수도료를 바른다.

(3) 내부가 펀칭되어 투과성이 있다.

(4) 투과율 : 가시광선투과율 70~80%이다.

(5) 차음효과 : 판유리에 비해 투과손실이 커서 두께 95mm의 경우는 40dB 이상이다.

(6) 방화 및 내열성 : 망입유리와 동등 이상의 방화인증이 있으나 방화구획에는 사용할 수 없다.

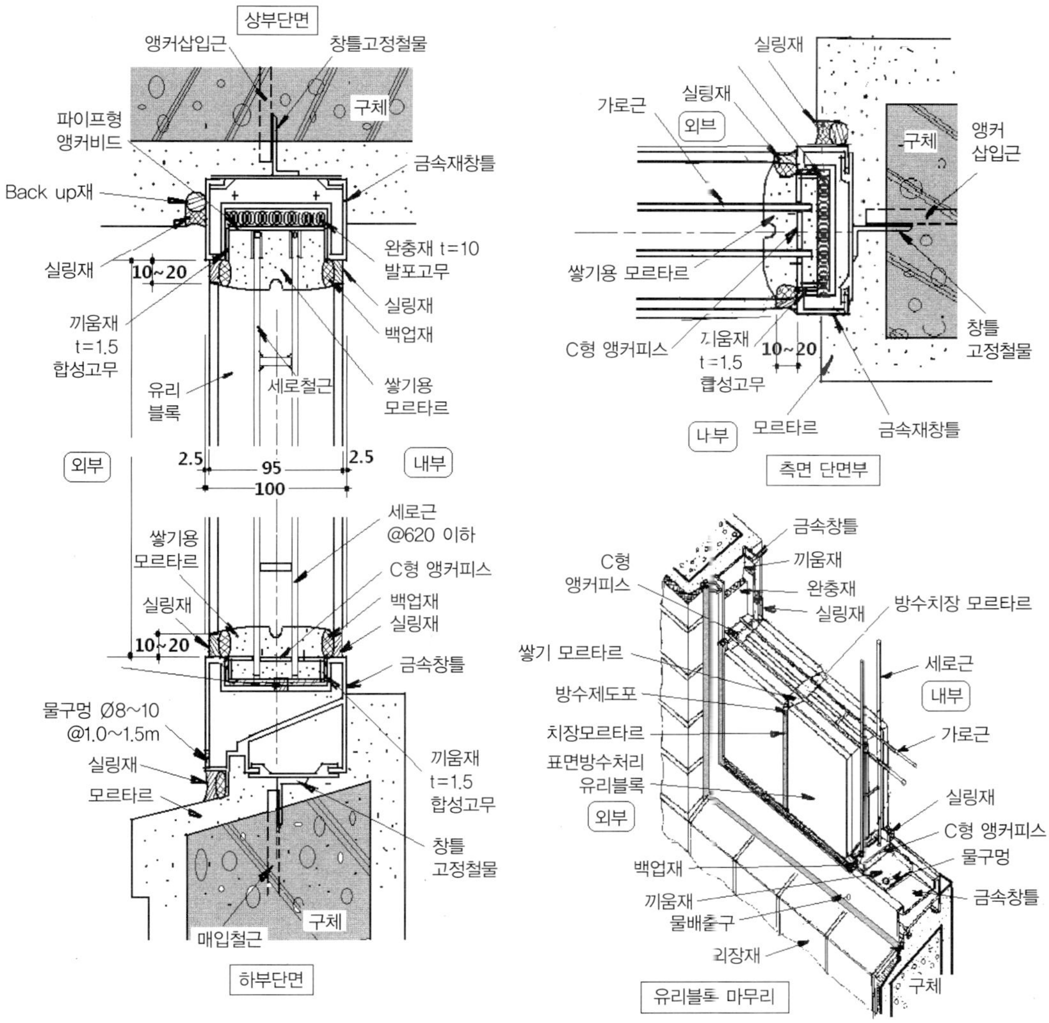

7. 기타 유리(폴리카보네이트 수지유리 등)

(1) 보통 유리 두께는 3mm이다.

(2) 학교, 체육관, 무도장, 연결통로 등 유리 파손으로 위험성이 있어 안전성이 요구되는 곳에 사용된다.

유리공사 감리공정 사례

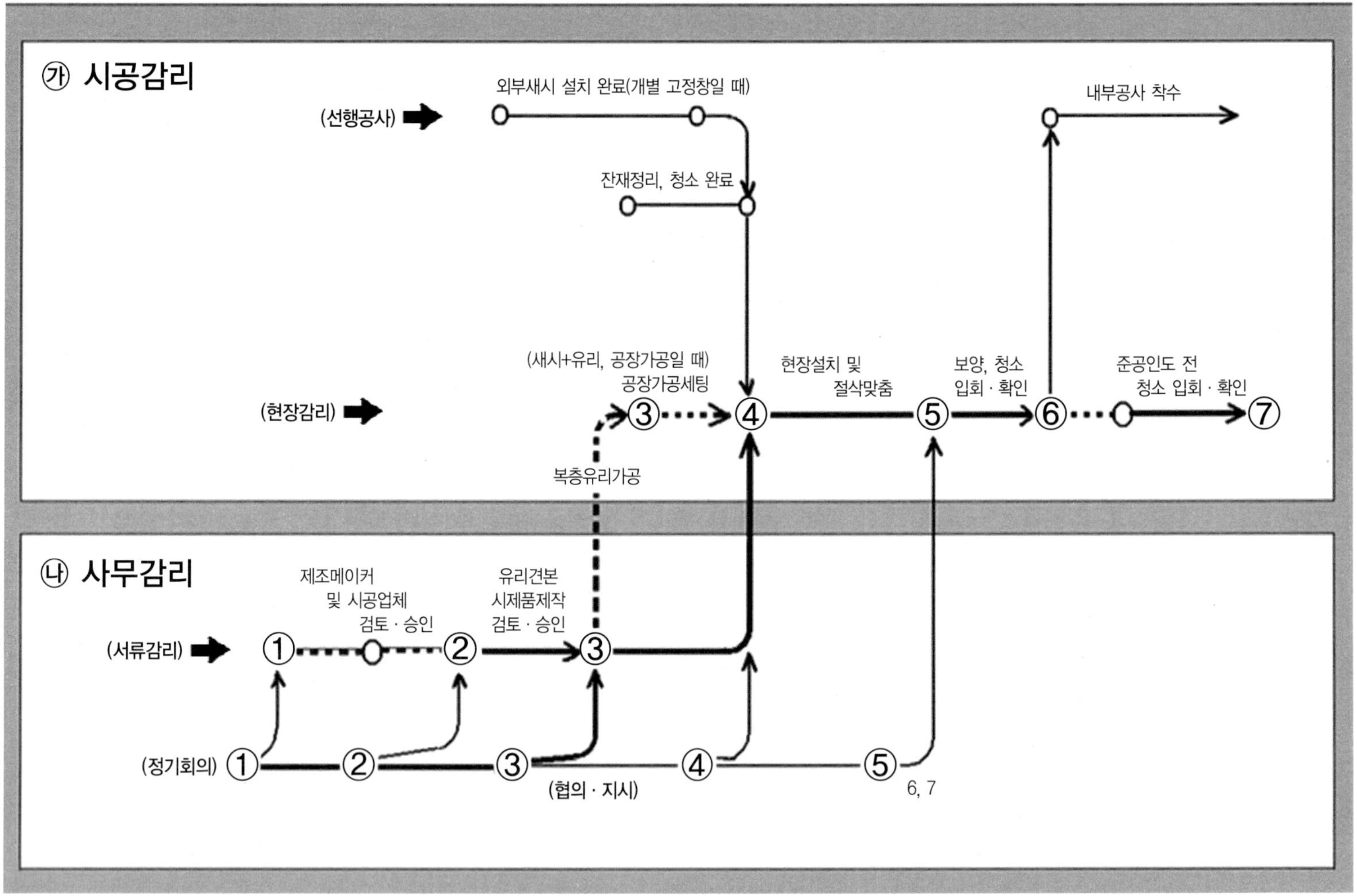

㉮ 시공감리
(선행공사)
외부새시 설치 완료(개별 고정창일 때)
잔재정리, 청소 완료
내부공사 착수
(현장감리)
(새시+유리, 공장가공일 때)
공장가공세팅
복층유리가공
현장설치 및
절삭맞춤
보양, 청소
입회 · 확인
준공인도 전
청소 입회 · 확인
㉯ 사무감리
(서류감리)
제조메이커
및 시공업체
검토 · 승인
유리견본
시제품제작
검토 · 승인
(정기회의)
(협의 · 지시)
6, 7

7-3 #별표, 유리공사감리 주요 점검사항

감리 종목	범위	주요 점검사항	
1. 메이커 및 하도급자		처리방법	(검토) → 승인
		처리내용	1-1. 제조 메이커 및 하도급자 확인
2. 유리 견본시제품		처리방법	(검토) → 승인
		처리내용	2-1. 설계도, 시방서에 의한 유리의 종류(종별, 두께, 가공, 설치방법 등)와 사용장소 확인 2-2. 견본품에 의한 재종, 품질, 두께, 형상 등이 KS 규정에 적합한지 확인 2-3. 망입유리 유무와 설치 장소 확인 2-4. 유리두께 확인 1) 내풍압강도 및 창틀의 중간 창살의 유무 - 판유리의 내풍압계산은 최대휨량을 ℓ/300로 계산 - 새시 자체의 최대휨량도 ℓ/300 이하 - 실링재도 유연성 있는 것을 사용 2) 창호의 방음성
3. 유리설치 및 절삭 맞춤		처리방법	(입회) → 확인
		처리내용	3-1. 전·후 관련공사와의 관계에 따라 설치 시기 공정 확인 3-2. 상세한 설치방법 확인 3-3. 취부장소별 유리 두께, 종류 확인 3-4. 반입된 유리의 절단상태가 절단 후 면갈기 및 결함 여부의 확인을 유리 매입 전에 실시한다. - 절단 및 면치기 잘못은 열균열파손의 원인이 된다.(절단상태 불량, 흠, 쉘상태의 결함, 철망의 발청 등) 3-5. 망입유리의 절단면에는 백색페인트로 녹막이도장을 했는지 확인 3-6. 유리면적이 큰 것은 새시에 끼울 때 하부에 쿠션고무(클로로프렌고무)를 사용하고 탄성실런트로 고정하고 있는가를 확인 3-7. 유리접합에 사용하는 백업재의 종류, 실링재의 사용은 적절한 제품을 사용하는가를 확인. - 방음용 유리에는 폴리설파이드계 실링재와 폴리에틸렌폼을 백업재로 사용하던가 네오프렌고무 개스킷을 사용한다. 3-8. 열선반사유리 설치는 적합한 공법으로 취부되는가를 확인 3-9. 젖빛유리는 실내면이 거친 가공면인가를 확인 3-10. 유리블록 시공에 주의할 것 (1) 줄눈의 표준 폭은 10mm로 되어 있는가. (2) 빗물이 접하는 곳은 치장줄눈 시공 전에 방수제를 바른 다음 방수제가 들어 있는 줄눈재로 시공하고, 줄눈을 메우기 적절한 구조로 되어 있는가. (3) 줄눈용 모르타르는 1:4 모르타르(용적비)로 하고, 치장용일 때는 시멘트 1:한랭석분 2를 유연하게 하여 잘 밀어서 넣는다.

감리 종목	범위	주요 점검사항	
4. 보양 및 청소		처리방법	(입회) → 확인
		처리내용	4-1. 유리 취부 후 파손 및 오염을 방지하기 위하여 종이나 골판지 등으로 적당한 양생을 했는지 확인 4-2. 충격, 파손 방지를 위해 테이프, 종이를 붙여 주의표시를 했는지 확인 4-3. 인도 전에 양생 테이프, 종이 등을 제거하고 유리 내·외면이 청소되었는가 확인 4-4. 열선흡수유리에는 페인트를 바르든가, 종이를 붙이는 행위를 금지할 것 4-5. 열선반사유리의 경우 (1) 유리시공 후에 유리면에 용접불꽃, 기타로 인한 손상, 오염을 방지하기 위해 보호용 피막을 입힐 것. (2) 콘크리트 등으로부터 흘러나온 알칼리성 수분이 유리면에 부착되지 않도록 할 것 (3) 유리면의 청소는 액상의 중성세제를 사용하고, 기타 연마용 가루 등으로 닦아서는 안 된다.

제8장

목공사(木工事)

8-1 목공사 사전 점검사항

8-1-1 시공 전 일반 협의사항

1. 설계도서, 시방서를 검토할 때 의문사항은 사전에 해결한다.
2. 내장재료를 난연재로 해야 하는 곳은 없는가 확인한다.
3. 목공사 업체 선정에 있어 노무계획서가 있는가 확인한다.
4. 현장내 목재의 집적, 보관 및 가공장소를 검토하였는가.
5. 목공사 실시공정표를 작성하고 목공 소장과 협의가 되어 있는가.
6. 설계도에 따라 소요목재의 내역명세서가 작성되어 있는가.
7. 목재에 취부할 철물의 리스트는 작성되어 있는가.
8. 재료의 수배는 공정 일정에 맞추어 반입되게 되어 있는가.
9. 현장에 반입된 목재와 철물은 명세서를 분류하여 확인한 다음 감리자의 검사를 받는다.
10. 설계도를 기초로 하여 마감공사에 대한 시공도, 현촌도가 작성되어 있는가.
11. 현장책임자와 협의된 가공조작용 형판이 준비되어 있는가.
12. 설비취부 및 마감이 검토되어 있는가.
13. 구체, 벽, 바닥, 칸막이, 슬래브 하단 등에 먹매김이 되어 있고, 보호양생 방법을 확립하여 필요한 준비가 되어 있는가.

8-1-2 주요 목공사 시공 분류

1. 칸막이 설치

(1) 설치할 칸막이 먹매김, 개구부 위치를 목공사 시공 소장과 확인한다.

(2) 토대 등 구조체에 고정시킬 앵커볼트의 위치, 개수, 돌출길이 등이 올바르게 설치되

고, 마입깊이는 충분하게 되어 있는지 확인한다.

(3) 칸막이 내부에 들어가는 설비배관 등의 위치를 확인한다.

(4) 냉난방 덕트 및 흡입구 위치와 마감 부분을 확인한다.

(5) 칸막이 축조 후 시공정밀도 및 보강철물을 확인한다.

(6) 토대와 바닥과의 간격을 확인한다.

(7) 각종 배관류 시공을 확인하고 보강재의 취부를 확인한다.

(8) 띠장간격과 설치방법을 확인한다. 마감재 시공 후 잘못된 부분이 없는지 확인한다.

2. 바닥

(1) 바닥 마감 높이 먹줄은 시공도에 따라 목공 소장과 확인한다.

(2) 바닥 마감 내부에 은폐되는 설비배관의 시공상태를 확인한다.

(3) 토대와 장선이 벽, 바닥 등과의 접합시 앵커볼트 위치, 수량, 크기 등의 매입상태를 확인 · 검사한다.

(4) 바닥 축조의 배치, 간격, 취부 방법은 시공도에 따라 소장과 협의하고 마감재료를 확인한다.

(5) 바닥재의 수종과 방부도료 등이 시방서와 일치하는지 검사한다.

(6) 슬래브 상부 바닥일 때는 청소를 철저히 하여 먹매김을 하고, 바닥 단부의 상태 정밀도를 검사하여 불량한 곳이 없도록 지시한다.

(7) 바닥 마루판 시공 점검시 삐거덕거리는 소리가 없는지 꼼꼼하게 검사한다.

(8) 바닥판과 걸레받이 사이에 공격이 생기지 않았는지, 접합 부위가 어그러지지는 않았는지 확인한다.

(9) 바닥판 시공 후 보양은 철저하게 되어 있는지 확인한다.

3. 개구부

(1) 구체와 창, 문틀을 설치할 때 위치, 높이, 폭을 확인한다.

(2) 가공재로 현장반입의 경우 공정에 따라 사전에 충분히 협의되어야 한다.

(3) 창, 문틀에 사용되는 수종 및 가공정밀도, 치수, 보양 등을 확인한다.

(4) 취부된 문틀의 위치, 수평 · 수직도, 개폐방향과 여닫이가 원활한가를 확인한다.

(5) 문꼴선 등의 마감재와 시공정밀도를 확인한다.

4. 걸레받이 및 천장

(1) 시공도면에 의해 걸레받이의 수종, 치수, 색상, 정밀도를 확인한다.

(2) 원칙적으로 걸레받이는 벽마감의 기준이 되지만 일반적으로 벽마감을 끝낸 후 가장 마지막으로 시공하는 경우도 있다.

(3) 시공도에 의해 천장 하지 및 간극, 천장 높이 등을 확인한다.

(4) 천장의 달대 및 달대받이, 이음을 확인하고, 반자틀이 바르게 시공되었는지 확인한다.

(5) 냉난방 덕트, 전기설비와 반자틀 및 반자틀받이가 걸쳐지거나 불량한 곳은 없는지 확인한다.

(6) 천장과 벽이 만나는 곳에 설치하는 돌림대는 벽마감의 기준이 되므로 돌림대 검사는 거리에 중점을 두고 확인한다.

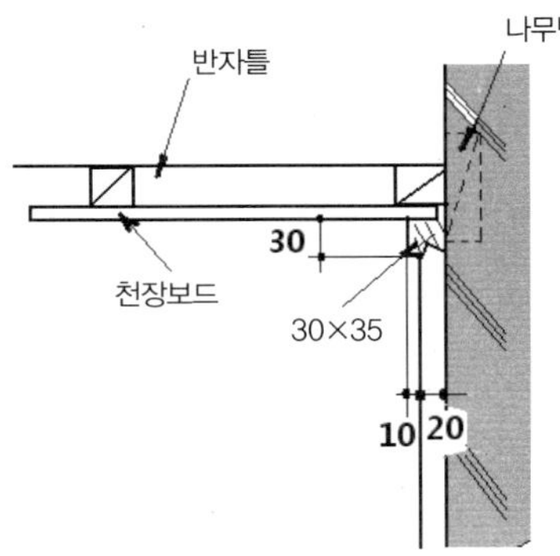

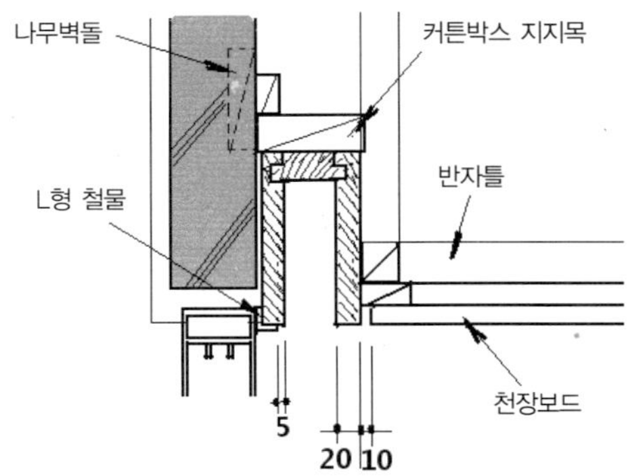

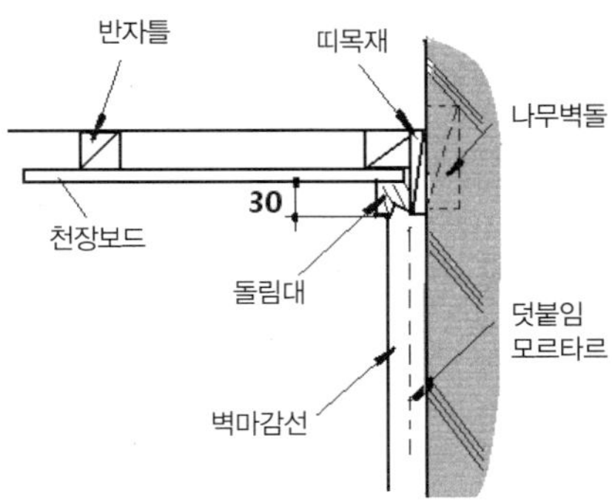

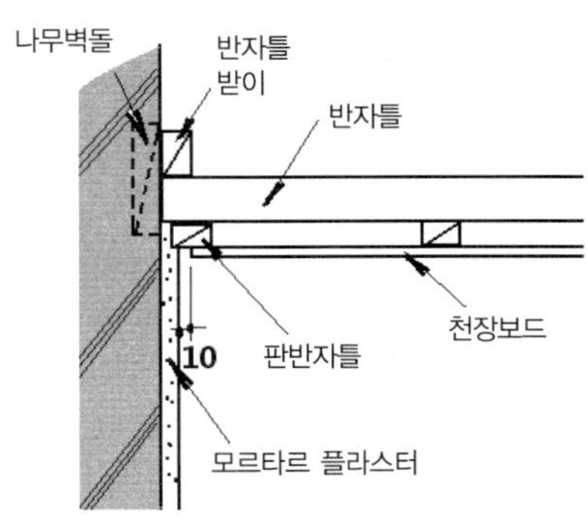

8-2 목공사 시공관리 자료 및 감리요점

8-2-1 시공관리 참고자료

1. 내장목공사용 목재 단면치수

(1) 시장품 규격 치수

1) 삼나무, 소나무, 노송나무 등

문틀용 105×45

상인방용 100×40 길이 1.82, 3.65, 4m

문선재용 90×36

2) 돌림대, 반자틀, 장선 등(삼나무, 노송나무, 소나무 등)

40×35, 40×40, 45×40, 45×45 등 ..... 길이 3.4m

3) 내부목재용(삼나무, 노송나무, 소나무 등)

90×36, 100×40, 105×45 등 ...... 길이 3, 3.65, 4m 등

(2) 정미치수를 원할 때는 주문해야 한다.

(3) 판재는 다음과 같이 부른다. (원래 1分은≒ 3mm와는 다른 의미임)

4분널 판재 (두께 10.5mm), 5분널 판재 (두께 13mm)

6분널 판재 (두께 16mm), 8분널 판재 (두께 21mm) 등으로 부른다.

2. 목재의 결함

(1) 옹이의 종류(품질 등급과는 무관)

① 가지가 줄기에 파묻혀 있는 절

② 생옹이

③ 죽은옹이

④ 옹이구멍

⑤ 썩은옹이

⑥ 둥근마디

⑦ 흐름절(재면에 비스듬히 가는 선이 있는 형상)

⑧ 숨은마디(표면에 보이지 않는 절)

(2) 균열결함 (목재 섬유질의 분리현상)

① 가로균열

② 심균열(중심에서 방사상태로 생기는 균열)

③ 별균열(목재의 외부에서 안으로 생기는 균열)

④ 상균열(목재 내부 수분의 동결로 내부로 향해 발생하는 균열)

⑤ 할열(목재 내부 비틀림, 난폭한 취급에 의한 균열)

⑥ 갈림(연륜에 의한 균열)

(3) 입피(외상을 받아 형성되어 죽은수피의 일부가 말라들어가 꼬인 결함 : 껍질박이)

(4) 이상재(경사지 등에서 비스듬히 자라서, 풍압을 받아 편심 성장한 것)

(5) 지선(수지가 마르지 않고 계속 진이 나오는 것 : 송진구멍)

(6) 기타

3. 목재의 건조수축에 대한 주의사항

(1) 연륜 상태에 따라서 수축률이 다르므로 사용장소나 가공재의 앞, 뒷면에 주의한다.

1) 판재

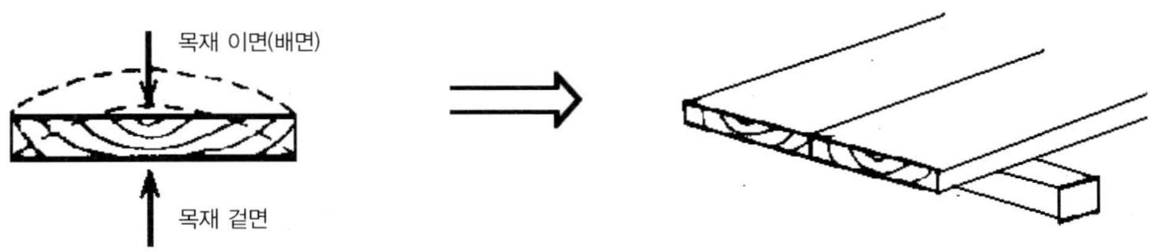

2) 인방재

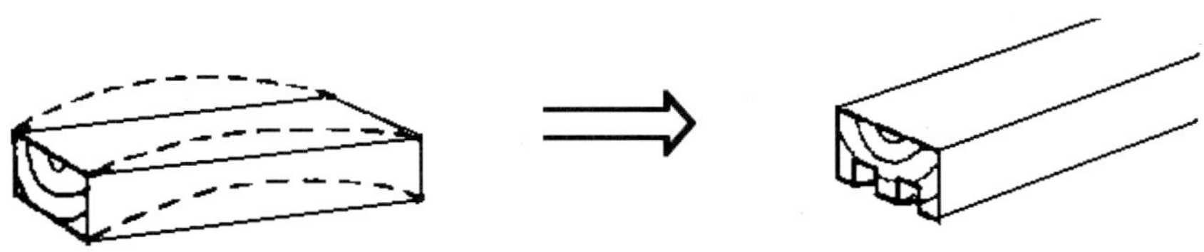

3) 문지방재

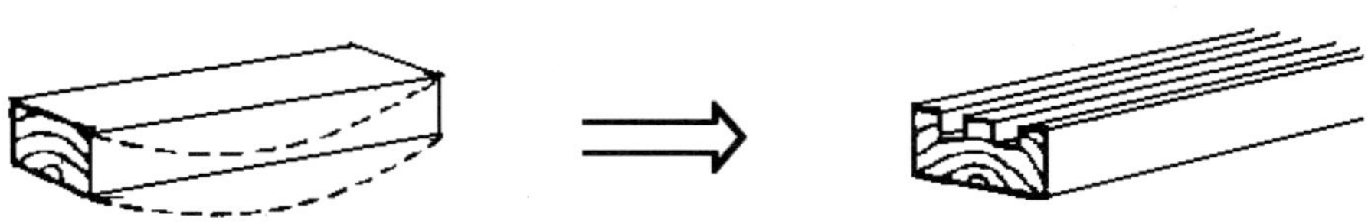

(2) 목재의 마름질 위치에 따라 건조수축이 다르다.

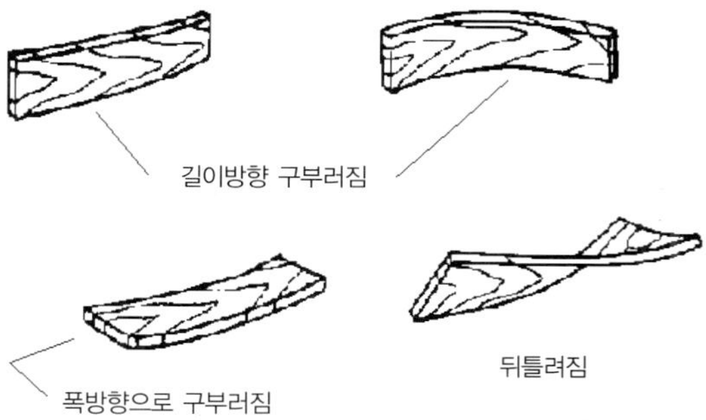

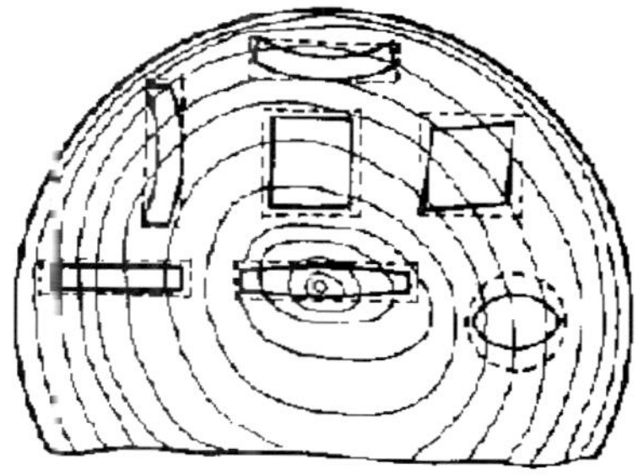

4. 합판

(1) 합판의 성능

접착성능의 유별에 따른 보통 내수합판의 종류는 다음과 같다.

1) Type Ⅰ

옥외, 욕실, 수중, 콘크리트 거푸집 등 장기간 외기어 노출되어 습윤한 상태에서 내구성이 있는 것. 접착제로는 석탄산수지제가 사용되고 끓는 물에도 사용 가능하다.

2) Type Ⅱ

세면장, 주방의 천장, 벽널 등으로 습기가 상당히 높은 곳, 가끔 물에 젖는 정도에도 사용되고, 순도가 높은 요소계 수지(Urea Resin) 접착제를 사용하며 온수에도 잘 견딘다. 실내, 가구 등에 사용되고, 내습성은 없다. 카서 인아교 또는 소맥분 등의 함유율이 높은 요소계 수지접착제를 사용하는 것도 있다.

3) Type Ⅲ

초내수합판이다.

(2) 합판의 등급규격(건축재료와 구법 10장 9.2 참조)

① IHPA규격

② BS규격

③ JAS규격

(3) 코어(芯板)와 층수(層數)

베니어코어합판, 코어판으로 보통 단판을 사용한 것이 다.

① 층수와 합판의 두께

3 PLY 3장 붙임 두께 6mm 정도

5 PLY 5장 붙임 두께 9~12mm 정도

7 PLY 7장 붙임 두께 15~18mm 정도

9 PLY 9장 붙임 두께 25~30mm 정도

② 합판의 종횡방향 신축비는 ply수에 따라 다르다. 3ply보다 5ply가 종횡신축이 적고, ply수가 종횡으로 같으면 당연히 신축은 고르다.

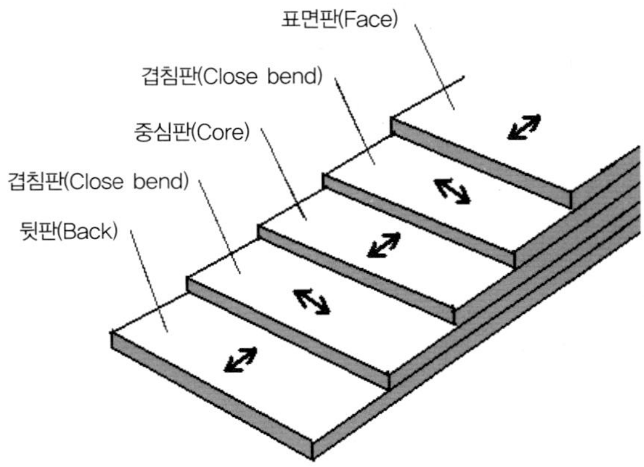

③ Ply 수가 많을수록 흡습하기 어려워진다. 표면을 합성수지 등으로 코팅하면 내습성이 커진다.

(4) 합판의 코어(Core)

① 럼버 코어합판(lumber core plywood) 변형이 적은 가구에 사용한다.

② 허니컴 코어 합판이 있다.

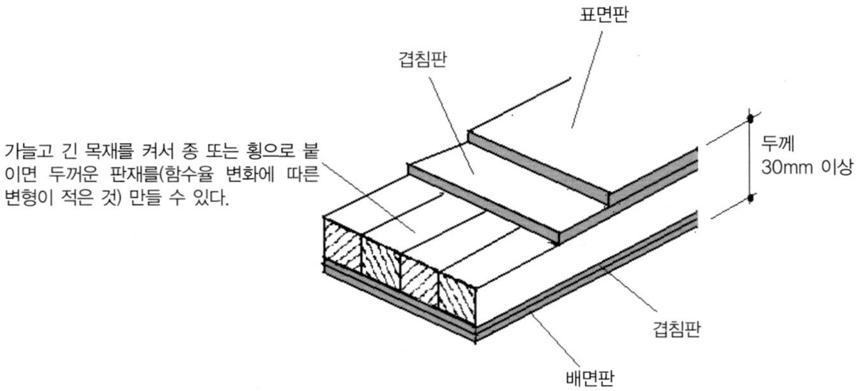

(5) 합판 플러시 패널

① 내장 : 커튼박스, 천장의 막판, 화장실의 부스패널 등에 쓰인다.

② 가구 : 수납장에 쓰인다.

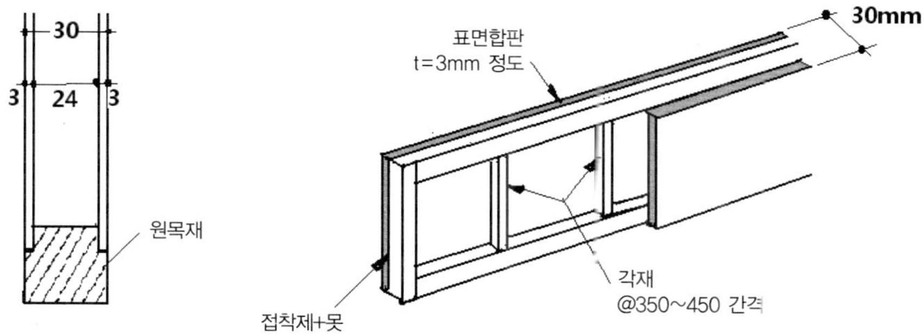

합판 플러시 패널의 사례

(6) 합판의 표면재

① 보통합판 : 주로 남양재를 사용한다.

② 치장합판

(7) 난연처리합판

(8) 기타 합판 : 콘크리트 거푸집용 합판 및 오버레이 합판

5. 집성목재

(1) 제품의 특징

① 결점을 제거 · 분산시킴으로써 소재보다 좋은 강도를 얻을 수 있다.

② 길이가 긴 장착재를 얻을 수 있다.

③ 임의의 형상을 얻을 수 있다.

④ 비틀림, 신축, 갈라짐이 적다.

⑤ 단면을 바꾸면서 합리적인 구성재를 만들 수 있다.

⑥ 저가이고 외관이 미려한 제품을 만들 수 있다.

(2) 분류

① 수장용 집성재

② 치장가공한 수장용 집성재

③ 구조용 집성재

④ 치장가공한 구조용 집성재

⑤ 구조용 대단면 집성재

6. 플로어링(Flooring)

(1) 플로어링은 판의 목질계 재료로 이루어진 바닥판으로 표면가공 등 일정한 가공을 거친 것으로, 용도에 따른 분류는 다음과 같다.

① 단층 플로어링 : 플로링보드(장선용, 직접 붙임용), 플로어링 블록(직접 붙임), 모자이크 파켓(직접 붙임)이 있다.

② 복합플로어링 : 복합 1종 플로어링(장선용, 직접 붙임용), 복합 2종 플로어링(장선용, 직접 붙임용), 복합 3종 플로어링(장선용, 직접 붙임)이 있다. 여기서 장선용은 장선 위에 직접시공해도 필요한 강도 유지가 가능한 것이고, 직접 붙임용이란 바탕이 콘크리트 슬래브나 장선붙임 거친 바닥 등에 붙이기 적당한 강도를 가진 것을 말한다.

(2) 수종 : 주요 수종으로는 너도밤나무, 졸참나무, 자작나무, 고로쇠나무, 노송나무, 소나무, 삼나무, 앵두나무 등이고 최근에는 대나무로도 사용되고 있다.

(3) 붙임공법으로는 습식공법(모르타르 매입공법)과 건식공법(못박음공법, 접착공법)이 있다. 또 붙이는 방법에 따라 재료가 다른 경우도 있다. 바닥 난방인 온돌용으로 사용되는 온돌마루, 강화마루, 강마루 등으로 불리고 있다.

8-2-2 마무리 시공도 사례

1. 문틀 마감도

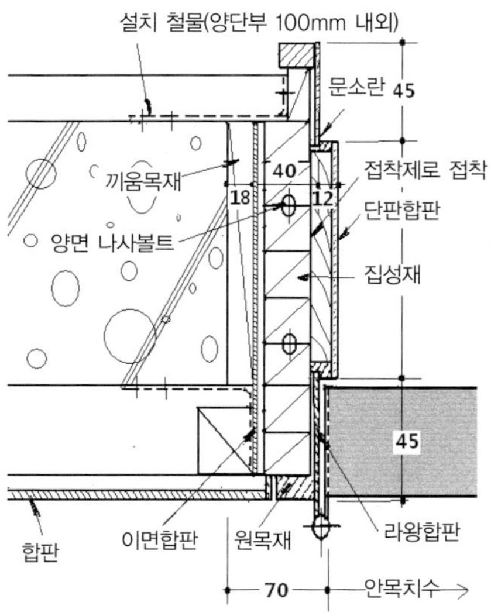

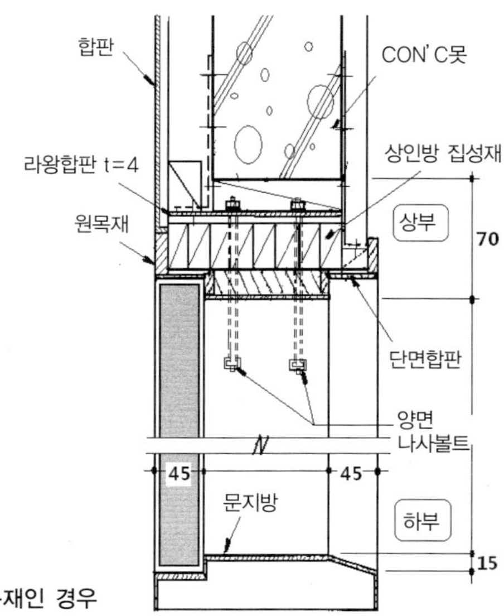

출입문틀 상세 : 집성목재인 경우

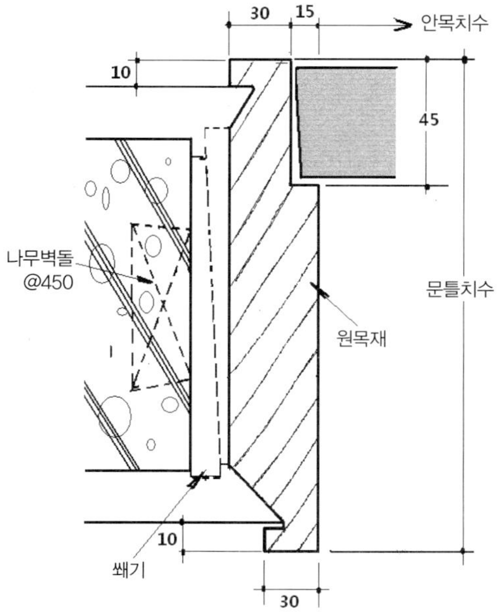

선틀 a

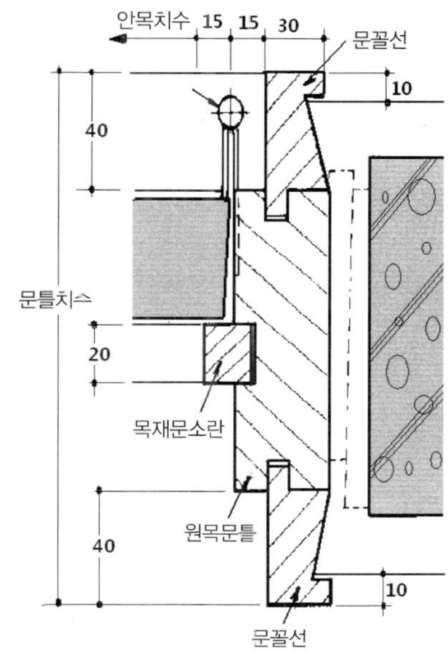

선틀 b

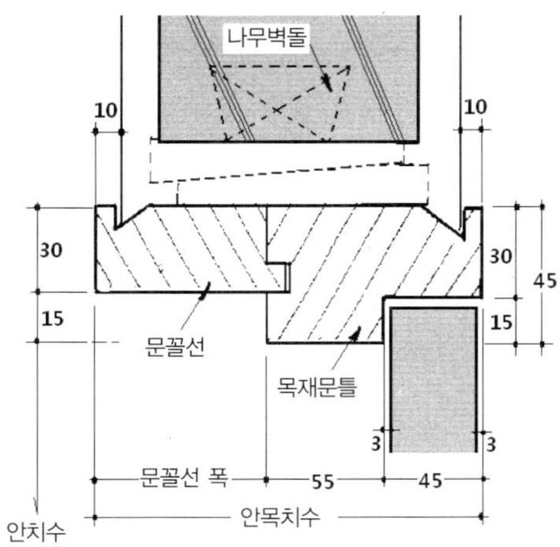

선틀 c

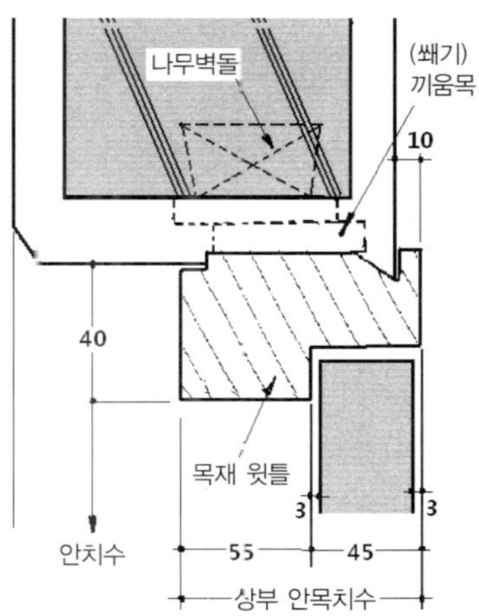

선틀 d

출입문틀 상세 : 원목재 사용인 경우

2. 커튼박스 및 코너 마감도

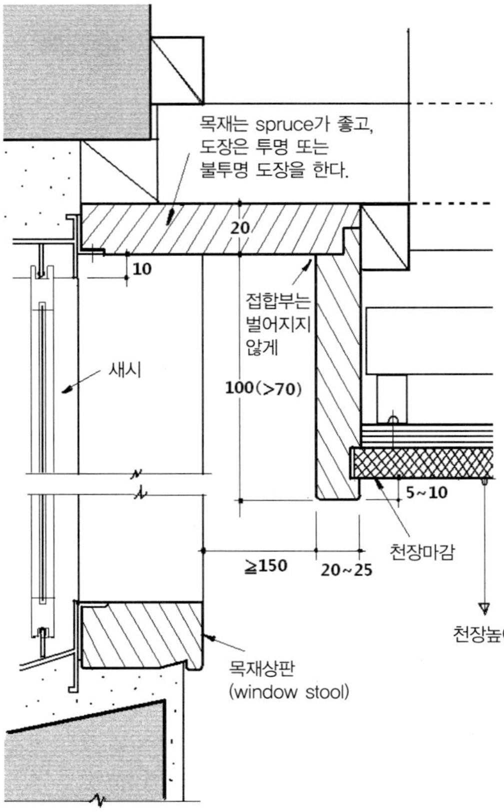

목재커튼박스 마감 사례

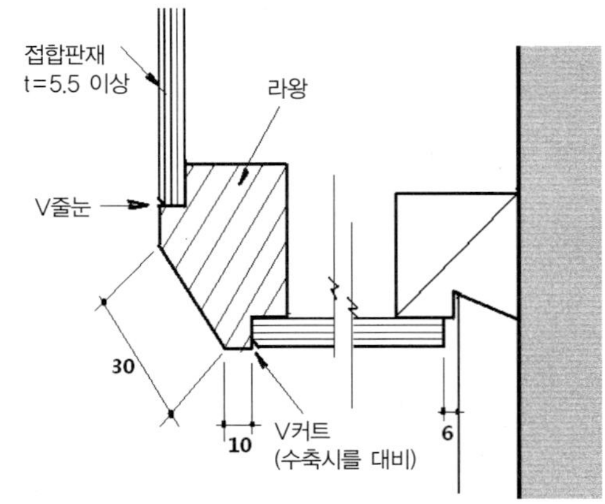

코너부 마감 사례

3. 마루 및 칸막이 마감도

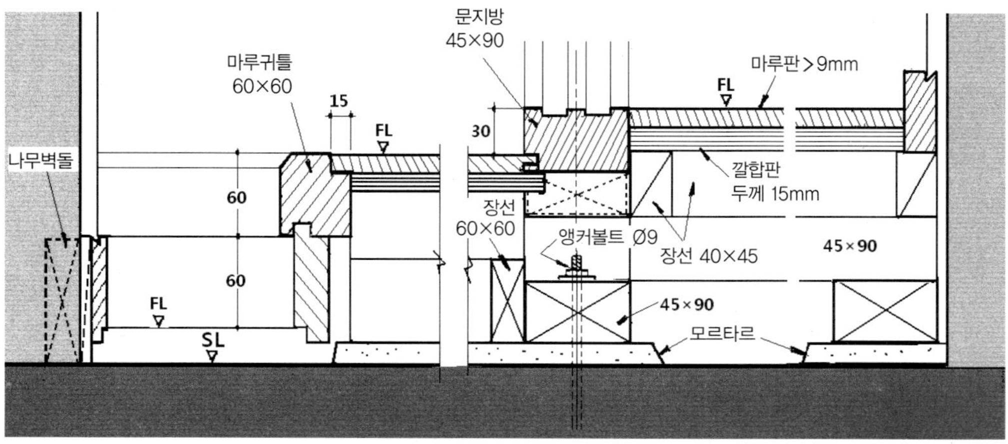

현관, 마루 마감도 사례

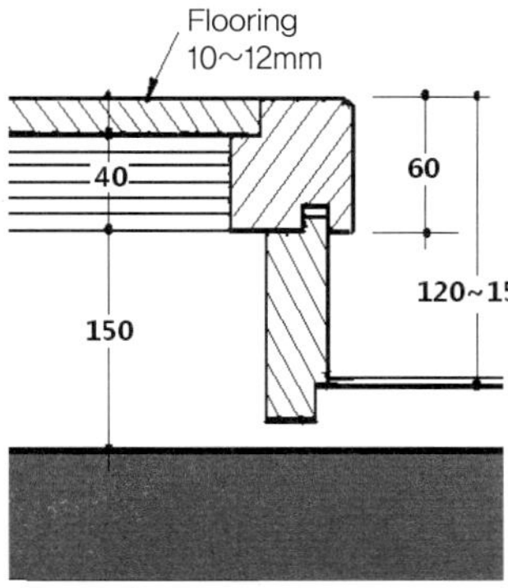

마루귀틀

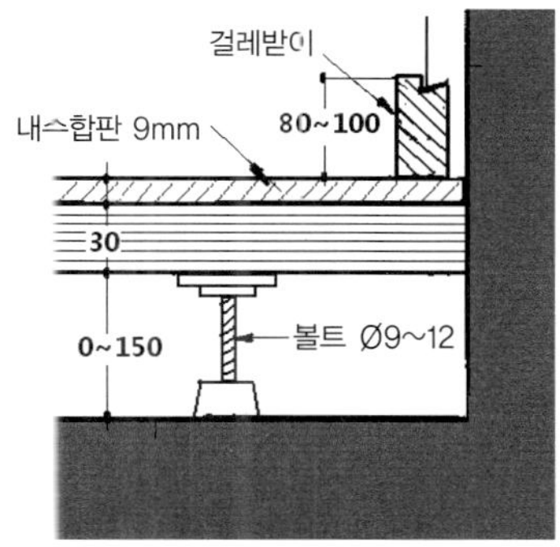

반침바닥 : Closet

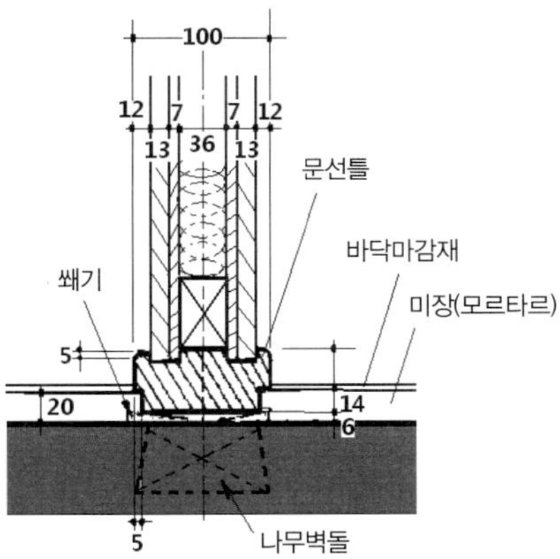

칸막이 바닥마감 사례

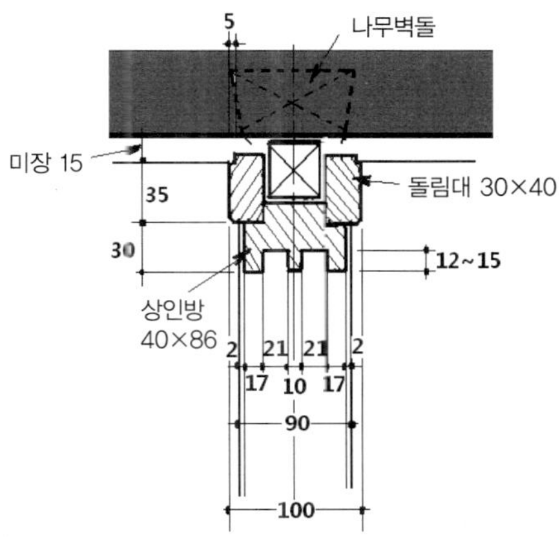

칸막이 상부 창틀마감 사례

목공사 감리공정 사례

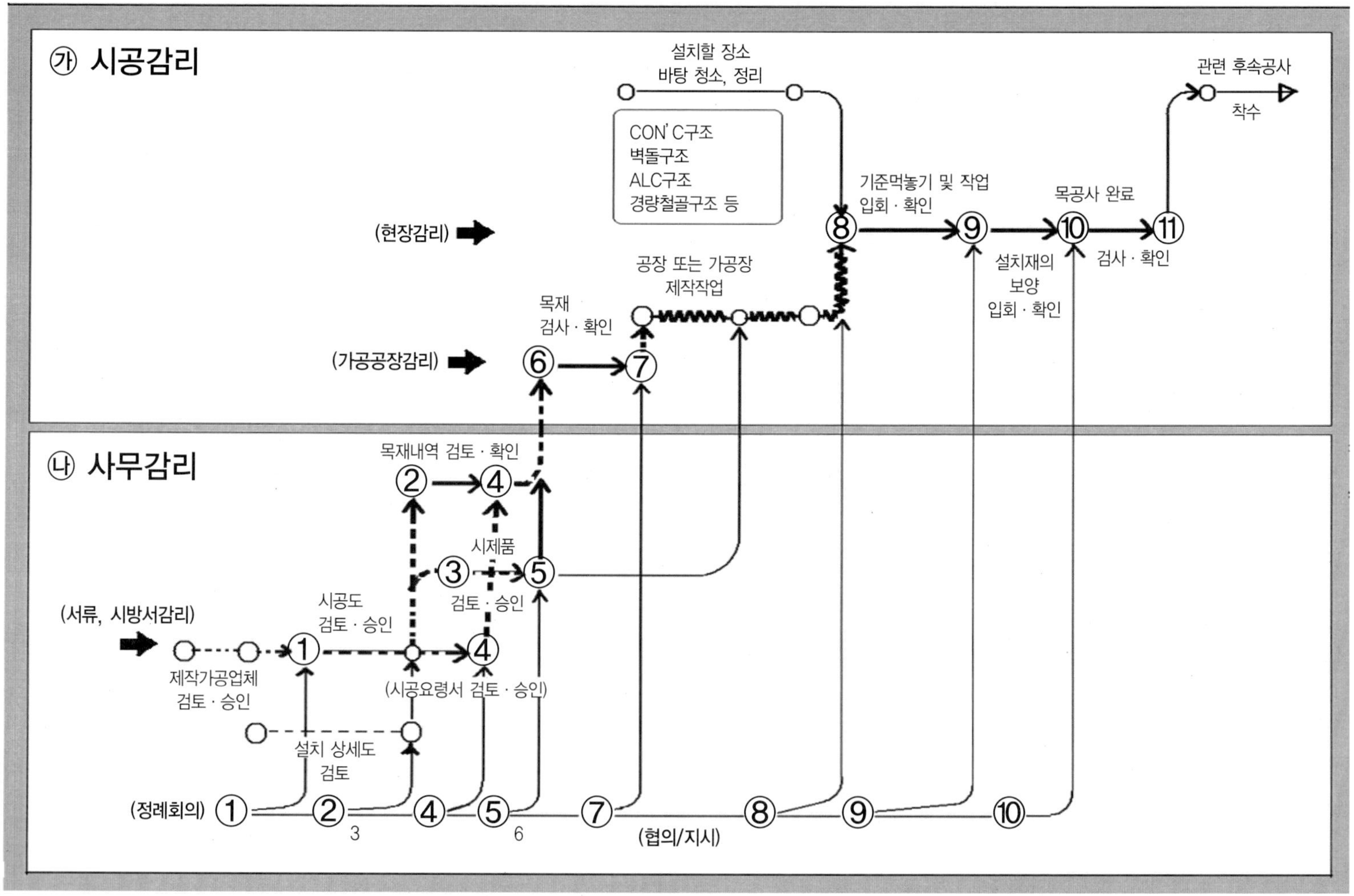
㉮ 시공감리
설치할 장소
바탕 청소, 정리
CON' C구조
벽돌구조
ALC구조
경량철골구조 등
관련 후속공사
착수
(현장감리)
기준먹놓기 및 작업
입회 · 확인
목공사 완료
설치재의
보양
입회 · 확인
검사 · 확인
공장 또는 가공장
제작작업
목재
검사 · 확인
(가공공장감리)
㉯ 사무감리
목재내역 검토 · 확인
시제품
검토 · 승인
시공도
검토 · 승인
(서류, 시방서감리)
제작가공업체
검토 · 승인
(시공요령서 검토 · 승인)
설치 상세도
검토
(정례회의)
(협의/지시)

8-3 #별표, 목공사 감리 주요 점검사항

<table>
<tr><th>감리 종목</th><th>범위</th><th colspan="2">주요 점검사항</th></tr>
<tr><td rowspan="2">1. 업체 선정</td><td rowspan="2"></td><td>처리방법</td><td>(검토) → 승인</td></tr>
<tr><td>처리내용</td><td>1-1. 제조가공회사의 지정 여부, 시공전문업체를 확인할 것</td></tr>
<tr><td rowspan="2">2. 설계도
및 시공도</td><td rowspan="2"></td><td>처리방법</td><td>(검토) → 승인</td></tr>
<tr><td>처리내용</td><td>2-1. 목재가공 설치에 대한 마감도 등을 축척 1/50~1/20, 또는 현촌도를 체크한다.(사실 이 부분이 매우 어렵다. 목공사에 대한 세부 상세도면을 설계자가 대부분 작도하지 않고 목공회사에 의지하고 있어 현장에서 공사감리에 어려움이 있음)
(1) 부위별 가공도에 의한 형상을 확인
(2) 이음방법, 구멍 위치 등의 상세도 확인
2-2. 공정계획에 따라 가공재의 가공시기를 확인한다.
2-3. 문틀 확인
(1) 문짝 두께는 40mm 이상, 문소란은 접착제를 이용하여 부착하고 무두(無頭)못 등으로 고정한다.
(2) 조립방법은 서로 다른 장부로 고정하고, Ø7.5mm 축볼트로 체결되어 있는지 확인한다.
(3) 문틀 설치 점검
1) 콘크리트 또는 벽돌벽인 경우 문틀의 0 면에 배면 방습도장을 하고, 앵커철물로 고정(@50cm)한 후 모르타르나 접착재로 충전한다.
2) 목구조인 경우 상하 문틀을 기둥에 고정시키고 중간에는 평철(@50cm)로 고정한다.
(4) 문틀에 문꼴선을 부착할 경우 홈이 파져 있는지 확인한다.
2-4. 목조 칸막이 점검
(1) 샛기둥은 기둥 폭의 1/3 또는 1/2을 사용하는가.
(2) 층높이가 높을 경우 전후좌우에 문제가 생길 수 있으므로 중간에 기둥과 동일한 동자기둥이 설치되어 있는지 확인한다.
2-5. 지정된 목재 단면치수를 확인한다.
2-6. 목재의 재종과 단단한 정도를 점검한다.(예: 산사나무, 떡갈나무, 스프루스(Spruce : 침엽수의 일종으로 크리스마스트리로도 사용함)</td></tr>
<tr><td rowspan="2">3. 목재의 조서내역</td><td rowspan="2"></td><td>처리방법</td><td>(검토) → 확인</td></tr>
<tr><td>처리내용</td><td>3-1. 목재 내역 명세서, 종류별로 나타낸 표를 확인한다.
(1) 개구부, 문틀, 창틀 등의 재질별 마무리 점검
(2) 커튼박스, 걸레받이 등의 재질별 마감 점검
1) 가능한 긴 재목을 사용한다.
2) 잘못 이어진 곳은 나사못으로 고정한다.
3) 라왕일 때는 눈먹임이 필요하다.
3-2. 구조용 철물 명세서를 확인한다.</td></tr>
</table>

감리 종목	범위	주요 점검사항	
		처리방법	(검토) → 승인
4. 견본품(시제품)		처리내용	4-1. 목재, 수종, 구조재, 하지재 등 나무의 품질과 치수를 확인 4-2. 방부, 흰개미방제 (1) 라왕재는 IHPA, JAS규격 1종 방충재를 사용한다. (2) 주요구조부가 목재인 경우 방충제 처리된 목재를 사용하는지 확인 (3) 방부, 방충처리 범위는 물과 접하든가, 외관이 은폐된 부분 및 지반면에서 1m 이내로 한다. (4) 콘크리트, 모르타르 등에 접하는 목재는 반드시 페놀계 수지(Phenol resin) 방부제를 2회 도포한다. (5) 콘크리트에 매입되는 이외의 부분은 방청도장을 한다. 4-3. 외관으로 사용하는 집성재는 1등급으로 하고 지정치수는 반드시 마감치수이어야 한다. 4-4. 합판류는 겉판의 수종, 종별, 등급, 치수, 색상, 모양, 수량과 합판의 품질마크를 확인한다. 4-5. 합판등급을 확인한다. 용도에 따라 품질 규정 BB, CC, OVL, UTY를 확인한다. 4-6. 특수 장척합판을 사용하는지 확인한다. 4-7. 설치용에 사용할 철물류의 견본, 형상 치수, 규격품 여부 등을 확인한다.
		처리방법	(검사) → 확인
5. 목재검사		처리내용	5-1. 목재의 등급(도장 확인)을 확인한다. (1) 목재의 등급은 제조사에 따라 다르게 표시하는 경우도 있지만 보통은 다음과 같다. J-GRADE, CLEAR, CLEAR / BTR, SHOP FACTORY, I.STRUCTURE, ECONMY로 분류하고 있다. (2) 도장 확인법 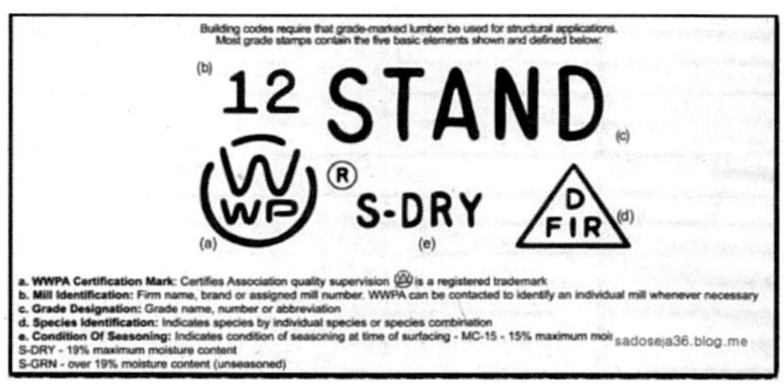 위 도장에서 12는 제재소 Number이며, WWP는 인증기관, STAND는 목재 등급, S-DRY는 건조방법, D-FIR는 가공된 수종의 종류를 말한다. 5-2. 방부, 방충처리재를 확인한다.

감리 종목	범위	주요 점검사항	
		처리방법	검사) → 확인
6. 기준먹놓기 및 가공제작		처리내용	6-1. 시공도에 따라 기준덕과 여분먹줄을 확인한다.(바닥의 높이, 마감 먹선 등) 6-2. 목재의 건조 여부를 확인한다. (1) 함수율을 확인한다.(참그 함수율) 1) 구조재 24% 이하 2) 장선, 띠장류 18% 이하 3) 가공재 12% 이하 (2) 콘크리트에 장선을 걸고 마루판을 설치할 경우 바닥에 깔리는 장선은 느슨하지 않도록 긴결하고, 하지의 건조상태는 장선의 건조수축에 영향을 주므로 주의할 것. 1) 멍에 : 90×90 볼트 Ø9mm, (@900~1,200) 2) 장선 : 40×45, — @450(합판 15mm일 때) (45×50), — @360(합판 15mm일 때) 40×60, — @360(합판 12mm일 때) 6-3. 콘크리트면에 목공사 연결방법의 검토, 연결재 위치 확인과 설치상태 확인 1) 연결방법 : 나무벽돌, 접착제 등 2) 연결하지재 : 나무벽돌, 인서트, 앵커볼트 등 6-4. 방부제를 도포하지 않은 재료는 현장에서 목공으로 하여금 솔붓으로 가공목재에 도포하게 한다. 나무벽돌 등은 매립하기 전에 도포한다. 6-5. 마루설치용 앵커볼트에는 와셔가 붙어 있는지 확인한다. 6-6. 칸막이용 띠장은 대패질하고 기둥에 못으로 박는다. 간격은 45cm 이하로 되어 있는지 확인한다. 6-7. 샛기둥은 본기둥의 1/3 정도 이하로 부족한 단면을 가진 것은 아닌지, 설치간격은 너무 넓거나 좁지 않는지 확인한다. 6-8. 목구조 설치검사 결과는 좋은가를 확인한다. (1) 못의 길이는 보통 판두께의 2~2.5배(구조재는 2.5~3배) 이상의 것을 사용하고 있는가. (2) 못이음은 비교적 강성이 크고, 볼트이음은 느슨한 경우가 많다. 6-9. 바닥판을 깔기 전에 내부 청소를 하고 있는지 확인한다. 6-10. 플로어링 시공법을 체크한다. (1) 장선의 간격은 300~360mm로 직교시키고, 못을 박아 고정시킨다. (2) 길이방향 이음은 이음개소가 겹치지 않도록 하고 제혀쪽매로 잇는다. (3) 자연목으로 무도장한 플로어링인 경우 시공 후에 왁스로 닦는다. 1) 시공 후 2~3개월은 1주일에 한 번, 그 후로는 하루 한 번 정도 왁스로 닦고, 충분히 건조한 다음에 마른닦기를 한다. 2) 평상시에는 가능한 건조한 상태를 유지하고, 물이나 오염된 것은 즉시 닦아낸다. 6-11. 합판류는 난연처리 여부를 확인한다.

<table>
<tr><th>감리종목</th><th>범위</th><th colspan="2">주요 점검사항</th></tr>
<tr><td rowspan="2">7. 가공재의 보양</td><td rowspan="2"></td><td>처리방법</td><td>(입회) → 확인</td></tr>
<tr><td>처리내용</td><td>7-1. 공사중 오염, 손상 등이 우려되는 부분은 적당한 방법으로 양생되어 있는지 확인한다.
(1) 창문틀 등의 테두리 주변, 문턱, 선두르기는 판재막이 또는 골판지로 감는다.
(2) 기성제품은 합성수지제의 보호커버 또는 양생테이프 감기로 한다.
(3) cushion vinyl sheet로 감고, 바닥은 전면을 덮는다.
1) 운반, 반입시 재료가 부딪치고, 상처가 나는 것을 방지한다.
2) 미장공사로 인한 모르타르 부착, 누수, 흙먼지 부착을 방지한다.
3) 페인트 등의 부착을 방지한다.
4) 교차하여 붙여서 공사 중의 먼지, 오물 등의 부착으로부터 보호 · 양생하는 목적이 있다.
7-2. 치장용 기둥은 하도롱지(크라프트지, kraft paper)를 붙인다.(신문지 등은 인쇄잉크로 오염되기 쉬우므로 주의)
7-3. 낡은 집의 보수일 때 기둥, 마루 등은 잿물세제로 닦아낸다.</td></tr>
<tr><td rowspan="2">8. 공사 완료</td><td rowspan="2"></td><td>처리방법</td><td>(검사) → 확인</td></tr>
<tr><td>처리내용</td><td>8-1. 잘못된 바닥판이나 밟을 때 소리가 나는 곳이 없는지, 창, 문틀의 손상과 문이 바르게 열리고 닫히고 잠겨지는지를 점검한다.
8-2. 모서리, 마루귀틀재 등 잘못된 부분을 점검하고 잔재처리를 확인한다.
8-3. 불필요한 곳에 못이 박혀 있지 않는지를 확인한다.
8-4. 작업한 바닥 밑이나 천장 내부가 청소되어 있는지를 확인한다.
8-5. 오염된 판재는 세척되어 있는지를 확인한다.</td></tr>
</table>

제9장

방수공사(防水工事)

9-1 방수공사 사전 점검사항

9-1-1 시공 전 일반사항 확인

1. 설계도 · 시방서를 통해 각 부위별 방수층에 대한 사양 및 시공방법을 검토한다.
2. 지정된 방수공법이 환경 · 구조 · 옥상 등의 용도에 적합한지를 검토한다.
3. 단열재가 방수층에 적층될 경우 방수재와 단열재의 시공 순서나 배치가 적정한지와 단열재의 종류를 조사한다.
4. 상세시공도가 작성되어 있는지 조사하고, 방수업체의 기능도와 실적을 조사한다.
5. 방수와 관련된 설비공사의 마감과 상호간 공정을 조사한다.
6. 재료의 보관장소, 보관방법에 대해 조사하고 작업용 비계설치 계획과 전력, 환기, 소화설비 등을 조사한다.
7. 소정의 재료와 수량이 반입되었는가, 재료의 품질보증서 등을 조사한다.

9-1-2 방수공사의 바탕처리(하지처리)

1. 현장타설 콘크리트일 때

(1) 방수 전에 바탕면은 지정된 구배로 되어 있는지, 매우 미끈하게 마감되어 있는지를 조사한다.

(2) 콘크리트 균열이 잘 보수되어 있는지를 조사한다.

(3) 배수드레인이 정 위치에 매입되어 있는지, 돌출모서리와 안모서리 등이 둥글게 처리되어 있는지를 조사한다.

(4) 물구배가 충분한지, 신축줄눈은 시공도와 일치하는지 조사한다.

2. 기성콘크리트일 때

(1) 판의 조인트의 균열, 박리, 경화 불량 등의 결함이 보수되고, 판의 결함 부위 등이 방수에 지장이 없게 보수되어 있는지를 조사한다.

(2) 표면에 유지분(박리제 등)이 제거되어 있는지 조사한다.

9-1-3 방수공사

1. 아스팔트방수

(1) 시공 전 주요 확인사항

① 바탕의 건조상태는 적절하며, 우천 시 누수장소가 없는지 확인한다.

② 바탕(하지)의 청소상태 점검과 시공 중에 비가 올 경우의 대비책을 확인한다.

③ 주변에 가연물이 없는가, 소화용구가 준비되어 있는가 등을 사전 조사한다.

(2) 시공시 주요 확인사항

① 아스팔트 프라이머는 전용제품을 사용하는지 확인한다.

② 프라이머가 충분히 건조한 후 시공되고, 아스팔트 용융온도는 규정범위에 있는지, 용융아스팔트는 가사시간(4시간 이내) 내에 사용되고 있는가를 확인한다.

③ 아스팔트 사용량은 일정하며, 시공개소에 너무 많이 도포했거나 붙인 곳이 들떠오르지는 않았는지 확인한다.

④ 노출방수인지, 단열방수인지 확인한다.

⑤ 아스팔트루핑을 바를 때 접합부는 잘 부착되고 있는가, 겹침길이는 규정대로 되고 있는가, 끝마무리 부분의 처리는 적절한지 확인한다.

⑥ 치올림 부분의 길이가 부족하지 않는가, 겹침 부위가 뜨지는 않은지 확인한다.

2. 시트방수

(1) 시공 전 주요 확인사항

① 바탕처리는 아스팔트방수와 동일하며, 바탕의 평활도는 적절하며, 건조상태는 충분한가를 확인한다.

② 바탕(하지)의 청소상태가 양호하며, 드레인 등에는 방청처리가 되어 있는지 확인한다.

③ 화재 및 중독방지에 대한 안전조치는 되어 있는지 확인한다.

(2) 시공시 주요 확인사항

① 프라이머는 충분히 혼합되어 교반되고, 도포량이 적절한가를 확인한다.

② 프라이머를 바른 후에 얼룩져 보이지 않는가, 충분히 건조한 후에 본 방수를 착수하도록 되어 있는지 확인한다.

③ 시트방수 접착제의 도포량은 충분하며, 건조상태는 좋은가 확인한다.

④ 노출방수로 단열마감일 때 단열재는 흠이나 뒤틀림이 없이 평탄하게 붙인다.

⑤ 시트를 붙이는 접착부 방향은 물이 흐르는 역방향으로 겹쳐서 붙인다.(흐르는 쪽이 아래로 가도록 겹쳐 붙임)

⑥ 끝마무리 부분의 처리와 1일 도포량, 도포두께가 적절한가, 타방수재와 겹치는 부위의 처리 등을 확인한다.

3. 도장방수

(1) 시공 전 주요 확인사항

① 바탕하지가 평활하며 건조상태가 좋은지 확인한다.

② 바탕의 청소가 양호하며, 드레인 등 설비류에 칠해져 있는 방청도료를 제거하였는지 확인한다.

③ 도장방수재는 주로 수지제재료(에폭시, 우레탄 등)이므로 화재와 환기장치를 확인한다.

(2) 시공시 주요 확인사항

① 시공시 기온이 적절한 규정에 있는가, 완충용 테이프가 붙어 있는지 확인한다.

② 초벌붙이기용 절연재(insulation)를 사용하는 절연공법일 때, 완충재의 거리는 일정하고 깔끔하게 마감되어 있는지 확인한다.

③ 프라이머는 잘 교반되고, 도포량이 적절하며, 도포된 후 건조상태는 충분한지 확인한다.

④ 특히 2액형 혼합인 경우에는 혼합량의 주제 및 경화제의 비가 규정대로 되는지 확인한다.

⑤ 기타 시트방수 시공시와 유사하며, 도포하는 이음 부분의 처리는 규정에 적합한지 확인한다.

4. 모르타르방수

(1) 시공 전 주요 확인사항

① 우천시 누수장소 재확인과 바탕면의 불량 개소(箇所)를 보수한다.

② 지하용수 처리를 하고, 하지이음처리가 되어 있는가 조사한다.

(2) 시공시 주요 확인사항

① 시공시의 온습도가 적절한지 확인한다.

② 초벌용으로 사용될 paste방수제 배합이 지정되어 있는가, 초벌과 중간 바르기의 작업 타이밍이 적절하게 계획되어 있는가를 조사한다.

③ 1회 도포량은 적절한가(10mm 이하) 확인한다.

④ 중도는 나무흙손으로 바르고 빗살모양 처리를 하고, 상도 바르기는 쇠흙손마감으로 마무리하도록 되어 있는지 조사한다.

⑤ 방수층의 손상을 방지할 보양계획은 적절한가, 우천시 누수 유무에 대한 체크리스트가 되어 있는지 확인한다.

⑥ 누수시험 계획이 되어 있는지 등을 조사한다.

5. 기타 사항

(1) 방수층 보호

① 노출방수인 경우 마감 도포량이 지정되어 있는지. 도료에 얼룩이 생기지 않고 잘 도포되어 있는지 확인한다.

② 아스팔트방수인 경우 자갈, 모래 뿌리기를 위해 자갈, 모래의 형상 · 입도 · 재질과 사용량이 지정되어 있으며, 충분히 부착되어 있는지 조사한다.

③ 콘크리트 보호층인 경우는 단열재를 깔고 콘크리트를 타설하는 경우도 있고, 폴리에틸렌필름 등의 완충재를 깔고 타설하는 경우도 있으므로 사전에 확인할 필요가 있다.

9-2 방수공사 시공관리 자료 및 감리요점

9-2-1 시공관리 참고자료(아스팔트방수)

1. 콘크리트 바탕(하지)일 때

(1) 바탕의 건조상태(수분측정)

1) 고주파 수준계로 8% 이하가 되어야 한다.

2) 수분계가 없을 경우, 폴리에틸렌필름을 바탕에 깔그, (1m^2 정도를 gummed tape 또는 masking tape로 밀봉) 다음날 아침에 관찰한다.

① 폴리에틸렌필름에 결로가 있으면 불합격이다.

② 누름층 콘크리트를 타설하는 경우에는 가능하나 노출방수인 경우에는 안 된다.

(2) 평탄한 바탕일 때

① 비가 내린 후의 콘크리트 바탕에 모르타르를 바를 경우에는 시멘트 1 : 모래 3(용적비)으로 배합하고, 바르는 두께는 15~20mm 정도로 한다. 모서리 부분은 반경 50mm 정도로 둥근 반원을 만들어 쇠흙손으로 바른다.

② 바탕면의 불량
바탕면에 돌출 부위가 있으면 방수층이 국부적으로 얇아져서 무브먼트(movement)에 의한 파탄이 생겨 내구성이 감소된다.

③ 돌기물은 제거하고 보수한다.

④ 치올림(立上) 부분의 수지모르타르는 보수한다.

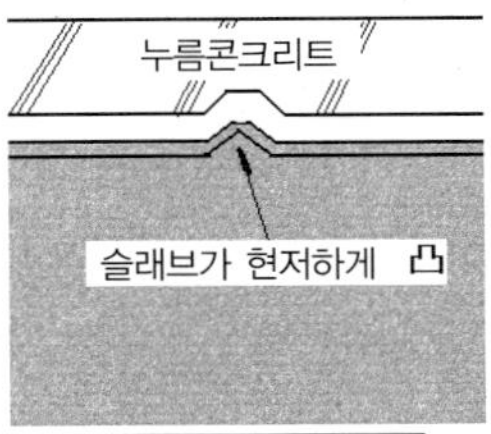

바탕 불량 개소

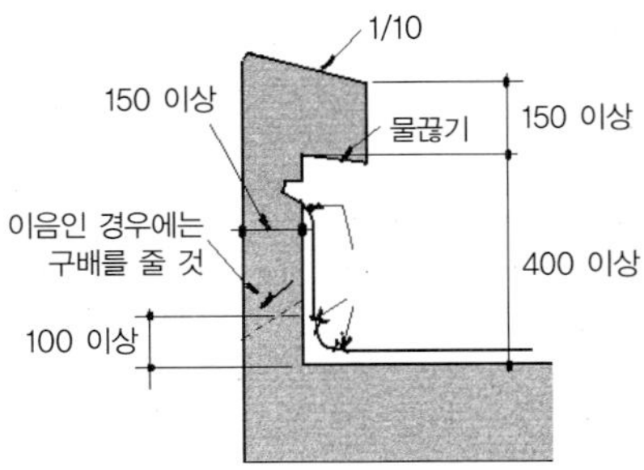

치올림 부분이 모르타르 바르기인 경우

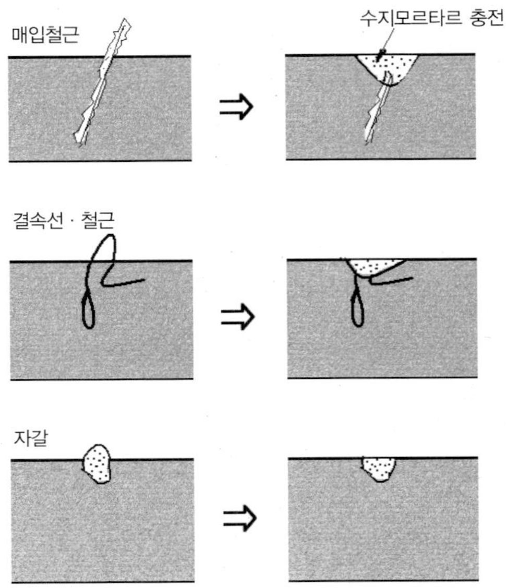

여러 가지 돌출부 제거 · 보수

(3) 코너 모서리 처리

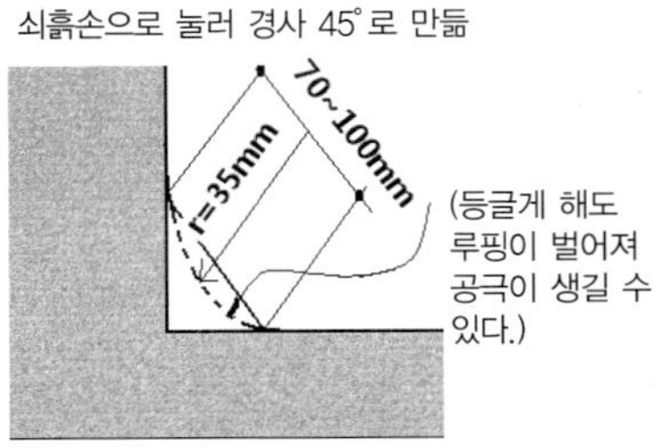

(a) 들어간 모서리

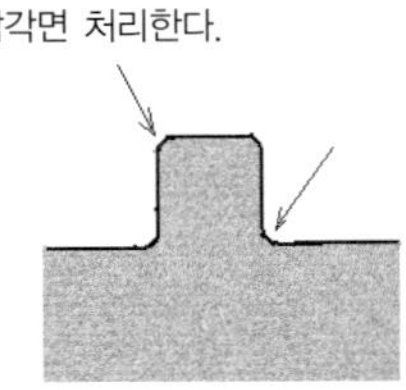

(b) 돌출부위

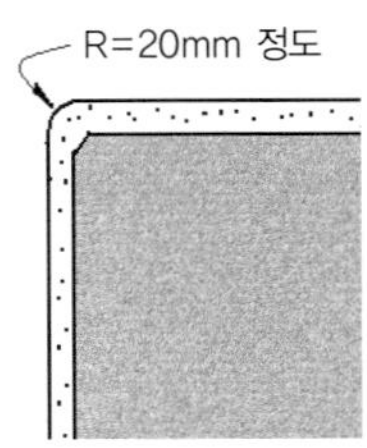

(c) 코너모서리

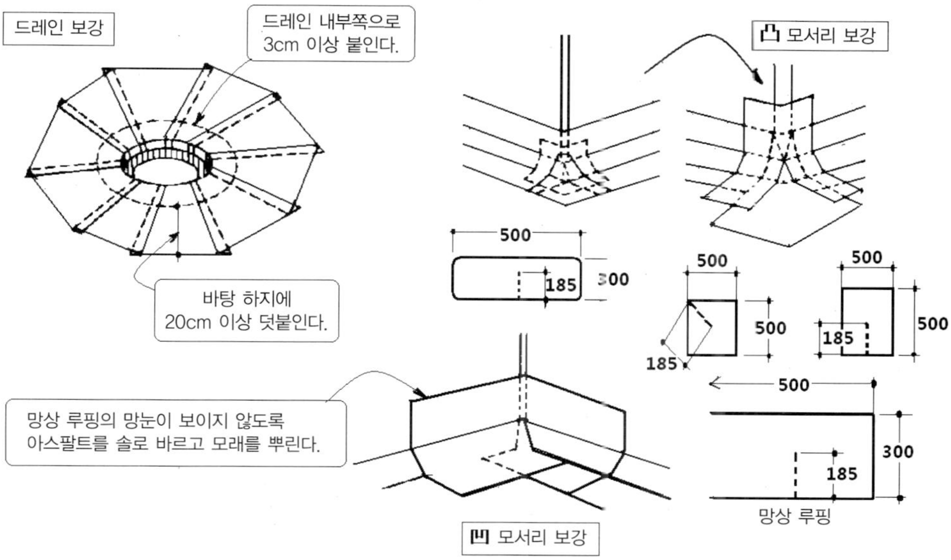

(4) 드레인 처리

(5) 바탕이 건조되지 않은 상태에서 시공할 경우

① 프라이머가 침투되지 않아 아스팔트 부착이 좋지 않다.

② 200℃ 이상의 용융아스팔트를 부으면 하지의 수분이 기화발포하여 방수층의 접착을 저해시킨다.

③ 밀착공법일 때는 수분이 햇빛에 의해 기화팽창하므로 부풀어오르는 원인을 제공한다. 또 부분절연공법인 경우에는 방수층이 바람에 날리게 되는 원인이 된다.

(6) 슬래브의 구배가 없는 경우

① 물구배로 인해 누름층의 두께가 두꺼워져 하중이 증가한다.

② 방수층 시공 전에 비로 인해 물이 괴어 하지의 건조가 나빠진다.

③ 방수층에 물이 체류한다.

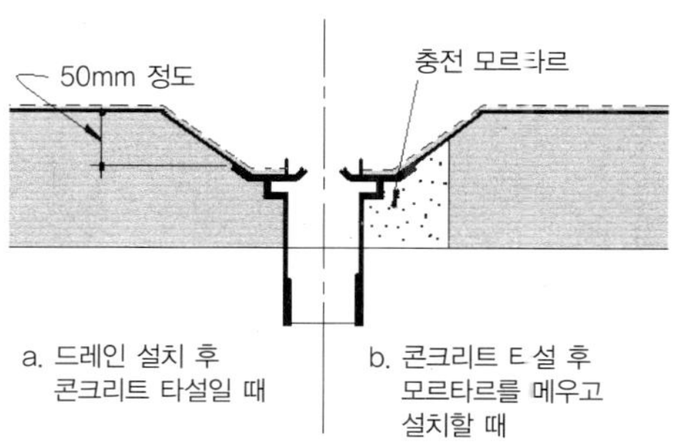

2. 방수공사에 대한 사항

(1) 옥상방수

1) 보행용, 비보행용, 노출방수 등이 있다.

2) 재료별 구분(아스팔트, 에폭시, 우레탄수지 등)한다.

(2) 노출방수의 시공순서와 주의사항

1) 절연공법(insulation method)일 때 : 치올림 모서리 부위와 치올림 부위를 각각 균일한 폭으로 바른다.(겹치기는 50mm 정도로 함)

① 약 3m 정도로 잘라서 필요한 수량을 준비한다.

② 평면 부위와 치올림 부위를 균일하게 먹줄을 놓는다.

③ 치올림 부위가 뜨지 않도록 충분히 눌러 붙인다. 또 치올림부에서 50cm 이내의 평탄 부위는 밀착해서 붙인다.

(3) 실내방수

각 방수재료별 시공법에 따라 시공한다. 적층공법(아스팔트루핑방수 등), 도막방수(고무화아스팔트, 에폭시, 우레탄 방수 등) 시공법에 따라 시공한다.

(4) 루핑

1) 특수루핑 : 합성수지에 부직포를 아스팔트로 가공한 것이고, 늘어나기 등의 기능적인 성질과 내구성이 좋다.

2) 구멍 있는 루핑 : Ø15~25의 적당한 구멍이 @70~120 간격으로 나 있는 것이고, 바탕처리된 하지용으로 붙이는 데 사용한다.

(5) 일반적인 루핑 적층방법

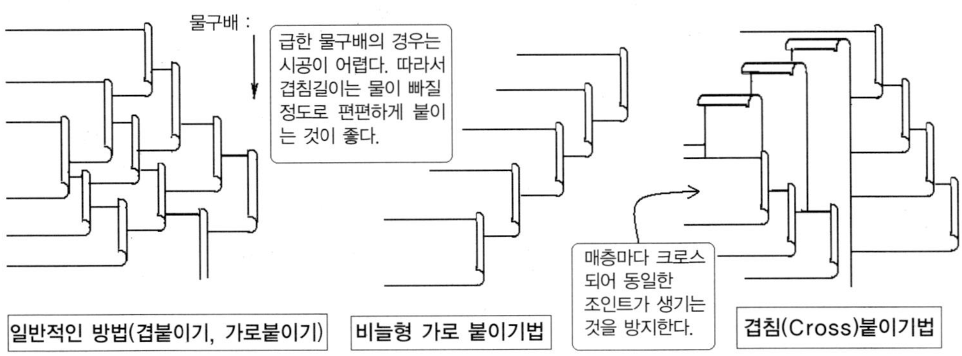

(6) 방수층 구성 및 도막상태 (3층 방수인 경우의 구성)

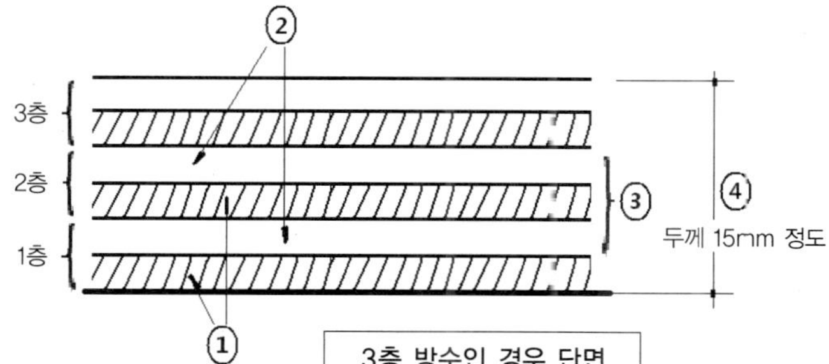

3층 방수인 경우 단면

① 방수공사용 아스팔트(방수층 주재료)로 한다.

② 방수공사용 루핑으로 한다.

③ 아스팔트 피막을 보호하기 위해 루핑으로 샌드위치 모양으로 만든다.

④ 두껍게 할수록 내용년한을 증가시킨다.

3. 누름콘크리트가 있는 지붕방수

(1) 지붕방수의 바탕

1) 콘크리트 바탕조정(하지조정)방법

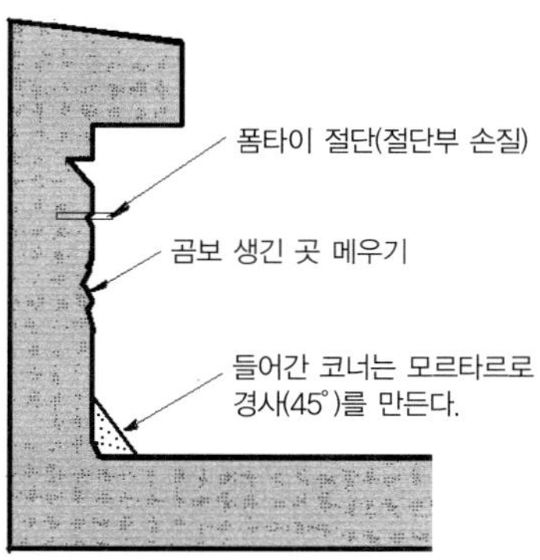

옥상 콘크리트 하지조정방법

2) 프라이머 도포방법

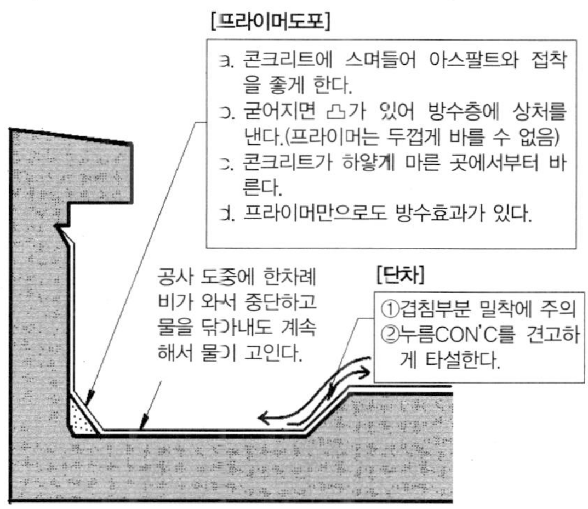

옥상방수 프라이머 도포방법

3) 드레인 주위 방수층(단차이를 없애고 역구배를 만들지 말 것) 처리 방법

마지막 루핑을 바른 후 폭 120mm 정도의 망상(網狀)루핑을 방수층 및 드레인 주변에 붙이고, 누름철물로 고정시킨다. 단, 노출용 루핑방수 마감일 때는 모래붙은 루핑을 바르기 전에 망상루핑과 고정철물을 붙인다.

(2) 치올림 부분의 마무리 상세 사례

1) 보호벽돌 붙이기(보통 반장벽돌로 함)

① 배수로 하단 부분 ② 배수로 상단 부분

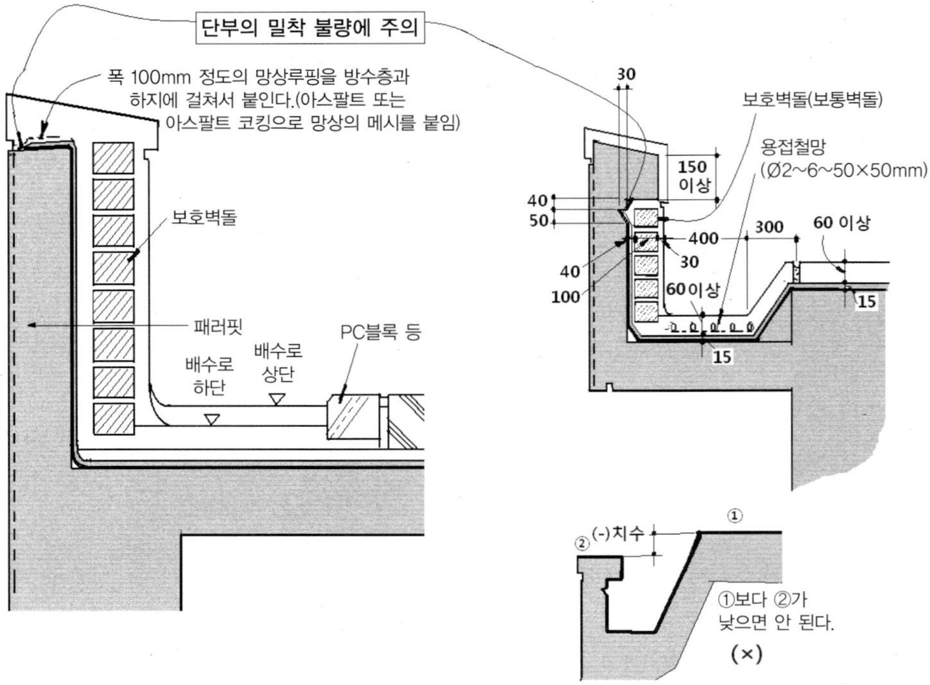

2) 누름콘크리트인 경우

① 배수로 하단 부분 ② 배수로 상단 부분

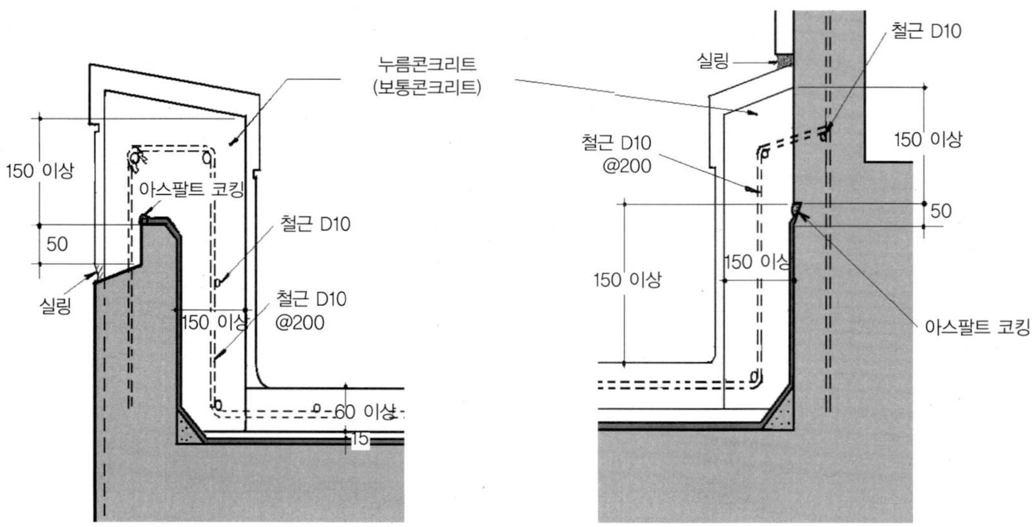

3) 누름모르타르인 경우

① 배수로 하단 부분

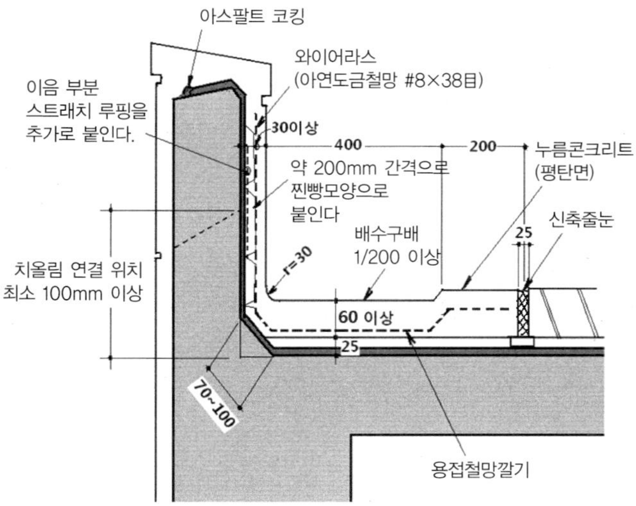

② 배수로 상단 부분

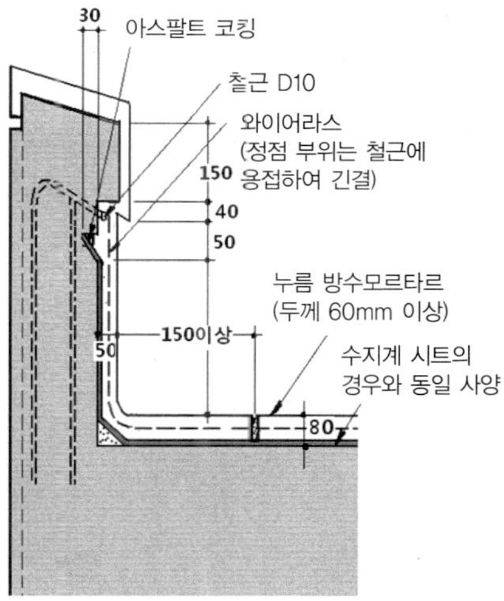

4. 누름콘크리트의 신축줄눈

(1) 신축줄눈(expansion joint) 간격

① 보호 누름콘크리트의 두께에 따라 차이가 있지단, 보통은 치올림 부위로부터 600mm 이내에 폭 30mm의 가장자리 경계줄눈을 설치하고, 그 다음 줄눈의 간격은 종 · 횡 모든 방향으로 폭 20~25mm의 줄눈을 약 @2~3m 정도로 설치한다.(한랭지인 경우에는 줄눈간격을 적게 하고 줄눈 폭도 30~40mm로 크게 함)

② 난간기초 등으로 방수층이 절단되지 않도록 배치한다.

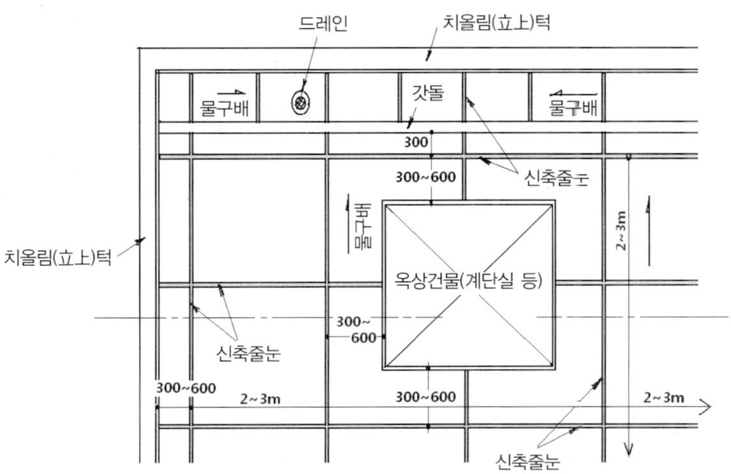

③ 치장줄눈을 설치할 경우 V형 줄눈을 가로 · 세로방향에 별도로 1m 내외의 간격으로 쇠흙손으로 만든다.

(2) 방수층 신축줄눈시공

① 아스팔트 컴파운드로 충전하는 경우(다음 그림①, ②, ③, ④ 참조)

② 기성제품을 이용한 신축줄눈(고분자줄눈재)

매립고정하는 타입과 상부가 빠지도록 되어 있는 Cap Open타입이 있다.

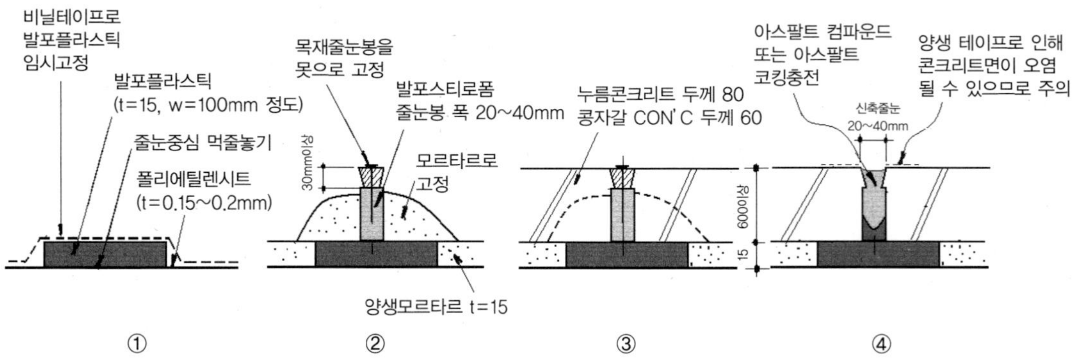

고분자 줄눈재 사용일 때

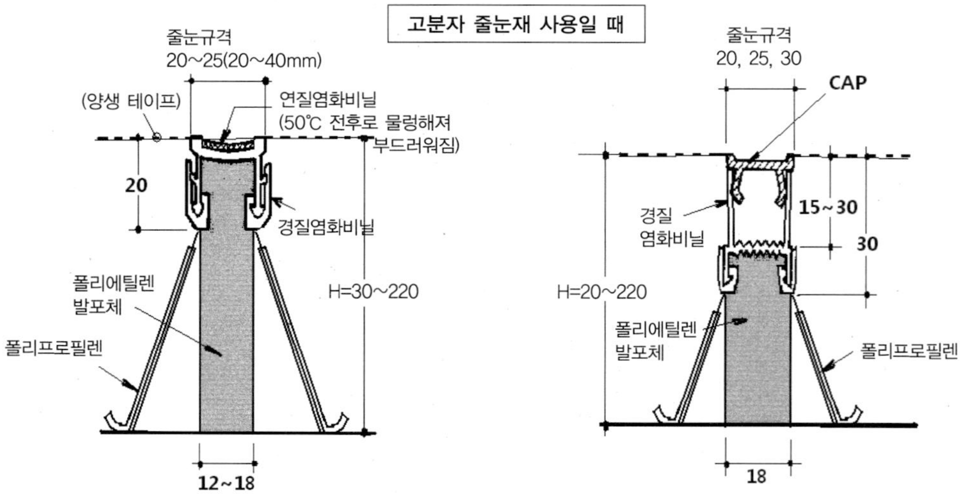

(매립형) (Cap Open형)

5. 누름콘크리트

(1) 누름콘크리트는 두께 80mm 이상(콩자갈의 경우는 두께 60mm 이상)으로 한다.

(2) 평슬래브에 큰 단차이가 있을 경우 누름콘크리트는 경사로 만들지 않는다.

(다음 그림 X, O)

(1)의 그림

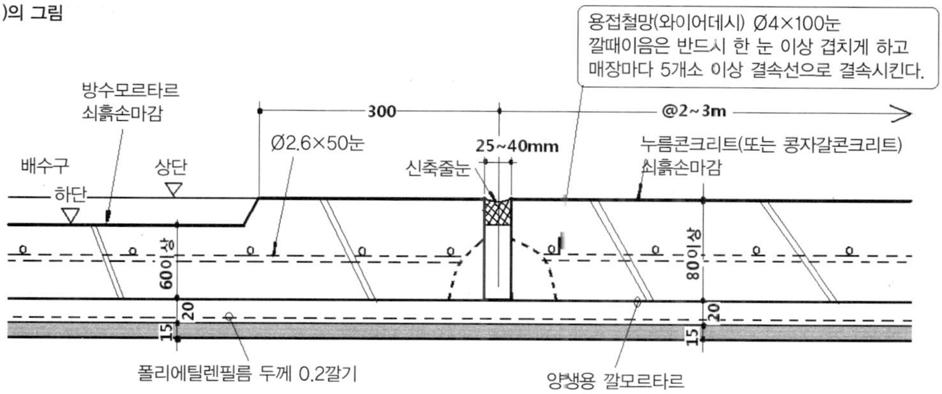

평슬래브 누름콘크리트일 때

(2)의 그림

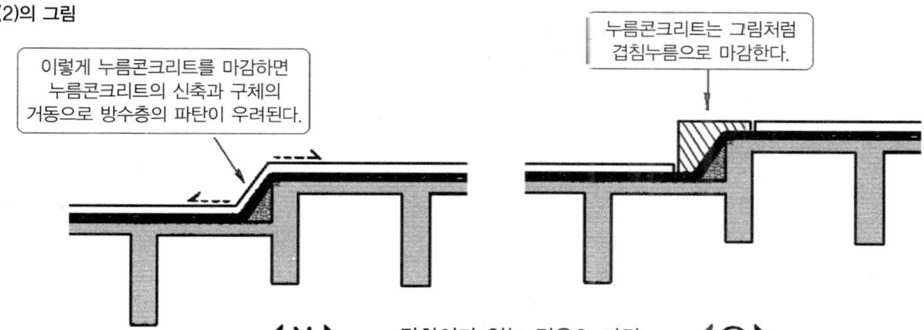

단차이가 있는 경우의 마감

6. 노출방수

(1) 시공상 주의할 점

① 노출방수는 밀착 붙이기이므로 부풀어 오르는 결함이 있다.

② 노출방수 위를 함부로 걸어 다니면 안 된다. 보행에 필요한 곳에는 보호용 보도판을 깔든가, 콘크리트 블록 등으로 보행 구획을 정하여 까는 것이 좋다.

(2) 옥상 노출방수의 마무리 사례

① 치올림 부분의 턱을 모르타르로 마감하는 경우

② 금속재의 가로대로 덮개를 씌우는 경우

③ 치올림이 없는 배수 상단쪽에 금속재 판막을 씌우는 경우

④ 배수가 처마쪽으로 흐를 경우 FB누름대로 마감하는 경우

⑤ 배수 상단에서 벽면에 기계적 고정을 하는 경우

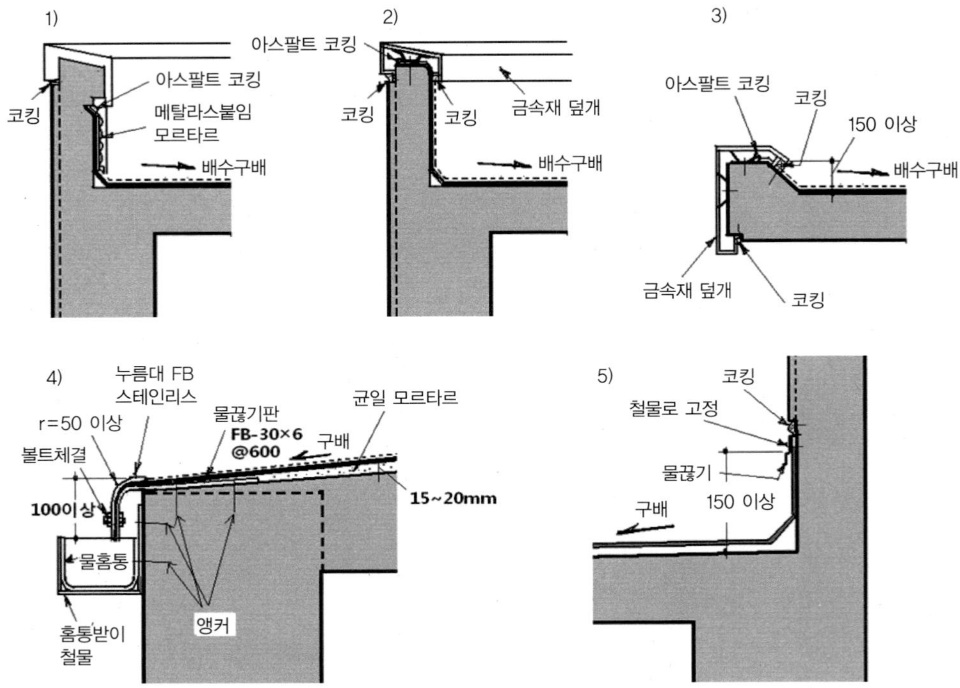

7. 옥내방수

(1) 실내 아스팔트방수 시공 순서(다음 그림 ①, ②, ③, ④ 참조)

① 콘크리트 하지조정(칩핑, 메우고 고르기)을 하고 모르타르를 균질하게 바른다.

② 건조 후에 프라이머를 바르고 건조시킨다.

③ 벽체에는 아스팔트방수를 바르고 라스 고정용 철물로 고정시킨다.

④ 보호 모르타르를 바른다.

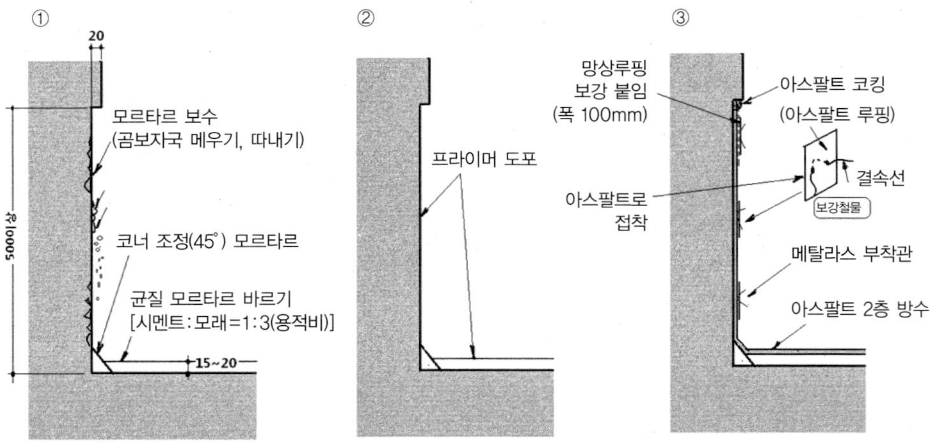

④

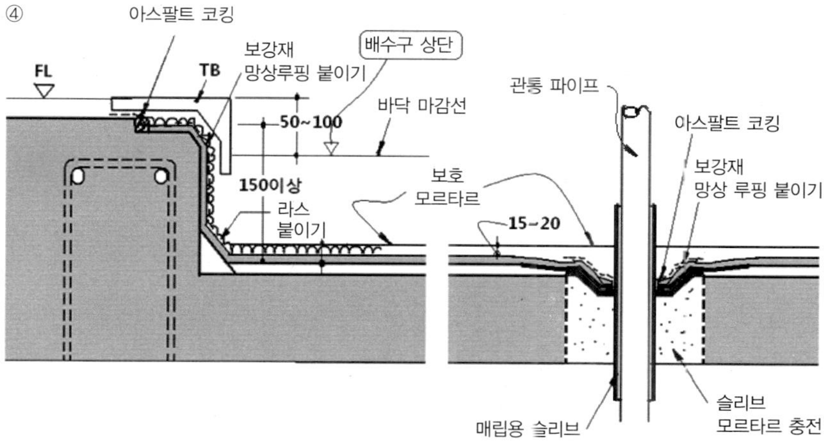

(2) 방수층의 말단부 처리(다음 그림 ①, ②, ③ 참조)

1) 말단부는 매 하부층을 코킹할 지점으로부터 50mm 정도 짧게 붙인다.(말단 부위를 두껍게 하지 않기 위한 방편임)

2) 모래가 붙은 루핑에 보호용 누름 콘크리트를 하지 않을 경우 붙인 끝부분을 철물 등 기계적으로 고정시킬 경우에는 붙이는 마지막 부분의 길이를 동일하게 하여 붙이고, 아스팔트 코킹을 한다.

3) 설비 관련 배관의 관통에 주의한다.

① 보강판이 붙은 슬리브(특히 지하벽 관통부)

② 슬리브와 배관 간의 공격 처리

③ 슬리브와 구체와의 처리 등

①

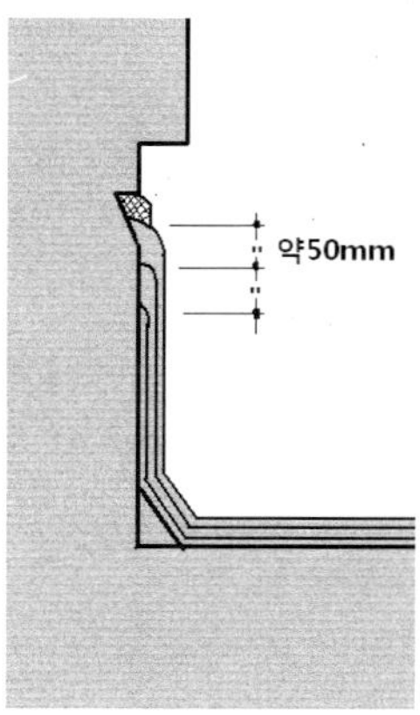

②

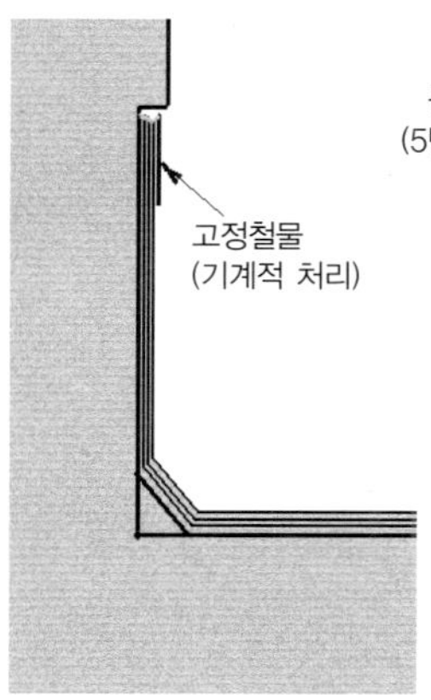

③

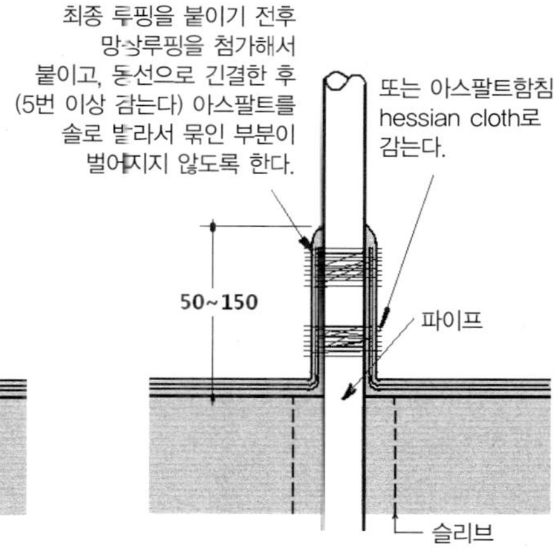

8. 모르타르 방수 점검

(1) 하지 콘크리트와의 점착을 좋게 하기 위해 시멘트 방수제가 혼입된 페이스트를 바른다.

(2) 시멘트 페이스트가 건조되기 전에 방수제가 혼입된 모르타르를 두께 10mm 정도를 2~3회로 나누어 바른다.

(3) 시공 후에 현장상황에 따라 옥상은 만수시험을 한다.(만수된 상태로 약 3~10일간 상태를 관찰한다. 특히 하절기에는 물양생의 효과도 있음)

(4) 7~9월경의 하지 기간까지 옥상방수공사를 완료하고 바로 물로 양생시킨다.

9-2-2 시공관리 참고자료(도막방수)

1. 도막방수제 선정

(1) 대부분 노출공법, 보행용에는 보호모르타르 또는 콘크리트로 누르는 공법이 있다.

(2) 노출공법에도 보행용으로 매트로 마감하는 것과 비보행용으로 탑코트로 마감하는 경우가 있는데, 일반적으로 제조메이커의 사양에 따른다.

(3) 착색이 가능한가, 하지수분의 증기압으로 부풀어 오르는 재료가 아닌가, 바탕하지와 밀착상태가 좋은가를 확인한다.

(4) 바탕보강재를 사용하여도 하지의 신축이나 균열에 의한 파탄이 생기지 않은가, 또 외력에 의한 손상이 심하지 않은가 확인한다.(에폭시수지 중에는 습윤면에 시공이 가능한 것이 있고, 우레탄 고무계로는 내충격성보다 신축성이 우수한 것도 있음)

(5) 단열효과가 있는지, 도막을 두껍게 바를 수 있고 균일성이 있는 재료인지 확인한다.

(6) 재료 자체가 무기질로서 연소하기 어려운 재료인지 확인한다.

(7) 내후, 내열, 내약품성, 내수성, 내유성에 우수한지 확인한다.

(8) 아래층에서 옥상의 발소리가 울리지는 않은가. 보행의 경우 논슬립성이 우수한 것으로 탄성이 있고, 보행감이 소프트하며 자빠져도 다치지 않는 것 등을 확인한다.

2. 도막방수 마감하기

(1) 노출방수인 경우(평지와 치올림)

① 프라이머를 도포한다.

② 코너 꺾인 부분에 보강재 붙이기(메시 또는 시트지)한다.

③ 첫 번째 초벌(1회)을 바르고, 재벌(2회) 또는 상도를 바르고 소요두께를 맞춘다.

④ 보행용인 경우 매트붙이기 마감, 비보행용인 경우 silver색 또는 탑코트로 마감한다.

⑤ 보호콘크리트 중의 수분이 증발하면서 부풀어오름 방지용 습기유도장치(탈기반)를 설치할 경우 바닥면적 50~100㎡당 1개를 설치한다.(반드시 콘크리트 내부까지 뚫을 필요는 없음) 또 최근의 옥상 노출형 도막방수공법에서는 기존의 옥상방수 공법은 방수층이 들뜨거나 부풀어 오르는 등의 하자 발생이 많았으나 다공성 방수재료를 사용하여 내부에서 발생되는 수증기를 효과적으로 배출되도록 함으로써 들뜸현상 등을 최소화하는 기술이 개발되어 있다. 향후 건축물 옥상방수공사에 널리 활용될 것으로 기대하고 있다. 다음 그림은 노출방수일 때(비보행) 방수제를 절취한 후 원반형 탈기반을 설치하는 사례이므로 참조하기 바란다.

노출방수일 때(비보행) 탈기반 설치법

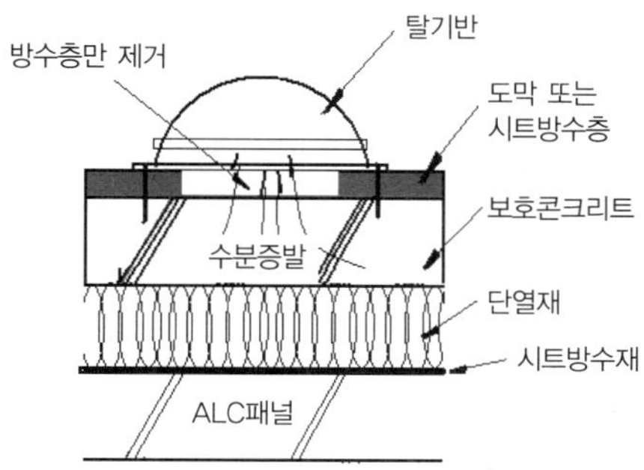

①

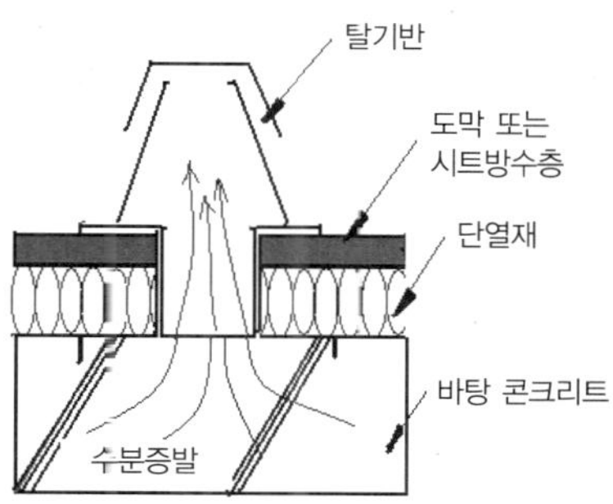

②

(에어포켓현상)

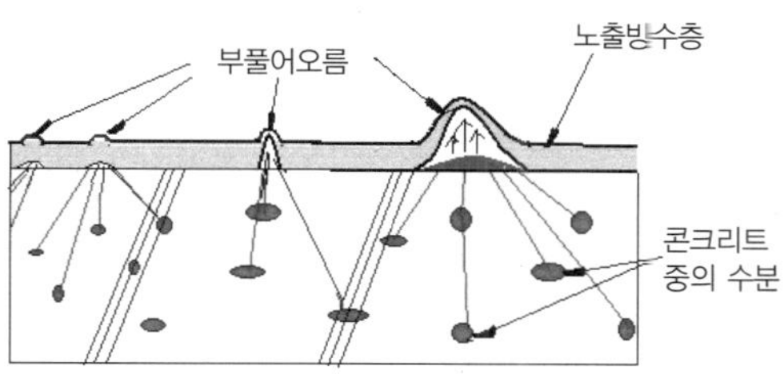

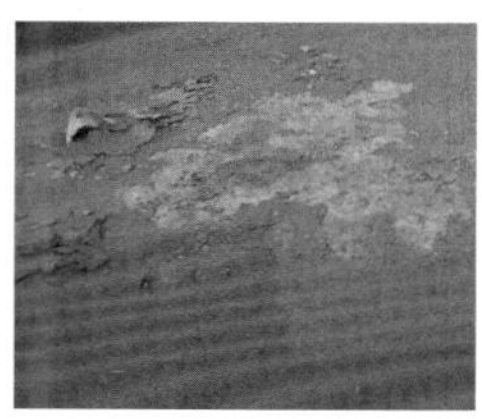
(방수층이 찢어진 현상)

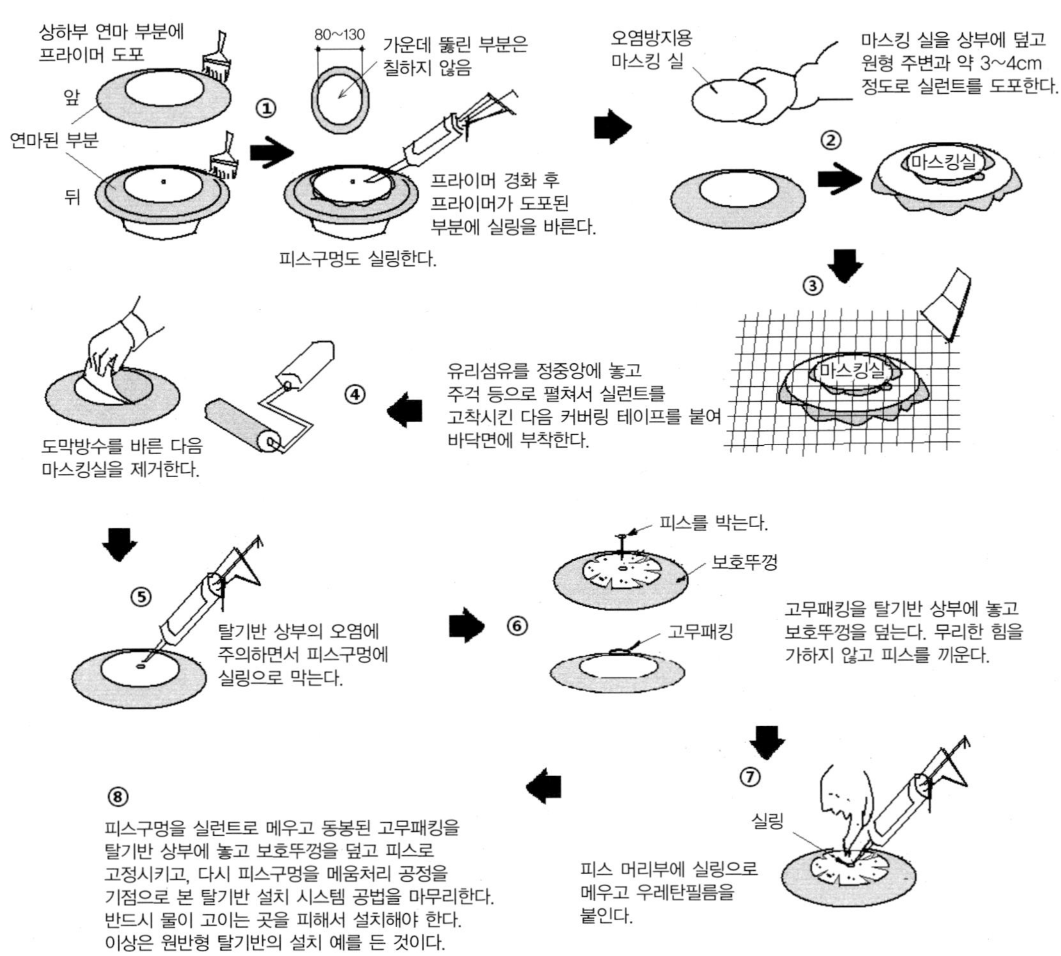

최근에는 반영구적인 철판재 지붕방수재로 개발된 공법이 있어 도막방수에서 사용하는 탈기반이 필요 없다.

(2) 보호모르타르나 누름콘크리트인 경우(평지)

① 프라이머 도포한다.

② 첫 번째 초벌바르기, 두 번째 상도를 바르고 소요두께를 맞춘다.

③ 메시를 넣고 모르타르 또는 콘크리트 80mm 이상을 쇠흙손으로 눌러 바른다.

(3) 지하실 방수법

① 도막방수제를 바르는 외방수공법에 따른다.

② 방수 모르타르에 의한 내방수공법에 따른다.

① 노출방수

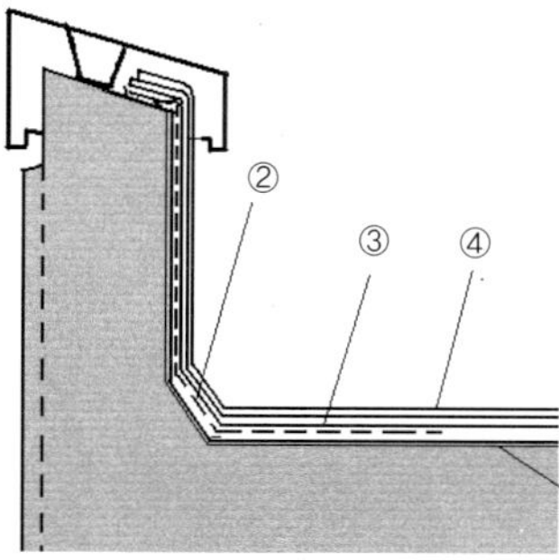

② 누름모르타르

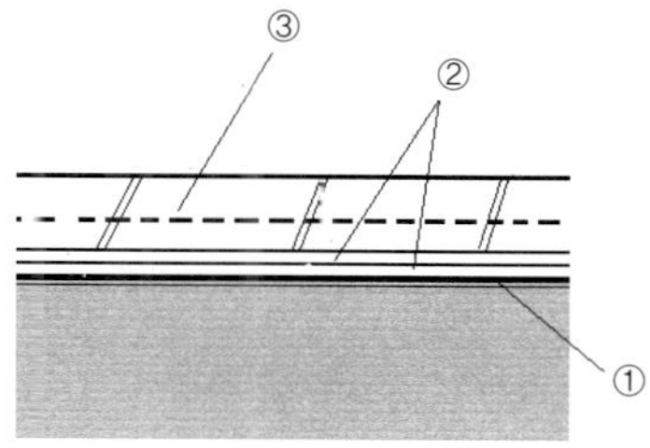

③-1

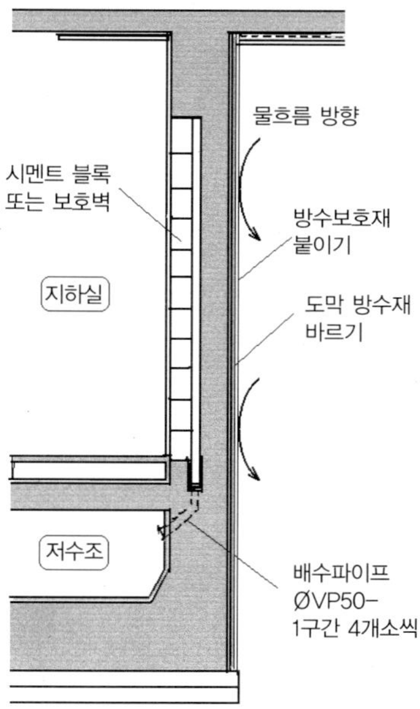

지하 외부 도막방수제 사용

③-2

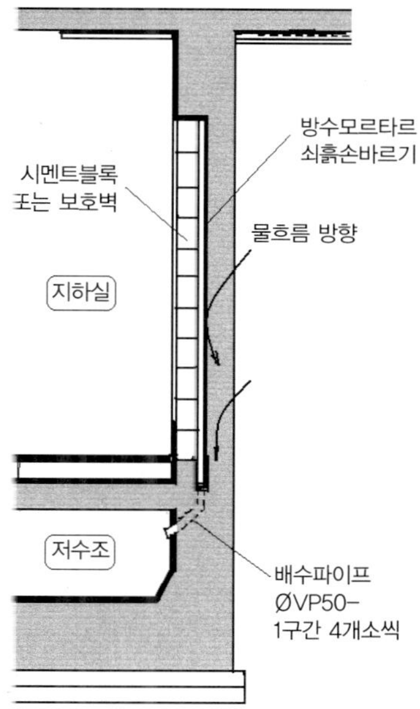

지하 내부 방수모르타르 사용

9-2-3 시공관리 참고자료(침투성 방수)

1. 침투성 방수제

(1) 콘크리트, 석재용 침투성 방수제

1) 용도 확인

① 치장콘크리트(architectural concrete)

각종 프리캐스트 콘크리트판, 벽돌, 오지타일, 오지기와, ALC판, 모르타르 등이 있다.

② 석재(대리석, 테라조 등)

석면판, 규산칼슘판, 석고보드 등이 있다.

2) 특징

① 백화현상 발생을 방지한다.

② 콘크리트류의 동결융해 사이클에 의한 균열, 깨짐, 풍화 등으로 인한 손상을 방지한다.

③ 코킹재 위에 시공이 가능하다.

④ 표준형과 강력형이 있다.

⑤ 콘크리트나 석재의 색조와 본연 그대로의 성질을 살린다.

⑥ 착색형은 발수성, 오염방지성 등 각성을 가지고 있어 스테인으로 사용한다. 표준색상은 10색이 있다.

⑦ 도료의 상도에 바르는 것은 종류에 따라 차이가 있으므로 확인이 필요하다.

⑧ 도막의 느낌이나 균열을 방지하므로 상도바르기용 프라이머(실러)로도 사용한다. 강력형은 무황변형 클리어로 표면을 semi-gross로 마감이 가능하다.

(2) 목재용 침투성 방수제

1) 용도 확인

① 창틀, 외부 목재도어

② 내 · 외장 목조패널

③ 정원용 목가공품

④ 합판류 등

2) 특징

① 클리어는 무색투명용액으로 목재를 착색하지 않고, 목질을 아름답게 본연 그대로 나타낼 수 있다.

② 목재용을 처리한 목재는 함수율이 안정되기 때문에 치수의 안정성이 좋아 휘거나 변형, 뒤틀림, 갈라짐 등을 방지하는 효과가 있다.(다만, 자외선에 의한 목재 본래의 변색은 방지하지 못함)

③ 착색형은 종전의 스테인에서 발수 · 방부의 성능을 가진 새로운 타입의 스테인으로 표준색은 25색이 있다.

④ 상도로 사용할 경우에는 도료의 종류에 따라 차이가 있으므로 사용 전 확인이 필요하다.(클리어를 사용할 경우 우레탄계 도료는 사용이 곤란함)

2. 침투형 흡수방수제 특징

1) 콘크리트, 모르타르, ALC판, PC, CB 등에 리신을 도포함으로써 흡수방지 성능을 발휘한다.
2) 내부로 침투시킬 경우, 강한 흡수방지층을 형성하고, 자외선 등의 영향을 받기 어렵게 된다.
3) 상도(Top Coating)용으로 사용시 건조되면 색이 짙어지고, 윤기가 나지 않지만 소지를 노화, 풍화, 동해, 백화, 오염 등으로부터 지키게 된다.
4) 프라이머용으로 사용할 경우 하지 및 각종 마감재와의 접착성을 한 단계 향상시키는 특성이 있다.
5) 도포 후 바로 흡수방지 효과를 얻을 수 있다.(약 1시간 이내부터)

9-2-4 시공관리 참고자료(실링방수)

1. 폴리설파이드계 실링재

(1) 폴리설파이드 1성분형(1액형)의 특징과 주의할 점

① 습기경화형은 실온경화되며, 경화는 열과 습기 또는 기타로 경화가 촉진된다.

② 경화가 손으로 느낄 정도는 12~24시간이며, 완전경화까지는 1~3주 정도 걸린다.

③ 취급이 용이하다.

④ 점착성을 빨리 잃는다.

⑤ 경화 후의 신축률(%)을 확인한다.

사용한도　　50~100

파괴시　　300~600 정도

⑥ 내용년한은 10~20년 정도이며, 가사시간은 1시간이다.

(2) 폴리설파이드 2성분형(2액형)의 특징과 주의할 점

① 촉매경화형으로 실온가류형, 실온경화형 등 가열하면 시간을 단축할 수 있다.

② 손으로 느끼는 정도는 2~10시간으로 1액형보다 짧다. 완전경화는 5~10일 정도이다.

③ 프라이머를 사용하면 강한 접착력을 가진다.

④ 내열성, 내후성이 좋다.

⑤ 하절기용(5~10월)과 동절기용(11~4월)이 있다.

⑥ 경화 후의 신축률(%)을 확인한다.

사용한도	50~100
파괴시	200~600 정도

⑦ 강력한 고무상의 탄성체이다. 상시 진동이 있는 곳, 장기간 수축 간극이 있는 실링재로 사용되고 복원성이 저하하지 않으므로 특히 외력에 의한 휨에 양호하다.

⑧ 내용년한 10~20년으로 반영구적으로 사용이 가능하며, 내후성, 내수성, 내유성, 내오존성이 우수하여 오랜 기간에도 탄성과 신율을 유지한다.

⑨ 용적변화가 없다. 상온에서 경화반응을 일으키며, 고무상의 탄성체이다. 경화 후는 거의 용적변화가 없다. 가사시간은 1~6시간 이내에 사용해야 한다.

2. 폴리우레탄계 실링재

(1) 폴리우레탄 1성분형(1액형)의 특징과 주의할 점

① 상온습기경화형으로 1액형 카트리지타입이다.

② 10~20시간 정도면 손으로 건조상태를 느낄 수 있다. 완전경화는 5~10일이다.

③ 경화후의 신축률(%)을 확인한다.

사용한도	20~50
파괴시	200~400

④ 내용년한 10~20년 정도, 습도가 너무 높아지면 발포되어 스펀지 모양의 층이 생기므로 주의가 필요하다.

⑤ 접착성이 좋고 강인한 고무상의 탄성체이나 프라이머가 필요하며, 작업시간 단축으로 경제적이다.

(2) 폴리우레탄 2성분형(1액형)의 특징과 주의할 점

① 2액혼합 상온가류형으로 우레탄수지가 주성분이다.

② 16~24시간 정도면 손으로 건조상태를 느낄 수 있고, 가사시간은 3~6시간 이내이므로 주의를 요한다.

③ 무수축이며 접착력이 우수하고, 무용제 타입이므로 경화 후 체적변화가 없다.

④ 강도가 높고 줄눈의 미묘한 거동에도 충분히 대응 가능하며 복원력이 우수하고, 내마찰성이 좋다.

⑤ 내구성이 좋고, 안정된 기밀성, 수밀성이 유지되며, 내열성 · 내한성 또한 우수한 제품이다.

3. 실리콘계 실링재

(1) 실리콘 1성분형(1액형)의 특징과 주의할 점

① 실온경화로 경화되며, 경화는 열과 습기 또는 기타 이유로 경화가 촉진된다.

② 탄성실링재 중에서 가장 내약품성(내산성, 내알칼리성, 내우성)이 우수하다.

③ 손으로 느끼는 경화시간은 30분~1시간으로 상당히 빠르다. 완전경화는 3~7시간, 가사시간은 6개월

④ 경화 후의 신축률(%)을 확인한다.

사용한도 20~50

파괴시 150~400

⑤ 내용년한 10~20년 정도

⑥ 투명색이 있고, 통상 프라이머를 도포하고, 가끔 우발적으로 접착력이 저하되는 경우가 있으므로 주의를 요한다. 사용시에 약간 신 냄새가 나는 특징이 있다.

(2) 실리콘 2성분형(2액형)의 특징과 주의할 점

① 실리콘수지를 주성분으로 하는 2액혼합 상온경화형이다.

② 손으로 느끼는 경화는 24시간 후이며, 가사시간은 3~6시간이다.

③ 거동이 큰 줄눈에 사용하면 적격이다. 저모듈러스, 높은 신율이 있어 금속커튼월의 패널조인트 줄눈에 사용하기 좋다.

④ 접착성이 좋고, 내후성, 내열성, 내한성이 우수하며, 무산성이기 때문에 금속 등에 녹이 발생하지 않는다.

⑤ 경화 후에 용적변화가 없고, 작업성이 좋다.

⑥ 고온용도에 뛰어나고, 가격이 타재료에 비해 높은 편이다.

4. 기타 실링재

	경화 후의 신율	경화 및 특성	내용년한
퍼티(putty)	- 파괴시 0~5(%) - 사용한도 2 이하	- 피막생성 1~7일 - 경화 1~5일 - 수축에 의한 균열, 박리 등이 생긴다.	3~5년
유성코킹	- 파괴시 10~150(%) - 사용한도 10 이하	- 표면경화 1~3개월 - 내부로부터 서서히 경화하며 유연성이 있다.	3~5년

① 유리용 퍼티는 경화성 아마유, 어유에 탄산칼슘과 연백(鉛白), 아연화산화(亞鉛華酸化)티탄 등이 충전제로 혼합되어 있다.

② 비경화성 유리 퍼티는 복층유리, 열선흡수유리 가공에 사용되고, 염화비닐 폴리부텐(polybutene) 등이 사용되고 있다.

③ 유성코킹재는 천연합성유지 또는 수지 등의 석면, 탄산칼슘 등의 광물질 충전제를 주성분으로 하여 잘 섞어서 균질하게 만든 것이다.

④ 기타 tape상의 실러재, 성형실링재(Gasket 등)류의 것이 있다.

5. 줄눈의 형상

① 줄눈의 형상은 접착형과 포갬형, 기타 복합형으로 나눈다.

② 시공 가능한 줄눈 최소 · 최대 줄눈폭은 다음과 같다.

	최소(mm)	최대*(mm)
폴리셜파이드계	10 (**5)	25
폴리우레탄계	10	20
실리콘계	10 (**5)	25

예)* 1회 충전이 가능한 폭, ** 글레이징의 경우

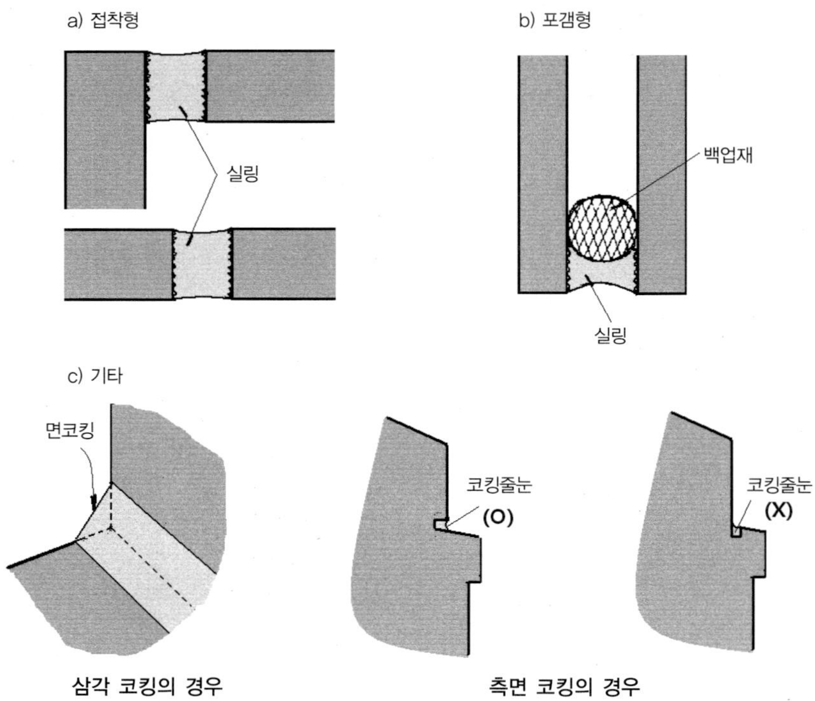

3) 가동줄눈의 마감방법은 다음과 같다.

① 접착 향상을 위해 3면접착을 방지하고 실링재에 불리한 응력이 생기지 않도록 2면 접착이 되도록 한다.

② 오른쪽 그림처럼 백업재를 설치하면 2면접착이 되어 내부응력이 발생하지 않는다.

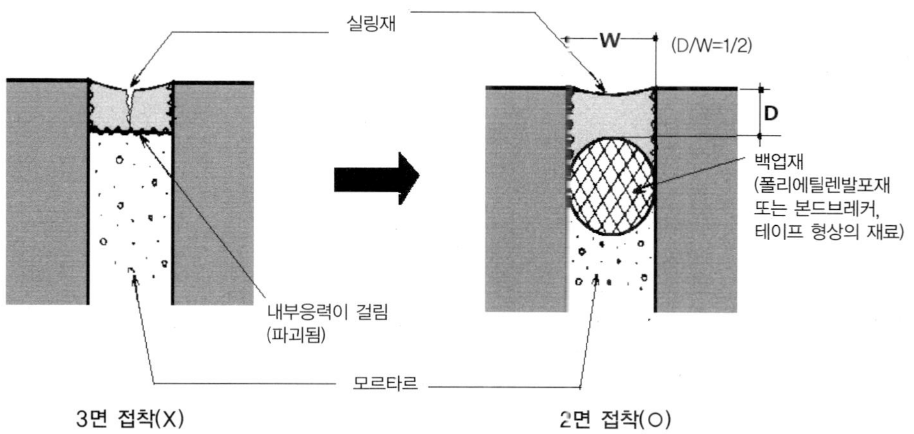

방수공사 감리공정 사례

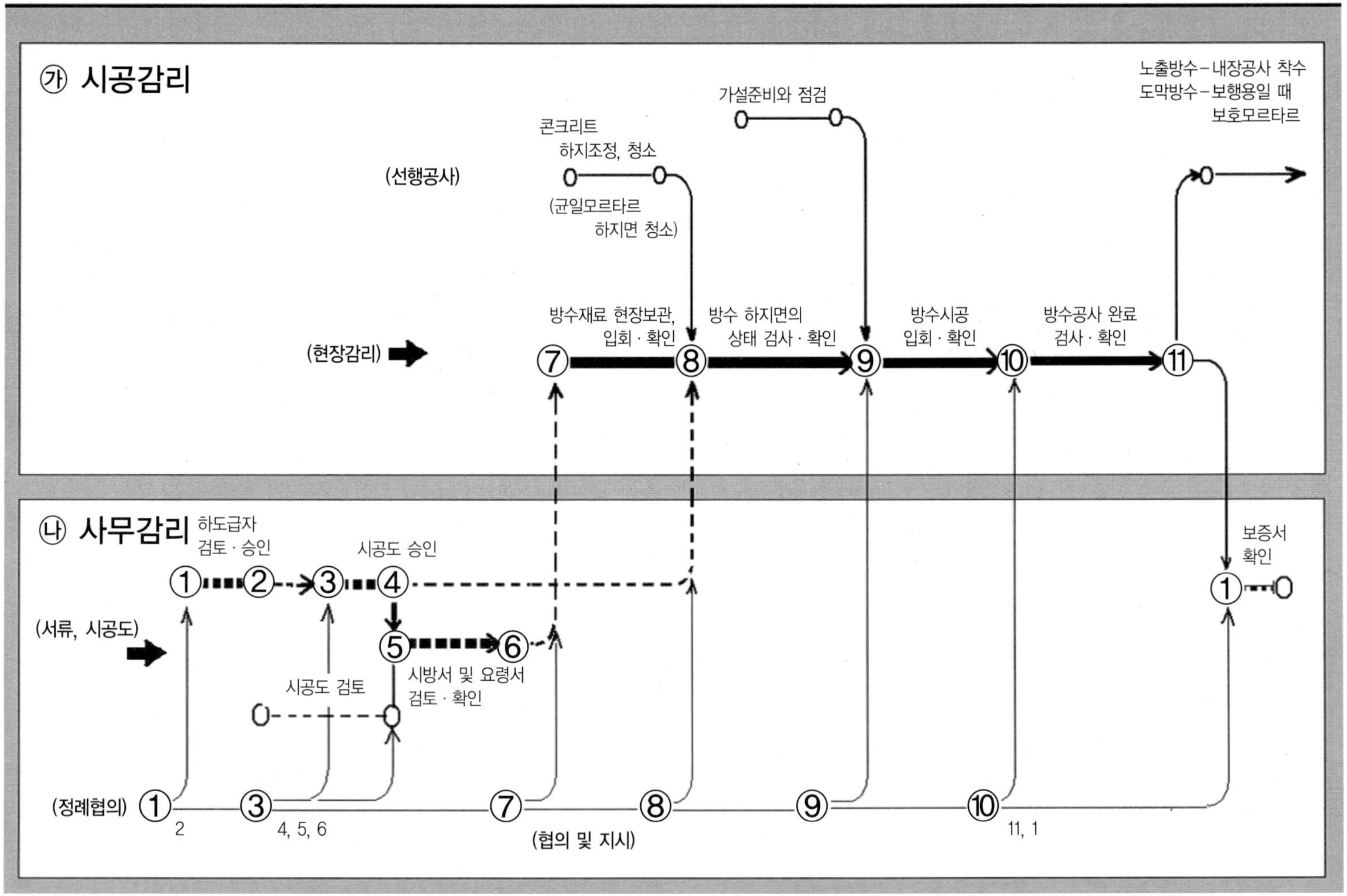
㉮ 시공감리
(선행공사)
콘크리트
하지조정, 청소
(균일모르타르
하지면 청소)
가설준비와 점검
노출방수-내장공사 착수
도막방수-보행용일 때
보호모르타르
(현장감리)
⑦ 방수재료 현장보관, 입회 · 확인
⑧ 방수 하지면의 상태 검사 · 확인
⑨ 방수시공 입회 · 확인
⑩ 방수공사 완료 검사 · 확인
⑪
㉯ 사무감리
(서류, 시공도)
① 하도급자 검토 · 승인
②
③ 시공도 승인
④
⑤ 시방서 및 요령서 검토 · 확인
⑥
시공도 검토
보증서 확인
①
(정례협의) ① 2
③ 4, 5, 6
⑦
(협의 및 지시)
⑧
⑨
⑩ 11, 1

9-3 #별표, 방수공사 감리 주요 점검사항

9-3-1 아스팔트 방수공사

감리 종목	범위	주요 점검사항	
1. 하도급업체 (아스팔트 및 모르타르)		처리방법	(검토) → 승인
		처리내용	1-1. 방수업체 선정 및 확인(아스팔트방수의 책임보증 기간은 10년, 모르타르방수 책임보증 기간은 5년으로 함) 1-2. 보증서는 방수시공업체와 재료 메이커 공동 연명 또는 부득이 한 경우 각각으로 한다.
2. 시공도 승인		처리방법	(검토) → 승인
		처리내용	2-1. 누름콘크리트(콩자갈 콘크리트 등)가 있는 옥상방수공사 마감은 다음과 같이 점검한다. (1) 구배는 반드시 슬래브 구배로 하고, 1/100 이상이 되도록 한다. (2) 펜트하우스 등의 옥상 구조물 주위에는 45°로 턱을 만든다. (3) 방수층의 치올림 부분은 배수구 상단으로부터 최소 150mm 이상으로 한다. (4) 치올림턱의 폭은 최소 150mm 이상으로 하고 철근배근은 반드시 2중배근으로 한다. 이어치는 상단은 반드시 1/10 이상의 구배를 준다. (5) 나무벽돌 등을 매입해야 할 경우에는 반드시 방수제를 발라 부식방지 조치를 한 후 매립한다. 2-2. 노출방수일 때의 점검사항 (1) 구배는 슬래브 구배로 하고, 1/50 이상으로 한다. (2) 치올림의 방수층 높이는 배수바닥 상단으로부터 최소 150mm 이상으로 한다. (3) 치올림 부위는 방수층이 탈락되기 쉬우므로 탈락 방지장치를 한다.(기계적 고정 등) 2-3. 실내방수일 때의 점검사항 (1) 화장실 1) 출입구의 방수층 높이는 콘크리트 슬래브 바닥으로부터 150mm 이상, 벽면은 바닥으로부터 500mm 이상으로 한다. 2) 물을 많이 사용할 경우에는 바닥 물구배를 준다. 3) 변기 등의 고정물이 정착되는 곳에는 특히 주의 하여 시공하고, 아스팔트 루핑 접착이 잘 되도록 한다. 4) 대변기 등이 있는 간벽은 방수시공 후에 설치한다. 5) 장척물 시트(용접공법)방수 마감일 때 문틀과 문지방의 테라조블록 등 아스팔트방수를 하지 않는 곳은 일반바닥과의 연결부 물끊기 마무리에 주의한다. (2) 욕실 1) 출입구 방수층의 치올림 높이는 바닥면으로부터 최소 100mm 이상으로 한다. 2) 벽면의 경우 욕조 높이 이상으로 하고, 특히 샤워기 등이 있을 경우에는 샤워기 주위의 방수에 유의하고 욕실방수층의 높이는 샤워기 상단을 고려하여 시공한다.

감리 종목	범위		주요 점검사항
2. 시공도 승인		처리내용	2-4. 모르타르방수일 때의 점검사항 (건조수축이 있기 때문에 옥상방수로는 사용하지 않음) (1) 하지 바탕콘크리트의 결함부를 수정하고, 그 상부에 흡수 · 침수가 잘 되지 않도록 모르타르를 바른다. (2) 합성수지를 주원료로 한 방수제에 시멘트를 혼합하여 사용하며, 물시멘트비는 50% 이하로 한다. (3) 특별히 점검해야 할 사항은 다음과 같다. 1) 콘크리트 하지면은 전면적으로 와이어 브러시로 솔질하여 청소한 후 물로 씻어낸다. 2) 콘크리트 이어친 부분, 곰보가 난 곳, 긴결재 철물잔재, 기타 결함이 있는 곳은 말끔히 제거하고 수정한 다음에 진한 방수액 퍼티로 문질러 바른다. 3) 각 모서리는 지름이 최소 35mm 이상 되도록 둥글게 눌러 다듬어졌는지 확인한다. 4) 줄눈은 신축줄눈 크기는 15×17mm 이상이고, 특수 퍼티로 충전되어 있는지, 줄눈간격은 2m 이하로 되어 있는가. 5) 이어바르는 부분은 흩어지듯 15cm 이상 겹쳐서 바른다. 6) 각 공정마다 적당한 간격을 두고 시공하며, 이어바르는 곳은 각 모서리에서 300mm 이상 거리를 두고 한다.
3. 시방서 및 시공요령서		처리방법	(검토) → 확인
		처리내용	3-1. 아스팔트방수일 때는 다음 사항을 확인한다. (1) 공사범위 (2) 바탕하지의 점검 및 처리 1) 건조상태 확인 2) 바탕하지의 구배 3) 평면하지 상태 4) 치올림 부분 상태 5) 치올림부의 코너처리 6) 루프드레인 주위 7) 관통 설비파이프 주위 8) 루핑의 끝마무리 상태 9) 최종 종합 점검 유무 (3) 시공 준비사항 1) 재료 반입 여부 점검 2) 재료 보관방법 (4) 방수공사 시공시 점검 1) 프라이머 시공 2) 아스팔트 시공 3) 드레인 주위, 각 모서리, 방수말단부 덧붙이기 등 (5) 옥상방수 누름보호재가 있는지 여부 점검 (6) 실내(옥내) 방수 점검 (7) 안전관리 등 점검 3-2. 모르타르방수일 때는 다음 사항을 확인한다. (1) 시공장소 (2) 재료(시멘트, 모래, 방수제 등) (3) 배합계획 1) 모르타르방수의 배합은 반드시 기계배합으로 한다. 2) 계절에 따라 물, 방수제 배합비와 시멘트, 모래의 배합비를 점검한다. 3) 일반 모르타르보다 약간 경화가 빨라서 필요한 최소량씩 혼합한다.

감리 종목	범위	주요 점검사항	
3. 시방서 및 시공요령서		처리내용	(4) 공법 1) 바탕하지의 점검 2) 시공시 ① 하지 콘크리트와의 접착을 양호하게 하기 위해 방수제가 혼합된 시멘트페이스트를 바른다. ② 시멘트페이스트가 건조하기 전에 방수제가 배합된 모르타르를 두께 10mm 정도로 2~3회로 나누어 바른다. (5) 양생 1) 낙하물 방지처리 2) 급격한 건조방지 3) 비나 눈이 올 경우에 대한 대비책
4. 방수재료 보관(현장)		처리방법	(입회) → 확인
		처리내용	4-1. 프라이머, 아스팔트 등의 반입량을 점검한다. (1) 아스팔트, 프라이머류는 시공면적 m^2당 필요한 소요량이 반입되었는지 확인 (2) 루핑류는 수량이 부족하면 곤란하므로 특히 주의할 것. 4-2. 현장 재료 보관상태 점검 (1) 아스팔트 프라이머, 아스팔트 코킹 등은 인화성이 있기 때문에 흐르지 않게 보관해야 한다. (화기엄금) (2) 아스팔트는 용융시 발포되는 것을 방지하기 위해 시트로 덮어 보관한다.(야적상태에 다라 품질에 영향을 미치므로 먼지 등의 혼입을 방지하기 위해 필요한 조치를 할 필요가 있음) 4-3. 아스팔트 재료 점검 (1) 보관상 일반적인 주의사항 1) 아스팔트 루핑은 아스팔트 펠트에 스트레이트 아스팔트를 침투시켜 양면을 브라운 아스팔트로 피복시키고 표면에 점착방지제를 산포시킨 것. 또 표면에 끈적거리지 않도록 가는 모래나 광물질미분말을 부착한 시트상의 제품이 루핑이다. 반면 펠트는 천연유기섬유를 원료로 한 원지에 스트레이트 아스팔트를 함침시킨 것이다. 따라서 운반, 적치, 보관시는 반드시 세워서 관리해야 한다. 2) 일사광선에 의한 변형이나 마구리의 점착에 주의할 것. 3) 하부로부터 흡수, 비로 인한 흡습, 이슬로 인한 흡수 및 흡습에 주의할 것.(습기가 차면 아스팔트에 기포가 생겨 부풀어오르는 원인이 됨) (2) 창고에 넣고 바닥 패널 위에 보관한다. (3) 옥외에 보관하는 경우는 패널 위에 세로로 놓고 천막 등을 씌워 보관한다.(랩이 위로 향하게 세로로 쌓는다) (4) 특히 귀퉁이 부분이 손상되지 않게 쌓는다.

<table>
<tr><th>감리할 종목</th><th>범위</th><th colspan="2">주요 점검 사항</th></tr>
<tr><td rowspan="2">5. 방수 하지면의 상태</td><td rowspan="2"></td><td>처리방법</td><td>(검사) → 확인</td></tr>
<tr><td>처리내용</td><td>5-1. 옥상방수의 하지(철근콘크리트 슬래브) 준비 점검
(1) 배수구 주변
1) 드레인 턱과 치올림 부위나 외벽과의 간격은 충분해야 방수 시공이 용이하다. 아스팔트 방수용으로는 100mm 이상이 적당하나 클수록 좋다. 또 드레인 주위는 방수재를 증가해서 붙일 경우 두꺼워지므로 우수가 역류하거나 고이지 않도록 충분한 물매로 되어 있는지 확인
2) 드레인은 콘크리트 타설 전에 먼저 설치할 때는 방수층이 두꺼워질 경우를 고려하여 필히 슬래브면에서 50mm 정도 낮게 설치되어 있는지 확인
(2) 슬래브 평면의 표면상태 점검
1) 하지 바탕의 표면은 凹凸이 없이 평활한지 확인
(구배 등의 보수로 인해 물이 고이는 곳이 없도록 주의할 것)
2) 하지상태가 충분히 건조되어 있는지 확인
① 콘크리트 타설 후 건조일수는 보통 3주 이상할 것
② 모르타르인 경우는 1주일 이상 경과를 볼 것
③ 건조 후 비가 왔을 경우에는 필히 1~2일 건조상태를 점검할 것.
(3) 치올림 부위 상태 점검
1) 치올림 부분은 슬래브와 동시에 타설하는 것이 원칙이다. 실제 현장에서는 대부분 이 원칙이 지켜지지 않고 있다.(부득이한 경우 슬래브 바닥면에서 30cm 이상 또는 배수면 상부에서 최소 10cm 이상은 동시에 타설)
2) 치올림 부위 L꺾임 모서리는 45° 로 70~100mm 이상 모르타르로 다듬어져 겹쳐 바르기가 되어 있는지 확인
3) 방수층 끝부분 처리는 기계적 또는 구체의 홈에 코킹으로 고정되어 있는지 확인
4) 치올림부의 표면은 평활한지 확인(거푸집 긴결재나 곰보, 돌출부를 제거한 후 모르타르로 손질한 경우에는 모르타르가 박리하지 않도록 주의할 것)
(4) 바탕하지면의 청소상태 점검
1) 필요한 경우 칩핑 또는 샌딩처리하고, 진흙, 자갈, 시멘트, 레이턴스, 유지분 등을 제거했는지 확인

5-2. 실내방수의 하지(철근콘크리트 슬래브) 준비상태 점검
(1) 벽돌, 블록벽은 아스팔트방수 높이까지 철근콘크리트로 치올려 붙였는가.
(2) 배수관, 가스관 등의 관통 파이프는 방수하기 전에 움직이지 않도록 슬래브나 벽에 고정시켰는가.
(3) 균질모르타르는 凹凸 없이 평활하게 되어 있고, 건조상태는 충분한가를 사전에 검사 · 확인한다.
(4) 파이프에 방수층을 밀착시킬 경우에는 H=50~150mm의 충분한 여유를 두고 붙인다.(급배수관, 전기배관, 벽면과 슬래브와 파이프간 또는 파이프 상호 간의 사이는 충분한 H=100~150mm 이상의 거리를 둔다.)
(5) 구배는(콩자갈이나 경량콘크리트 포함) 1/100이어야 한다.</td></tr>
</table>

감리 종목	범위	주요 점검사항	
6. 방수시공		처리방법	(일회) → 확인
		처리내용	6-1. 기상조건 점검 (1) 기상조건이 나쁠 경우는 시공을 미룰 것. 1) 전일에 비가 왔을 때, 당일 일기가 좋지 않을 때 2) 강풍 또는 먼지가 심한 날 3) 기온이 2℃ 이하로 급랭한 때 (2) 시공시 비가 왔을 때의 처리 1) 시공중 비나 눈이 올 경우, 방수작업을 중지하고 아스팔트루핑류는 아스팔트를 솔로 바르는 것까지 거쳤는가. 2) 방수층이 시공되지 않은 곳으로부터 방수층 하부로 물이 스며들지 않도록 루핑류를 붙여 양생시켰는가. 6-2. 아스팔트 용융가마의 안전관리 점검 (1) 가마솥은 시공 장소로부터 가까운 곳에 설치되어 있는가. 1) 가마솥이 완료된 방수층 위에 설치되어 사용될 경우 열에 의한 방수층의 조기열화에 주의할 것. 2) 슬래브 위에 가마솥을 설치하여 사용할 경우 단열을 고려할 것.(내화벽돌을 3단 이상 두껍게 쌓은 후 단열재로 간격을 막고 주변은 모래로 덮어 오염을 방지) 3) 부득이 실내나 처마 밑에 설치할 경우 화기에 주의할 것. (2) 아스팔트 용융온도를 측정(제품에 따라 용융온도가 다르므로 주의) (3) 가마솥 안전관리 책임자를 정하고, 소화기구가 준비되어 있는지 확인. 1) 중유연료 드럼은 4m 이상 이격시킬 것. 2) 인화점과 차이가 없는 최저 200℃ 이하가 되지 않는 상태로 유지하여 저어가면서 작업하므로 주의할 것. 3) 소화기, 철판, 모래, 젖은멍석 등을 주변에 비치할 것. 6-3. 시공법 확인 (1) 아스팔트 프라이머 1) 도포량이 0.3ℓ/m² 정도를 표준으로 하고 있는가. 하지 표면상태에 따라 다르지만 바르는 목적은 다음과 같다. ① 방수 시공시 하지콘크리트 내에 있는 습기의 침출을 방지하고, ② 가열된 아스팔트가 하지에 잘 흘러 퍼져 도포되도록 하기 위한 것. 2) 건조된 상태에서 루핑을 붙이는가. ① 바르는 방법은 솔, 스프레이, 롤러로 시공할 것. 3) 드레인에는 프라이머를 바르지 않는다. 4) 치올림 부분을 바를 경우 모서리에 흘러 떨어진 것은 바닥 평면부에 넓게 퍼지게 펼쳐서 균일하게 한다. 5) 바른 후 1일 이상 건조시켜 피막이 형성되도록 한다.(건조하지 않은 상태에서 루핑을 바르면 방수층이 뜬다) (2) 하지바탕과 접착을 보강하기 위한 조치를 확인 1) 드레인 주위 ① 망상루핑을 절단하여 붙인다.

감리할 종목	범위	주요 점검 사항	
6. 방수 시공		처리내용	② 구멍뚫린 루핑을 바른 후 2번째 루핑을 붙인다. ③ 3번째 루핑을 붙인 후 다시 망상루핑을 추가로 붙인다. 2) 모서리, 코너 부분에 변형 방지용 보강 붙이기 (3) 치올림부 방수말단부 코킹처리 확인
7. 방수 완료		처리방법	(검사) → 확인
		처리내용	7-1. 방수층 누수검사 (1) 물을 부어 방수층 누수테스트 1) 옥상 드레인 주위를 모르타르 등으로 막고 물을 부어 24시간 이상 누수되지 않는 것을 확인하든가, 비가 올 때를 기다려 확인한 다음 후속 공사를 진행한다. 2) 화장실, 욕실, 욕조 등은 24시간 이상 누수 이상 유무를 확인한 다음에 보호모르타르를 바른다. 7-2. 방수층 절단검사 (1) 절취한 방수층의 외관을 검사하고, m^{2}당 환산중량을 검사하는 방법이나 현실적으로 매우 어렵다.
8. 보호층 시공		처리방법	(입회) → 확인
		처리내용	8-1. 옥상 보호용 누름콘크리트가 있는 경우, 절연층 및 보호층을 점검 (1) 보호콘크리트(누름콘크리트)는 반복되는 구체의 건조수축으로부터 방수층을 보호하기 위해 실시(또는 보호모르타르)한다. (2) 방수층과 보호콘크리트 사이에는 폴리에틸렌필름 0.2mm 등을 삽입하여 절연시킨다. (3) 보호모르타르일 때 배합비는 1:3(용적비)으로 하고 단위수량이 적은 된비빔으로 한다. (4) 보호모르타르 운반용 카트 등을 사용할 경우에는 방수층이 손상되지 않도록 비계발판을 설치한다. 8-2. 내부방수일 때 (1) 보호모르타르 배합비는 1:3으로 하고 두께는 15~20mm로 바른다.
9. 신축줄눈 시공		처리방법	(입회) → 확인
			9-1. 누름콘크리트 신축줄눈 점검 9-2. 줄눈간격과 줄눈파기는 방수층 보호재의 표면 깊이까지 파져 있는가 확인. 9-3. 바닥에 클링커, 타일을 붙였을 경우에는 신축줄눈은 비교적 크게 하고, 하부 누름콘크리트의 줄눈과 일치하고 있는가를 확인 9-4. 준눈재료의 점검 (1) 고분자계(경질 · 연질염화비닐 등)일 때 1) 누름콘크리트와 부착력이 좋은가. 2) 내후성이 있는 재료인가. 3) 습도에 대한 특성이 우수한가를 확인한다.

감리할 종목	범위	주요 점검 사항	
9. 신축줄눈 시공		처리방법	(입회) → 확인
		처리내용	(2) 아스팔트계일 때 1) 줄눈설치 요령이 올바르게 되고 있는가.(줄눈 만드는 방법 참조) 2) 충전재는 아스팔트 컴파운드인가, 강력코킹재인가. 3) 슬래브 위에 사용한 줄눈재가 흐른 채로 둔 곳은 없는가.(상부에 마감재가 있는 경우 마감재의 박리나 균열의 원인이 되므로 깨끗이 청소해야 함) 9-5. 줄눈재 시공시 주의사항 (1) 줄눈봉 하단까지 충전되어 공극이 없는가.(하부 폴리에틸렌 표면까지 도달되게 해야 함) (2) 줄눈봉에 보호콘크리트를 타설할 경우 구불하게 휘어지지는 않았는가, 줄눈봉이 임시고정 모르타르로 완전히 묻히지 않게 상부 끝으로부터 최소 30mm 이상 남겨두고 설치되어 있는지 확인.(줄눈봉 상부까지 모르타르가 묻히면 보호콘크리트에 균열, 박리를 일으키는 원인이 된다.(9-2-1.4의(2) 참고) (3) 줄눈나누기를 위한 먹줄놓기시 장비 등에 의한 방수층에 구멍, 파손이 일어나지 않도록 할 것.
10. (누름) 보호층		처리방법	(입회) → 확인
		처리내용	10-1. 보호콘크리트일 때 (1) 평탄부의 보호층 확인 1) 콩자갈콘크리트, 보통콘크리트를 사용할 때는 물시멘트비를 55% 이하로 할 것. 2) 콘크리트 두께는 콩자갈일 경우 60mm, 보통콘크리트일 때 80mm 이상으로 하고, 용접철망을 삽입하여 균열이 발생하지 않도록 하고, 배수로 상단부에서 하단부까지 일정한 두께를 유지해야 한다. 3) 배수구 주변은 쇠흙손으로 마감하고 배수로 하단부는 하부바탕으로부터 최소 40mm 이상의 두께를 유지해야 한다. (2) 치올림 부분의 보호층 확인 1) 벽돌로 마감할 경우 이면에 모르타르로 충분히 충전하고, 표면은 방수모르타르로 쇠흙손 바르기를 한다.(치장일 때는 V 줄눈을 @1,000으로 설치) 2) 콘크리트 보호층인 경우에는 매설된 철근과 20cm 이상 결속시켜 방수재가 떨어지지 않도록 밀착시킨다. 10-2. 콩자갈 보호층일 때 (1) 입도 ø30~40mm 이상으로 고르게 깐다.

9-3-2 도막방수공사

감리 종목	범위	주요 점검사항	
1. 하도급업체		처리방법	(검토) → 승인
		처리내용	1-1. 방수업체 선정 및 보증서 확인 1-2. 재료와 공법 확인
2. 시공도 승인		처리방법	(검토) → 승인
		처리내용	2-1. 도포할 범위 확인 2-2. 도포한 면의 마무리상태 점검
3. 현장재료 보관상태		처리방법	(입회) → 확인
		처리내용	3-1. 용제형 도막방수제는 화기에 주의해야 하므로 보관, 시공시 화기에 대응하도록 되어 있는지 확인 3-2. 용제에 의한 영향으로는 중독성 가스를 발생시키므로 실내시공에서는 통풍, 환기가 충분히 되도록 되어 있는지 확인
4. 하지면 상태 확인		처리방법	(검사) → 확인
		처리내용	4-1. 하지면에 부착된 유지분은 시너로 닦아낸다.(레이턴스, 먼지 등은 박리의 원인이 되므로 돌출물은 정이나 와이어브러시 등으로 완전히 제거하여 평활한 면이 되도록 해야 함) 4-2. 바닥면이 패이거나 고르지 못한 곳은 합성고분자에멀션이 함유된 모르타르로 평활하게 하고, 모르타르가 뜬 곳도 같은 방법으로 보수한다. 4-3. 방수층 시공 전에 하지에 균열이 있으면, 퍼티, 코킹재 등으로 문질러 메운다. 4-4. 철근 등이 있을 경우에는 주변을 V커팅하여 절단한 다음 퍼티재로 메우고, 프라이머를 바른 다음 에폭시 수지 약액 등을 주입한 후 그라인더하여 보수한다. 4-5. 하지의 건조가 충분하지 않으면 접착이 저하되거나 부풀어오르는 현상이 발생하므로 건조상태를 철저히 검사 · 확인한다.
5. 방수 시공 확인		처리방법	(입회) → 확인
		처리내용	5-1. 상온 시공이 가능한가.(외기온도가 5℃ 이하면 재료분리 등의 영향으로 경화 불량을 일으킴) 5-2. 보통 주제와 경화제의 혼합물이기 때문에 혼합비의 관리와 혼련에 주의 5-3. 배합된 액체를 그대로 두면 화학반응에 의해 사용할 수 없게 되므로 필요한 소요량만을 혼합하여 사용할 것. 5-4. 프라이머는 하지에 있는 먼지 등을 줄이는 동시에 접착을 좋게 한다. 5-5. 절삭된 곳 및 배수관 주위 등의 취약한 부분은 메시 등의 보강재를 붙인다.

감리 종목	범위	주요 점검사항	
5. 방수 시공 확인		처리내용	5-6. 완충재, 보강재가 있는 곳은 겉다짐, 조인트테이프 붙이기를 하고 드레인, 파이프 주위에 붙인 시트 말단부에는 실링으로 마무리한다. 5-7. 혼합된 방수액은 바로 솔 등으로 2~3mm로 균일하게 발라 도막을 형성시킨다. 5-8. 시공면에 수분이 있으면 혼합 교반 시에 들어간 공기로 인해 방수막에 기포(핀홀)가 생기므로 주의할 것.(필요한 경우 탈기반을 설치함) 5-9. 시공 후 일정시간 이내에 비를 맞게 되면 도막에 이상이 발생하므로 주의할 것. 5-10. 보행용일 때는 매트재, 비보행용일 때는 탑코트재를 혼합하여 스프레이로 뿌리든가, 롤러 솔로 문질러 바른다.
6. 방수 완료		처리방법	(검사) → 확인
		처리내용	6-1. 말단부 상태와 핀홀, 먼지 등이 혼입되었는가 확인 6-2. 코너 모서리 부분의 도막상태 확인 6-3. 양생 후 24시간 만수시험을 한다.

9-3-3 침투성 방수공사

<table>
<tr><th>감리 종목</th><th>범위</th><th colspan="2">주요 점검사항</th></tr>
<tr><td rowspan="2">1. 침투성 방수제</td><td rowspan="2"></td><td>처리방법</td><td>(검토) → 확인</td></tr>
<tr><td>처리내용</td><td>1-1. 비실링계의 침투성 방수제 점검
(1) 콘크리트, 타일, 벽돌, 석재, 기와 등에 침투성(약 0.6~6.4mm 정도)을 지닌 용제가 휘발되면 처리물의 표면이나 모관의 벽에 따라서 화학반응에 의한 케미컬층을 형성한다.(케미컬방수는 약 5~10년 정도 효과가 있음)
(2) 목재용은 소재의 열화방지, 비틀림, 균열방지 또는 방부, 곰팡이방지제를 포함하며 발수성 목재 보존제로 이용되고 있다.
1-2. 시공방법 확인
(1) 신규 콘크리트면에는 최소 10일 이상 건조되어야 한다.
(2) 구체의 균열, 곰보 등은 실링재나 시멘트로 메운다.
(3) 도포면에 먼지, 진애, 오래된 페인트 등은 충분히 제거하고 청소한다.
(4) 비가 온 직후에는 시공하지 말 것. 도포면이 건조된 후 맑은 날에 시공할 것.
(5) 충분히 혼합하여 사용하고, 도장방법은 에어리스 스프레이, 롤러솔, 붓솔 등으로 방수액이 표면에 마를 정도로 충분히 스며들게 바른다.
(6) 2회 도포한다.(24시간 후에 2회째를 바른다)
1-3. 시공상 주의사항
(1) 보관은 5℃ 이상을 유지하고, 시공은 5℃ 이하에서는 불가함.
(2) 시너나 물로 희석시키지 말고 그대로 사용할 것.
(3) 시공시 화기가 근접하지 않도록 할 것(인화점 40℃)
(4) 밀폐된 옥내에서 시공시는 환기장치를 할 것.
(5) 시공 후 2시간 이내에는 물이 접하지 않게 할 것.
(6) 도료의 상도로 사용할 경우에는 1~4일 이상 건조시킬 것.
(7) 유리, 금속 등에 묻었을 때는 도료용 희석액(시너) 등으로 닦아낼 것.</td></tr>
<tr><td rowspan="2">2. 침투형 흡수방지재</td><td rowspan="2"></td><td>처리방법</td><td>(검사) → 확인</td></tr>
<tr><td>처리내용</td><td>2-1. 침투형 흡수방지재 점검사항
(1) 도장할 물체 내부로 침투시키면 재료 조직내 수분과의 반응에 의해 화학결합이 생겨 강력한 흡수방지층을 형성하게 되어 여러 재료가 우수 등에 의한 노화, 백화, 오염 등을 방지할 수 있다.
2-2. 시공법 확인과 주의사항
(1) 도포할 면의 청소상태 확인
(2) 양생방법 점검, 확인
(3) 바르는법(롤러, 스프레이로 바른다)</td></tr>
</table>

9-3-4 실링방수공사

감리 종목	범위	주요 점검사항	
1. 실링재 (탄성실링재)		처리방법	검토) → 확인
		처리내용	시공장소 및 탄성실링의 종류 확인 1-1. 폴리설파이드((Polysu fide)계 시공장소 (1) 줄눈용 실링재 1) 새시와 새시의 접합부 2) 새시와 유리 접합용 3) 치올림 부위의 줄눈충전용 4) 커튼월, 환기구, 관통파이프와 콘크리트 간의 간극 충전용 등의 실링재로 사용 (2) 콘크리트 조인트용 1) 콘크리트 이어치기 줄눈용 2) PC콘크리트 설치시 접합용 (3) 신축줄눈용 1) 벽, 바닥, 타일 등의 신축줄눈용으로 사용 1-2. 폴리우레탄(Polyurethane)계 시공장소 콘크리트 이어치기 부분에 사용(폴리설파이드계에 비해 내알칼리성, 내유성이 부족하므로 주의할 것) 1-3. 실리콘(Silicone)계 시공장소 (1) 신축이 큰 부분부재의 조인트용 실러 1) 유리와 유리의 접합부 2) 플라스틱류의 조인트 접합부 (2) 줄눈용 1) 금속, 커튼월 등의 줄눈용 (3) 조인트용 실링재 1) 대리석 등 치장재의 줄눈용, PC콘크리트 설치부 등
2. 줄눈 시공		처리방법	(입회) → 확인
		처리내용	2-1. 줄눈의 치수를 검토 (1) 줄눈의 형상은 두 물체를 접합하는 경우와 겹치는 경우가 기본이고 두 개를 조합하는 경우도 있다. (2) 줄눈의 종류에 따라 실링재가 받는 응력이 다르기 때문에 줄눈의 형성과 피착체의 종류를 확인한다. (3) 시공 가능한 최소 및 최대 줄눈폭을 확인한다.(9-2-4.의 5. 그림 참조) 2-2. 가동줄눈의 마감상태를 점검.(9-2-4.의 5. 그림 참조) (1) 2면접착으로 되어 있는지 확인 2-3. 줄눈시공이 가능하게 되어 있는가 확인, 시공할 곳에 실링건의 분출구가 도달했는지 확인 2-4. 실링재 시공순서를 철저히 지키고 있는가를 확인 (1) 하지조정 및 처리 (2) 규격에 맞는 백업재 충전과 확인(충전하려는 개소의 폭보다 약간 큰 것을 사용함)

<table>
<tr><th>감리 종목</th><th>범위</th><th colspan="2">주요 점검사항</th></tr>
<tr><td rowspan="2">2. 줄눈 시공</td><td rowspan="2"></td><td>처리방법</td><td>(검토) → 확인</td></tr>
<tr><td>처리내용</td><td>(3) 시공 중에 충전개소 이외의 오염 방지를 위해 줄눈입구의 표면에 양생용 마스킹 테이프를 붙인다.
(4) 안정된 접착 확보와 내수성 향상을 위해 프라이머를 바른다.(피착체에 따라 다른 전용 프라이머를 사용하고, 보통은 프라이머 도포 후 상온일 때 약 30분 후에 실리콘 충전이 가능하다.)
(5) 실리콘재의 충전
1) 기온 10℃ 이하일 때, 우천시, 먼지가 많을 때는 시공하지 않는다.
2) 압출하는 건으로부터 공극이 생기지 않도록 충전하고 표면은 눌러서 평활하게 마감한다.
(6) 마무리 다듬질을 한 후 시공한다.
(7) 마스킹 테이프를 제거한다.
(8) 청소한다.
(9) 양생된 상태를 확인한다.
1) 완전 경화할 때까지 손으로 만지거나 진동을 주어서는 안 된다.
2) 시공 후 실링재의 손상, 오염 등을 방지하기 위해 보호테이프를 붙이기도 한다.</td></tr>
</table>

제10장

내부칸막이공사(天障 · 間壁工事)

10-1 내부칸막이공사 사전 점검사항

10-1-1 시공 전 일반사항 확인

1. 설계도 · 시방서상의 상세도, 전개도, 특기사항과 견적서 내용 및 요구성능 확인
2. 시방서에 지정된 제조메이커, 상품명 검토
3. 실내용도에 적정한 재료인지 재료의 적성 여부 검토
4. 건축법의 제한 유무 확인, 제조사와 협의한 검사 납품 공정표 확인
5. 구체와 바탕과의 적합성 여부 확인
6. 재료의 종류, 형상, 색, 치수가 모양별로 분류되어 있는지, 사용 구분 여부 확인
7. 메이커 시공 범위, 재료와 수량, 치수, 수급처, 계약조건 검토.

10-1-2 재료의 종류별 특징 확인

1. 석고보드, 섬유시멘트판, 금속판, 플라스틱판, 흡음판, 벽지 등의 재료별 특징 확인
2. 사용하는 보드의 종류, 두께, 방청, 내열, 이종금속과의 접합, 접착제의 종류, 치수의 정밀도 등을 확인
3. 재료의 신축성(伸縮性), 적정시공법인지 여부를 확인

10-1-3 시공계획

1. 필요에 따라 현촌도, 시공도 및 시공요령서를 별도로 작성한다.
2. 해당 공사가 전체 공사에 점유하는 비율이 높은 경우 타공정과의 관계를 검토한다.
3. 재료의 납기와 발주시기를 검토한다.
4. 시공순서를 검토하여 확인한다.

5. 사용할 보드의 재질, 분할, 마감줄눈 등을 협의 · 검토한다.

6. 바탕재의 강도 · 방식처리, 개구부 주변 처리, 설비기구 위치 및 관통 등을 점검한다.

7. PC판, ALC판인 경우 소정의 위치에 인서트 매립을 확인한다.

8. 현장내 제품운반 및 보관장소의 지정, 보관방법을 검토한다.

10-1-4 시공과 검사 및 양생

1. 비계 · 조명 · 동력용 전원 반입통로, 적치장을 검토하여 지정한다.

2. 재료 검사시 견본품과 비교 · 확인 검사하고, 시공에 필요한 먹줄을 확인한다.

3. 작업구간의 환경조건, 청소상태를 확인한다.

4. 화재예방에 대한 대책을 수립하고 교육한다.

5. 통행차단 기간, 구역, 통행개시 일정을 명시한다.

6. 해당 작업 부위의 주변이 틈이나 들뜬 부위가 없는지 사전에 점검한다.

7. 시공 후 사용한 접착제 등으로 오염된 부분을 청소한다.

8. 타작업 공사로 인한 오염대책을 수립한다.

10-2 내부칸막이공사 시공관리 및 감리요점

10-2-1 시공관리 참고자료

1. 칸막이벽 시공순서

(1) 러너 설치 : 먹놓기를 따라 러너(Runner)를 못 타설총 핀을 사용하여 900mm로 고정시킨다.

(2) 메탈스터드 절단 : 상부 러너의 높이에 맞추어 절단하고 흔들림 방지재가 수평으로 통과되도록 관통구멍의 위치를 조절한다.

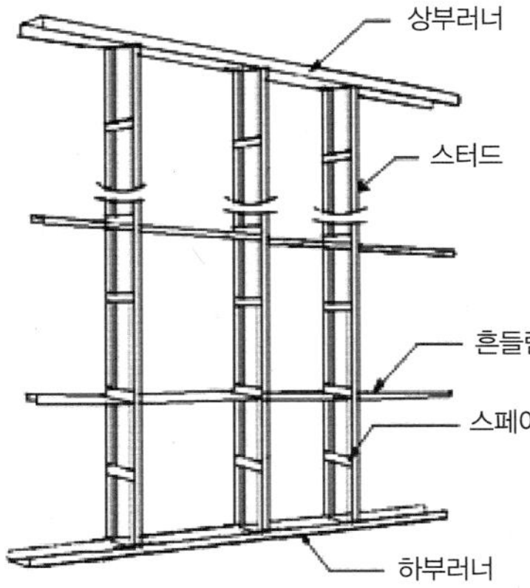

각 부재의 명칭

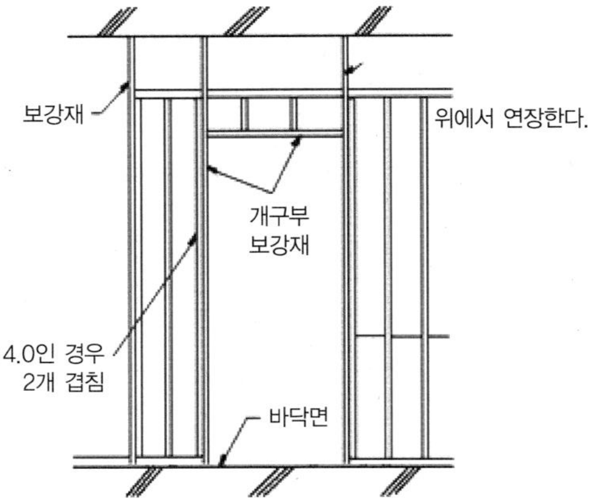

개구부 보강

(3) 스페이서 설치

(4) 스터드(Stud) 세우기 : 사잇기둥인 스터드를 상·하 러너에 끼워넣고 반회전시켜 부착되는 틈에 세워 넣는다. 스터드의 간격은 바탕붙임이 있는 경우 @450 내외, 바탕붙임이 없는 경우는 @300 내외로 한다.

(5) 흔들림 방지재 설치 : 바닥면 러너 하단에서 1.2m 정도마다 흔들림 방지재를 스터드 구멍에 끼워넣는다.

(6) 개구부 보강 : 출입구 등의 수직방향 보강재, 수평방향 보강재와 측벽 단부, 덕트, 파이프관통 등을 보강한다.

(7) 차음벽공법

1) 싱글스터드공법

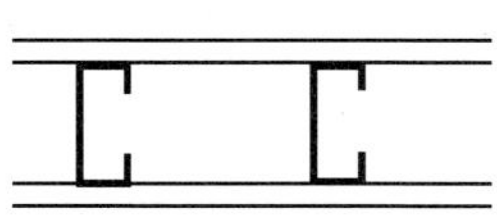

2) 엇모스터드공법

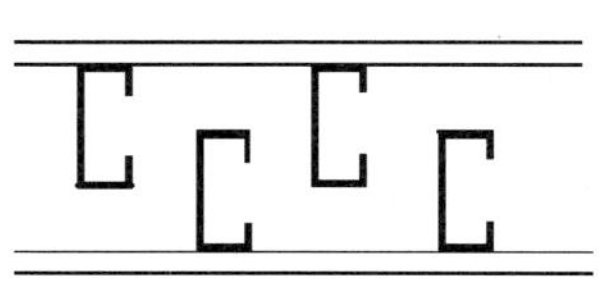

3) 더블스터드·더블러너공법

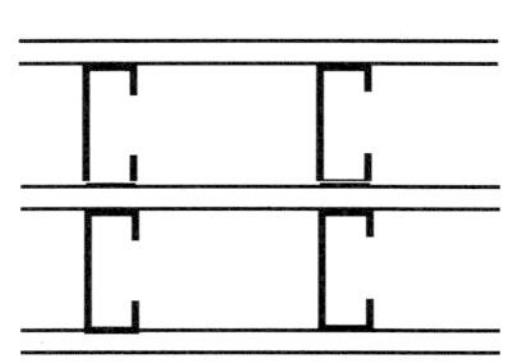

(8) 차음벽 마감 사례

차음성능을 항상 유지하기 위해서는 구체 부분에 창이나 문틀 사방으로 차음 실(seal)을 철저히 할 필요가 있다.

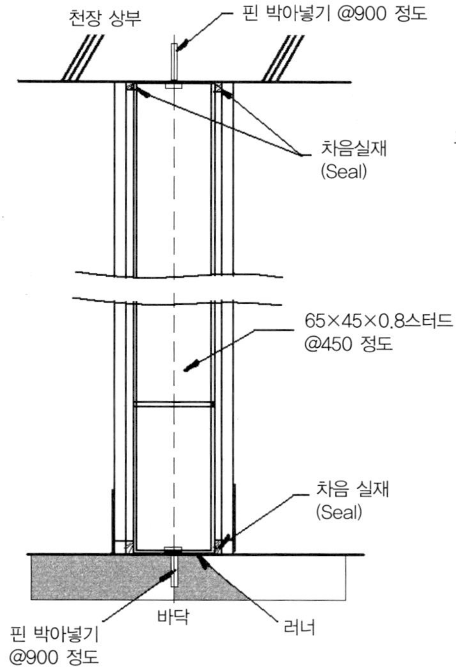

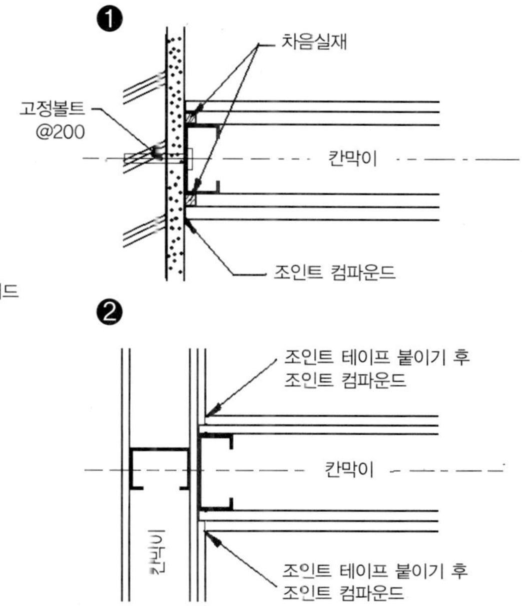

① ②벽 접합 경우

2. 금속파티션 (Steel Partition)

(1) 패널 나누기 기본모듈 : W=1,200~1,500(최대 1,700, 최소 100), 패널높이 H=3,000

(2) 자립패널방식으로 시공 : 강판 두께는 0.8mm 이상, 판 두께는 대개 60mm, 접속부 줄눈폭은 12mm, 깊이 6mm

(3) 차음 및 단열효과 : 소요의 효과를 얻기 위해서는 내부에 록울 30kg/m^{3}를 충전(글라스울 12kg/m^3)

(4) 패널 표면 도장

① 방청처리한 위에 고온(180℃에서 30분) 아크릴계 합성수지 도장을 한다.

② 소부도장한 위에 3분간 광택(도막의 경도는 연필 4H 정도)을 낸다.

③ 판 표면에 무늬목이나 피혁(Leather)을 붙이기도 한다.

(5) 유리고정재 : 경질 알루미늄 누름대를 사용

(6) 변형에 대한 클리어런스 : 층간 변위 1/150에 견디어야 한다.

(7) 전선배관 : 전선배관은 횡방향에서는 걸레받이, 가로대의 공간을 이용하고, 종방

향에서는 패널의 접속부를 이용하고, 스위치, 콘센트와 아웃트렛 박스(Outlet Box) 등은 공장에서 패널제작시 조립

(8) 시공범위 : 바닥 및 천장마감 후 시공, 유리끼우기, 도어설치를 포함하며 완료 후 청소까지이며, 설치시 천장 보강공사, 배선공사와 문짝 및 도어클로즈(DC)는 별도로 함.

3. 포스트방식 파티션(Post Stud Partition)

(1) 포스트 스터드(Post Stud) : 소요폭이 30mm 또는 50mm(두께 2~5mm)의 일정 길이로 압출성형된 중공각주나 스터드채널을 사용한다. 경질알루미늄, 백색알루마이트 표면 처리가 되어 있다.

(2) 패널

① 두께 30mm, 컬러강판 두께 0.5mm, 중간 심(Seam)재로 사용하는 페이퍼허니컴에 압착가공한 샌드위치 패널로 표면마감으로는 합판 등을 사용하여 도장한다.

② 두께 12mm 집섬보드를 붙이고 표면에 치장용 라미네이터를 붙이는 방식이다.

(3) 도어 : 강판 플러시 도어 또는 목재 플러시 도어에 표면 처리

(4) 유리 : 형판 4mm 또는 지정품 플러시

4. 슬라이딩월 방식(Sliding wall)

(1) 패널 최대폭 1,200mm, 최소폭 650mm, H=4,000 한도이다.

(2) 패널 내부에 방음재가 충전(록울, 글라스울, 석고보드, 납판 등)되어 있고, 패널 판두께는 50~100mm 등이 있다.

(3) 패널 상부에 특수볼베어링이 내장되어 회전이 가능하도록 된 것이다. 커브레일을 사용하여 임의 장소로 이동이 가능하다.

(4) 패널 표면재 : 강판 두께 0.8mm에 소부도장, 합판 두께 6.0mm 위 오일페인트(OP) 또는 비닐, 무늬목 등으로 마감한다.

(5) 걸레받이, 가로대, 부속형재는 주로 알루미늄 압출재로 마감한다.

(6) 행거레일은 다음 그림처럼 두 가지 타입이 있고, 알루미늄 또는 스테인리스제로 52×50×3.2t이다.

(7) 차음효과를 높이기 위해 하부에 수직낙하하는 슬라이드 장치(Drop Seal이 바닥면에

눌리도록 한 것)를 상부에 설치한다. 바닥면에 닿는 재료는 연질고무 혹은 모헤어(Mohair) 등을 사용한다.

(8) 차음효과 향상을 위해서 다음과 같은 재료를 이용하기도 한다.

① 연판(납), 철판 등의 차음재를 패널 내부에 넣어 조립하기도 한다.

② 2열 이상 슬라이딩 월인 경우 중간간격은 1,000mm 이상 공기층을 설치하고, 패널이 넓은 경우 나누기는 줄눈이 다르게 하는 것이 좋다.

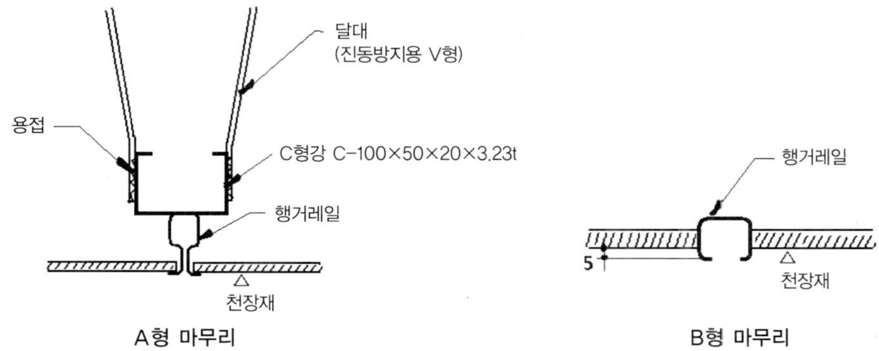

(6)의 행거레일 두 가지 타입

내부칸막이공사 감리공정 사례

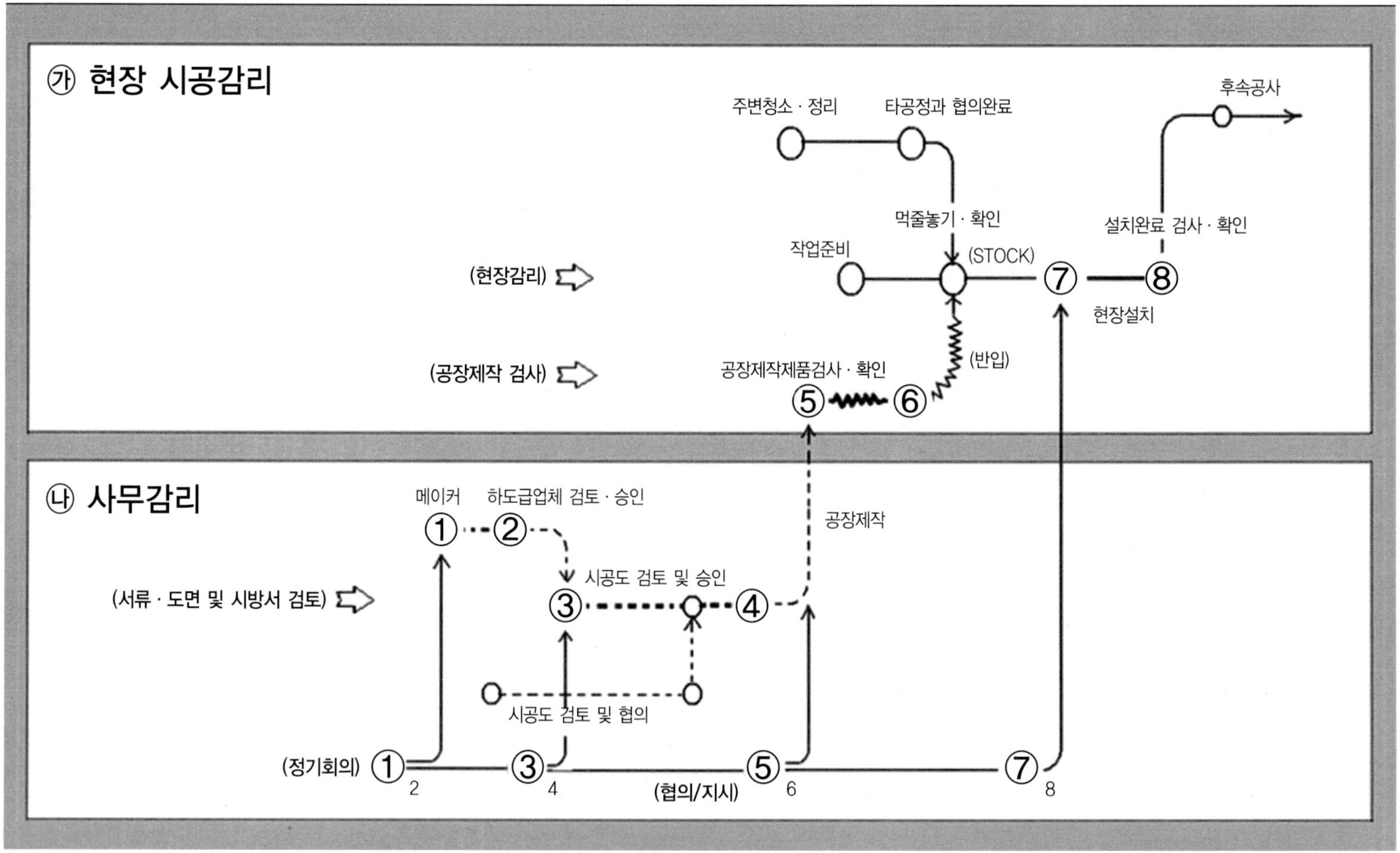

10-3 #별표, 칸막이공사 감리 주요 점검사항

감리 종목	범위	주요 점검사항	
1. 메이커 및 하도급자		처리방법	(검토) → 승인
		처리내용	1-1. 제조사의 지정 여부, 시공전문업체 확인 (1) 스틸 파티션 (2) 스터드방식 파티션 (3) 슬라이딩방식 파티션
2. 설계도 및 시공도		처리방법	(검토) → 승인
		처리내용	2-1. 스틸 파티션 (1) 칸막이의 위치와 형상을 확인 (2) 방화성능과 방화구획이 잘 되어 있는지 확인(방화구획인 경우 특히 천장 내부에 있는 벽에 주의) (3) 차후에 칸막이가 제거되어도 문제가 없는지, 마감에 주의 (4) 예상한 치수 또는 나누기 치수를 확인 (5) 내부의 록울 등 단열재 나누기 치수 확인 (6) 스위치류의 마감 확인 (7) 기타 패널 설치에 따른 바탕보강재 확인 (8) 층간변위에 대한 확인(특히 고층인 경우는 문제가 발생) 2-2. 스터드방식 파티션 (1) 칸막이 위치 확인, 향후 이전이나 제거할 경우 천장, 바닥, 벽과 연결 부위에 대한 점검 (2) 포스트(스터드) 크기(안치수, 외부치수)와 패널 시공도 확인 (3) 패널과 도어의 표면 마감재 확인 (4) 방화성능 및 차음성능 확인 (5) 콘센트, 스위치류의 매입과 위치 확인 (6) 패널 설치를 위한 바탕보강재 확인 (7) 층간변위성에 대한 확인 2-3. 슬라이딩방식 파티션 (1) 칸막이 위치 및 타 설치재와의 관계 확인 (2) 패널의 크기(치수 H, W) 및 표면재 확인 (3) 패널의 두께와 방음, 단열재 충전상태를 검사하고 확인 (4) 이중 칸막이인 경우 줄눈나누기 위치가 다르게 되어 있는지 확인 (5) 수납장의 크기와 위치 확인 (6) 행거레일, 달대볼트의 흔들림방지용 보강재, 용접장소와 길이 등확인
3. 제품		처리방법	(검사) → 확인
		처리내용	3-1. 창호 및 칸막이가 규정된 치수(H, W)로 제작되어 있는지 확인 3-2. 외부치수와 내부충전재의 충전이 시공도와 일치한지 확인

감리 종목	범위	주요 점검사항	
3. 제품		처리방법	(검사) → 확인
		처리내용	3-3. 표면마감재 확인 3-4. 도어, 유리, 비늘살문, 철물 등이 시공도와 일치하고 있는지 확인 3-5. 설치장소 주위가 협의한 시공도와 일치하게 가공되어 있는지 확인 3-6. 그 외에 취부될 부분의 보강재는 충분하게 되어 있는지 확인 3-7. 파손, 오염 등의 결함 부위가 없는지 확인
4. 설치 완료		처리방법	(검사) → 승인
		처리내용	4-1. 칸막이 기둥, 패널 등의 위치(수직, 수평)와 치수는 정확한가 창호의 위치와 개폐방향, 설치는 정확하게 되어 있는가 4-2. 설치 주변의 고정 등이 잘 마무리되어 있는가 4-3. 공사완료 후 차음성능은 충분한가 4-4. 패널 및 창호설치 후 누락된 것은 없는가 4-5. 조작에 있어 불편하거나 문제가 되는 것은 없는가 4-6. 파손, 오염된 곳 없이 잘 보양되어 있는가

제11장

내부수장공사(內部修裝工事)

11-1 내부수장공사 사전 점검사항

11-1-1 시공 전 일반사항 확인

1. 공통사항

① 설계도 · 시방서상의 상세도, 전개도, 특기사항과 견적서 내용 확인

② 시방서에 지정된 제조메이커, 상품명 검토

③ 실내용도에 적정한 재료인지 재료의 적합성 여부 검토

④ 건축법의 제한 유무 확인

⑤ 구체와 바탕과의 적합 여부 확인

⑥ 재료의 종류, 형상, 색, 치수가 모양별로 분류되어 있는지 사용 구분 여부 확인

⑦ 재료의 수량, 수급처, 시공업체에 대한 검토

2. 재료의 종류별 특징 확인

① 석고보드, 섬유시멘트판, 금속판, 플라스틱판, 흡음판, 벽지 등의 재료별 특징을 확인

② 사용하는 보드의 종류, 두께, 방청, 내열, 이종금속과의 접합, 접착제의 종류, 치수의 정밀도 확인

③ 재료의 신축성(伸縮性), 적정시공법인지 여부를 확인

3. 시공계획

① 필요시 현촌도, 시공도 및 시공요령서를 별도로 작성

② 해당 공사가 전체 공사에 점유하는 비율이 높을 경우 타공정과의 관계 검토

③ 재료의 납기와 발주 시기 검토

④ 시공순서를 검토하여 확인

⑤ 사용할 보드의 재질, 분할, 마감줄눈 등을 협의 · 검토

⑥ 바탕재의 강도 · 방식처리, 개구부 주변처리, 설비기구 위치 및 관통 등을 점검

4. 시공과 검사 및 양생

① 비계 · 조명 · 동력용 전원 · 반입통로 · 적치장을 검토하여 지정

② 재료검사시 견본품과 비교 · 확인 · 검사 후 보관장소 지정

③ 작업구간의 환경조건, 청소상태를 확인

④ 화재예방에 대한 대책을 수립하고 교육

⑤ 통행차단 기간, 구역, 통행개시 일정을 명시

⑥ 작업 해당 부위 주변이 틈이나 들뜨는 부위가 없는지 사전에 점검

⑦ 시공 후 사용한 접착제 등으로 오염된 부분을 청소

⑧ 타작업 공사로 인한 오염대책 수립

11-1-2 부위별 주요 점검사항

1. 바닥

① 재료와 색상을 달리하는 경계, 다른 재료와 접합 브위에 대한 검토

② 벽, 걸레받이, 가장자리(border)와의 접합에 대한 검토

③ 바탕과 마감재와 문틀 하부와의 간극 검토

④ 바닥의 고름상태, 凹凸, 손상 검사, 보수 확인

⑤ 바탕 표면의 건조상태 검사

⑥ 프라이머 여부와 접착제의 사양을 검토하고 도포량이 적정한지 확인

⑦ 재료에 따른 오픈타임과 누름상태는 적정한지 확인

⑧ 비닐시트인 경우 부풀어 오르는 현상이 없는지, 치올림 부분의 마감이 잘 되었는지 검토

⑨ 융단마감인 경우 까는 방향 설정, 하지용 펠트의 두께, 접착방법 등을 검토

⑩ 왁스 및 광내기 시기는 검토되었는지 확인

2. 벽 · 천장

① 벽 · 천장의 요구성능을 파악하여 검토

② 줄눈의 폭, 이음의 종류와 처리방법을 검토

③ 사용하는 재료의 재질, 두께, 가장자리 상태는 적절한지 확인

④ 바탕의 상태, 개구부의 보강과 시공법은 적정한지 확인

⑤ 사용하는 못의 종류, 재질, 이음, 접합간격은 적정한지 확인

⑥ 금속재인 경우 이종금속간 접촉에 의한 방식은 검토되었는가, 방청 및 내열, 내약품성에 대해 검토되었는지 확인

⑦ 재료의 치수정밀도에 대한 검사가 이뤄졌는지 확언

⑧ 시스템 천장인 경우 설비기구 취부에 대한 검토와 지진 등의 진동에 대한 검토가 이뤄졌는지 확인

11-2 내부수장공사 시공관리 요점

11-2-1 시공관리 참고자료

1. 바닥재

(1) 암스트롱 롤 바닥재

1) 두께 : 1.6, 1.8, 1.9, 2.2, 2.3, 2.4, 2.5mm 이상

2) 시공시 체크해야 할 사항

① 모르타르 및 콘크리트 바탕면에 레이턴스, 페인트, 기름 등은 시공 전에 필히 제거한다.

② 패턴 맞추기에 주의한다.

③ 벽측으로는 0.5~1mm 짧게 절단한다.

④ 시공 후 반드시 핸드 롤러로 충분히 눌러서 마무리한다.

⑤ 줄눈마감인 경우에는 끼움재가 빠지지 않도록 무거운 것으로 눌러 놓는다.

⑥ 바닥 표면에 인쇄되어 있는 문자는 물걸레로 닦아낸다.

⑦ 줄눈으로 불거져나와 바닥에 붙은 접착제는 경화되기 전에 제거한다.

⑧ 시공 후 24~48시간 경과 후 소량의 물과 전용 클리너로 오염된 곳을 닦아내고, 건조된 후 전용 왁스로 마무리한다.

⑨ 바닥에 외부로부터 묻어온 모래 등으로 손상이 우려되므로 바닥에 상처가 나기 전에 조속히 처리한다.

⑩ 시공 후 4~5일이 지난 후 깨끗이 청소한다.

(2) 반경질비닐 아스베스트 바닥타일

1) 규격 : 304.8mm×304.8mm×두께 2~3mm

303.0mm×300.0mm×두께 2mm

2) 접착제 표준공법으로는 방재법, 저온시 경량바탕에 사용하는 속건법, 내수공법, 태양광에 강한 시멘트계 에폭시 등이 있다.

3) 바탕은 모르타르를 바른 후 2~3주간 잘 건조시킨다.(물, 기름 성분 접착제가 도포되어 있든가, 함유되어 있지 않아야 함)

4) 유지관리(maintenance) 점검사항

① 신발에 묻혀 들어온 흙먼지나 모래는 바로 쓸어내고, 딱딱하게 굳은 것은 제거 후

빗자루로 쓸어낸다.

② 비닐타일 표면에 오염된 왁스는 클리너로 세척한다.

③ 바닥에 오염된 오수는 즉시 제거한다.

④ 수용성 왁스는 월 2~3회 정도, 수지계 왁스는 평상시 유지관리에 좋으므로 보통 2회 도포를 원칙으로 하고, 통행량이 많은 곳은 3~4회 도포한다.(반드시 바닥을 건조시킨 후에 도포)

(3) 장척 염화비닐시트 바닥재

1) 규격 : 표면이 편편한 것은 두께 2.0, 2.5, 3.0, 3.5, 4.0mm 등이 있다.

2) 대리석 무늬로는 두께 2.0, 2.5mm 등이 있고, 규격은 1.8×18m이다.(배면에 부직포가 부착된 것도 있음)

3) 내유화성이 함유된 것은 화장실 등의 오물로 인한 얼룩방지에 우수하다.

4) 성능 체크

① 내구성, 내마모성 우수 : 철도, 버스, 병원, 학교, 보행량이 많은 곳에 사용한다.

② 내수성 : 이음매의 봉합용접(Seam welding : 용접공법이라고도 함)은 바닥을 매끈하게 한다.

③ 내약품성 : 산, 알칼리, 알코올류, 석유류 등을 사용하는 공장, 병원, 실험실 등에 사용한다.

④ 난연성 : 자기소화성이 있어 난연성을 필요로 하는 유조선에 사용한다.(단, 담뱃불을 밟아서 소화할 때처럼 순간 고열에는 흠집이 발생함)

⑤ 시공성 : 바닥과 부착성이 좋기 때문에 보조용 깔기가 필요하지 않다.

⑥ 내하중성 : 하중에 대한 회복성이 좋아 흔적을 남기지 않는다.

⑦ 유지관리성 : 표면이 평활하여 오염물이 쉽게 붙지않으며, 일상적인 관리는 걸레(麻布)로 닦는다.(수지왁스로 도포함)

5) 비닐계 바닥재인 경우 접착제는 바닥재 사용 장소와 조건에 따라 선택하고, 제조회사가 지정하는 접착제를 사용하는 것이 원칙이다. 특히 물을 사용하는 곳, 습기가 있는 곳, 지층 등에 결로가 생기기 쉬운 곳에는 에폭시수지계 접착제를 사용한다.

(4) 고무타일 바닥재

1) 규격 : 304.8mm×304.8mm×두께 3mm 등이 있다.

2) 내전(耐電) · 내약품 · 내화성이 풍부하고, 담뱃불에 견딘다.

3) 바닥에 습기가 없도록 할 것. 표준바탕으로는 모르타르이며, 접착제는 고무접착제

를 사용한다.

4) 유지관리는 보행량이 많은 곳인 경우에는 일주일에 1회 정도로 수지용 실러(sealer)를 도포한다.

(5) 비닐바닥재 시공

1) 바탕 : 충분히 건조시켜서 수분 8% 이하인지 체크하고, 모르타르는 14일, 콘크리트 바탕은 28일 이상 건조시켜야 하며, 알칼리성에 약한 바닥재나 접착제는 사용하지 않는다.

2) 임시깔기 : 시트류는 길이가 긴방향으로 수축되므로 길게 자르고, 임시깔기를 하고 24시간 이상 방치하여 말림을 수정한다.

3) 본깔기

① 용접공법 이외 접착제를 사용할 경우 빗살흙손을 사용하여 접착제를 바탕면에 균등하게 도포한다.

② 시트를 바닥에 붙인다.

③ 표면으로 나온 여분의 접착제를 닦아낸다.

④ 롤러 등으로 접착면에 기포가 남지 않도록 압착한다.

4) 양생 및 마무리

① 양생은 시공 후 통행이 많은 곳, 화장실, 세면소, 출입구 등 물이 닿을 수 있는 곳은 천이나 시트를 덮어두고 국부적인 하중이 가해지지 않도록 한다.

② 접척제가 경화되고 난 후 물빼기 청소를 한다. 건조 후 수지바니시로 광내기를 한다.(단, 천연고무계 고무바닥타일인 경우는 젖은 톱밥을 뿌리고 광내는 기구(polisher)를 사용하여 청소하고 광택냄)

(6) 합성수지계를 도포하는 바닥재

1) 케미컬 : 에폭시수지, 우레탄수지 등으로 유지관리방법은 물로 씻기(중성세제계의 세정제), 왁스(바닥타일 화학용 수지)처리 등이 있다.

2) 사용 주용도

① 주방

(가) 내약품성이 적은 천연쇄석이 들어 있는 에폭시수지 모르타르공법과 내약품성이 중간 정도의 에폭시수지 논스ㄹ공법, 모르타르공법, 라이닝공법이 있다.

(나) 특징

a. 논슬립 효과가 크다.

b. 내식성이 높아 기름, 세제, 설탕, 약품 등이 침투되지 않는다.

c. 이음매가 없는 바닥 시공이 가능하다. 기름찌꺼기나 먼지가 붙기 어렵다.

d. 여러 가지 색상을 조합하든가, 단색도포가 가능하다.

e. 다채색 테라초 마감이나 단색 마감이 가능하다.

② 실험실

(가) 케미컬 : 코팅공법, 라이닝공법과 내약품성이 적은 에폭시수지 코팅공법이 있다.

③ 외부 테라스, 풀장

(가) 케미컬 : 내약품성이 적은 에폭시수지 코팅공법을 사용한다.

3) 공법 검토

① 코팅공법 : 솔 또는 쇠흙손으로 1~3회 바탕에 바른다.

② 라이닝공법 : 유리섬유를 1매 이상 교차하여 샌드위치시켜 눌러 바른다. 내충격·내균열성이 있다.(유리섬유 1회 라이닝일 때 두께 1.0mm임)

③ 모르타르공법 : 수지에 경질골재를 혼합시켜 므르타르로 바르는 법이다.(두께 5mm 정도임)

④ 논슬립공법 : 수지코팅 위에 경질골재를 산포하는 법이다.(골재의 입도에 따라 보통 두께 1.2mm 정도임)

①

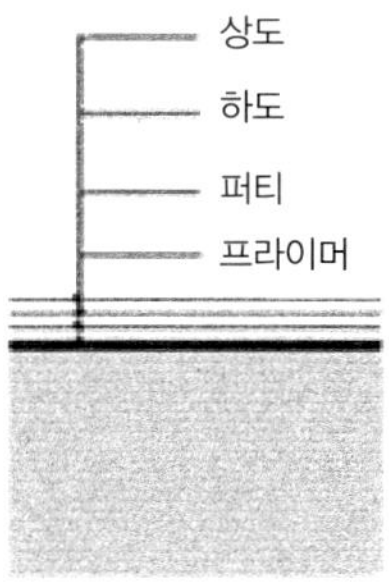

②

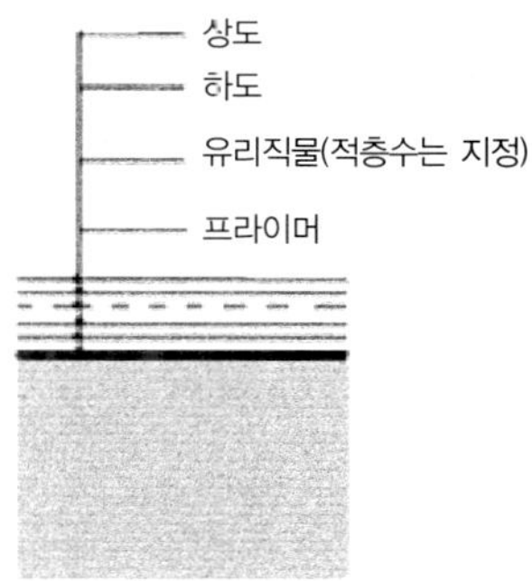

③

④

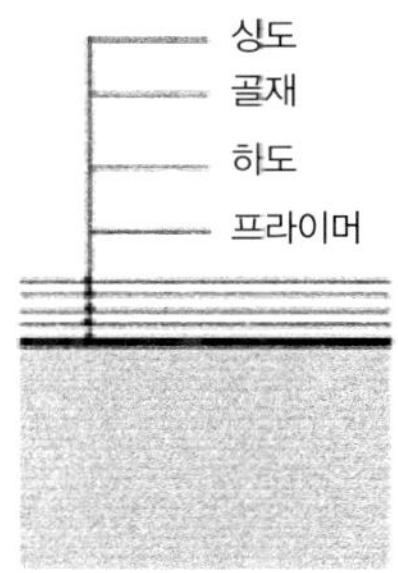

4) 공법에 대한 시공점검

① 바탕콘크리트(또는 모르타르)는 평활하게 마감되어 있는가, 각 코너 부분은 반경 30mm 정도로 r가 만들어져 있는지를 점검하고, 물구배는 바탕 시공시 바로 잡아야 하며, 경량콘크리트(신더콘크리트) 바탕에는 피하는 것이 좋다. 보통 건조양생기간은 2개월 이상이 필요하다.

② 콘크리트 바탕인 경우 1개월 이상, 모르타르인 경우는 2주일 이상 양생해야 하고, 표면 수분이 반드시 8% 이하로 건조되어야 한다.

③ 시공 후 3~10일간 양생이 필요하며, 시공 또는 양생 중의 온도는 20~25℃가 적당하다.

④ 바탕에 레이턴스나 오염물질이 있으면 사전에 제거하고, 시공 중이나 양생 중에 기름 또는 페인트류가 오염되지 않도록 한다.

(7) 카펫(융단)류의 바닥재

1) 카펫의 종류 : 표준시방서에는 융단(니들펀치카펫,윌튼카펫), 터프티드카펫, 타일카펫을 사용하여 마감하는 공사에 대하여 다음과 같이 규정하고 있다.

① 소방법에서 정하는 방염성능을 가지고 방염표시가 되어 있는 것을 사용한다.

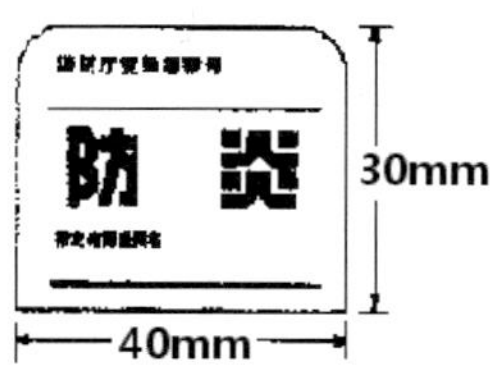

방염라벨

울마크

팬마크

② 융단의 파일사는 염색공정에서 방충 가공한 것을 사용한다.(울마크, 팬마크가 있는 것)

③ 카펫에는 정전기 발생 처리를 한다.(특기사항이 없는 경우 인체 대 전압수치 3kV 이하로 함 : JIS L 1023)

④ 바탕은 비닐시트 바탕과 동일하게 한다.

⑤ 견본품으로 피부에 닿는 느낌과 밟았을 때의 감촉, 색상, 무늬 등을 확인한다.

다음은 대표적인 카펫의 단면이다.

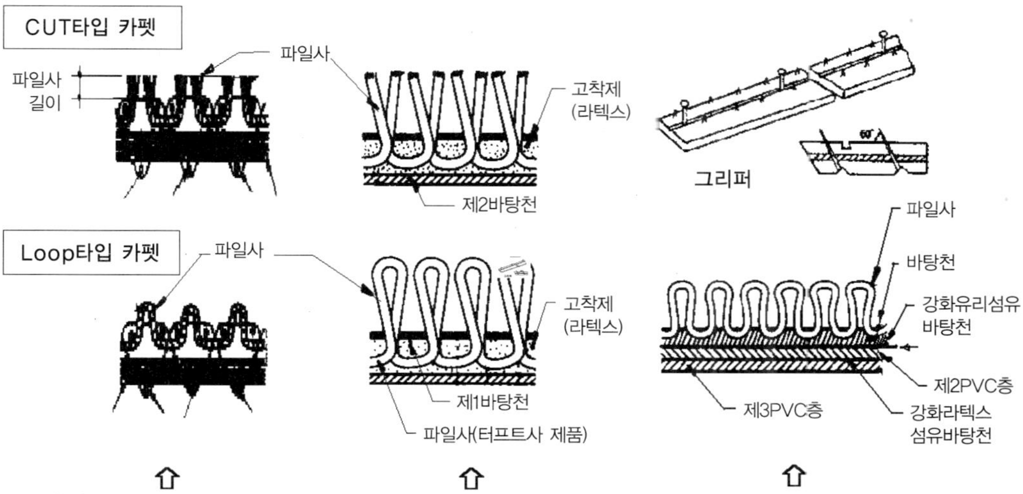

① 월튼카펫 제직구성(융단)　② 터프티드 카펫 제직구성　③ 타일카펫 제직구성

2) 깔기공법

① 그리퍼(smooth edge)공법 : 바닥 주위에 못이나 접착제로 고정시키고, 그리퍼로 불리는 부착구에 카펫의 끝부분을 걸쳐 느슨함이 없도록 힘을 가해 붙이는 공법이다. 그리퍼공법에서는 밑깔개재(황마펠트, 반모펠트, 코튼레지펠트, 러버폼, 우레탄폼 등)를 깔고 붙이는 것이 원칙이다.

② 전면 접착공법 : 접착제를 사용하여 카펫을 바닥에 고정시키는 공법이다. 온 · 습도 변화에 의한 수축을 막으며 유지 · 보수가 용이하다.

③ 타일카펫 전면접착공법 : 필업이 가능한 접착제를 사용하고, 평지는 번갈아가며 붙이고, 계단은 흐름에 따라 붙인다. 부분적으로 벗겨서 간단히 갈아 붙일 수 있는 장점이 있다.

④ 여러 가지 카펫 시공마무리

ⓐ

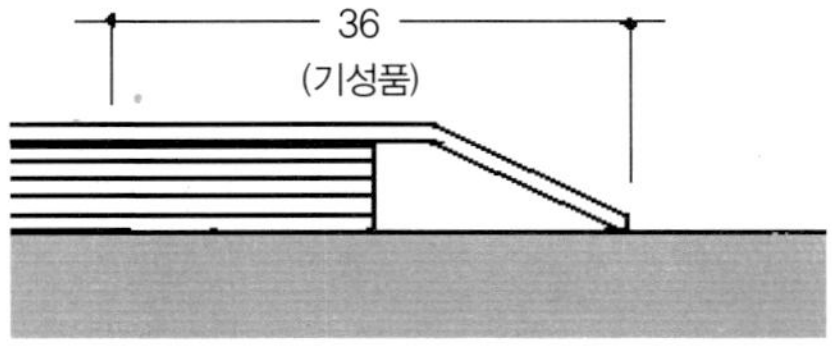
36
(기성품)

ⓑ

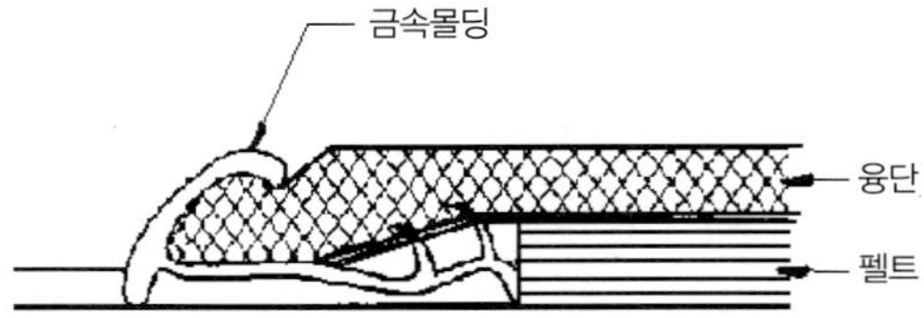
금속몰딩
융단
펠트

ⓒ

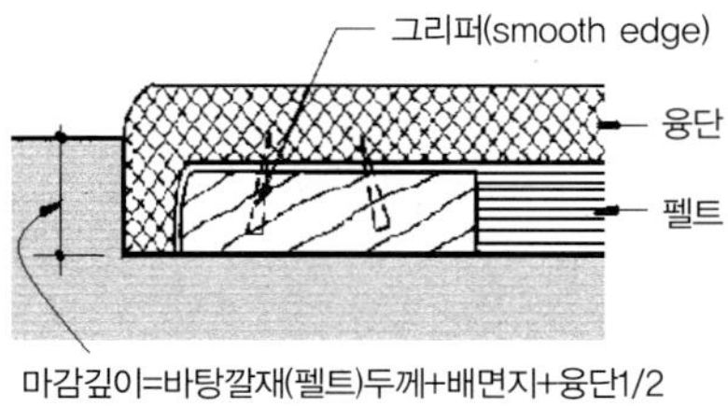
그리퍼(smooth edge)
융단
펠트
마감깊이=바탕깔재(펠트)두께+배면지+융단1/2

ⓓ

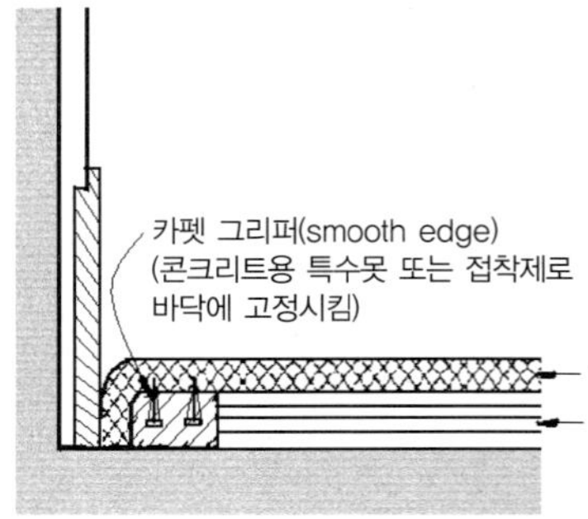
카펫 그리퍼(smooth edge)
(콘크리트용 특수못 또는 접착제로
바닥에 고정시킴)
융단
펠트

ⓔ-a

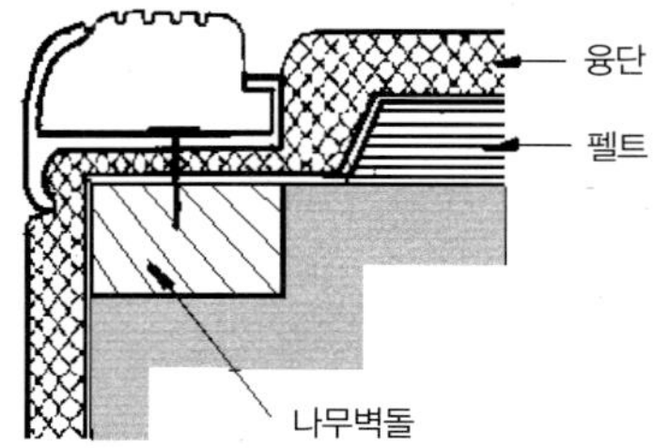
융단
펠트
나무벽돌

ⓔ-b

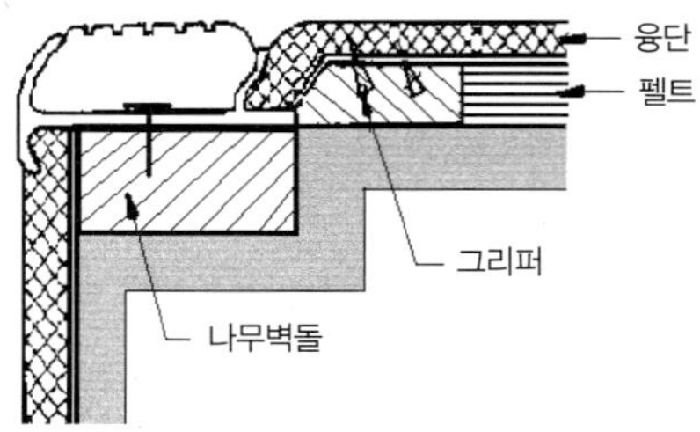
융단
펠트
그리퍼
나무벽돌

ⓔ-c

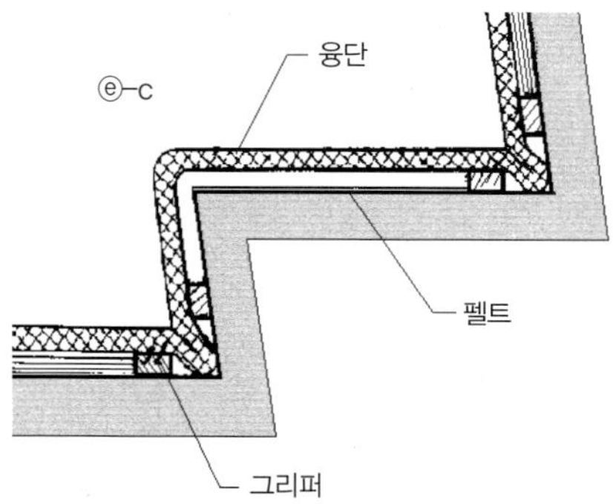
융단
펠트
그리퍼

ⓕ-a

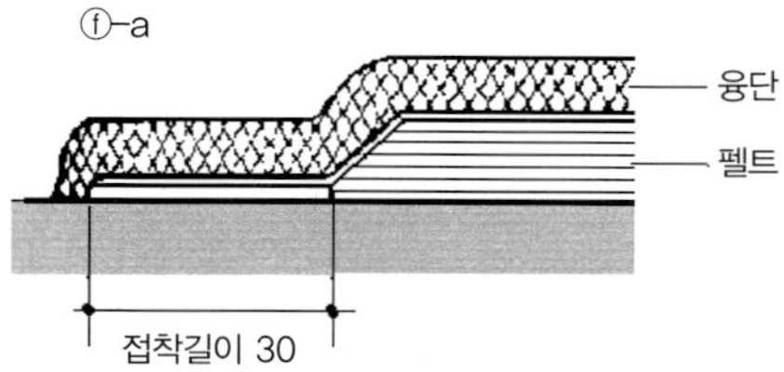
융단
펠트
접착길이 30

ⓕ-b

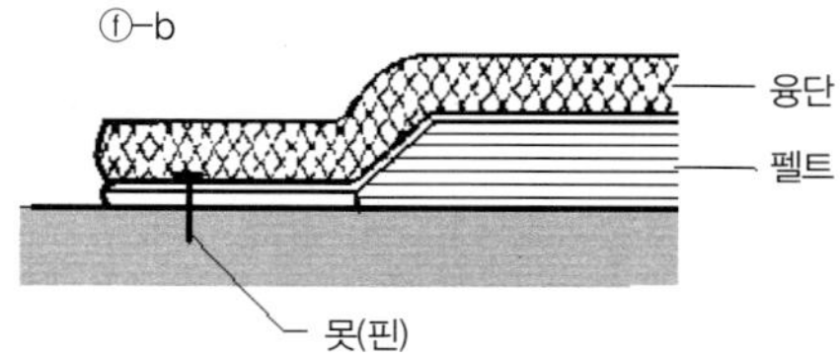
융단
펠트
못(핀)

2. 걸레받이(목재, 비닐재)

비닐재인 경우 연질재 및 경질재가 있다.

① 걸레받이 : H=100, 75, 60mm 등이 있다.

② 접착제는 주로 초산비닐계를 사용한다.

3. 벽재료

(1) 석고보드

1) 준불연재의 방화성, 차음성이 있고, 열전도율이 적고 무수축성이다.

2) 페인트 및 천, 비닐벽지 등을 마감으로 바를 수 있으며 뿜칠이 가능하다.

3) 곡면시공도 가능하나 조인트 보드를 점검할 필요가 있다.

① 꺾임 부분의 줄눈부에는 테이프, 퍼티, 코너비드 등을 사용하여 시멘트로 메운다.

② 시공현장의 온도는 시공기간 동안 10℃ 이상을 유지한다.

4) 접착공법인 경우 점검사항

① 접착 본드는 둥근 모양으로 소정의 두께로 바르고 상하좌우 레벨을 맞추어 보드를 붙인다.

② 마무리 두께는 약 20~25mm 정도이고, 약 2시간 정도면 경화된다.

③ 바탕을 확인한다.

a. 콘크리트, 폼타이, 결속철선을 제거하고, 먼지 등 오염물질을 철브러시로 제거한다.

b. ALC인 경우 흡수조정을 위해 합성수지 에멀션을 바르거나 물을 솔로 바른다.

c. 발포스티로폼판의 경우는 미리 바탕을 한 차례 충분히 조정한 다음 소정의 두께로 바른다.

④ 습기가 심한 장소, 결로가 예상되는 실내는 시공하지 않는 것이 좋다.

⑤ 비닐벽지 마감인 경우는 곰팡이 발생이 우려되므로 충분히 건조한 후에 마감한다.

⑥ 난방이 잘 되고 공기가 오염되기 쉬운 실내 · 외벽은 접착본드 부분의 공간과 표면 온도 차로 얼룩이 생기기 쉬우므로 주의한다.

5) 마감재 바탕처리

① 뿜칠, 페인트 도장(EP)의 경우 실러(sealer)를 전면에 도포한 다음 마감한다.

② 도장두께가 너무 얇은 경우 실러와의 광택 차이가 날 수 있고, 조인트 테이핑이 두드러져 보일 수 있으므로 마감 도장 전에 퍼티를 충분히 발라 면을 고르게 한 후 마감한다.

(2) 방수용 보드

1) 차음 · 단열성이 있고, 무수축성이 있다.
2) 준불연재이고, 두께 9, 12mm 등이 있다.
3) 용도는 타일부착을 위한 바탕재 등에 사용하는 내장용이다.
   ① 보드는 반드시 바닥으로부터 6~8mm 띄워서 시공한다.
   ② 벽면과 바닥, 천장마감부, 배관 주위, 물끊기를 하고 실링으로 마무리한다.
   ③ 본드접착공법인 경우에는 충분히 건조한 후에 타일을 시공한다.
4) 도장마감인 경우에는 오일 페인트로 마감한다.

(3) 플렉시블 보드

1) 불연성으로 규격 3, 4, 5, 6, 8mm 등이 있다.
2) 두께 4mm까지는 절단가공이 가능하고 못으로 박을 수 있다.
3) 탄성이 좋아 두께 4mm까지 곡면 가공이 가능하다.
4) 이음 부분은 V커트 처리한 후 퍼티로 마감이 가능하다.

(4) 석면시멘트 규산칼슘보드

1) 불연성으로 목공용 톱으로 절단하며, 대패질이 가능하고 못을 박을 수 있다.
2) 경량이고 단열성이 있다.
3) 썩거나 습기에 변형되지 않으며 규격은 두께 4, 5, 6, 8mm 등이 있다.
4) 플렉시블 보드와 비교할 때 구부림 강도, 비중, 충격강도, 영계수, 길이 변화, 열전도율 등이 적다.

(5) 흡음용 구멍뚫린 석면시멘트 보드

1) 플렉시블 보드에 흡음용 구멍이 있는 제품으로 내습성이 있는 제품도 있다.
2) 규격은 다음과 같다.
   ① 두께 3mm, 구멍직경 5mm, 구멍 간의 피치는 15mm, 개공률 8.3%
   ② 두께 4mm, 구멍직경 8mm, 구멍 간의 피치는 20mm, 개공률 11.7%
3) 철골바탕일 때는 불연재료로 인정되나 목조바탕에서는 배면에 불연재료를 사용해야 가능하다.
4) 유공흡음판은 배면에 록울, 글라스울 등을 사용하는 것이 보통이다.
5) 저음부 흡음일 때는 배면의 공간을 넓게 해도 되지만, 고음부 흡음일 때는 이면(裏面)

구조벽과의 간격을 좁게 해도 된다.

(6) 복합판

1) 목모시멘트를 중앙에 넣고 표면에 플렉시블 보드로 만든 두께 3mm를 조합시켜 만든 샌드위치 패널로 양면 또는 편면 부착된 것이 있다.

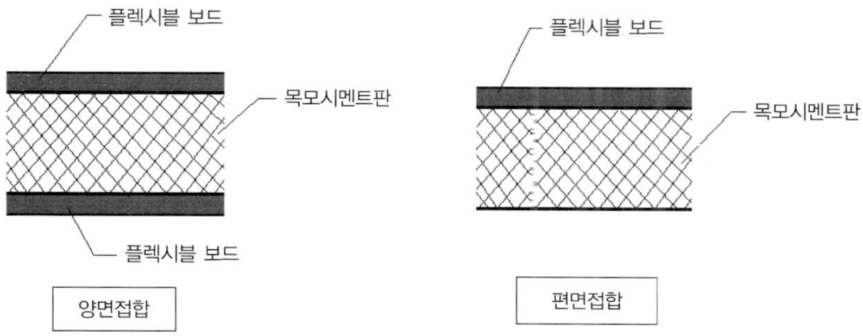

2) 방화, 단열, 보온, 차음, 내풍압이 있고, 두께 20, 30mm 등이 있다.

(7) 천 또는 비닐천 등

1) 바탕재에 따라(불연, 준불연 또는 난연) 방화성이 인정되는지 여부 확인
2) 방화벽인 경우 재료 확인
   ① 방화벽인 경우 : 재료의 배면에 길이 1m마다 2개소 이상 방화검사 마크가 표시되어 있고 포장 롤 표면에 방화용 표시가 되어 있고, 시공 후 표면에 방화재료를 표시하는 마크가 있다.
   ② 일반벽인 경우 : 초벌(초배지) 바르기 후 그 위에 정배지를 바른다.
   - 바탕 : 시멘트 또는 흙벽, 판자붙임, 합판붙임, 석고보드붙임 등이 있다.
   - 초배지 : 주로 질긴 한지를 사용하지만 초배지나 신문지 등을 사용한다.
   - 벽지 : 모조지 및 양지에 여러 가지 무늬를 인쇄한 것과 천 또는 염화비닐시트 등이 있다.
3) 접착제
   - 일반 종이인 경우 풀을 되직하게 쑤어서 2~3배의 물을 타서 사용한다.
   - 벽포 · 비닐시트는 합성수지계 접착제를 사용한다.
4) 바르는 방법 : 종이의 둘레에만 풀칠을 하여 바르는 방법과 종이 전면에 풀칠을 하여 바르는 방법이 있으나 벽의 바탕과 종이의 질, 접착제에 따라 정한다.

5) 벽지의 종류

(가) 종이 벽지 : 종이 표면에 특수 코팅한 것으로 경제적이고 도배하기 편하지만 통기성, 시공성이 좋지 않고, 물에 약하고 더러워지기 쉬운 단점이 있다. 종이벽지의 단점을 보완한 지사벽지는 종이를 실처럼 만들어 직조한 고급품도 있다.

(나) 비닐벽지

① 염화비닐벽지 : 종이에 염화비닐을 코팅하여 그 위에 프린트로 엠보싱 처리한 벽지이다.

② 발포염화비닐 벽지 : 염화비닐 발포층에 보온 · 흡음 · 방음효과와 탄력성이 있도록 한 것으로 질감과 색상이 다양하다.(고발포, 중발포, 저발포가 있음)

③ 염화비닐 칩 벽지 : 종이에 접착제를 바르고, 염화비닐 알갱이를 도포하여 요철의 질감을 갖도록 한 벽지로 비닐실크벽지라고도 한다.

④ 비닐 라미네이트 벽지 : 종이 표면에 모양을 프린트하고, 그 위에 투명염화비닐 필름을 압착한 벽지로 외국의 벽지는 대부분 이 방법에 의해 만들어지고 있다.

(다) 직물벽지

천벽지, 섬유벽지라고 한다. 다양한 색상과 패턴, 질감이 있다. 벽지 중 가장 고급품이다. 원래 천연섬유에 종이를 배접가공하여 사용하였으나 방염, 가격 등의 문제로 레이온사 직물을 사용하고 있고, 시공이 까다롭고 변색, 탈색, 오염이 잘 되며 세척이 어렵고 비싼 단점이 있으나 재질 및 색상이 부드럽고 보온 · 통기 · 흡음성이 우수하며 때가 덜타고 세탁에도 잘 견디는 고급품도 있다.

(8) 고급불연내장재

1) 불연 · 준불연재로 인정받은 제품

2) 특성

① 방화성능이 있을 것.

② 내수성, 내구성이 있을 것.

③ 시공 후, 흡수 · 건조에 따른 치수의 안정성이 있을 것.

④ 열전도율이 적고 단열 · 차음성이 있을 것.

⑤ 각종 조이너, 치장줄눈접착제, 줄눈테이프, 방수실러 등의 시공부재가 우수할 것.

⑥ 가공 및 시공성이 좋을 것.

3) 표면재의 종류

① 수지함침지 : 병원, 욕실, 벽, 천장, 사무실, 일반거실, 클린룸, 선박 등에 사용하며 규격은 최장 1,210×2,430mm, 두께 5mm 등이 있다.

② 특수 우레탄수지 코팅지 : 싱크대 상판, 세면장, 화장실, 칸막이 등에 사용한다.

③ 특수 폴리에스테르수지함침지 : 욕실, 싱크대 상판, 세면장, 화장실 등에 사용한다.

4) 조이너, 줄눈재 확인

① 보통의 조이너는 알루미늄재이고, PVC재도 있다.(반경질, 경질 제품)

② 욕실용 부재의 조이너는 주로 알루미늄이고, 경질PVC도 사용한다.

③ 조이너 부착에는 일반적으로 접착제를 발라서 사용한다.

5) 손질방법

① 보통 물로 씻는다.

② 낙서나 기름 때는 중성세제(벤젠 등)로 닦는다.

③ 줄눈 부위 오염은 걸레에 알코올을 묻혀서 닦는다.

4. 천장재

(1) 치장용 석고보드(준불연재)

1) 트래버틴(Travertine) 무늬 석고보드

① 차음 · 단열성, 신축성, 모따기 가공으로 맞대붙일 수 있도록 약 2.5mm의 줄눈이 있다.

② 경량철골 천장에 직접 붙이는 시공이 가능하고, 전용 피스가 있다.

③ 트래버틴 모양인 경우에는 방향성이 있어 이면 표시에 따라 붙여야 한다.

④ 방화성 : 9mm 이상으로 불연, 준불연재가 있다.

2) 천장판인 경우

천연목재(삼목)를 프린트한 것도 있다.

(2) 록울(암면)치장용 흡음판

1) 제품 확인

① 제조방식에 따라 반건식, 습식법이 있고, 밀도가 크면서 함수율이 높으며, 강도가 크고 흡음률이 큰 제품이 있고, 밀도가 적으면서 함수율이 크고, 강도가 크며, 흡음율이 적은 제품으로 구분된다.

② 두께 12mm로 내습성이 있는 것도 있다.

2) 시공성 점검

① 일반적으로 PB바탕 붙임공법이며, 풀 또는 스테이플(Staple)을 병용하여 고정시킴

② 시공할 실별로 포장 롯드를 확인하여 동일한 롯드제품 사용

③ 바탕 합판(또는 파티클 보드 : PB)의 불량, 凹凸, 휨 등이 없는 것을 사용

④ 나누기를 미리 계산하여 정척물을 사용할 수 있도록 조정

(3) 기타 재료

① 목모시멘트판 : 난연재로 두께 15, 20, 25, 30, 40mm 등이 있다.

② 목편시멘트판 : 경질 및 연질판 등이 있다.

③ 암면 뿜칠재 : 수용성의 결합재로 제조된 것으로 흡음용에 사용, 비중은 0.18~0.25 정도이다.

5. 단열보온재 록울

(1) 단열성, 흡음력, 완전 불연성

(2) 광석을 고열로 용해하여 원심력으로 압축공기를 넣어 가느다란 섬유상으로 만든 것

1) 보드로 된 것 : 벽, 천장, 칸막이의 단열, 흡음, 차음 및 방로용에 사용

2) 매트로 된 것 : 단열, 흡음, 방로용에 사용

3) 벨트(belt) 상태로 된 것 : 파이프, 덕트, 기계설비의 단열, 보온 · 보냉, 방음용에 사용

4) 블랭킷(Blanket) 상태로 된 것 : 단열, 방음, 방화용

5) 파이프상태로 된 것 : 보온 · 보냉, 방로, 방동용

6) 블록(Block)으로 된 것과 바닥과 건물내 충전하여 단열, 방음, 차음용으로 사용하는 파이버(Fiber)상의 것과 주택의 단열, 방음, 방화, 방로재로 사용되는 두께 50mm의 매트 제품이 있다.

(3) 열관류율 비교

록울보드 > 글라스울 > 석면보온재 > 탄산마그네시아 > 규산칼슘 > 펄라이트 > 규조토

(4) 단열, 보온재의 설치방법

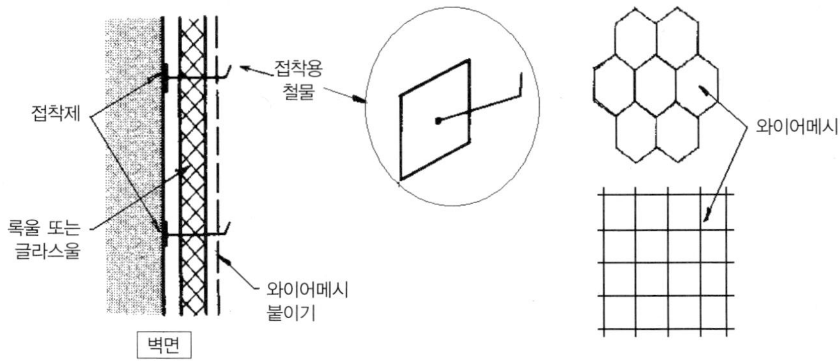

내부수장공사 감리공정 사례

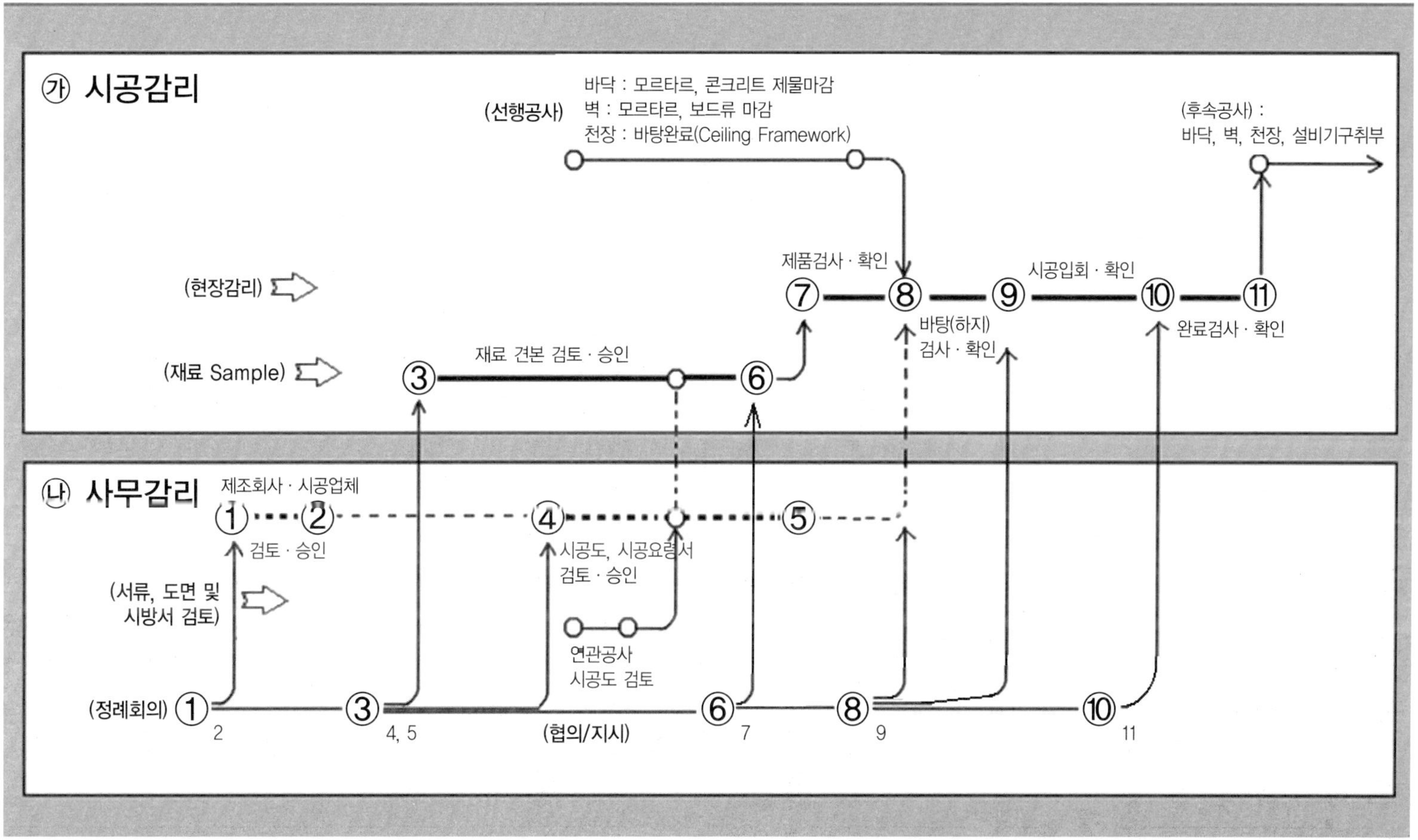

11-3 #별표, 내부수장공사 감리 주요 점검사항

감리 종목	범위	주요 점검사항	
1. 메이커 및 하도급자		처리방법	(검토) → 승인
		처리내용	1-1. 제조 메이커 지정 여부 확인 1-2. 도급한도, 도급공사량, 재료적치장, 기계설비, 신용상태, 제품 보관소 등을 점검 1-3. 시방서에 의한 견본품 지정 확인
2. 설계도 및 시공도		처리방법	(검토) → 승인
		처리내용	2-1. 내부 마감재 선정 시 고려 사항 (1) 내력이 풍부하고, 표면질감(Texture)의 점검, 보통 밝고 쾌적한 쪽을 선택한다.(색, 음향, 온도, 미관, 사용이 편리하고, 유지관리가 좋은 면을 고려하여 재료를 선택) (2) 신축건물이 어떤 목적이며 강조하는 것이 무엇인지를 파악한다. 2-2. 규격(size), 제조장소, 상품명을 확인(재질, 정척, 두께, 시판물 치수 등을 확인) 2-3. 품질 등급과 마감종류 확인 2-4. 불연재 지정, 인증 확인(난연, 준불연, 불연, 내화시간 규제 등) 2-5. 단열보온, 흡음성능 확인 2-6. 방로, 방습, 방수성능 확인 2-7. 색, 무늬 확인 2-8. 접착재료와 연결재료 확인 2-9. 바탕재, 붙임물, 완충재 등의 확인 2-10. 보수, 교체 가능 여부에 대한 점검 2-11. 견본품 또는 시제품으로 구체적인 검토 2-12. 재고품, 생산품 확인 및 사용된 재료, 반입시기 등을 확인
3. 시공도와 시방서		처리방법	(검토) → 승인
		처리내용	3-1. 내부마감 시공도의 일반적인 점검사항 (1) 사용재료의 재질, 종류, 크기, 두께 (2) 나누기의 기준선, 정척, 말단부 처리 (3) 접합부의 마감을 점검(바닥과 벽, 벽과 천장, 새시 부분 등) (4) 설비 관련 기구와 설치 위치를 점검(조명기구, stud, 스프링클러, 분전반 등) (5) 바탕공법 확인, 치수, 피치, 개구부 보강 등 3-2. 천장단열, 바닥방습, 흡음 등을 확인 3-3. 이음방법, 줄눈폭 등 점검 3-4. 개폐되는 창호, 도어와 조명기구 관련에 주의함

<table>
<tr><th>감리 종목</th><th>범위</th><th colspan="2">주요 점검사항</th></tr>
<tr><td>3. 시공도와 시방서</td><td></td><td>처리내용</td><td>
3-5. 배연구획이 적절하게 되어 있는지 점검
(1) 방화구획에 따른 칸막이벽이 규정대로 설치되어 있는가
(2) 칸막이벽 변경시 문제점을 재확인
3-6. 구체가 다를 경우 동일 한 가지 마감으로 가능한가를 점검
(1) 줄눈이 설계에 반영되어 있는가
(2) 균열방지에 대한 고려가 되어 있는가
3-7. 경질타일이나 돌붙임인 경우 줄눈나누기, 설치 모르타르의 두께 등을 점검
3-8. 붙이는 두께, 마감을 예상하여 바닥면을 확인
3-9. 모자이크 깔기 등의 특수한 경우 줄눈나누기를 점검
3-10. 겹치는 곳 등의 예비 수량 점검
3-11. 보드 붙이기 확인
(1) 나누기 도면에 따라 기준하여 설치부의 마무리에 따라 잔존물, 불량 물량 점검(벽, 천장, 새시 등의 접합 부분과 설비기구와 접합되는 곳 등)
(2) 재료를 견본시공하여 마무리를 확인
(3) 시방서에 의한 시공방법을 확인
1) 해당 공사명(현장명)
2) 재료명칭, 품질, 치수, 규격
3) 시공종류, 시공방법
4) 검사와 규정되어 있는 양생방법
(4) 보드 시공일 때 단열, 흡음, 차음에 대한 바탕의 시공조건을 확인
1) 사용할 재료에 대한 효과를 예측
2) 판재료와 충전재 사용일 때
3) 단열 · 차음용 바탕의 간극 메우기 등
3-12. 합판류 붙이기 점검
(1) 줄눈폭은 원칙적으로 합판 두께 만큼으로 한다.
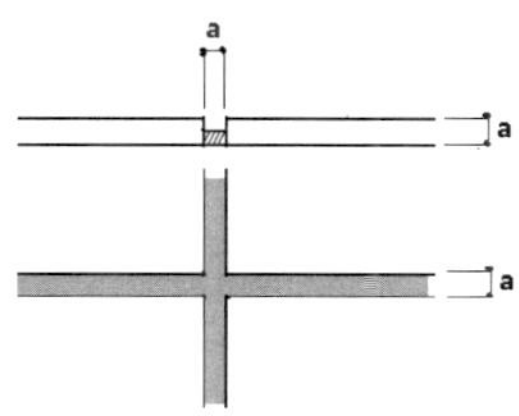

(2) 맞대붙임 붙이기인 경우는 V형 면치기를 한 후에 붙인다.
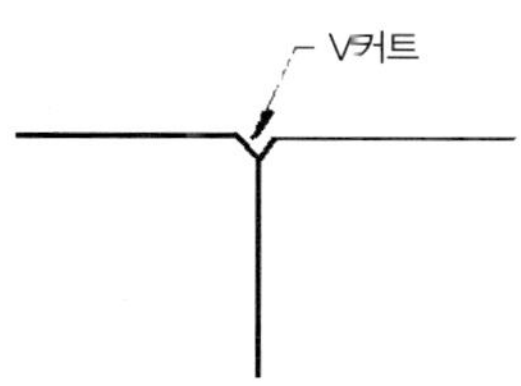

</td></tr>
</table>

감리 종목	범위	주요 점검사항	
3. 시공도와 시방서		처리내용	3-13. 끝머리 철물, 모서리 모접기 등을 확인 3-14. 천, 비닐벽지 바름 확인 (1) 시공도면 검토 1) 나누기 확인(재료폭, 규격 확인) 2) 재료의 치수 확인 3) 조인트 종류 4) 사용재료와 바종류 기록 5) 겹친 부분 마감상세도 확인 3-15. 설비 취부용 개구부 주위 처리 확인 (1) 기구치수와 개구부 크기 확인 (2) 감아 붙이는 재료(종이, 천)는 이면까지 충분히 감아서 붙여졌는지 확인 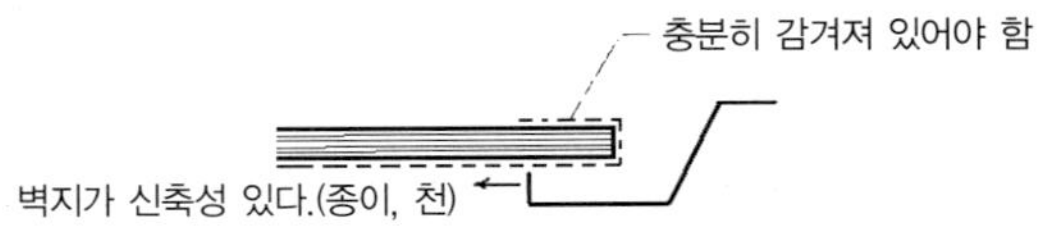 3-16. 설비기구 배치에 영향을 주지 않는지, 공용점검구 등 기구상호 간의 간격이 적절한가. (1) 줄눈기구를 관통하도록 되어 있지는 않은가. (2) 조명기구, 공조덕트 등의 위치는 바르게 되어 있는가. (3) 연감지기, 스프링클러 등의 위치는 정확한가. (4) 점검구의 위치는 덕트와 배관 등을 피해서 설치되어 있는가. (5) 점검구 뚜껑이 개폐에 지장은 없는가. (6) 바닥 면적에 따른 법정 조도와 방화기구 설치를 확인하였는가. 3-17. 천장마감판 나누기 도면 확인 (1) 재료, 표준치수, 줄눈, 줄눈테이프(한랭사) 등 확인 (2) 물끊기 위치, 나누기 기준선 확인 (3) 시공 불가능한 부분이 없는지 확인 (4) 주변부 마감도의 상세 확인 (5) 설비기구와 취부 관련 상세 확인
4. 제품		처리방법	(검사) → 확인
		처리내용	4-1. 반입된 재료, 자재에 대한 메이커, 출하증명서(송장) 등을 확인 4-2. 내장 시공 규정을 만족하고 있는가. (1) 마감재와 바탕재와의 조합은 적절한가. (2) 마감재와 주변 방화 문제는 해결되고 있는가. (3) 마감재 인증을 받은 품질인가. 4-3. 사용재료의 일반적인 검사 (1) 치장재의 외관 검사(색, 오염도, 상처난 곳 등), 외관 검사 불합격품의 처치 등 (2) 색과 무늬의 조합과 사용한 수종 확인

감리 종목	범위	주요 점검사항	
4. 제품		처리내용	(3) 형식, 치수, 규격 검사 확인 (4) 함수율, 강도 확인 (5) 합판, 보드류의 마구리 도장 확인 (6) 마감 정밀도 확인 4-4. 기성제품 반입검사 4-5. 천장, 벽, 바닥관통 구멍 내측 캡(CAP) 점검
5. 바탕		처리방법	(검사) → 확인
		처리내용	5-1. 바닥 검사 (1) 바닥시트(비닐류 제품, 비닐타일류 등) 1) 바탕의 불규칙 : 쇠흙손자국, 凹凸 등을 점검과 처치, 이물질 부착물 제거 2) 바탕의 균열, 모르타르 들뜸, 점검 처치 3) 바탕 건조 정도, 청소 확인(콘크리트 및 모르타르 바탕 건조율 8% 이하) (2) 카펫, 융단류 1) 바탕의 불규칙, 凹凸 등을 점검, 부착물 제거 2) 바탕(하지) 건조 정드, 청소 확인 3) 펠트의 깐 상태 확인 (3) 플로어링보드, 플로어링블록, 플로어링판, 파켓트블록, 모자이크파켓트 플로어링류 등 1) 바탕(하지)등 확인, 점검 2) 바탕건조 정도 확인 5-2. 벽에 대한 체크 (1) 비닐벽지, 천벽지 바르기 1) 바탕검사(미장바탕, 합판, 보드류의 바탕) ① 못머리 돌출, 이음자리, 흙손자국에 의한 영향은 없는가. ② 바닥재의 문양이나 글씨 등이 바닥재에 스며 나오지 않는가. 2) 바탕처리 검토(콘크리트, 미장, 합판, 보드류) ① 바닥면을 평탄하게 퍼티처리 ② 구멍메우기, 조인트처리 ③ 재료에 따라 바탕처리 후 실러 도포 여부 3) 재료의 둘레에만 접착제를 바르지는 않았는가.(재료에 따라 온통바르기를 하지 않는 경우도 있음) 5-3. 벽, 천장에 대한 체크 (1) 벽, 천장 보드 붙이기 1) 바탕재료(목조, 금속)를 점검할 것. 2) 바탕의 구성은 잘되어 있는가. 3) 바탕시공의 정밀도를 측정검사, 허용오차를 넘어 벽과 천장이 벌어지지는 않았는가.

감리할 종목	범위	주요 점검사항	
		처리방법	(입회) → 확인
6. 시공		처리내용	6-1. 바닥마감 체크 (1) 바닥용 시트(비닐계 장척물)류의 경우 1) 접착제 선정(마감재에 따라 전용제 사용) 2) 까는 방향, 시트 나누기 확인, 임시깔기, 본깔기, 풀붙이기, 연결 부위 조인트 용접 확인 (2) 비닐타일의 경우 1) 접착제 선정 2) 시공시의 온 · 습도, 까는 방향, 나누기 확인, 프라이머 도포, 접착제 도포, 붙이기 확인 (3) 접착제와 접착강도 확인 1) 에폭시수지계 —— 8kg/cm² 정도 2) 초산비닐수지계 —— 5kg/cm² 정도 3) 라텍스고무계 —— 2kg/cm² 정도 4) 아스팔트계 —— 2kg/cm² 정도 (4) 물을 사용하는 장소, 지하실, 흙에 접한 다짐바닥 콘크리트 등의 바닥인 사용하는 경우 접착제는 에폭시수지계로 한다. (5) 카펫 바닥인 경우 단부를 '그리퍼'로 고정했는지, 이음 부분은 접착제 또는 점착(粘着)테이프를 사용하여 고정했는지 점검 (6) 플로어링, 플로어링 보드는 반입시 건조도를 확인하고 반입 후 보관, 시공시 이음의 위치와 사용하는 못에 대해서 체크한다. (7) 플로어링 블록인 경우에는 공법을 확인하고, 바름재 모르타르의 배합을 확인한다. (8) 파켓트블록, 모자이크파켓트 플로어링은 깔기용 먹줄을 사전에 점검한다. 6-2. 벽마감 체크 (1) 도장한 벽 주변의 결손 부위를 완전하게 처리 (2) 미장바탕의 건조도 확인 (3) 천, 비닐벽지 바르기 시공법 검토 1) 초배지 유무 2) 초배지 종류와 등급 3) 정벌바름의 종류(온통바르기, 부분바르기 등) 4) 시공의 좋고 나쁨에 대한 판단 5) 정벌바름 이음의 처리 6) 개구부 주위 마감과 작업환경 (4) 보드류 설치 먹줄내기 검사 1) 기준먹 2) 보드 붙이기 판나누기 먹 (5) 보드류 붙이기 시공법 검토 1) 못, 나사류에 의한 붙이기 2) 접착제로 붙이기 3) 못, 접착제 병용 붙이기 4) 특수철물 및 접착제에 의한 붙이기 등 (6) 보드 붙이기 양생 검토 1) 온 · 습기도, 물, 타 공정과의 관계, 외기온도 및 천후 등 2) 오염 및 은폐 등

감리 종목	범위	주요 점검사항	
6. 시공		처리내용	6-3. 천장 체크 (1) 천장붙이기, 접착 및 못 병용 확인 (2) 줄눈맞추기, 처짐 등
7. 완료		처리방법	(검사) → 확인
		처리내용	7-1. 바닥 검사 (1) 바닥 비닐타일 등의 나누기, 결함, 들뜸, 접착 불량을 체크 (2) 염화비닐계 바닥시트, 비닐타일, 고무타일, 아스팔트타일, 리놀륨 등의 표면마감 상태, 양생을 점검 (3) 바닥 마감 후 60cm 이상 떨어져서 살펴 보아 눈에 띄는 부분이 없는지 확인(균열, 결함, 凹凸, 모양, 광택이나 색상의 불균질, 오염, 이물질부착 등) (4) 비닐타일계 바닥재의 왁스칠 상태 체크 1) 수지계 ① 고무, 비닐타일 양쪽 모두 사용 가능하다. ② 색상이 선명하다. ③ 막이 형성되어 먼지가 묻어도 닦으면 제거된다. ④ 수용성보다 비싸다. 2) 수성계 ① 고무타일에 사용하도록 부드럽게 한다. ② 바로 사용이 불가능하다. ③ 오염되기 쉽다. (5) 바닥타일, 시트류는 건물 인도 전에 전용 왁스를 칠한다. (6) 융단, 카펫류의 양생을 점검한다. (7) 플로어링, 플로어링보드는 둥근 물건을 굴려서 표면 도장상태, 양생을 점검한다. (8) 각종 바닥마감 시공 후 바닥의 고름상태, 도장 등을 확인한다. (9) 필요시 약재 산포, 불룩한 곳 조정 등 검사한다. 7-2. 벽, 천장 검사 (1) 보드류의 준공검사 1) 바탕의 부착검사 2) 치장판 붙이기 검사 (2) 설비기구류와 마감 부분 점검 7-3. 관련 공사 체크 (1) 부착가구류 고정, 틈새 등을 점검할 것. (2) 싱크대, 욕조 등은 물을 가득 채워 24시간 이상 테스트할 것. 7-4. 총체적인 점검 (1) 불균질, 균열, 들뜸 등을 보수했는지 점검 (2) 불규칙한 줄눈, 줄눈폭, 줄눈봉, 조이너 등의 전반적인 상태를 점검 (3) 불량품 교환, 잔재처리와 파손품 처리 및 보수용 예비수량 확보 등을 점검 (4) 청소, 연마, 광택내기 상태 검사

제12장

지붕공사(Roof工事)

12-1 지붕공사 사전 점검사항

12-1-1 시공 전 일반 협의사항

1. 사전준비

(1) 설계도서 및 시방서 확인(공사범위, 타공사와의 관계 등)

(2) 지붕잇기공법은 환경, 기상조건, 건물용도, 형태 등에 적합한지 확인

(3) 지붕잇기 재료와 바탕깔기 재료와 공법이 적절한지 확인

(4) 전문업체의 기술 등을 자료를 통해 검토하고, 견본품을 확인

(5) 시공계획서(공정표 등) 및 시공요령서 등이 작성되어 있는지 확인

(6) 시공도의 주요마감도 검토

(7) 바탕상태와 시공중 안전관리 대책 검토

2. 재료

재료의 반입과 보관방법 등을 확인한다.

12-1-2 기와 및 금속지붕공사

1. 기와지붕 시공 전 확인사항

(1) 전문업체와 시공준비 상태 확인

(2) 시공기간이 고려되었는지 확인(기후관계 : 비, 눈, 바람, 기온 등)

(3) 재료 수량의 여유분 확보 상태 확인

(4) 지붕 바탕하지 상태 확인

(5) 가공 등의 사양과 익스팬션조인트 필요 유 · 무 확인

(6) 마무리에서 이종금속접합 등이 없는지 확인

(7) 구부러진 곳, 벌어진 곳 등의 접합부는 적절하게 시공되었는지 확인

(8) 마룻대, 처마, 박공단, 벽접합부, 관통부 등과 접합이 적절하게 마무리되어 있는지 확인

(9) 기와표면 손상이 없는지, 보수는 적절한지 등등 확인

2. 금속강판지붕 시공전 확인사항

(1) 위 (1)~(6)사항과 동일　(2) 판재 가공의 사양을 확인　(3) 겹침이음 상태 검토

12-1-3 아스팔트싱글 지붕공사

1. 싱글 시공 전 확인사항

(1) 시방서 재확인

(2) 전문업체와 시공준비 상태 확인

(3) 시공기간이 고려되었는지 확인(기후관계 : 비, 눈, 바람, 기온 등)

(4) 수량의 여유분 확보 상태 확인

(5) 재료지붕 바탕하지 상태 확인

(6) 결합방법이 적절한지, 겹침 부분의 깊이, 고정방법이 적절한지 확인

(7) 12-1-2. 1. 기와지붕의 (7)~(9)와 동일 사항 검토

12-1-4 홈통공사

1. 홈통시공 전 확인사항

(1) 전문업체의 시공 전 준비사항 확인

(2) 전체적인 물구배와 건축부지 내의 강우량과 홈통의 크기, 개소 확인

(3) 시공 중의 기후는 고려되고 있는지, 재료의 수량이 여유 있는지 확인

(4) 소재구의 처리는 적절한지, 설치하는 철물의 방청 문제는 해결했는지 확인

(5) 설치할 홈통의 간격과 고정용 철물의 간격이 적절한지 확인

(6) 결로처리는 되어 있는지, 눈이 많은 경우를 고려하여 적절한 조치가 되어 있는지 확인

(7) 루프드레인은 적절한 개소에 설치되어 있는지, 이음배수관은 적절한지 확인

(8) 신축에 접합부 처리는 적절한지 등을 조사

12-2 지붕 시공관리 자료 요점

12-2-1 시공관리 참고자료

1. 동판기와에 대한 요점

(1) 동판기와잇기

1) 둥근지붕 및 평지붕

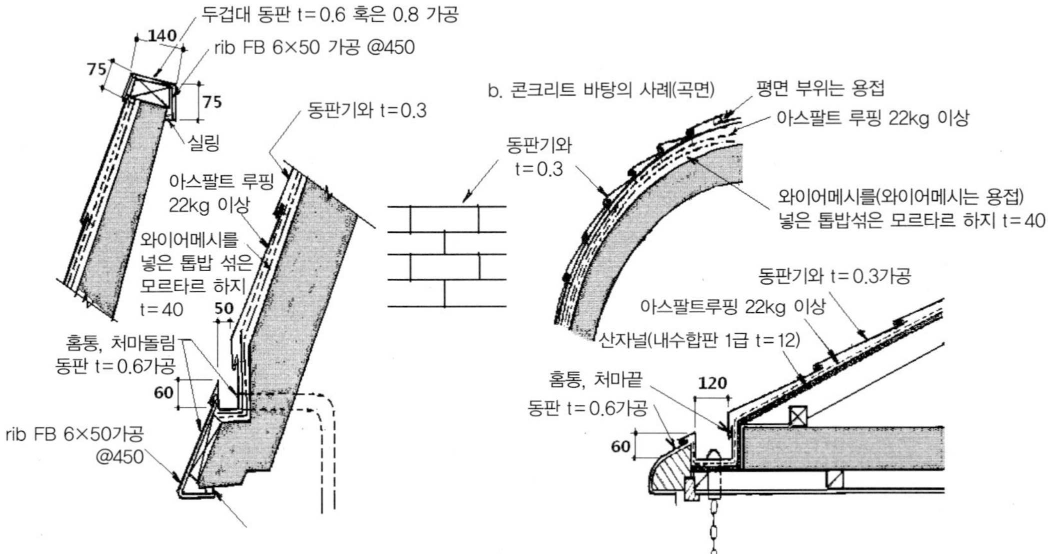

a. 콘크리트 바탕의 사례(경사)

c. 목조바탕의 사례

2) 패러핏 지붕잇기

a. 가로잇기 b. 패러핏 단부 c. 세로잇기 d. 용마루 부분

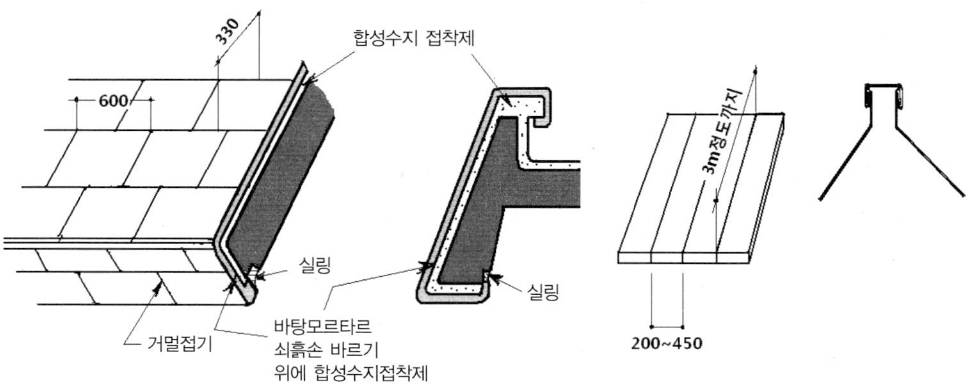

3) 동판의 종류와 지붕구배

① 순도 99.9%의 압연동(동박 100μ)과 전해동(동박 30μ)이 있다. 경연변색은 녹청색으로 되며, 그 외에 황화구리, 불수강(스테인리스) 등의 표면처리가 가능하다, 표면에 엠보스로 처리된 것도 있다.

② 일반적으로 보증기간은 최고 5년 정도이다.

③ 동판은 0.15~20mm까지 있으나 지붕재로 두께는 0.3~0.8mm가 많이 사용되며, 지붕구배는 2.5~3.0/10 이상으로 한다.

④ 인탈산동판(燐脫酸銅版)은 용융 중에 인을 가해 산소를 제거한 것과 가열, 납땜, 용접 등을 필요로 하는 곳에 사용하는 동대(銅帶)가 있다. 폭은 600mm 이하, 보통 300mm 이하로 긴 것을 사용한다.

⑤ 반사로에서 정련한 tough bitch동판이 있고, 타금속과 접착시 타금속을 부식시키므로 절연이 필요하다. 동판기와는 지붕으로부터 우수가 흐르면 미량이라도 동성분을 포함하고 있기 때문에 아연철판, 알루미늄 차양, 홈통 등을 부식시킨다. 따라서 동제품이나 플라스틱 제품을 사용해야 한다.

⑥ 건축에서 사용하고 있는 동(銅)은 황동(brass : 구리와 아연 합금)과 청동(bronze : 구리와 주석 합금)으로 청록색으로 내식성이 좋다

2. 규격화된 지붕제품(각접기 등)

(1) 설치방법

① 중도리에 서까래를 걸친다.

② 지붕널을 깐다.

③ 아스팔트 루핑을 깐다.

④ 볼트로 본체와 체결시킨다.

⑤ 이을 슬랫(slat)판을 세팅한다.

⑥ 신축조절로 3~5mm 간격을 두고, 좌우에서 지붕판을 깐다.

⑦ 본체와 같은 재의 덮개판을 덮는다.

(2) 사용재료별 판 두께

① 컬러알루미늄판 0.5 ~ 1.2mm ② 동판 0.4 ~ 1.2mm

③ 컬러철판 0.4 ~ 0.8mm ④ 염화비닐강판 0.4 ~ 0.8mm

⑤ 스테인리스판 0.55 ~ 0.6mm 등

(3) RC바탕의 경우는 공기층이 없으면 결로에 의한 수분이나 콘크리트에 의한 전식(電蝕)이 생기므로 주의

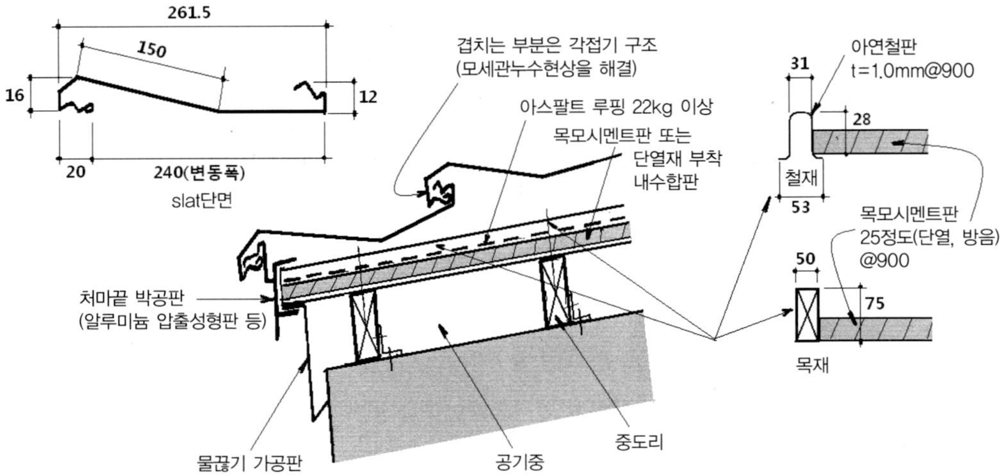

3. 장척지붕

(1) 막대기와형 강판지붕

① 기와막대의 중심을 잡아주는 버팀목이 필요 없다.

② 재료의 두께는 0.35mm, 0.4mm, 0.5mm(cap은 0.4mm 이하)가 있다.

③ 막대기와의 기능치수는 좁을수록 강풍에 대한 저항력이 크고, 소리에 대해서도 효과적이다.

④ 기와잇기 방법은 다음과 같다.

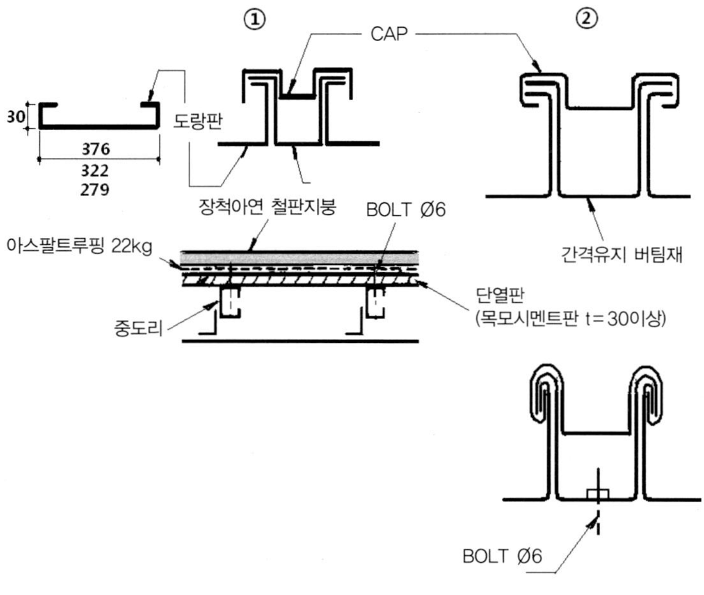

(2) 절판(折版)구조형 강판지붕

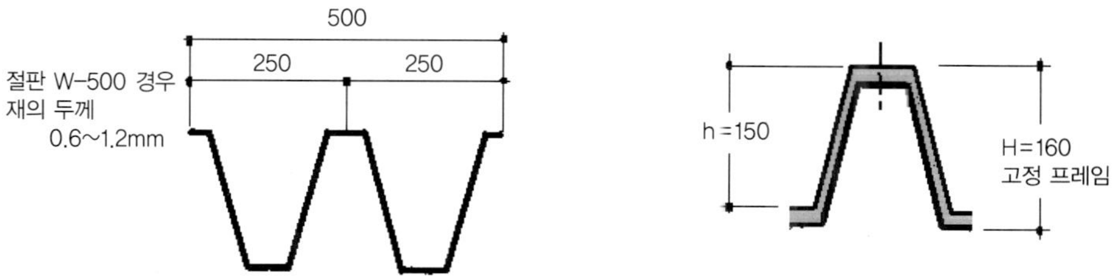

절판구조

(3) 루프 데크 구조 강판지붕

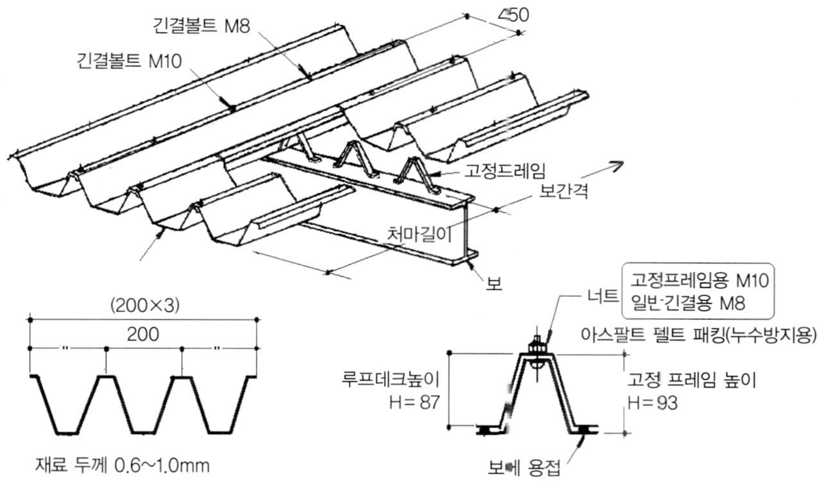

루프데크 구조

(4) 데크플레이트 또는 키스톤플레이트를 사용한 지붕

a. 데크플레이트 두께 1.2, 1.6mm

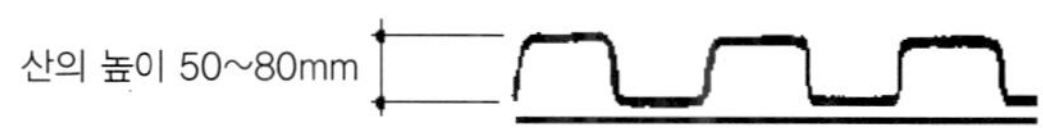

b. 키스톤플레이트 두께 0.8, 1.2mm

4. 기와지붕

(1) 기와의 종류

① 평판형 점토기와

② S형 도기기와

③ 한식형 그을림기와(전통기와), 양식 점토기와와 표면처리에 따라 유약기와, 변색기와, 오지기와로 나누고 국내산과 수입산 등이 다양하게 있고 바탕재로는 황토를

바르고 붙이기도 하며, 자기소화성 발포스티렌제품의 단열재로 시공하는 경우도 있다.

(2) 기와의 특성

① 방수성 : 일반적으로 14% 이하이지만, 제조사에 따라 흡수율은 6~7%도 있다.

② 단열성 : 열관류율 2.8kcal/h 정도로 하절기는 일사량을 반사시키고, 동절기에는 실내난방을 외부로부터 보호하는 역할을 한다.

③ 내한성 : -20℃에서 초저온 내한시험장치에 의해 동결융해 조작을 20회 이상하여 이상이 없어야 한다.

④ 내압성 : 보통 120kg 이상(160kg 이상 생산하는 곳도 있음)이다.

(3) 점토기와 시공 사례

1) 점토기와 시공 사례(개량지붕)

① 슬래브 위 서까래 걸기

② 단열재 설치

③ 단열재 위 방습지와 장선걸기

④ OSB패널 덮개(패널 하부 공기층)

⑤, ⑥ 패널 위 방습지와 기와걸이

⑦ 평기와잇기(기와걸이에 못으로 박는다)

⑧ 홈통물받이와 연결

⑨ 마구리 기와잇기

⑩ 점토기와로 시공된 주택

(4) 지붕바탕재로 '자기소화성 발포스티렌재'를 사용한 경우

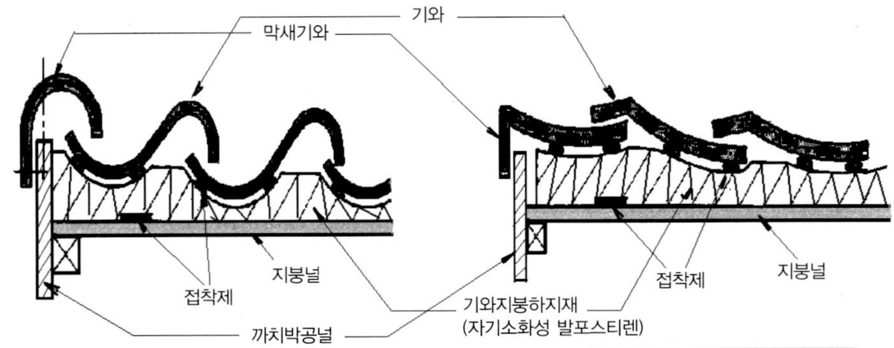

한식기와에서는 흙을 사용하지만, 일본에서는 개발된 자기소화성 발포재를 사용하고 있다.

목조지붕 기와잇기

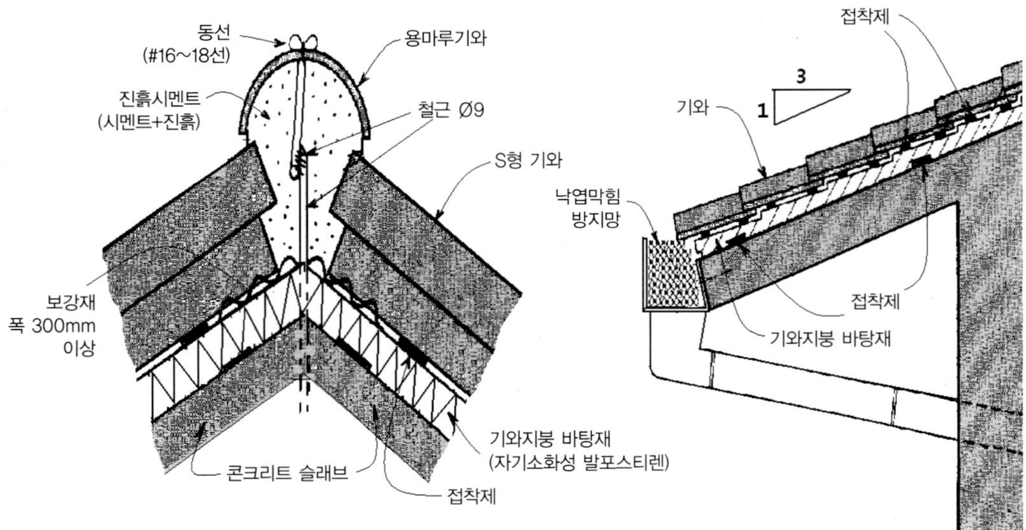

콘크리트 슬래브 구조 위

5. 금속판 지붕재료

(1) 금속판 지붕재의 종류

1) 아연판 및 컬러강판 지붕(주로 샌드위치 패널로 가공)

2) 알루미늄합금판 지붕

3) 징크(Zinc) 및 리얼징크 지붕(그 외 칼징크, 알루프징크, 팔징크 등이 있음)

4) 티타늄 지붕

5) 스테인리스강판 지붕 등

(2) 아연강판재 지붕

1) 아연철판

① 방식성이 있다. 따라서 고습도 (70% 이상), 결로점 이하 온도의 열환경으로 표면에 수막을 일으켜 염소성 탄산아연으로 되어 녹이 발생한다.

② 아연부착량 및 수명 등의 재원

a. 도시 근교에서 외장용으로 사용하는 것은 0.5mm, 아연량이 381g/m^2 이상인 것을 사용한다.

b. 대체로 두꺼운 것이 아연부착량이 많고, 판두께는 소요강도와 내식성을 고려하여 결정한다.

2) 녹발생 방지와 내식성 증진방법

a. 아연도금 후 크롬 처리한다.

b. 인산화성 처리하여 적당한 조도를 갖는 결정피막을 완성시킨 것도 있다.(착색아연강판인 컬러강판이 대표적임)

3) 아연철판 전용도료

a. 합성수지계 도료

b. 역청질계 도료(重防蝕厚膜形塗料)

(3) 알루미늄합금판 지붕

1) 판두께 0.4~2.0mm가 있으나 지붕재로는 주로 0.5, 0.8, 1.0, 1.2, 1.8mm 등을 사용

2) 표면처리(자연상태의 산화피막 0.01μ 정도)

① 양극산화법 : 160℃ 정도에서 파괴되며 균열에 약하다.

② 컬러알루미늄 : 피막이 경질인 자연발색과 전해2차발색법이 있으나 자연발색에 비해 25~30% 싸다.

③ 도료처리방법 : 아크릴수지계의 소부도장하는 방법과 아크릴수지계 상온도장법이 있다.(내약품성이 발색방법보다 강함)

(4) 스테인리스강판 지붕

1) 지붕용에 사용되는 두께는 0.3~2.0mm, 건축용 스테인리스 두께는 0.6mm 이상이 있다.

2) 내산성이 부족하여 해안지방에서 사용하지 않으나 자성이 있어 용접성이 좋은 페

라이트(Ferrite)계 18크롬 스테인리스, 상온에서 강도가 크고 자성이 없는 오스테나이트계 18-8 스테인리스, 가장 우수한 내식성 · 내산성이 있고 자성(磁性)이 없는 18-12 Mc스테인리스 등이 있다.

3) 표면마감처리

① 거울 마감

② 헤어라인마감

③ 엠보스마감

④ 착색마감 처리법

4) 특성

① 먼지와 철분의 부착으로 국부부식이 발생할 수 있으므로 지역에 따라 6개월에서 1년에 1회 정도 청소가 필요하다.

② 철의 산화물을 함유하고 있어 동, 알루미늄, 고무 등과 접촉할 경우 온도가 높은 환경에서는 전식(부식)의 우려가 있다.

③ 일반적으로 전기저항이 크고 열전도성은 낮은 편이다.

④ 알루미늄판의 1/3 두께로 동일한 강도를 얻을 수 있다.

⑤ 용접시 스테인리스강 모재의 내식성을 저하시키므로 주의가 필요하다.

⑥ 표면에 엷은 산화피막을 형성하여 그 피막이 내식성을 증진시키는 특징이 있다.

지붕공사 감리공정 사례

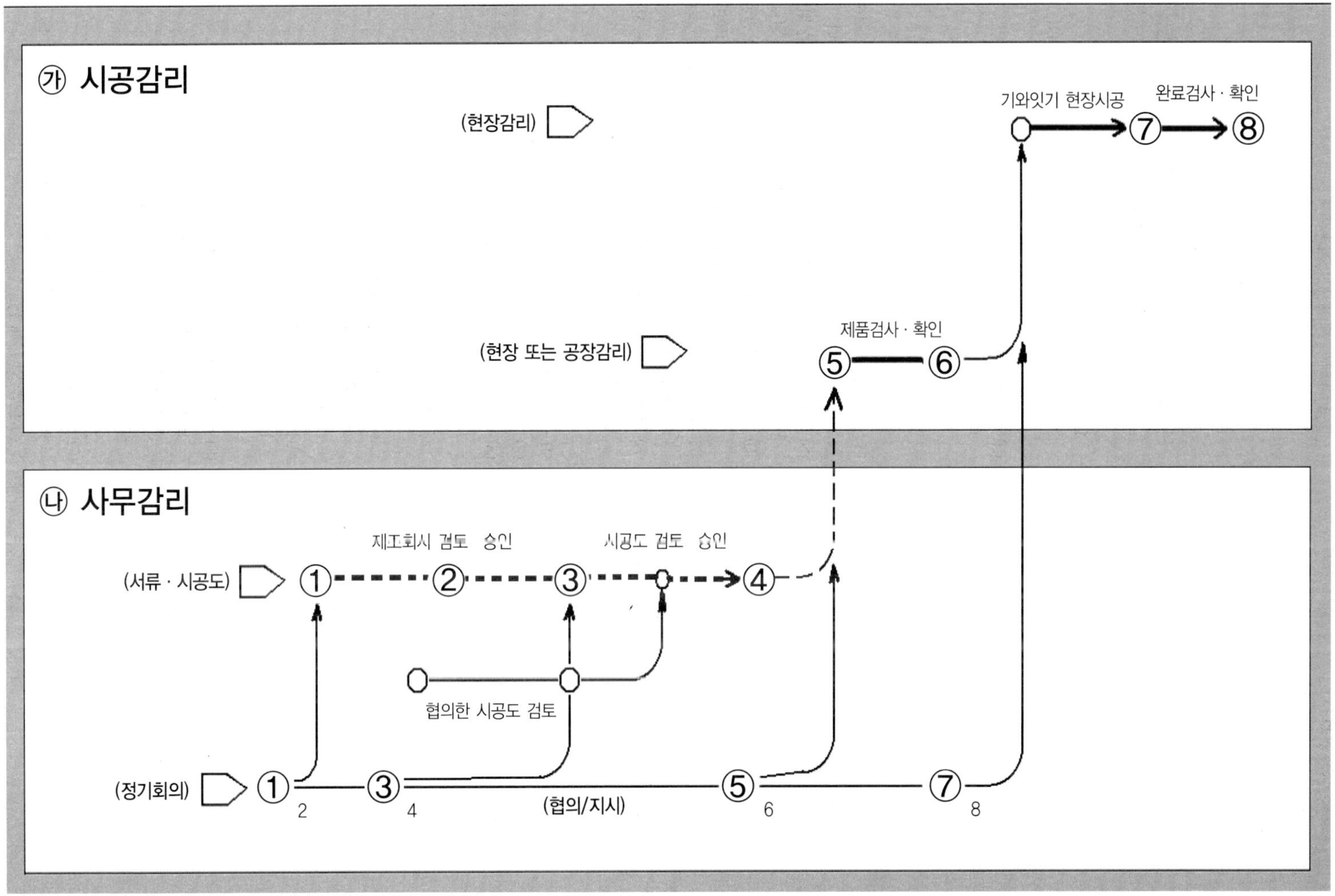
㉮ 시공감리
(현장감리)
기와잇기 현장시공
완료검사 · 확인
(현장 또는 공장감리)
제품검사 · 확인
㉯ 사무감리
(서류 · 시공도)
제조회사 검토 승인
시공도 검토 승인
협의한 시공도 검토
(정기회의)
(협의/지시)
2
4
6
8

12-3 #별표, 지붕공사 감리 주요 점검사항

감리 종목		범위	주요 점검사항	
1. 강판 지붕	a. 시공업체		처리방법	(검토) → 승인
			처리내용	a.1-1. 공법 확인 및 보증기간, 시공보증서 확인
	b. 시공도		처리방법	(검사) → 확인
			처리내용	b.1-1. 하지의 구배가 지정된 구배인지 확인 (예 : 3/10 이상) 1-2. 콘크리트 슬래브인 경우, 일반모르타르 또는 단열모르타르인지 확인 1-3. 지정공법인 경우 지정전문업체에서 작성한 공법이 맞는지 확인 1-4. 강판의 두께, 폭 및 특수가공이나 표면처리가 적정하게 되어 있는지 확인 1-5. 타금속과의 접합에 대한 전식처리가 고려되어 있는지 확인 1-6. 특히 차후 다른 곳으로부터 녹이 흘러 들어와도 변색 등이 발생하지 않도록 되어 있는지 확인
	c. 제품		처리방법	(검토) → 승인
			처리내용	c.1-1. 지정된 전문업체 제품이 맞는지 확인 1-2. 재료검사 기록서를 인수하고 확인 1-3. 사전에 재료 견본품을 확인 (1) 강판 두께, 폭 변동 등을 체크 (2) 특수가공 및 표면처리를 확인
	d. 완료		처리방법	(검사) → 확인
			처리내용	d.1-1. 기와잇기에 현저하게 이상한 곳은 없는지 확인 1-2. 타공정과 접합 부위는 지정된 마감으로 되어 있는가, 실링을 누락하지는 않았는지 확인 1-3. 처마 끝부분에 막을 곳은 철저하게 막아졌는가, 청소와 양생방법을 확인 1-4. 보증기간과 보증서를 확인
2. 표준치수 제품 지붕	a. 시공업체		처리방법	(검토) → 승인
			처리내용	a.2-1. 제조 메이커 확인
	b. 시공도		처리방법	(검토) → 승인
			처리내용	b.2-1. 지붕구배 확인 2-2. 콘크리트 하지인 경우, 컬러알루미늄 등인 때 공기층이 있는지 확인 2-3. 지붕구조와 부재, 간격확인 등을 확인

감리할 종목		범위	주요 점검사항	
2. 표준치수 제품 지붕	b. 시공도		처리내용	2-4. 사용재료의 판두께, 기와잇는 방법 확인 2-5. 하지의 단열재와 방음재 깔기는 적정한가, 루핑의 규격은 적절한지 등을 확인 2-6. 강판, 알루미늄, 동 등을 잇는 방법에 맞도록 제작되어 있는지 확인 2-7. 본 구조에 직접 못이나 피스로 채결하지는 않았는지 확인(못을 박으면 신축조정이 안 됨) 2-8. 처마 부분의 마무리 확인
	c. 제품		처리방법	(검사) → 확인
			처리내용	c.2-1. 재료 검사기록을 접수하고 확인 2-2. 재료 견본품 검토 (1) 모세관현상이 없도록 한 솔기접기 구조로 되어 있는지 확인 (2) 사용재료의 판두께와 색상은 균질한지 확인 (3) 판 이면처리가 되어 소리를 줄이게 되어 있는가, 전식방지 처리가 되어 있는지 등을 확인
	d. 완료		처리방법	(검사) → 확인
			처리내용	d.2-1. 타 공사와의 마무리 및 실링 누락이 없는지 확인 2-2. 완료 후 청소 및 양생은 적절한지 확인
3. 장척 지붕	a. 제조사 및 시공업체		처리방법	(검토) → 승인
			처리내용	a.3-1. 제조 메이커 및 시공업체 확인
	b. 시공도		처리방법	(검토) → 승인
			처리내용	b.3-1. 재료에 다른 구배, 두께, 유격치수, 하지의 중도리규격, 루핑규격, 단열재 취부 등을 세밀하게 확인 3-2. 나중을 고려하여 비흘림, 물막이 등이 대체 가능하도록 되어 있는지 확인 3-3. 처마, 걸인홈통, 받침철물 등의 간격 검토
	c. 제품		처리방법	(검사) → 확인
			처리내용	c.3-1. 제품과 제조사 확인 3-2. 재료의 검사기록을 접수하고 확인 3-3. 재료의 견본을 검토 (1) 장척 롤 제작인가, 재질 및 두께 확인 (2) 단열, 방음재 등이 이면에 부착되어 있는가, 방식처리가 중방식처리인지 등을 확인

감리 종목		범위	주요 점검사항	
3. 장척 지붕	d. 완료		처리방법	(검사) → 확인
			처리내용	d.3-1. 지붕재가 현저하게 휘었던가, 구부러지고, 뒤틀리지 않았는지 확인 3-2. 용마루잇기 상태는 만족스러운지 확인 3-3. 처마홈통과 선홈통의 마무리는 적절한지 확인 3-4. 뾰족한 부분 등의 납땜처리는 잘 되어 있는지 확인 3-5. 타공사와의 접합마무리가 좋고, 실링이 누락되지 않았는지 확인 3-6. 구석진 곳 등의 비아물림, 방청, 양생 상태가 좋은지 확인
4. 기와지붕	a. 제조사 및 시공업체		처리방법	(검토) → 승인
			처리내용	a.4-1. 제조 메이커 및 시공업체 확인
	b. 시공도		처리방법	(검토) → 승인
			처리내용	b.4-1. 기와지붕 하지재 검토 4-2. 한식기와, 평기와, 오지기와, S형기와 등의 형상 검토 4-3. 하지의 구조 점검 (1) 방습지, 공기층, 단열재 등을 검토 (2) 중도리 등의 하지구조재와 기와잇기방법, 홈통 등의 시공도 확인
	c. 제품		처리방법	(검사) → 확인
			처리내용	c.4-1. 제품과 제조사 확인 4-2. 재료 검사기록을 접수하고 확인 4-3. 재료 견본 검토 (1) 시유, 무유, 형상, 색상, 기와중량 등을 점검 (2) 기와연결방식, 못박는 구멍의 결함, 홈통과 처마홈통 등의 재질과 연결재 검사
	d. 완료		처리방법	(검사) → 확인
			처리내용	d.4-1. 기와이음 상태가 불균일하든가, 가지런하지 않은 곳이 없는가를 확인 4-2. 타마감과 접합상태는 양호하고, 누수의 우려가 있는 곳이 없는지 확인 4-3. 실링처리는 잘 되어 있는지 확인 4-4. 청소 및 양생은 잘 되어 있는지 검사

제13장

커튼-월공사(Curtain Wall工事)

13-1 커튼-월공사 사전 점검사항

13-1-1 시공 전 일반 협의사항

1. 사전준비

(1) 커튼-월에 대한 역사를 이해한다.

(2) 커튼-월이 어떤 것인지를 이해해야 한다.

(3) 커튼-월의 형태를 확인한다.

(4) 커튼-월에 관련한 법규를 확인한다.

(5) 커튼-월의 종류와 기술 규준을 확인한다.

(6) 커튼-월의 계약 형태를 확인하고, 내용을 검토한다.

2. 설계도의 커튼-월 성능 확인

(1) 커튼-월의 요구 항목 및 성능을 확인한다.

(2) 커튼-월의 방화 · 내화성능을 검토하고, 면외력에 의한 내풍압성능, 외력에 의한 내진성능, 수밀성능, 기밀성능, 단열성능, 차음성능, 결로방지성능 및 층간변위 추종성능 등을 검토 · 확인한다.

(3) 메탈커튼-월에서 특히 발생하는 발음(發音:Violin Sound)방지에 대해 확인한다.

(4) 커튼-월 유리 열균열에 대해 검토한다.

(5) 커튼-월 접촉부식 방지를 검토한다.

(6) 커튼-월 피뢰(避雷)에 대한 방지를 검토한다.

(7) 커튼-월의 내구성을 검토한다.

(8) 커튼-월 실물모형 테스트를 실시한다.

3. 재료 및 가공 확인

(1) 커튼-월의 주재료와 부재료를 검토한다.

(2) 커튼-월의 부재를 검토하고, 크기 및 중량을 확인한다.

(3) 커튼-월의 제작도, 제작방법, 부재 제작요령서를 검토한다.

(4) 커튼-월의 관리방법, 검사방법, 양생방법을 확인한다.

(5) 커튼-월의 출하계획과 방법을 검토한다.

4. 취부설치 시공 확인

(1) 커튼-월의 시공오차, 치수오차로 인한 시공방법을 검토한다.

(2) 커튼-월 줄눈폭과 주변 마무리에 대한 검토를 한다.

(3) 커튼-월 시공도와 시공요령서를 검토하여 운반 및 양중계획을 검토한다.

(4) 커튼-월 설치용 먹놓기 계획과 파스너 위치를 검토한다.

(5) 커튼-월 설치용 가설계획 수립에 대해 검토한다.

(6) 커튼-월 취부 양중작업계획을 검토한다.

(7) 커튼-월의 시공검사, 청소 등에 대해 검토한다.

(8) 커튼-월의 유지관리방법에 대해 검토한다.

13-2 커튼-월 시공관리 자료 요점

13-2-1 커튼-월공사 시공관리 참고자료

1. 커튼-월에 대한 요점

(1) 커튼-월 설치 형상

① 층간방식(Panel 방식)

② 스팬드럴방식

③ 기둥 · 보방식

④ 그리드방식

⑤ 윈도방식(Window Curtain Wall) : SSG, DPG 등이 있다.

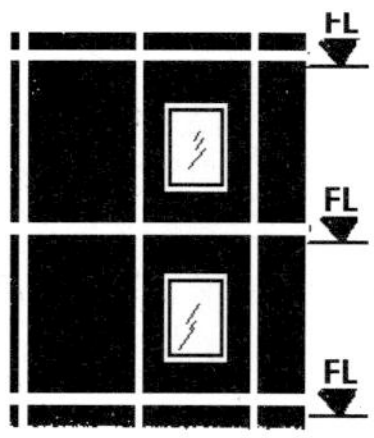

층간방식

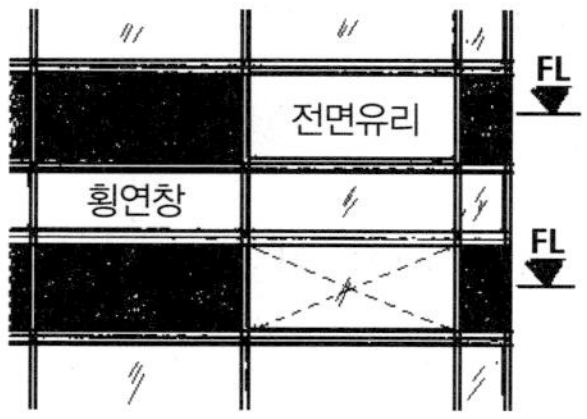

스팬드럴방식

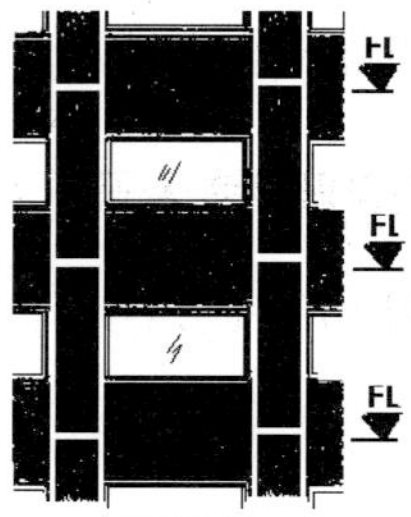

기둥방식

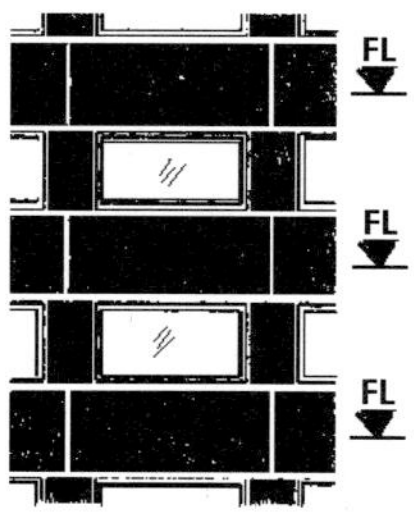

보방식

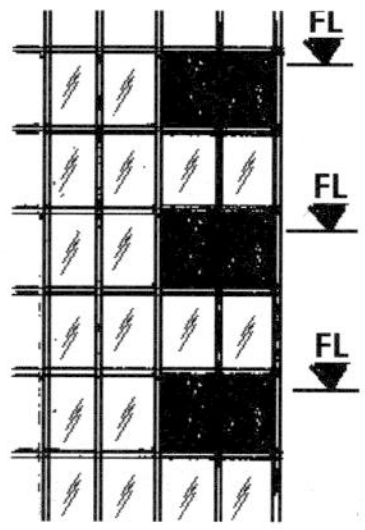

그리드방식 : 멀리온방식

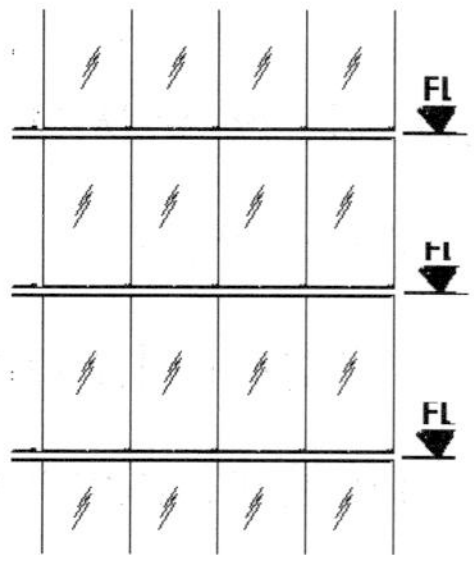

Window방식

(2) 커튼-월 제작 공정

① 디자인 결정 → ② 각종 성능 결정 → ③ 상세설계 → ④ 성능 확인 시험 → ⑤ 커튼월 제작 → ⑥ 제품검사 → ⑦ 취부시공 → ⑧ 완성검사 → ⑨ 유지관리의 순서로 작성한다.

(3) 성능설정

① 내화성능

② 내풍압성능

③ 내진성능

④ 수밀성능

⑤ 기밀성능성

⑥ 내온도차성능

⑦ 차음성능

⑧ 단열성능

⑨ 층간변위 추종성능

(4) 재료별 커튼-월 구분

① PC커튼-월(PCCW)

주요 구성부재로 철근콘크리트 부재(Pre-Cast Concrete Panel)를 사용한 커튼-월이다. 특징으로는 형태의 자유도가 높아 다양한 패턴을 구사할 수 있고, 석재, 타일, 복층도장

(Spray Tile) 등의 마감을 연출할 수 있다.

② 금속(metal) 커튼-월

주요 구성부재에 금속재를 사용한 커튼-월이다. 알루미늄 압출성형에 의한 그리드방식이 대표적이다. 가볍고 샤프한 디자인을 연출할 수 있다.

③ 윈도커튼-월(Window Curtain Wall)

유리를 이용한 커튼-월이다. SSG, DPG방식 등이 있다.

pc커튼월 스팬드럴방식

pc커튼월 층간방식

금속커튼월 패널방식

윈도커튼월방식

(5) 커튼-월 설치 구성요소

① 파스너(Fastener) : 구체에 부착하는 철물로 위치에 주의해야 한다. 파스너의 내화피복, 내구성능을 검토해야 한다.

② 주요부재 설치 : 가조립시 부재가 탈락하지 않도록 해야 한다. 볼트 및 용접체결을 이용한다.

③ 배수기능 : 부정형 실링재에 의한 외부측의 1차 실(Seal)과 보조적인 내부측의 2차 실에 물받이 공간을 만들어 1차 실의 결손으로 물이 들어와도 침입수가 외부로 방출되도록 한다.

④ 유리 설치 : 실링재로 유리를 설치하지만, 글레이징 개스킷으로 설치하는 경우도 있다. 열선반사유리를 이용한 영상조정도 한다.

⑤ 내화피복시공 : 모든 커튼-월에는 최소 30분 이상의 내화성능을 요구하고 있다. 특히 중요한 것은 조인트 부분과 파스너의 내화피복이다.

⑥ 실링재 충전시공 : 주로 2성분형 변성실리콘실링재, 폴리설파이드실링재를 사용한다.

(6) 커튼-월 구조설계

① 커튼-월의 자체중량, 새시, 유리 등을 고려하여 내풍압에 견디도록 설계한다.

② 금속커튼-월의 경우 풍압 및 장기수축에 대한 수축치를 고려한 스택조인트설계에 대한 고려를 하여야 한다.

③ 풍압력 등에 의한 구조체의 오차를 흡수할 수 있도록 파스너(Fastener)를 설계 · 시공이 쉬운 방법으로 설계한다.

④ 층간변위와 팽창계수에 대응 가능한 구조로 줄눈설계를 한다.

⑤ 등압이론을 적용하여 외부의 빗물이 내부로 들어오지 못하게 설계한다.

⑥ 내진 · 내화 · 수밀 · 기밀 · 차음 · 단열성능을 갖도록 설계한다.

이상의 구조설계를 위해 실물모형시험을 거쳐서 확정한다. 시험규준은 미국의 AAMA501.1, 503 및 ASTM E330, E282, 호주의 AS/NZS 4284가 주로 국제적으로 인용되고 있다. 가끔 국내에서 JCMA규준을 이용하는 경우도 있다.(구조설계에 대한 내용은 「건축외장의 이해와 시공」 참고)

(7) 층간변위 추종성(변위) 검토

1) PCCW의 경우는 상부 또는 하부지지구조에 가동할 수 있도록 설계한다.

2) 높이 31m를 초과하는 건물의 경우 부재의 예상 최대변위량은 1/100~1/150 층간변위에 대해 탈락하지 않도록 한다. 실링재의 파탄은 최대 층간변위량의 50~75%로 한다.

3) 커튼-월의 설치방식

① PCCW의 취부방식

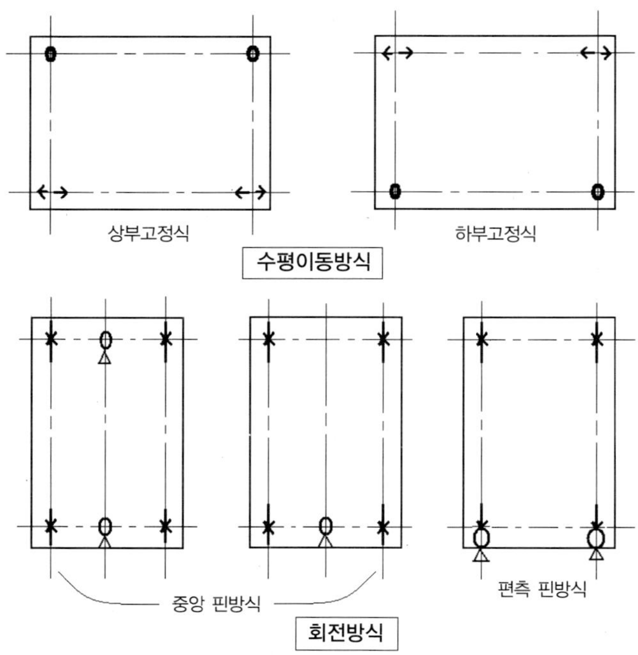

② 금속CW

커튼-월의 부재가 패널 커튼-월, 기둥 · 보방식 커튼-월 또는 가로벽 커튼-월 처럼 대형부재일 때는 PCCW와 동일한 방식을 채택한다. 다만, 금속커튼-월은 PCCW와는 반대로 면내강성이 작기 때문에 커튼-월 변형에 의한 층간변위 추종성이 많고 부재의 특성상 온도신축차가 크다.

③ 유리커튼-월

유리는 복수의 커튼-월에 둘러싸여 있어 유리에 층간변위가 발생해도 새시가 평행사변형으로 변한다. 이때 새시와 유리 접착부로 인해 파손되지 않도록 새시의 저변과 유리단부에 여유(엣지클리어런스)를 둘 필요가 있다.

2. 커튼-월 제조공정

(1) PC커튼-월 제작공정

PCCW(Pre-Cast Concrete Curtain Wall) 제작공정

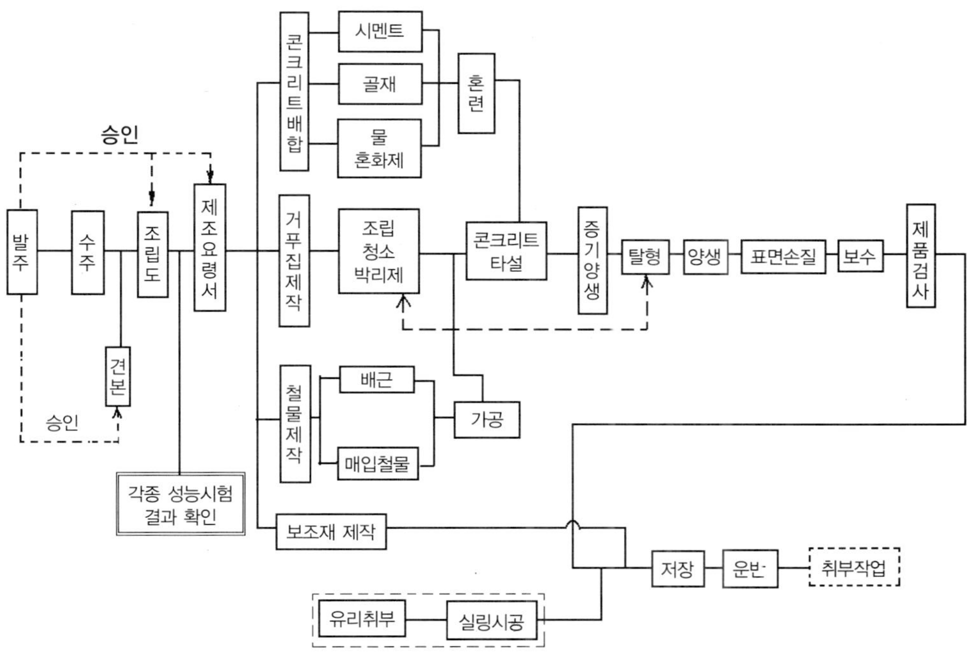

(2) 금속커튼-월 제작공정

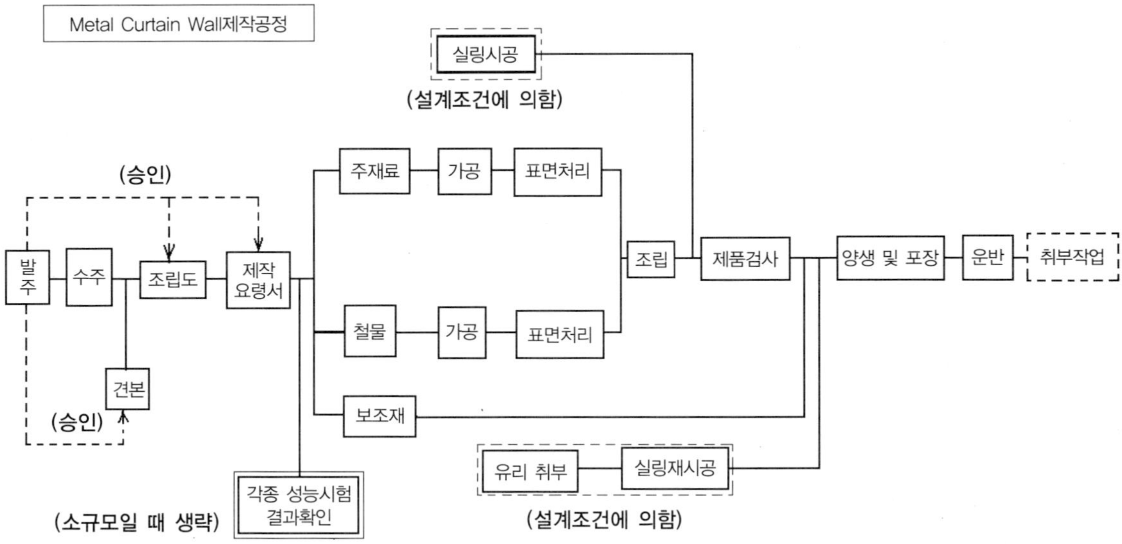

(3) 커튼-월 제품 허용오차

① Pre-Cast Concrete커튼-월 제품의 허용오차(mm)

항목	허용차	항목	허용차
변의 길이	±3	뒤틀림, 휨	5
대각선 길이의 차이	5	구부림	3
판의 두께	±2	면의 凹凸	3
개구부 안목치수	±2	선부착 철물 위치	5

② Metal Curtain Wall 제품의 허용오차(mm)

구분		항목		허용차
단일재	형재	길이	1.5m 이하	±1.0
			1.5m를 초과 4m까지	±1.5
			4m를 초과하는 것	±2.0
		구부림 길이 1.0m에 대해		2.0
		뒤틀림 길이 0.3m에 대해		1/2도
	패널재	변의 길이	1.5m 이하	±1.5
			1.5m를 초과 4m까지	±2.0
			4m를 초과하는 것	+2.0, -3.0
		예상 깊이		±1.0
		대각선 길이의 차이		3.0
		평면 각도		2/1000

구분	항목		허용차
조립유닛	바깥치수	1.5m 이하	±2.0
		1.5m를 초과 4m까지	+2.0, −3.0
		4m를 초과하는 것	+2.0, −4.0
	대각선 길이의 차이		3.0

③ 알루미늄합금 주물 커튼–월 제품의 허용오차(mm)

항목	허용차	항목	허용차
변의 길이	+2 −4	뒤틀림 휨	4
대각선 길이의 차이	5	구부림	3
판의 두께	−2	예상 길이	±2
개구부 안치수	±3	볼트피치	±3

※제품의 크기는 장변방향 4.0m, 단변방향 2.0m 내로 할 것

④ 커튼–월 설치부재의 위치 허용오차 표준치(mm)

항목	금속 커튼–월	알루미늄합금 주물 커튼–월	프리캐스트 콘크리트 커튼–월
줄눈폭의 허용차(1)	±3	±5	±5
줄눈중심 허용차(2)	2	3	3
줄눈 양측의 단차허용차(3)	2	4	4
각층의 기준 먹줄에서 각 부재까지의 거리 허용차(4)	±3	±5	±5

※주) (1) 허용차의 이해는 아래 좌측 그림을 참조한다.
(2) 아래 우측 그림 a,b의 치수를 참고한다.
(3) 아래 좌측 그림을 참조한다.

(4) 부재간 거리조정은 부재의 내면 또는 외면의 일정한 위치를 정하여 점검하고, 좌우방향은 부재 중심을 기준으로 맞추고, 상하방향은 창대높이를 기준으로 조정한다.

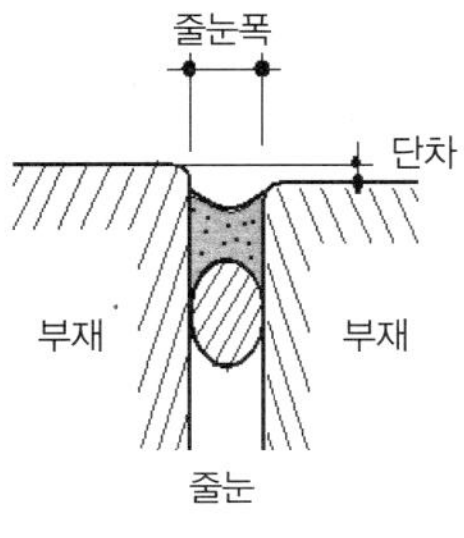

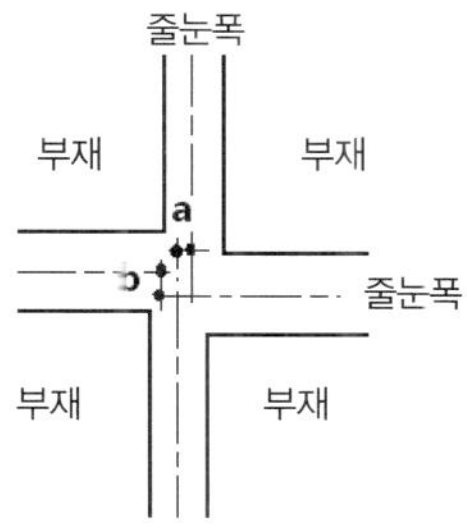

3. 커튼-월의 줄눈

(1) 커튼-월 줄눈 검토 흐름도

부정형 실링재를 사용하는 줄눈설계 흐름도

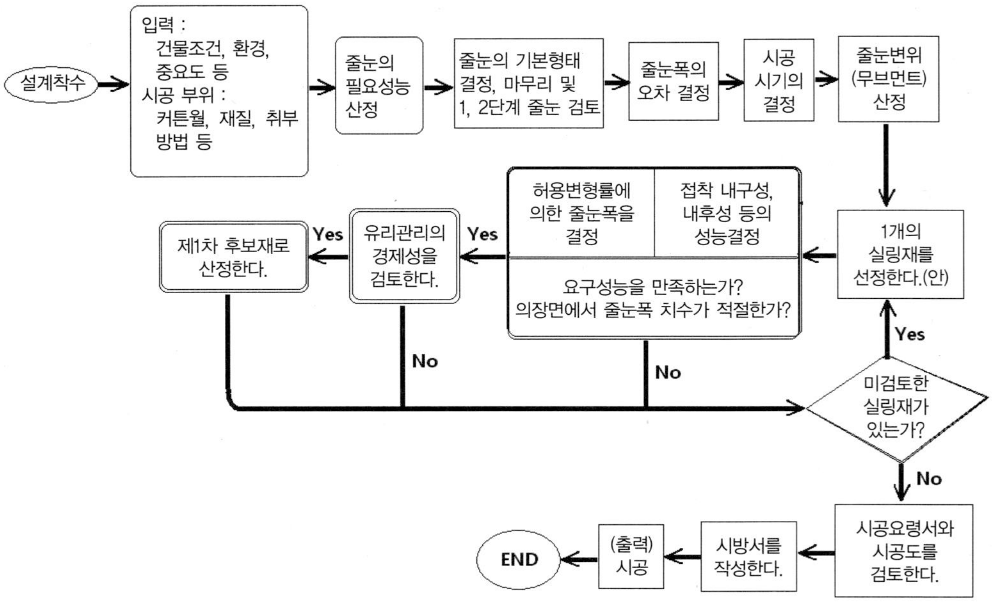

4. 커튼-월의 면외력에 의한 내풍압성능

(1) 커튼-월이 풍압, 지진력, 진동에 의해 탈락하지 않아야 한다. 따라서 PCCW이 경우 큰 패널인 경우 중량이 크기 때문에 지진력이 풍압력을 능가할 수도 있다. 이런 경우에는 지진력에 의한 진동도 동시에 검토해야 할 필요가 있다.

커튼-월 부재에 가해지는 풍압력의 크기는 다음 식에 의한다.

※ $P = q \times C$ ·················· (1)

P = 풍압력(kgf/m²)

q = 속도압(kgf/m²)

C = 풍력계수

따라서 속도압 q는 $q = 60\sqrt{h}\ (h < 16m)$, $q = 120\sqrt[4]{h}\ (h \geq 16m)$

풍압력 C는 원칙적으로 풍동시험에 의해 정하지만, 풍동시험이 없는 경우에는

① 건물의 높이가 31m 미만인 경우 일반적인 건물일 때 정압 C=+0.8, 부압 C=−0.4로 한다.

② 건물의 높이가 31m를 초과할 때는 정압풍력계수는 표 1, 부압풍력계수는 표 2를 참조한다. PCCW의 경우는 부제의 내력, 균열방지, 지지부 파스너의 내력은 반드시 자중을 고려하여 검토한다.

〈표 1〉 정압일 때 풍압작용에 의한 벽면의 풍력계수

건축물의 세장비	풍력계수 C
$0.1 < l / H \leq 0.2$	1.0
$0.2 < l / H \leq 0.4$	0.9
$0.4 < l / H$	0.8

〈표 2〉 부압일 때 풍압작용에 의한 벽면의 풍력계수

건축물의 세장비	풍력계수 C=−1.5의 영역
$0.1 < l / H \leq 0.2$	a. H의 14/15 이상의 부분 b. 양단에서 l 의 1/6 이내 부분
$0.2 < l / H \leq 0.4$	a. H의 9/10 이상의 부분 b. 양단에서 l 의 1/8 이내 부분
$0.4 < l / H$	a. H의 5/6 이상의 부분 b. 양단에서 l 의 1/10 이내 부분

5. 커튼-월 시공

초고층빌딩의 지상부분 공정의 일례

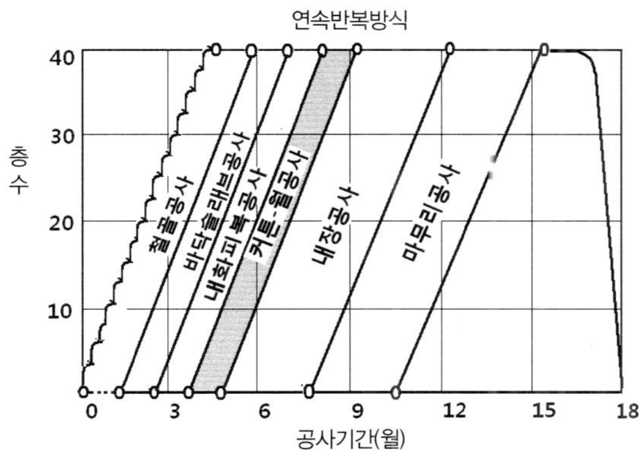

(1) 적치장(Stock Yard) 및 적치방법

현장에 반입된 커튼-월부재가 자중에 의한 변형, 외부에 의한 손상이 되지 않도록 조치하여야 한다. 현장내 보관 기간을 단축하기 위해 양중 및 운반계획을 수립하여 출하계획서를 작성하여야 한다.

(2) 시공도 검토

시공상 필요한 제반 세부적인 사항 및 가설계획이 시공도에 반영되어 있는가를 확인한다. 시공도에 기본사항은 부재나누기, 커튼-월 취부상세도, 취부순서 등이 명시되어야 하며, 이에 따라 양중장비 및 계획을 수립할 수 있다.

(3) 시공요령서

시공요령서에는 시공도 외에 통상 다음과 같은 내용이 기재되어 있어야 한다. ① 일반사항, ② 공사관리체제 및 책임자, ③ 공사개요, ④ 공정계획, ⑤ 운반 및 양중계획, ⑥ 먹줄놓기계획, ⑦ 취부 작업팀 구성과 작업계획, ⑧ 청소 및 양생 보호계획, ⑨ 안전관리계획 등이 기술되어 있는지 확인한다.

(4) 각 부재의 접합부 검토

커튼-월은 프리패브 부재로 구성되어 있어 부재상호 간의 접합부에는 움직이는 운동작용으로 복잡한 변형을 나타낸다. 따라서 접합부에 요구되는 다음 기능을 검토하여야 한다.

1) 우수가 침입하지 않는 기능이 있는가.
2) 층간변위 등에 의한 변형을 흡수하게 되어 있는가.
3) 부재제작과 취부 설치에 대한 오차를 조정할 수 있게 되어 있는가.

(5) 중점관리항목은 다음과 같다.

<table>
<tr><th colspan="4">제품측</th><th colspan="2">취부측</th></tr>
<tr><td rowspan="6">제품치수정밀도</td><td rowspan="4">단일재</td><td rowspan="2">형재</td><td>길이 : ± mm
휨상태 : 1m마다 mm</td><td rowspan="2">취부 정밀도</td><td>전후좌우 : ± mm</td></tr>
<tr><td>뒤틀림 : 0.3m에 대해 度</td><td>레벨 : ± mm</td></tr>
<tr><td rowspan="2">패널</td><td>변길이 : ± mm
대각선 길이 차이 : mm</td><td rowspan="4">Fastener</td><td>용접 : 결함이 없도록</td></tr>
<tr><td>평면평활도 : /1,000</td><td>볼트체결 : kg · m</td></tr>
<tr><td colspan="2" rowspan="2">조립 유닛</td><td>바깥치수 : mm</td><td>1, 2차 파스너 지지조건이 도면과 일치할 것</td></tr>
<tr><td>대각선 길이 차이 : mm</td><td>철물 방청도장이 되어 있는가</td></tr>
<tr><td colspan="3" rowspan="4">외관검사</td><td rowspan="2">손상, 상처, 凹凸이 없을 것</td><td>현장실링</td><td>간극 없이 완전한 실링 여부</td></tr>
<tr><td rowspan="3">외관 및 기타</td><td>손상, 상처, 凹凸이 없을 것</td></tr>
<tr><td rowspan="2">색, 얼룩이 없을 것</td><td>부속금속접합이 완전할 것</td></tr>
<tr><td>유리에 상처, 기포, 균열이 없을 것</td></tr>
</table>

주) 관리항목의 해당 수치는 커튼-월 재질마다 다르므로 해당 커튼-월 규정을 참조할 것.
(예: PC커튼-월, 윈도커튼-월, 금속커튼-월 등의 제작 및 취부 허용치)

(6) 반입계획 검토

1) 수송계획

① 도로차량운송법 보안규준을 검토

② 도로교통법 검토

③ 관할구역 지침에 대한 규제사항을 검토

2) 현장 스톡야드(stock yard) 보관계획

① 통풍습윤상태를 고려한다.

② 비래낙하물로 인한 제품 손상 위험성을 고려한다.

③ 타공사로 인한 이동 여부와 소운반으로 인한 장애 및 이동거리를 검토한다.

(7) 양중 및 안전관리계획 검토

① 운송차량에서 바로 양중과 동시에 취부하는 방식(PC콘크리트 커튼-월 시공)

② 집중적으로 양중한 후 분리 · 취부하는 방식(금속, 유리커튼-월 시공)

③ 비계 및 안전시설 검토

체인블록에 의한 조정

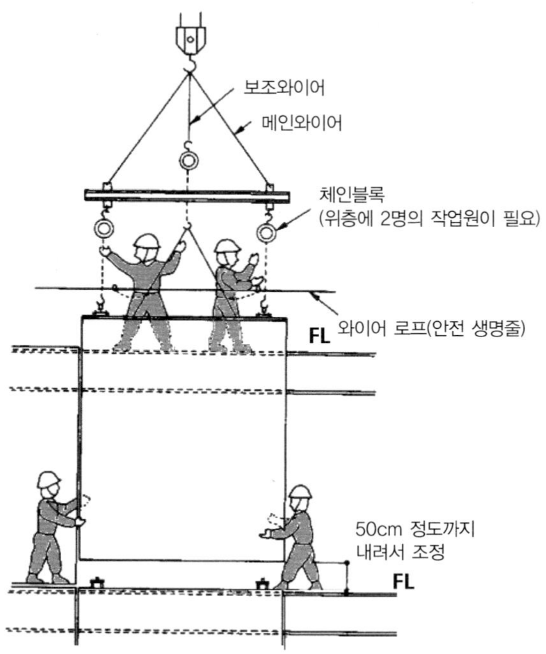

비계의 예

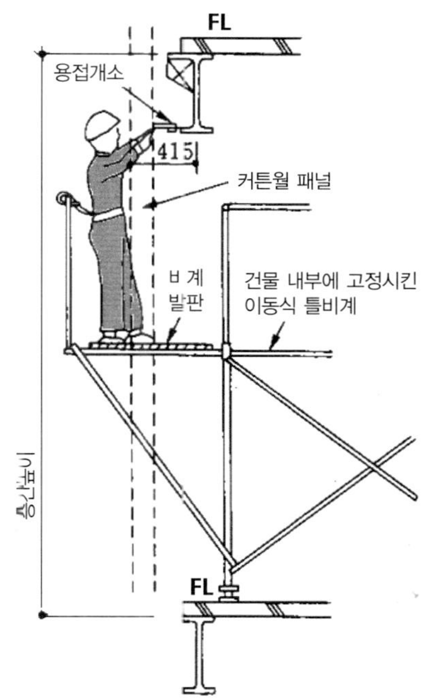

(8) 검토 항목

작업순서	작업항목	세목	작업분담(◈승인, ⊙관리책임, ○협력)						
			GC	CW	철골	내화	유리	실링	기타
발주	업체 선정	커튼-월 제작, 취부 (PC, 금속, 유리)	⊙						
시공 준비	시공도 · 구조계산서 작성	도면 (평면도, 상세도, 나누기도)	◈	⊙					
		제작도	◈	⊙					
		커튼-월 본체 구조계산서	◈	⊙					
		파스너(Fastener)	◈	⊙					
		유리 두께 계산서	◈				⊙		
		철골공작도	◈		⊙				
		구체 선부착 철물 도면	◈	⊙					
	제작시공 요령서	커튼-월 제작요령서	◈	⊙			○		
		시공요령서(설치, 유리, 실링)	◈	⊙			⊙	⊙	
	시험 및 실험								
제작	철골 제작		◈		⊙				
	커튼-월 제작		◈	⊙					
	부속철물 제작		◈	⊙					
	청소용 곤돌라 제작		◈						⊙
시공	사전공정 (철골, 바닥판, 내화피복)								
	커튼-월 공종 공정관리	커튼-월 취부 설치	◈	⊙					
	후속공정 (유리, 실링, 내장 등)		◈				⊙	⊙	

주) GC -- General Contract
CW -- Curtain Wall

13-2-2 실링공사 시공관리 참고자료

1. 실링설계의 기본조사

(1) 설계도 · 시방서에 기재된 줄눈 실링재에 관한 다음 사항을 점검한다.

1) 줄눈의 형상, 치수(줄눈폭, 줄눈 깊이, 단면형상)를 확인한다.

2) 줄눈을 구성하는 부재(피착체)의 재질을 확인한다.

3) 실링재의 종류와 지정된 피착체와의 조합 여부를 확인한다.

4) 워킹조인트(working joint), 논-워킹조인트(Non-working joint)를 확인한다.

working joint	Non-working joint
줄눈의 거동을 사전에 고려한 줄눈	줄눈의 거동이 없던가 극히 적은 줄눈
- 각종 커튼-월의 줄눈 - 난간 등 가로대의 줄눈 - 각종 성형부재 간의 줄눈	- RC조 이어치기, 균열유발줄눈 - RC조 새시 주변의 줄눈 - 타일 및 석재(습식) 붙이기의 줄눈 - PC판 매입새시 주위의 줄눈

(2) 줄눈 허용오차 기준(mm)

항목	금속제 커튼-월	알루미늄합금 주물제 커튼-월	PC 커튼-월
줄눈폭 허용오차	±3	±5	±5
줄눈중심 간의 허용오차	2	3	3
줄눈 양측 단차의 허용오차	2	4	4
각층 기준먹으로부터 각 부재까지 거리의 허용오차	±3	±5	±5

(3) 형상계수의 기준(D/W)

줄눈폭(W)	일반 줄눈	글레이징 줄눈
W≧15일 때	1/2~2/3	1/2~2/3
15>W≧10일 때	2/3~1	2/3~1
10>W≧6일 때	-	3/4~4/3

(4) 커튼-월의 1, 2단계 구조 방수조인트

	1단 방수조인트(One stage joint)	2단 방수조인트(Two stage joint)
가로줄눈	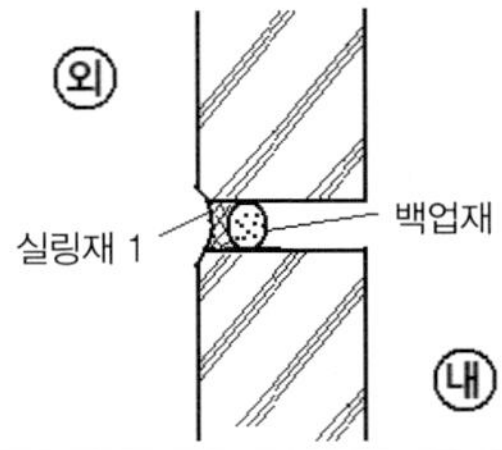	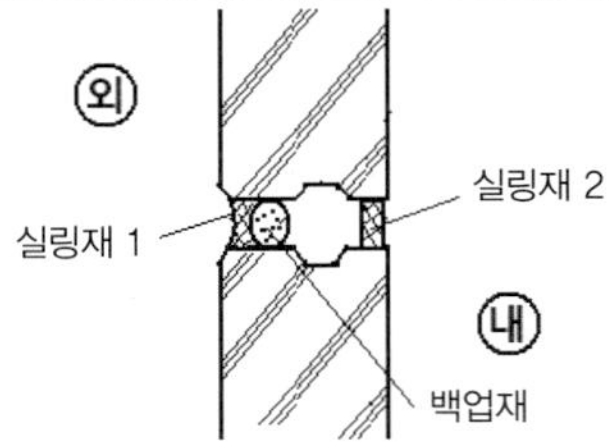
세로줄눈	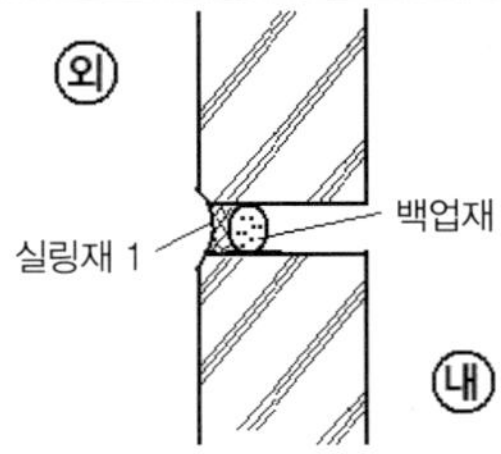	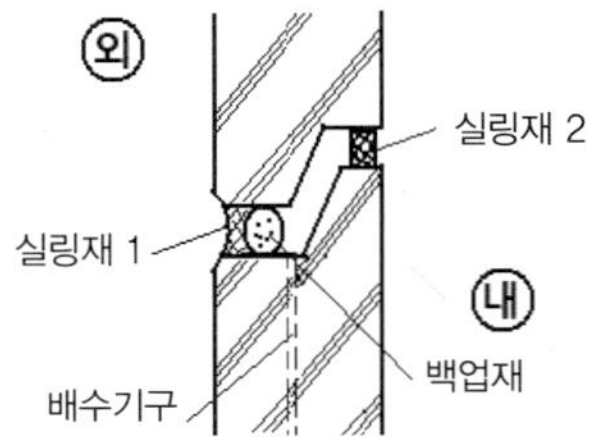

(5) 실링재의 분류

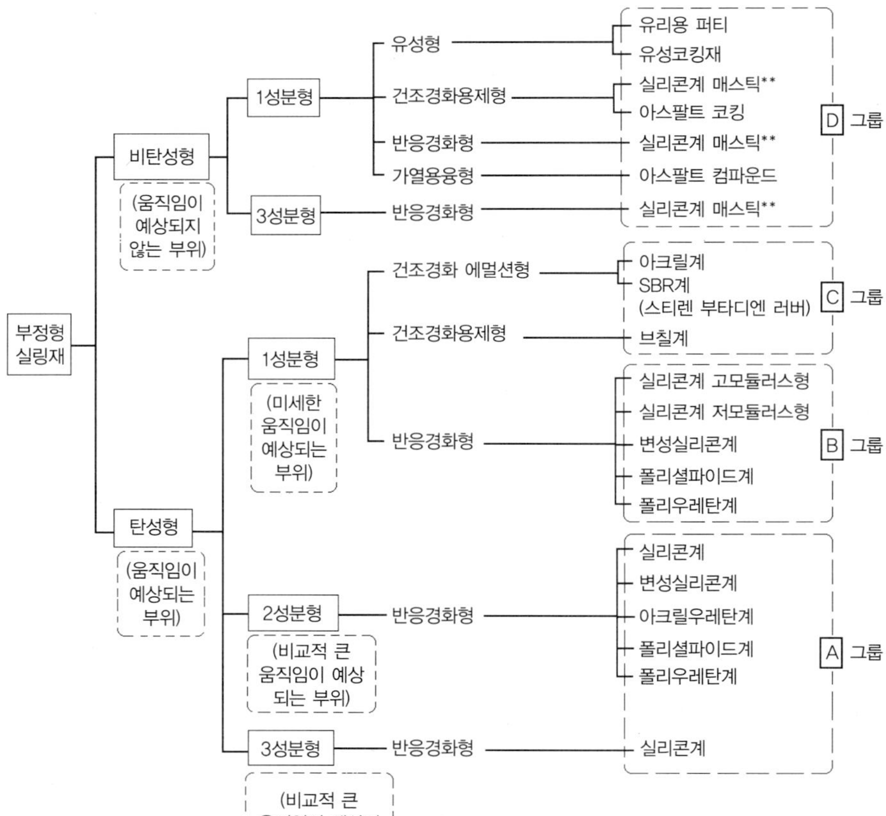

**유성코킹 보수용 등의 한정된 용도에 사용
A~D 의 분류는 실링재의 적용 용도별 분류표를 참고

(6) 실링재의 적용 용도별 분류표[A, B, C, D그룹]

			A 그룹 거동이 있는 줄눈에 적용 가능한 재료(탄성실링재)				
실링재의 종류			2성분형 실리콘계	2성분형 변성 실리콘계	2성분형 폴리설 파이드계	2성분형 폴리 우레탄계	2성분형 아크릴 우레탄계
주요용도			고층건물의 커튼-월	중 · 고층 건물의 커튼-월	석재줄눈, 타일줄눈, 중저층PC 커튼-월	RC조 줄눈, RC조 새시주위, 벽식PC	중저층PC 커튼-월, RC조의 새시 주위
부위 및 용도별 적용 여부		2차 방수용	사용 가능하나 고가임			○	고가
부위 및 용도별 적용 여부		내장용	○	○	○	○	○
부위 및 용도별 적용 여부	거동이 적은 줄눈	ALC패널	△	○	○	○	○
부위 및 용도별 적용 여부	거동이 적은 줄눈	석면판	△	○	○	○	○
부위 및 용도별 적용 여부	거동이 적은 줄눈	석재*	×	△	○	×	△
부위 및 용도별 적용 여부	거동이 적은 줄눈	타일	△	△~○	○	○	○
부위 및 용도별 적용 여부	거동이 적은 줄눈	유리 주위	○	×	△	×	×
부위 및 용도별 적용 여부	거동이 적은 줄눈	RC조 이어치기	사용 가능하나 고가임			○	○
부위 및 용도별 적용 여부	거동이 적은 줄눈	금속재료	○	○	△	△	△
부위 및 용도별 적용 여부	거동이 적은 줄눈	RC조 새시 주위	△	○	○	○	○
부위 및 용도별 적용 여부	거동이 큰 줄눈	패널식 PC커튼-월 사이	○	○	○ (중 · 저층에 한정)	△	○ (중 · 저층에 한정)
부위 및 용도별 적용 여부	거동이 큰 줄눈	기둥 · 보식 PC커튼-월 사이	○	○	○ (중 · 저층에 한정)	△	○ (중 · 저층에 한정)
부위 및 용도별 적용 여부	거동이 큰 줄눈	패널식 금속커튼-월 사이	○	○	×	×	△
부위 및 용도별 적용 여부	거동이 큰 줄눈	멀리온식 금속커튼-월 사이	○	×	×	×	×
부위 및 용도별 적용 여부	거동이 큰 줄눈	두겁대	○	△	×	×	×
미관, 오염 등 의장적인 성질			오염되기 쉽고, 석재를 오염 시킴	오염되기 쉬움	석재의 페놀오염에 주의	오염되기 쉬움	오염되기 쉬움

주) 1. 기호 ○ : 사용에 문제가 없어 가장 많이 사용 △ : 조건에 맞추어 사용이 가능 × : 적용하지 않음(사용 불가)
2. * : 폴리설파이드계의 페놀오염에 주의, 실리콘계는 현재 적용 불가
3. **: SBR(Styrene Butadiene Rubber로 건조경화하는 1성분의 라텍스 타입이다.

			B 그룹			
			비교적 미세한 거동이 있는 줄눈에 적용이 가능한 재료(탄성실링재)			
실링재의 종류			1성분형 실리콘계 (低모듈러스)	1성분형 실리콘계 (高모듈러스 초산계)	1성분형 실리콘계 (高모듈러스 Oxime계)	1성분형 폴리우레탄계
주요용도			중 · 저층 건물의 커튼-월	유리스크린공법, 유리수조	유리스크린공법, 유리수조, 쇼케이스	조립식 공업화주택
부위 및 용도별 적용여부	2차 방수용		사용 가능하나 고가임			○
	내장용		○	○	○	○
	거동이 적은 줄눈	ALC패널	×	×	×	○
		석면판	×	×	×	○
		석재 *	×	×	×	×
		타일	△~○	×	×	△
		유리 주위	○	○	○	×
		RC조 이어치기	○	×	×	○
		금속재료	○	×	○	△
		RC조 새시 주위	○	×	×	○
	거동이 큰 줄눈	패널식 PC커튼-월 사이	○	×	×	×
		기둥 · 보식 PC커튼-월 사이	○	×	×	×
		패널식 금속커튼-월 사이	○	×	×	×
		멀리온식 금속커튼-월 사이	○	×	×	×
		두겁대	○	×	×	×
미관, 오염 등 의장적인 성질			오염되기 쉽고, 석재를 오염시킴	오염되기 쉽고, 석재를 오염시킴	오염되기 쉽고, 석재를 오염시킴	오염되기 쉬움

주) 1. 기호 ○ : 사용에 문제가 없어 가장 많이 사용
△ : 조건에 맞추어 사용이 가능
× : 적용하지 않음(사용 불가)
2. * : 폴리설파이드계의 페놀오염에 주의, 실리콘계는 현재 적용 불가
3. ** : SBR(Styrene Butadiene Rubber로 건조경화하는 1성분의 라텍스 타입이다.

			C 그룹		
			거동이 거의 없는 줄눈에 적용하는 재료 (탄성을 나타내는 범위가 적다)		
실링재의 종류			에멀션형 아크릴계 (Emulsion型 Acryl系)	라텍스형 SBR계** (Latex型 SBR系)	용제형 부틸고무계 (溶劑型 Butyl系)
주요용도			내장용, ALC용	내장용	내장용
부위 및 용도별 적용여부	2차 방수용		○	○	○
	내장용		○	○	○
	거동이 적은 줄눈	ALC패널	△~○	△	△
		석면판	×	×	×
		석재*	×	×	×
		타일	×	×	×
		유리 주위	×	×	×
		RC조 이어치기	△	△	△
		금속재료	×	×	×
		RC조 새시 주위	×	×	×
	거동이 큰 줄눈	패널식 PC커튼-월 간 사이	×	×	×
		기둥 · 보식 PC커튼-월 사이	×	×	×
		패널식 금속커튼-월 사이	×	×	×
		멀리온식 금속커튼-월 사이	×	×	×
		두겁대	×	×	×
미관, 오염 등 의장적인 성질			일반적으로 사용하는 상황에서 특별한 문제가 없음		

주) 1. 기호 ○ : 사용에 문제가 없어 가장 많이 사용
　　　　△ : 조건에 맞추어 사용이 가능
　　　　× : 적용하지 않음(사용 불가)
　2. * : 폴리설파이드계의 페놀오염에 주의, 실리콘계는 현재 적용 불가
　3. **: SBR(Styrene Butadiene Rubber로 건조경화하는 1성분의 라텍스 타입이다.

			D 그룹		
			거동이 없는 줄눈에 적용한다. 재료 및 한정용도(소성적)		
실링재의 종류			유성(油性)코킹	용제형 실리콘계 Mastic(1성분)	3성분형 실리콘계 Mastic
주요용도			태양광을 받지 않는 RC조 이어치기 줄눈	유성코킹의 보수용	유성코킹의 보수용
부위 및 용도별 적용여부		2차 방수용	○	△	△
		내장용	×	△	△
	거동이 적은 줄눈	ALC패널	×	△	△
		석면판	×	△	△
		석재*	×	×	×
		타일	×	△	△
		유리 주위	×	△	△
		RC조 이어치기	△	△	△
		금속재료	×	△	△
		RC조 새시 주위	×	△	△
	거동이 큰 줄눈	패널식 PC커튼-월 사이	×	×	×
		기둥 · 보식 PC커튼-월 사이	×	×	×
		패널식 금속커튼-월 사이	×	×	×
		멀리온식 금속커튼-월 사이	×	×	×
		두겁대	×	×	×
미관, 오염 등 의장적인 성질			잔주름 및 균열 발생	오염되기 쉬움 석재를 오염시킴	오염되기 쉬움 석재를 오염시킴

주) 1. 기호 ○ : 사용에 문제가 없어 가장 많이 사용
△ : 조건에 맞추어 사용이 가능
× : 적용하지 않음(사용 불가)
2. * : 폴리설파이드계의 페놀오염에 주의, 실리콘계는 현재 적용 불가

2. 실링재 시공

(1) 실링재 시공 작업흐름도

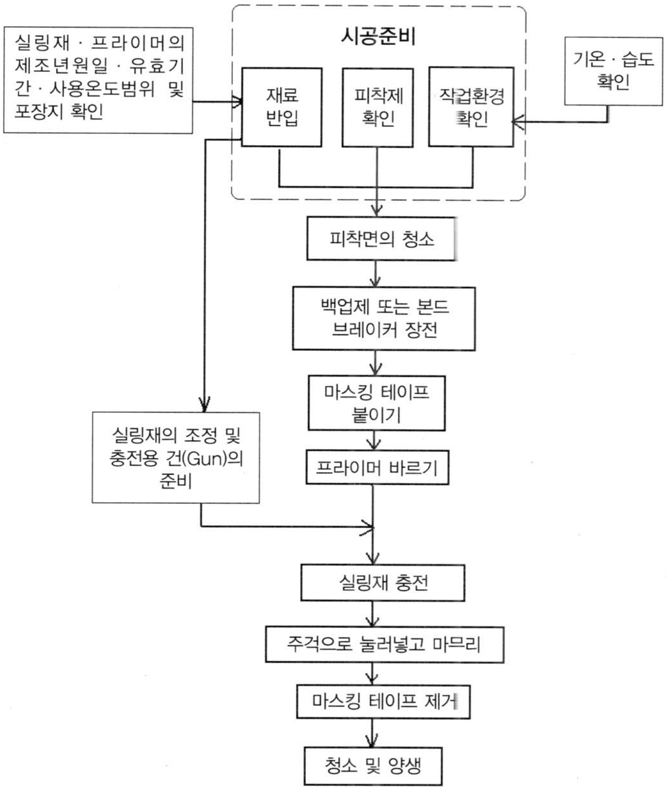

(2) 실링재 샘플링에 의한 간이접착시험

1) 간이 접착성 시험

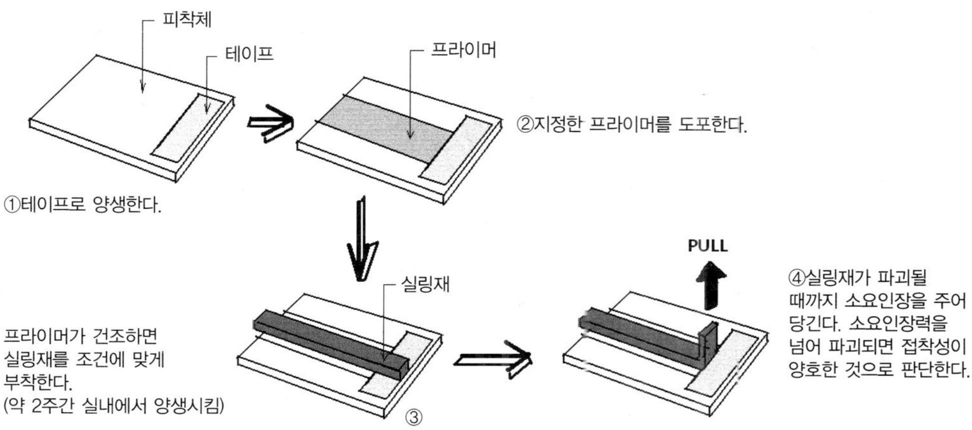

∴ KS F4910에 의한 물성, 저모듈러스는 2.0kg, 고모듈러스는 4.0kg

2) 절취 접착성 시험

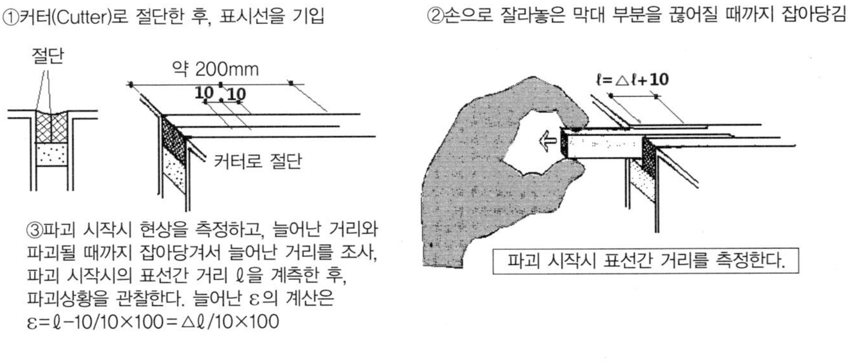

(3) 실링재 보관방법

위험물(청소용용제, 프라이머 등)이 많이 있으므로 화기를 엄금해야 한다. 고온다습하지 않도록 하고 환기를 고려해야 한다.

(4) 실링재 접착성 저해요인은 다음과 같은 사항으로 발생하는 경우가 많다.

① 부재의 함수율, 결로수 등의 수분 미제거

② 오일, 거푸집박리제 등의 부착물 미제거

③ 레이턴스 등의 취약층(취약층을 제거 또는 저모듈러스 실링재를 사용) 미처리

④ 유기용제 미제거

⑤ 자외선을 고려하지 않은 시공

⑥ 접착면이 적게 설계되었던가, 이종피착체에 대한 프라이머 사용에 대한 이해 부족

(5) 실링재 시공시 시작점과 마무리 위치

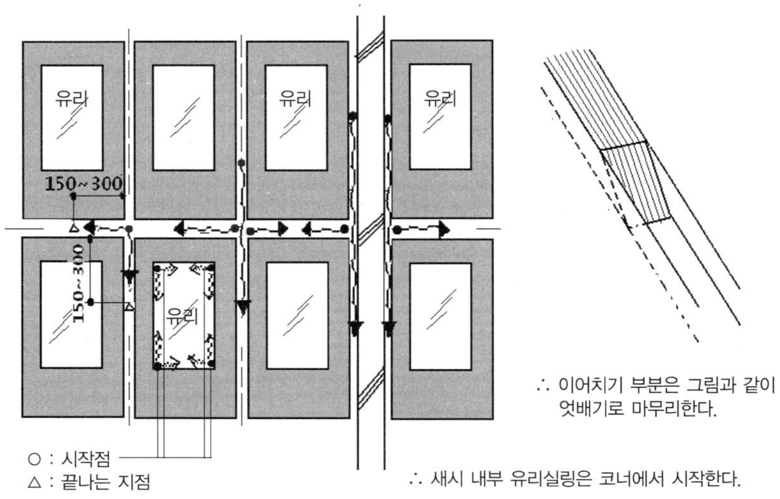

(6) 양생 및 검사

시공 후 강우를 고려하여 밀폐상태로 만들면 경화 불량이 생기기 때문에 주의해야 한다. 실링재의 접착검사는 실제 절취검사로 하고, 경화상태 충전깊이(충전 전에 기구를 이용하여 점검함), 기포가 생긴 곳이 없는지, 줄눈 주위에 오염 등의 이상 유무를 검사한다.

(7) 문제가 되는 줄눈의 형태와 사례

사례	문제점	개선 대책
1. 금속두겁대 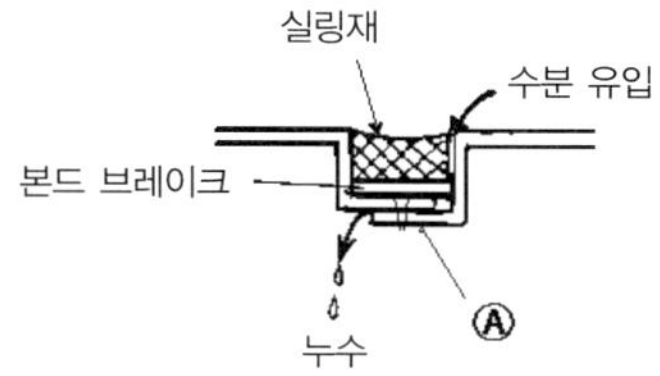 	- 박리 · 파탄으로 누수된다. - Ⓐ부의 접합배면 피스구멍으로 누수한다.	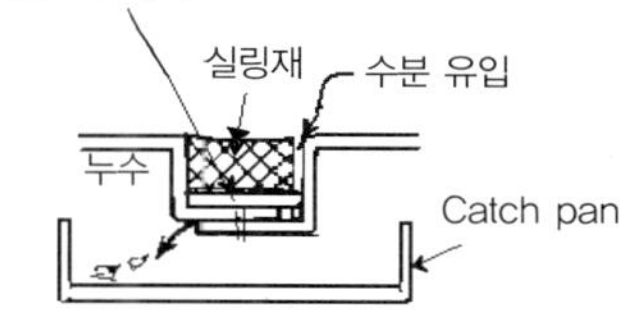 - 배수기구를 설치한다.(Catch pan)
2. 금속두겁대 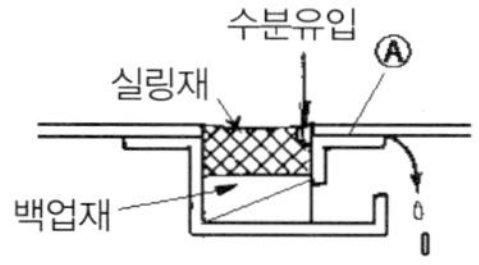 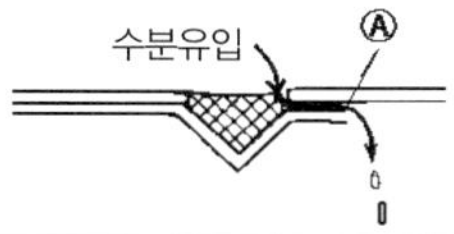 	- 접착면이 작아서 박리되기 쉬워, 앵글 등의 간격으로 누수된다. Ⓐ	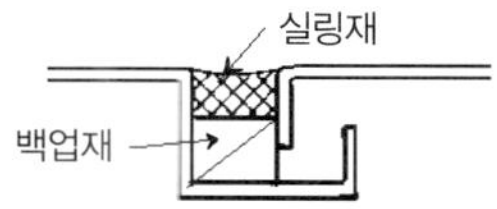 - 일체화된 배수기구로 설계한다. 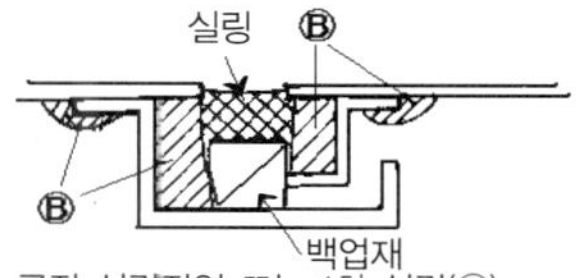 - 공장 실링작업 또는 1차 실링(Ⓑ)
3. 새시의 창대 부분 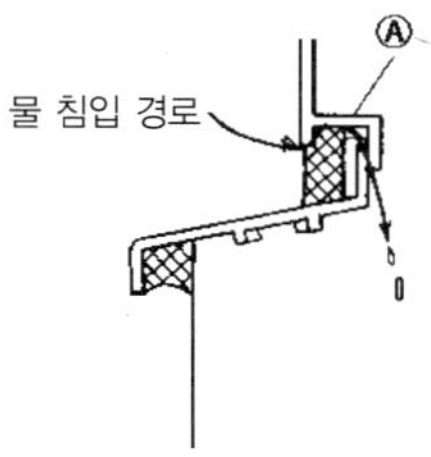 	- Ⓐ부분의 청소와 프라이머 도포가 어렵고, 실링재가 충전되지 않는다. - 접착면이 작아서 박리되기 쉽고, 앵글 등의 간극에서 누수한다. Ⓐ	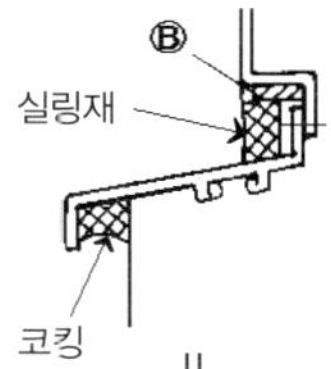 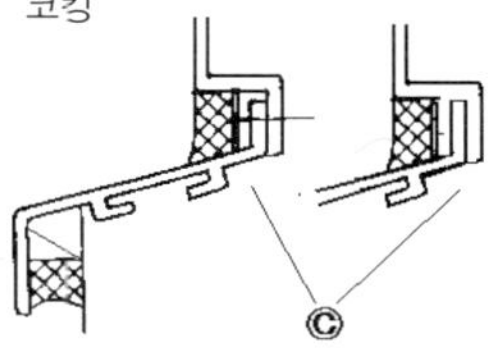 - Ⓑ처럼 공장실링을 하던가, Ⓒ의 형상을 변경한다.
4. 타일붙이기의 들어간 모서리 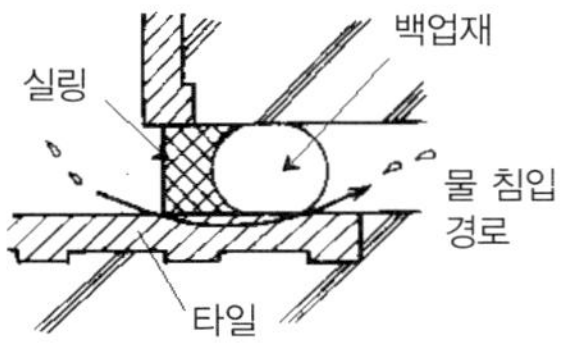 	- 타일줄눈으로 물이 침입한다.	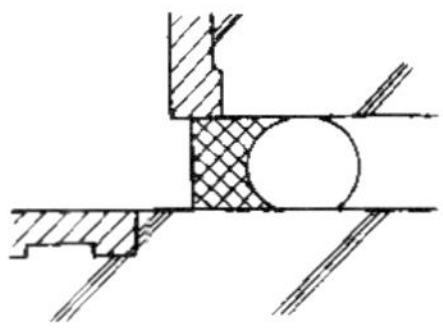 - 타일붙이기를 실링재 앞에서 마무리한다.

사례	문제점	개선 대책
5. 새시 하단의 타일붙이기 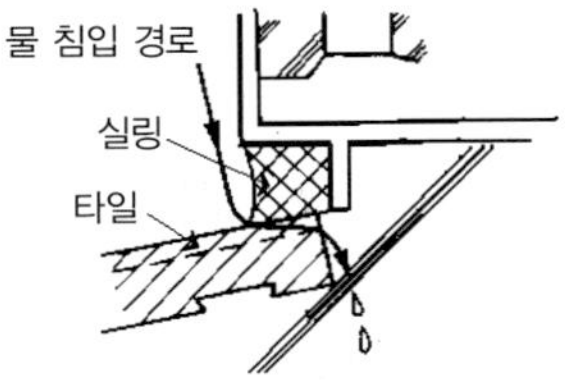 	- 타일 줄눈으로부터 물이 침입하기 쉽다.	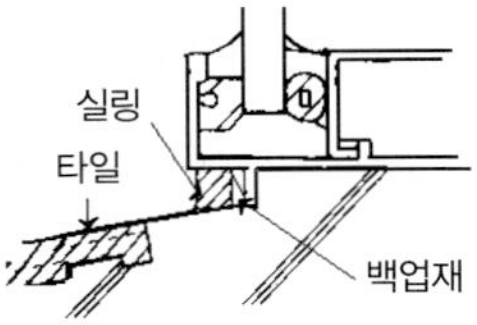 - 타일마감을 실링재 앞에서 마무리한다.
6. PC패널의 새시 후시공일 때 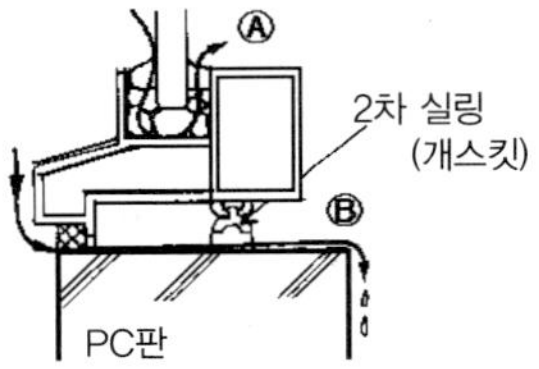 	- 유리로부터 누수되어 실내로 들어오는 경우 Ⓐ - 2차 실(Seal)의 부실로 누수되는 경우 Ⓑ	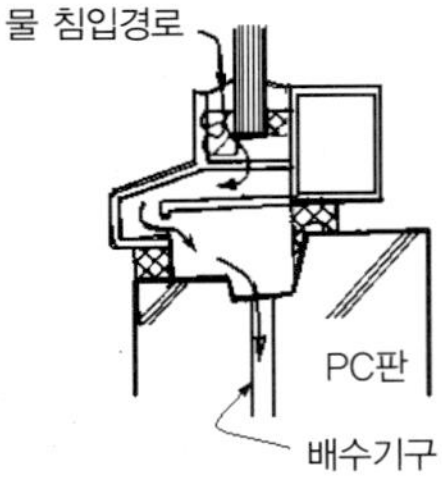

커튼-월공사 감리공정 사례

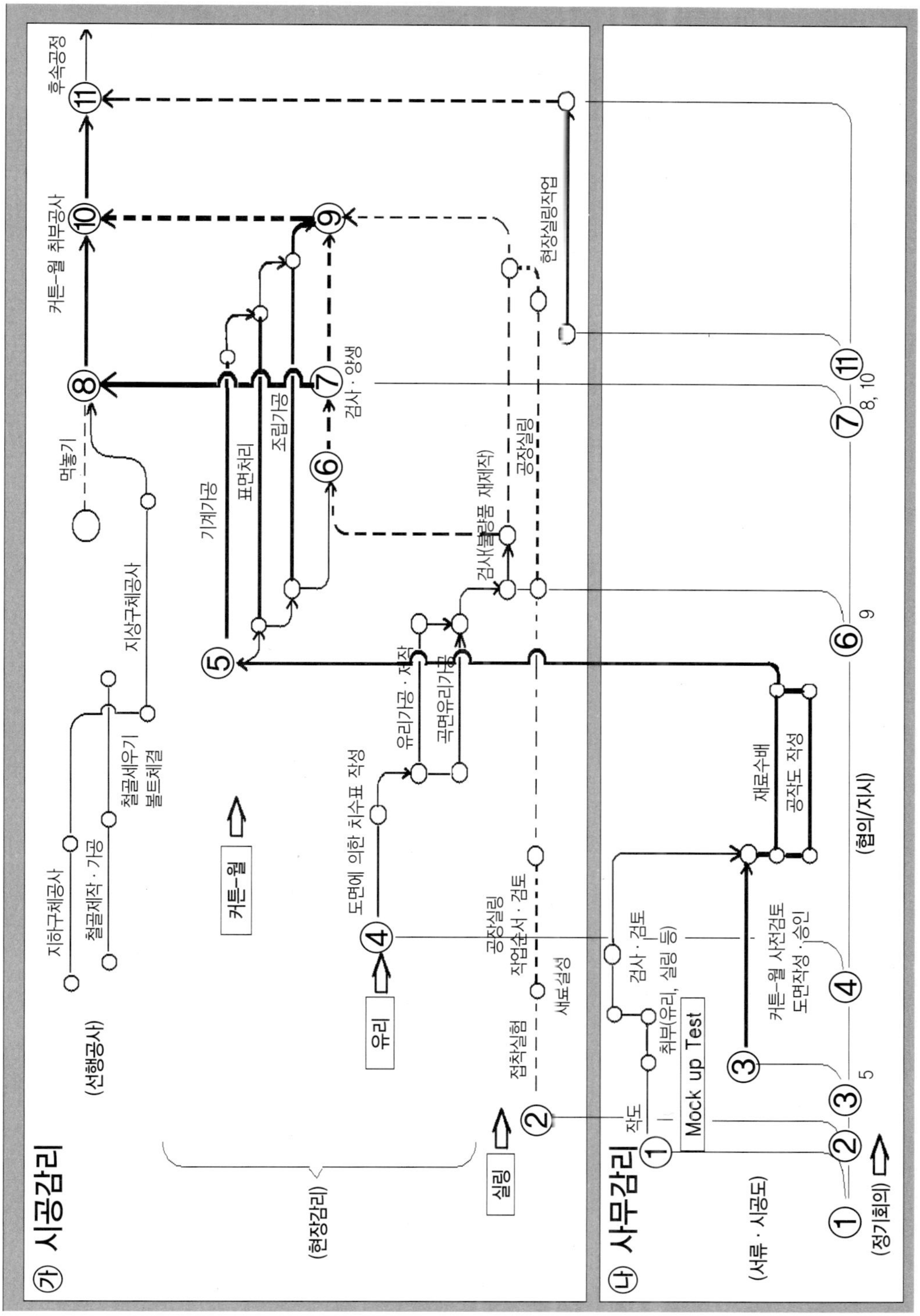

13-3 #별표, 커튼-월공사 감리 주요 점검사항

감리 종목	범위	주요 점검사항	
1. 제조회사 및 하도급자		처리방법	(검토) → 승인
		처리내용	1-1. 메이커의 지정 확인, 제조업체 검토 1-2. 품질 점검 1-3. 품질관리 자체검사체제 확인
2. 커튼월 제작 설계도, 공작도		처리방법	(검토) → 승인
		처리내용	2-1. 설계도 비교 확인 (1) 요구 등급의 확인 1) 내풍압성능 : 풍하중 200~500kg/m^2(1~5등급)으로 나누어져 있는데 이중 몇 등급인지 확인. 2) 면내 변형 성능 : 변형률 1등급인 1/400~5등급 이내에 있는지 확인 3) 내충격성능 : 건축물이 충격받았을 때 유해한 손상을 일으키지 않는 한계의 운동량으로 표시하며, 충격시험에 의해 구한다. 중추운동량 7~28kg·m/sec (1~5등급) 4) 단열성능 : 열관류저항 0.3~1.25㎡·hr·C/kcal(1~5등급)을 확인한다. 5) 차음성능 : 음의 투과손실을 구하고, 평균투과손실 [125~400Hz] 25~40dB(1~5등급)로 산정한다. 6) 수밀성능 : 가동새시부와 연결부위로 구분하고, 실내쪽에 누수를 일으키지 않는 한계압력차로 표시한다. 성능기준은 압력차(kgf/m^2에 대하여 주입수량 2ℓ/m^2·min(정압), 4ℓ/m^2·min(동압)하여 가압시간 10분간 연속시험하여 수밀시험으로 구한다.(ASTM기준 : 3.4ℓ/m^2·min, 15분) 7) 기밀성능 : 가동새시부와 연결부를 구분하며 압력차 10kg/m^2 표준공기압(온도 20℃)으로 환산하여 가동 부분 60~0.25m^3/hr·m(1~5등급), 일반연결 부위 1~0.15(1~5등급) 중 등급 확인 8) 내구성능 : 물리적 내용년한 20~80년(1~5등급)을 확인 (2) Mock Test방법 1) 실물모형을 제작하여 풍동실험에 의한 검증 확인 2-2. Fastener상세 검토 (1) 내화성능 건축법 시행령에 따라 1시간 이상의 내화성능은 기본이다. 파스너의 내화성능은 1~2시간 이상 내화가 가능하도록 설계되어 있는지 확인(일반적으로 3시간 내화를 기준하고 있음) (2) 인발시험 파스너의 부착력시험은 설치 후 최소 14일 후에 실시(기준 28일)(「건축외장의 이해와 시공」 참조) (3) 용접 부위 검사 확인(PC의 경우 설계규준에 따라 핀결합 부위는 절대로 용접으로 고정해서는 안 된다) (4) 방청처리가 되어 있는지 확인

감리 종목	범위	주요 점검사항	
2. 커튼월 제작 설계도, 공작도		처리내용	2-3. 외부표면마감 (1) 강재 커튼-월 1) 스틸 : 강판아연철판 법랑마감 2) 알루미늄 : 자연발색 전해착색, 소부도장법 3) SUS : H.L(Hair Line)마감, 밀러, 엣칭, 코팅마감 (2) 무기질재 커튼-월 1) 콘크리트 : 복층도장 외 GPC, TPC, GRC, 2) ALC패널 : 전용 탄성도장재 2-4. 가공할 형틀을 검사 · 확인한다.
3. 커튼월 공장제작 및 시제품		처리방법	(검토) → 승인
		처리내용	3-1. 제조공장 확인 (1) 공장제작된 제품을 검사 · 확인한다. (2) 자체검사보고서를 점검한다. (3) 검사대상품을 확인한다. (4) 검사할 사항 1) 외장표면마감(금속재, PC 등) 2) 외관검측, 내부안치수 검측 3) 창호 등의 작동검사(개폐, 잠금장치 등) (5) 현장 취부 후 검사 · 확인 (6) 공장내 보관장소 및 관리상태 확인 3-2. 제품납기일 등의 반입공정협의 (1) 공정상의 취부 위치와 수량 (2) 양생, 포장 및 출하운반계획
4. 취부 먹줄놓기		처리방법	(입회) → 확인
		처리내용	4-1. 취부 위치 확인 (1) 중심먹줄 및 보조먹줄 확인 (2) 패널 나누기 먹놓기를 매층마다 확인 (3) FL에서 새시 창대 높이까지의 거리를 확인 (4) 접합 부위 줄눈부 먹줄을 확인 4-2. 중점 관리항목을 검토한다.
5. 취부 시공		처리방법	(입회) → 확인
		처리내용	5-1. 커튼-월 반입, 적치(Stock Yard)에 주의 (1) 현장에서의 제품보관은 통풍이 잘되고, 청결한 곳에 10cm각 정도의 받침목 위에 변형되지 않도록 수직방향으로 쌓고, 평적(平積)해서는 안 된다. (2) 방충망 등은 별도 보관한 후 타공사 작업완료 후에 설치한다. 5-2. 취부 순서 및 타공정과 관련 부분은 시공도와 일치하는지 확인 5-3. 취부 후 파스너의 방청 및 내화피복이 적절하게 되어 있는지 확인 5-4. 양중, 운반계획을 검토하였는가. 5-5. 취부 작업팀 및 취부 순서는 계획대로 진행되고 있는지 확인

감리할 종목	범위	주요 점검 사항	
6. 취부 완료		처리방법	(검사) → 확인
		처리내용	6-1. 실링 등 취부 후 후속공정 마무리가 되어 있는지 확인 6-2. 커튼-월 접합부의 실런트 종류와 시공 전 상태 확인 (1) 건조는 충분히 되어 있는가. (2) 백업재는 규격의 제품으로 시공되고 있는가. (3) 3면 접착이 있지는 않았는가, 시공시 기록을 확인 (4) 양생테이프 처리로 오염되지 않도록 하고 있는가. 6-3. 손상 부분 여부와 청소상태를 검사하였는가.
7. 양생 및 손상방지		처리방법	(입회) → 확인
		처리내용	7-1. 취부 후 오염, 손상방지를 위한 조치를 하였는지 확인 7-2. 유지관리방법은 검토되어 있는지 확인

13-4 #별표, 실링공사감리 주요 점검사항

감리 종목	범위	주요 점검사항	
1. 제조회사 및 하도급자		처리방법	(검토) → 승인
		처리내용	1-1. 실링재 메이커의 지정 확인, 제조업체 검토 1-2. 제조사 Data에 의한 품질 점검 1-3. 하도급업체 실적 검트
2. 설계도. 시방서		처리방법	(검토) → 승인
		처리내용	2-1. 설계도 및 시방서, 시공요령서를 확인한다. (1) 줄눈의 형상, 치수(줄는 깊이, 줄눈폭, 단면형상 등)를 확인 (2) 줄눈을 구성하는 부재(피착체)의 재질과 사양, 실링재의 종류와 피착체와 배합에 대해 확인 (3) 기타 : 워킹조인트, 논-워킹조인트의 확인 및 커튼-월의 형식과 층간변위, 실링재 허용변형률 등을 확인 2-2. 줄눈의 마무리를 확인한다. 2-3. 실링재의 종류가 적절한가, 사용하는 부자재의 종류와 재질을 확인한다. 2-4. 피착체의 접착성능을 검토 · 확인한다. 2-5. 시공요령서가 작성되어 있는지 확인한다.
3. 실링재료		처리방법	(입회) → 확인
		처리내용	3-1. 소정의 재료가 반입되었는가를 확인 3-2. 재료의 보관방법은 적절한가를 확인 3-3. 재료의 유효기간은 확인되었는가 확인 3-4. 반입된 소요 수량이 맞는가를 확인 3-5. 접착시험을 실시하였는가 확인
4. 시공전 확인사항		처리방법	(입회) → 확인
		처리내용	4-1. 훈련용 전원이 확보되었는가. 4-2. 접착면에 박리제나 접착위약면은 없는가 확인 4-3. 접착면 하지는 충분히 건조되어 있는가, 또 접착면에 도장이 되어 있지 않는가 확인 4-4. 결함 부위의 보수방법은 적절한가, 보수재료와의 접착성을 확인했는가. 4-5. 접착면이 금속소지로 방청도료 도장인가. (1) 도장강판은 실링면의 접착면이 되므로 청소용 용재나 프라이머 등으로 도막이 침해되지 않는지, 그 도막에 접착성은 문제가없는지 사전에 검토한다. 불소수지도장 강판 같은 경우에는 표면이 화학처리되어 안정되어 있기 때문에 접착성이 좋지 않다. 따라서 나일론수세미 등으로 문질러 접착성을 향상시켜야 한다.

감리할 종목	범위	주요 점검 사항	
4. 시공 전 확인사항		처리내용	4-6. 공장실링의 위치 및 재료를 확인하고, 양생필름 등이 붙어 있지는 않는지 확인 4-7. 유리면에서는 열선반사 필름이나 비산방지 필름이 접착면에 걸리지는 않는지 확인 4-8. 공정은 충분히 검토되었는가, 시공 기록서는 준비되었는지 확인
5. 취부 시공		처리방법	(검사) → 확인
		처리내용	5-1. 현장의 기후와 온도는 적절한가 확인 5-2. 피착체에 온도상승은 없는가.(피착체의 표면 온도가 50℃를 초과하면 실링재가 경화불량을 일으킴) 5-3. 백업재, 본드 브레이크는 소정의 위치에 장착되어 있는지 확인 5-4. 프라이머 도포를 누락한 곳은 없는가, 또 지나치게 많이 삐져나온 곳은 닦아냈는가.(지나치게 삐져나온 프라이머는 변색 등을 일으키고, 줄눈 주변을 오염시키게 되므로 적절한 용제로 닦아내야 함) 5-5. 이어치는 장소는 적절하며 처리방법은 올바른지 확인 5-6. 실링재의 검사용 샘플링 확인 실링재 검사는 사전 간이검사와 절취샘플링검사로 하고, 경화상태, 충전깊이, 기포발생, 접착상태, 줄눈 주변 오염 등의 이상 유무를 검사한다. 5-7. 혼련기와 혼련시간에 실수는 없는지 확인
6. 양생 및 손상방지		처리방법	(입회) → 확인
		처리내용	6-1. 양생용 마스킹 테이프가 붙어 있는 곳은 없는지 확인 6-2. 시공 후 강우, 강설이 예상되는 곳은 있는가, 경화전의 실링재는 손상되지 않도록 적당한 양생을 해야 한다. 이때 밀폐상태가 되면 경화 불량을 일으키므로 주의해야 한다. 6-3. 샘플링 시험방법은 13-2-2의 2-(2)의 2) 방법에 의해 실시한다.(알루미늄 ㄷ형재에 실링을 충전한 다음, 양생 후 시험함) 6-4. 시공 기록지는 일시, 천후온 · 습도, 사용재료의 Lot번호, 사용장소, 사용량 등을 상세하게 기록한 것을 대조 · 확인한다.

제14장

잡공사(雜工事)

14-1 잡공사에 사용될 주요 종목

14-1-1 실내마감재

1. 상판용 재료

(1) 상판재는 주로 열과 손상에 강한 멜라민 치장판으로 곡면가공이 가능하도록 특수처리된 재료이다.

(2) 곡면으로 가공하여 적층시킨 합판 등의 위에 열로 가압하여 압착시켜 제조되며, 곡면마무리가 가능한 두께 0.8~1.2mm의 얇은 판재를 이용하여 가공제품에 이용하는 것이다.

(3) 인조대리석으로 두께 30mm 이상의 두꺼운 재료들이 있다.

(4) 용도 : 세면장의 화장대 상판, 싱크대 상판, 일반적인 카운터, 테이블 상판 등에 사용된다.

(5) 형상은 다양하게 만들 수 있다.

(6) 절단 : 원형톱 등을 사용한다.

(7) 연결방법

① 배면 받침목재에 볼트 체결법

② L형 철물에 의한 볼트 체결법

③ 홈파기식 볼트 체결법

(8) 조인트 줄눈처리방법

① 맞댄방식

② V줄눈방식

③ 줄눈을 이용하는 방식

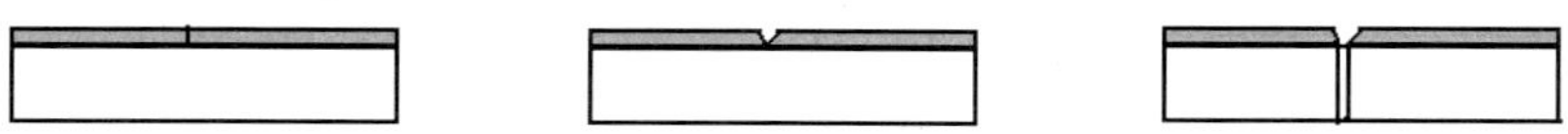

① 맞댄방식　② V줄눈 이용방식　③ 줄눈을 이용하는 방식

(9) 벽면을 시공한 후에 덧판붙이는 방식이 일반적으로 이용되고 있다.

2. Corian(제조사 듀퐁사 외)

(1) 두께 : 6, 13, 19mm 등

(2) 작업대 상판(Counter Top), 징두리판 및 벽면에 사용한다.

(3) 凹凸 또는 면치기가공이 가능하다.

(4) 백색 외 3~4가지 색상이 있다.

3. 결정화유리

(1) 두께 15mm (1종류만 생산)이다.

(2) 내 · 외장에서 석재처럼 사용한다.

(3) 자연석과는 다르게 R면가공, 기둥형 등의 곡면가공이 가능하다.(r=350~4,000mm까지)

4. 계단 논슬립 등

(1) 금속마감 : 스테인리스의 헤어라인마감(H · L), 알루미늄의 알루마이트마감, 황동, 하프밀러마감 등

(2) 고무제품 : a. 합성수지, 우레탄고무제품 ----------- (내마모도가 크다)

b. 합성고무(가압방식) -------------- (내마모도가 적다)

c. 고무 또는 연질수지, 염화비닐 --------- (내마모도가 적다)

14-1-2 실내장치물

1. 방연 스크린벽

(1) 설치방식 : 고정식, 연감지기 격납식이 있다.

(2) 위치 : 천장에서 500mm 이상 돌출시켜 설치하지만, 바닥면적 500m^2 이내로 구획, 구역 내의 연기를 배연설비에 의해 외부로 방출한다.

(3) 부재 : 알루미늄 형재(격납식인 경우는 천장마감면과 동일하게 하는 것이 원칙임)가 있다.

(4) 고정식 : 고정식의 유리는 6.8mm 망입유리, 유리 피치는 1.2~2.4m 정도이다.

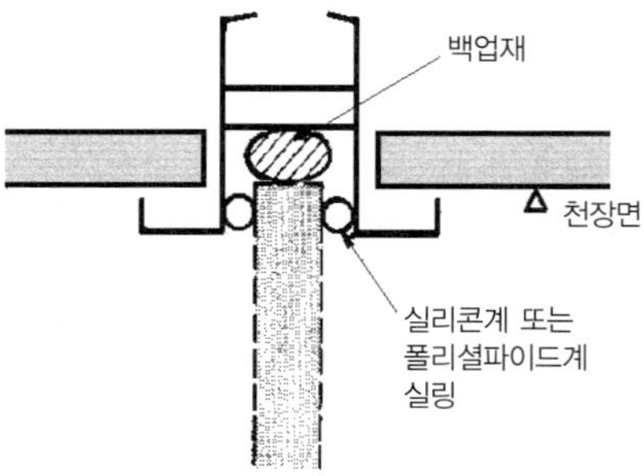

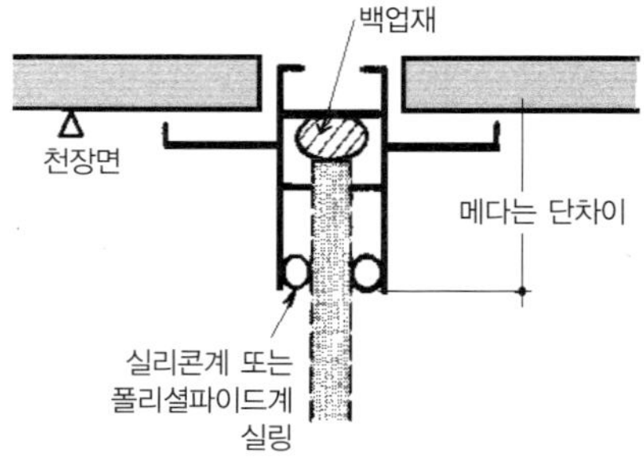

(5) 고정식 마감의 예

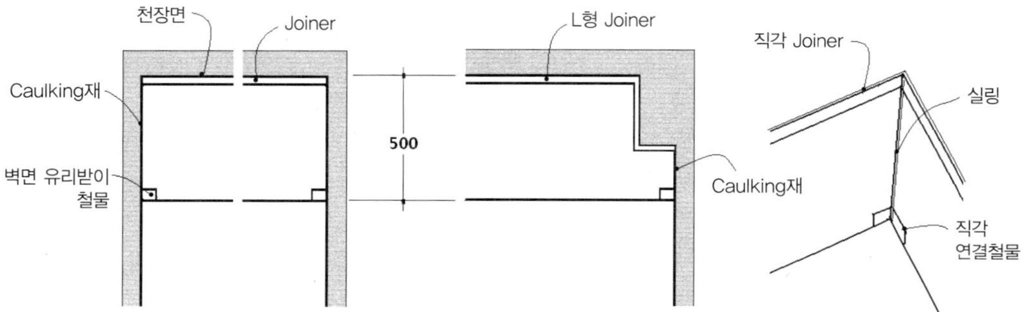

양단에 기둥 또는 벽인 경우의 마감　단차이가 있는 천장의 경우　코너 마무리의 경우

2. 난간 및 Stretcher난간 설치 등의 예

(1) 본체는 특수 경질 P.V.C, 알루미늄 압출성형재가 있다.

(2) 완충재(cushion)는 특수에멀션 수지를 사용한다.

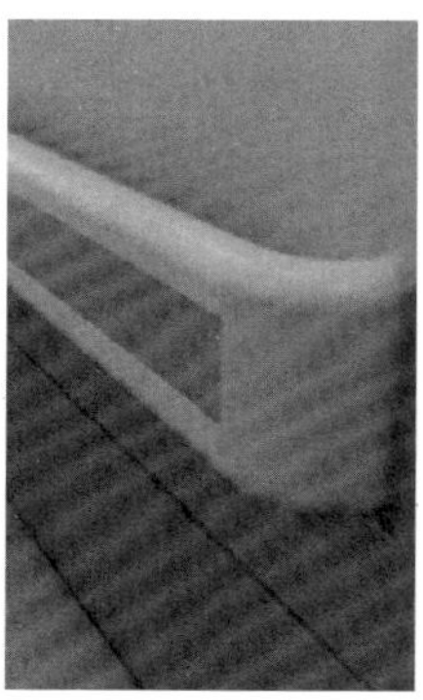

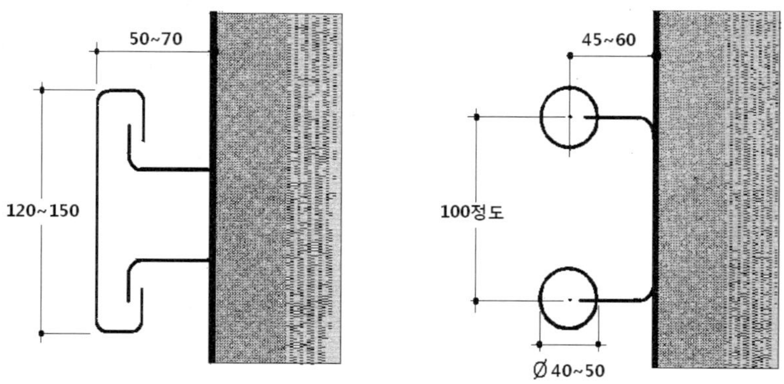

Stretcher 개략 단면도

3. 아코디언 도어(Accordion Door)

(1) 내부골격은 강재, 마감은 인조피혁(Vinyl Leather)으로 한다.

(2) 행거레일 또는 행거 파이프로 연동시킨다.

(3) 상부 레일은 콘크리트에 앵커볼트로 고정시켜 진동을 방지한다.

4. 커튼(Curtain)

(1) 종류

1) 두꺼운 것 : 단자(모본단을 사용한 것), 비로드천, 포플린천 등이 있다.

① 굵은실을 사용한 것으로 직물의 올과 올 사이가 치밀하여 빛이 잘 통하지 않으며, 통기성도 적다. 호화롭고, 중후한 감이 있다.

② 중 · 고음역에서 흡음률이 높다.

2) 얇은 것 : 보통의 커튼용으로 사용한다.

3) Casement cloth : 커튼용으로 사용하는 엷은 무명천이다.

4) Leather : 직물이 아닌 편물이다.

(2) 커튼의 기능

1) 태양광 조절 목적으로 사용한다.

2) 차폐 목적으로 사용한다.

3) 단열 및 흡음 목적으로 사용한다.

(3) 방화대상물로 지정된 건물은 반드시 방염커튼을 사용해야 한다.

(4) 커튼에 사용되는 부속 철물

1) 후크 핀

2) 레일 : C형(스테인리스, 알루미늄, 플라스틱 등)

3) 러너(Runner)

(5) 시공

1) 메다는 방법에 주의

① 창을 맞닫는 부분의 단부는 15cm 정도 여유를 주고 겹감기를 한다.

② 보통은 창의 하단은 30~40cm 정도까지 길게 설치하지만 바닥에서 위로 10cm 정도까지 설치하는 경우도 있다.

2) 꾸미기 : 주름은 두꺼운 것은 15cm 간격, 편물(Leather)은 12cm 간격 정도가 좋다.
3) 천의 폭은 주름을 잡는 크기에 따라 차이가 있고, 대개 창폭의 1.5~3배 정도가 필요하다.
4) 취부설치 : 커튼박스 또는 천장판의 설치 폭은 싱글커튼인 경우 작은 것은 10cm, 편물이나 이중커튼(double curtain)은 15~20cm 정도가 필요하다. 블라인더 겸용인 경우에는 10cm 정도 더 넓게 잡는다.

5. 블라인더(Blinder)

(1) 수직 블라인더(Vertical blinder)

1) 세로형인 경우는 먼지 부착이 어렵고, 루버가 손상되어도 그 부분만 교체가 가능하다.
2) 재질은 알루미늄 바에 아크릴수지를 소부도장한 것으로 폭 50, 75, 100mm 등이 있다. 또 직물(Cloth)로 된 것으로 폭 75, 100mm의 루버는 평직한 유리섬유에 양면에 염화비닐수지를 라미네이트 또는 코팅가공한 것으로 불투명한 것과 폴리에스테르섬유인 마리모섬유의 반투명인 것과 동일 섬유에 염화비닐을 라미네이트한 것이 있다.
3) 개폐조작 및 개폐방식
   ① 체인을 당겨서 루버를 개폐조작하는 방식(각도 조절이 가능)이다.
   ② 전동 버튼을 눌러서 개폐조작하는 방식(각도 조절 안 됨)이다.
   ③ 개폐방식으로는 한쪽으로 열리는 편면개폐방식과 양쪽으로 분리하여 열리는 양면개폐방식이 있다.
4) 수직 블라인더 박스의 소요치수

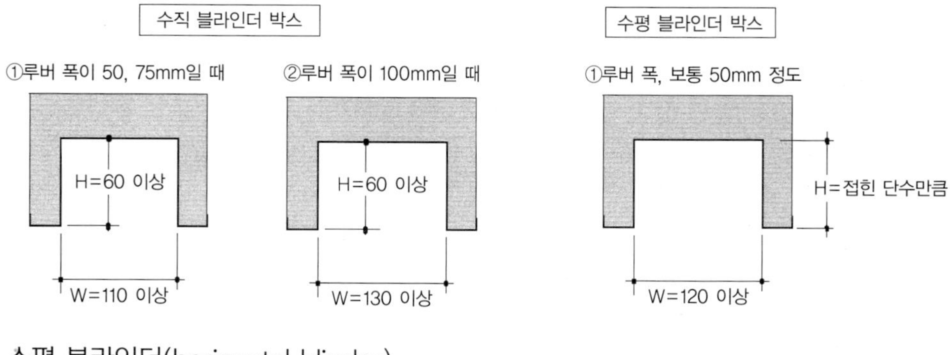

(2) 수평 블라인더(horizontal blinder)

1) 실내가 넓어 보이고 빛을 수평으로 어레인지(arrange)할 수 있다.
2) 재질은 솔트(slat)는 알루미늄-바에 아크릴계 소부도장한 것으로 폭은 25, 35, 50mm 등이 있으나 보통 50mm가 많이 이용되고 있다. Wood로 만든 것도 있다.

3) 개폐조작방식은 1개의 코드로 승강이 가능하고 각도 조절이 될 수 있도록 한 것과 봉을 회전시켜 승강이 가능하도록 한 수동식과 전동식이 있다.

4) 수평 블라인더 박스의 소요치수 : 위 (1)-4)의 우측 그림 참조한다.

6. 유기질 난연성 단열재(발포폴리스티렌제품 : 난연성 스티로폼 및 아이소핑크)

(1) 특징

1) 열전도율 0.022~0.039kcal/m · h℃로 열전도가 어렵다.

2) 밀도(0.016~0.030)가 높으면 물이 흡수되지 않고 반영구적이다.

3) 고압의 경우 압축강도 30t/㎡으로 경량이나 화학반응의 약점으로 알코올을 용제로 하는 초산비닐계의 접착제만을 사용해야 한다.

4) 기타 유기질재료 : 경질우레탄, 셀룰로오스, 천연양모 단열재 등이 있다.

(2) 규격 : 15, 20, 25, 30, 38, 50, 75, 100, 150, 200mm 등이 있다.

(3) 단열공법

1) 콘크리트타설공법

2) 붙임공법

바탕 하지면은 凹凸이 없이 평활하도록 모르타르를 바른다. 단열재 표면에 미장을 할 경우에는 전면적으로 시멘트계 접착제로 도포한 다음에 바른다.

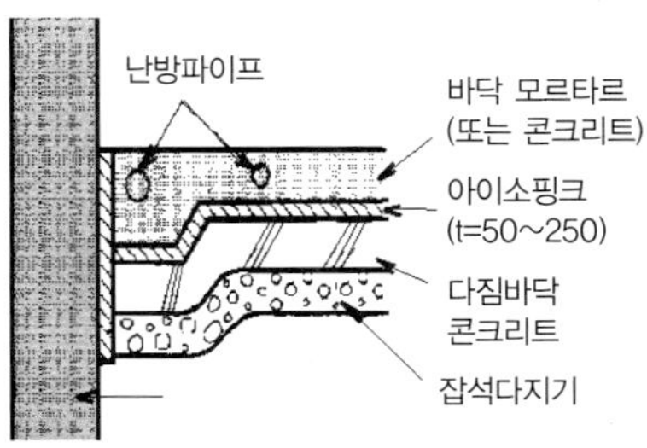

바닥 콘크리트 타설공법

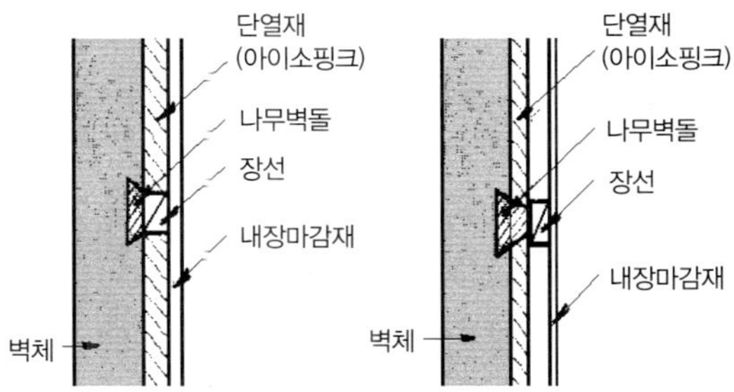

벽 콘크리트 타설공법

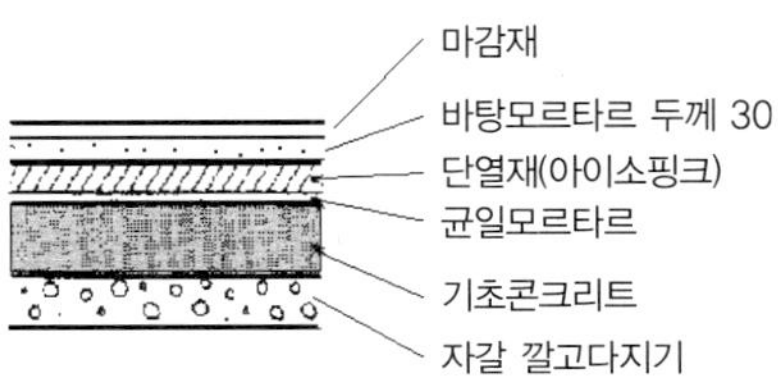

바닥, 부착공법

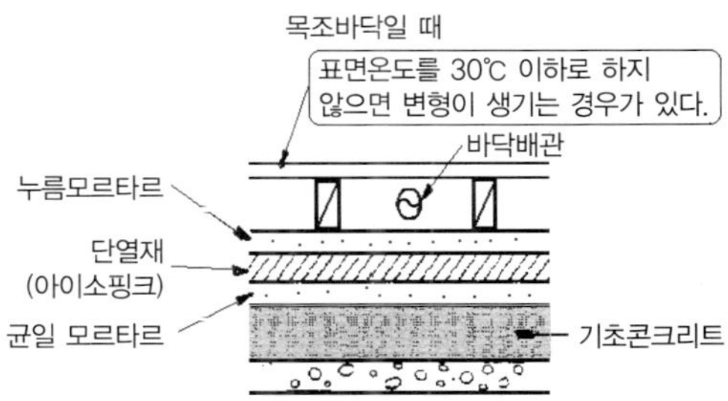

바닥, 부착공법(누름모르타르)

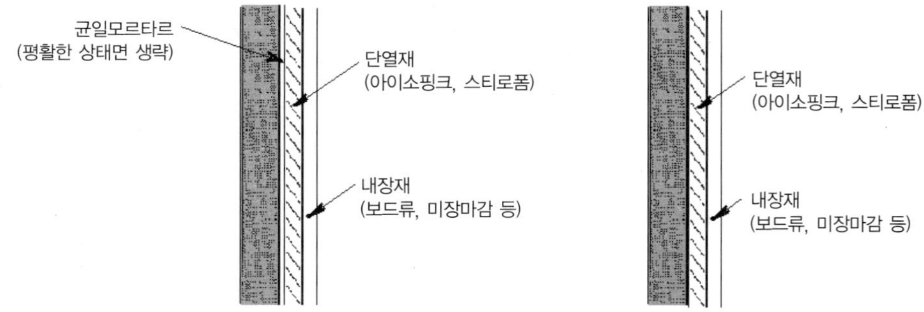
균일모르타르
(평활한 상태면 생략)
단열재
(아이소핑크, 스티로폼)
내장재
(보드류, 미장마감 등)
단열재
(아이소핑크, 스티로폼)
내장재
(보드류, 미장마감 등)

벽, 부착공법

잡공사 감리공정 사례

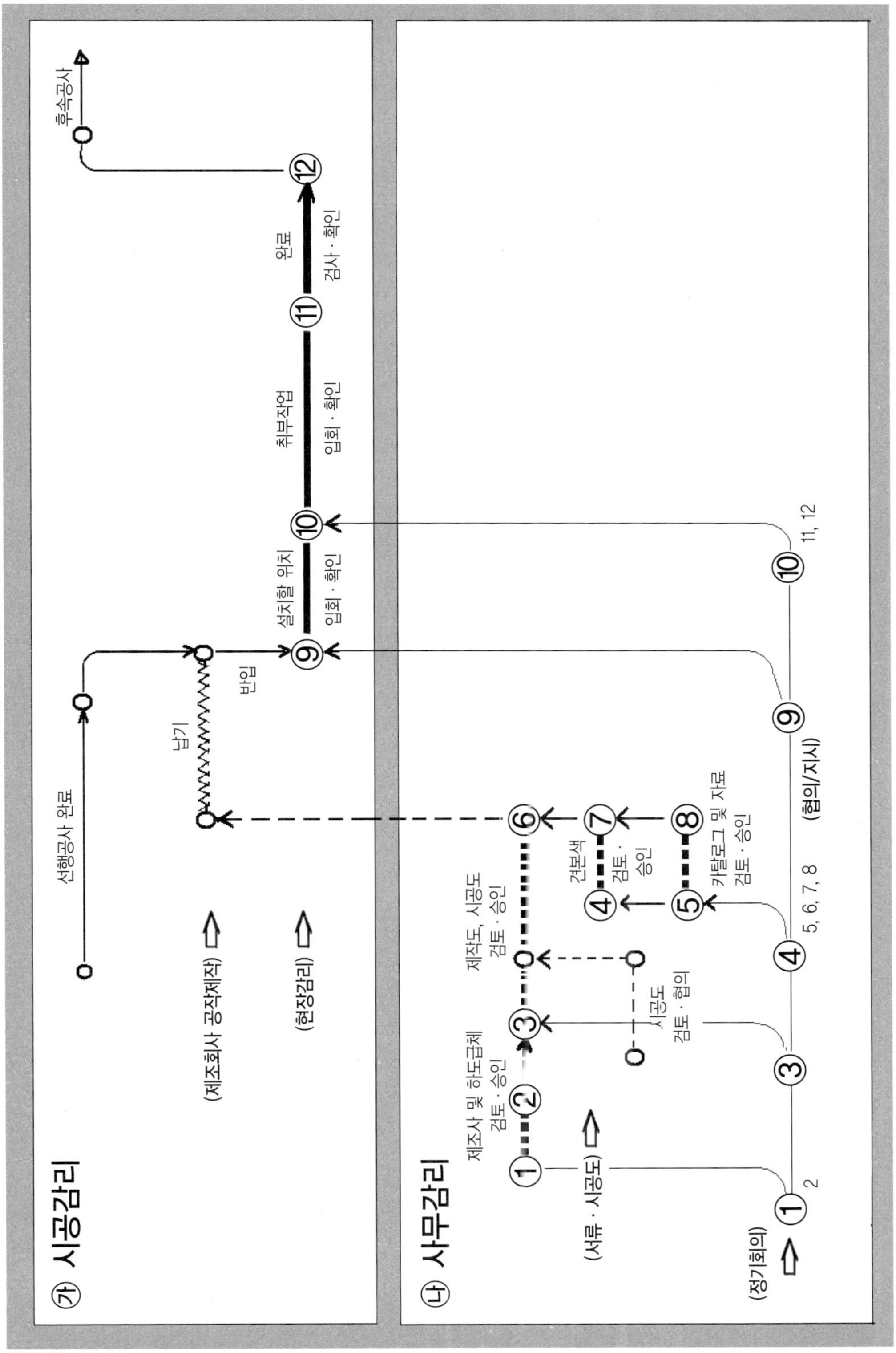

㉮ 시공감리
선행공사 완료
후속공사
(제조회사 공작제작)
(현장감리)
납기
반입
설치할 위치
입회 · 확인
취부작업
입회 · 확인
완료
검사 · 확인
㉯ 사무감리
(정기회의)
(서류 · 시공도)
제조사 및 하도급체
검토 · 승인
시공도
검토 · 협의
제작도, 시공도
검토 · 승인
견본색
검토 · 승인
카탈로그 및 자료
검토 · 승인
(협의/지시)
2
5, 6, 7, 8
11, 12

14-2 #별표, 잡공사 감리 주요 점검사항

<table>
<tr><th>감리 종목</th><th>범위</th><th colspan="2">주요 점검사항</th></tr>
<tr><td rowspan="2">1. 제조회사 및 하도급자</td><td rowspan="2"></td><td>처리방법</td><td>(검토) → 승인</td></tr>
<tr><td>처리내용</td><td>1-1. 지정 메이커제품인지 확인, 제조업체 검토
1-2. 기타</td></tr>
<tr><td rowspan="2">2. 제작도 및 시공도</td><td rowspan="2"></td><td>처리방법</td><td>(검토) → 승인</td></tr>
<tr><td>처리내용</td><td>2-1. 설계도 확인
(1) 요구 제품을 확인
2-2. 난간 취부 장소와 높이, 길이 등을 확인
2-3. 방연스크린 등의 방화용 시설물의 점검 · 확인
(1) 법규에 맞는 구역을 구획하고 있는가.
(2) 천장으로부터 아래로 500mm가 확보되어 있는가.
(3) 천장 높이, 여닫이도어가 걸리는 곳은 없는가 등을 확인
2-4. 커튼, 블라인드의 종류, 폭, 길이, 개폐방식 등을 확인
2-5. 듀폰사의 코리안(Corian) 등의 치장재에 대한 마감시공도와 마무리 상태를 확인
2-6. 결정화유리에 대한 시공도를 검토 · 확인
2-7. 단열재 종류와 사용용도, 규격, 시공법을 확인
2-8. 연돌, 배기, 환기시설 설치장소, 크기, 재질, 내 · 외마감을 확인
2-9. 안내판, 정초석, 간판 등의 규격, 재질, 디자인을 확인
2-10. 기타</td></tr>
<tr><td rowspan="2">3. 견본품(시제품)</td><td rowspan="2"></td><td>처리방법</td><td>(검토) → 승인</td></tr>
<tr><td>처리내용</td><td>3-1. 제조사의 쇼룸이나 시제품으로 확인
(1) 크기, 치수, 성능, 사용방법, 재질, 색상 등을 모두 점검 · 확인
3-2. 계단의 논슬립에 대한 폭, 재질, 색상 등을 점검 · 확인
3-3. 난간의 형상, 재질, 색상을 점검
3-4. 커튼, 블라인더의 재질, 색상, 기능, 폭, 길이, 개폐방식 등을 점검 · 확인
3-5. 내 · 외부 잡공사에 해당하는 부분 중 필요한 것을 선별하여 견본품으로 점검 · 확인
3-6. 기타, 카탈로그 및 자료에 의한 확인</td></tr>
<tr><td rowspan="2">4. 설치 위치</td><td rowspan="2"></td><td>처리방법</td><td>(입회) → 확인</td></tr>
<tr><td>처리내용</td><td>4-1. 난간 등이 바닥으로부터 규정 높이로 설치하는 데 문제는 없는가.
4-2. 탕비실, 주방싱크, 레인지 등 각종 기구들이 방화, 안전이 고려된 위치에 있는가.
(1) 전원, 급배수시설, 조명, 내화재 사용 및 선반, 사용 높이 등을 점검 · 확인</td></tr>
</table>

감리 종목	범위	주요 점검사항	
4. 설치 위치		처리방법	입회) → 확인
		처리내용	4-3. 방연스크린 등이 규정된 위치에 구획되어 있는가. 4-4. 특히 안내판, 간판, 정초석 등이 정해진 위치에 있는지 확인한다.
5. 취부 설치		처리방법	(입회) → 확인
		처리내용	5-1. 부착방법이 올바르게 되어 있는가를 확인한다.(취부용 재료 및 재질, 방법) 5-2. 재질, 규격, 색상의 변질, 손상 등이 없도록 취부되고 있는지 확인한다.(특히 카펫 커튼 등의 방염, 발수처리는 입회하에 실시함) 5-3. 작동 여부를 바로 확인한다.
6. 완료		처리방법	(검사) → 확인
		처리내용	6-1. 시공단위별로 완료 검사를 실시한다. (1) 오염, 상처, 결함, 변색, 얼룩 등이 있으면 교체한다. (2) 취부 설치가 불량한 것은 재시공한다. (3) 방염 등의 방화처리에 대한 검사 '라벨'이 붙어 있는지 확인한다. 6-2. 준공, 인도할 때까지 양생, 보호상태를 확인한다.

제15장

외구공사(外構工事)

15-1 외구공사 사전 점검사항

15-1-1 시공 전 점검사항

1. 배수시설

(1) 우수유출량 산출서를 검토한다.

(2) 배수관의 재료, 종류, 치수 등을 시방서 · 도면과 대조한다.

(3) 관의 접합과 매설 후 충격, 진동, 이동, 파손방지 시설을 점검한다.

(4) 연석, 측구 등의 배수구배와 철물류를 점검한다.

(5) 현장타설 측구의 신축줄눈간격을 점검한다.(보통 10~20m 이내로 설계)

2. 포장

(1) 일반사항

1) 도면, 시방서 확인한다.

2) 도로의 횡단구배 확인한다.

3) 노상토 지지력 확인한다.

4) 노반의 재료가 적절한가를 점검하고, 연약지반의 치환방법을 검토한다.

5) 지하장애물조사와 처리방법을 점검한다.

6) 사용하는 콘크리트의 슬럼프 및 강도, 두께를 확인한다.

7) 철근 및 용접철망을 깔 경우, 위치와 고정방법을 점검한다.

8) 콘크리트 타설방법, 기온변화에 따른 보온양생방법, 표면마감방법, 평활 정도를 점검한다.

9) 거푸집설계는 견고하게 되어 있는가, 사용하는 재질은 적절한지 확인한다.

10) 차선마킹은 규정에 맞는가, 보완할 곳은 없는지 점검한다.

(2) 아스팔트 포장일 때

1) 건물 외부의 자동차도로, 인도 등의 간이포장에 대한 두께 등의 사양을 점검한다.

2) 쇄석깔기, 전압방식은 적절한지 점검한다.

3) 마무리 색상은 결정되어 있는지 점검한다.

(3) 투수성 포장일 때

1) 시방서를 확인한다.

2) 침투성포장에 사용되는 재료는 적절한가, 또 사용되고 있는 재료인지 점검한다.

(4) 가열혼합식 아스팔트 콘크리트 포장일 때

1) 노반의 마감 구배가 맞는가, 평면경사도는 적절한가를 점검한다.

2) 아스팔트 콘크리트의 재질과 배합이 적절한가, 시공시 온도관리방법은 적절한가를 점검한다.

3) 포장작업 중 중단할 경우, 이어치기에 대한 처리는 적절하게 되어 있는가를 점검한다.

4) 측구설치의 올바른 방법을 점검한다.

5) 노반면에 대한 프라임코우트(Prime Coat)와 표층의 시일코우트(Seal Coat) 균일하게 산포되도록 되어 있는가를 점검한다.

3. 보도블록

(1) 콘크리트 보도블록(인터록킹블록, 점토블록)

1) 시방서 및 재료 · 공법, 색상, 디자인 등을 점검한다.

2) 블록깔기 및 충전방법이 적절한가를 점검한다.

3) 바닥 다짐방법이 적절한가를 점검한다.

4) 줄눈처리방식이 적절한가를 점검한다.

4. 옹벽

(1) 콘크리트 옹벽의 사양 · 재료 · 공법을 점검한다.

(2) 옹벽의 투수층 뒷채움 및 물빼기 구멍이 적절하게 되어 있는지를 점검한다.

(3) 옹벽의 기초는 필요한 내력을 갖추고 있는지 구조설계도에 의한 점검을 실시한다.

(4) 콘크리트 옹벽인 경우 신축줄눈의 간격은 절절한가를 점검한다.

(5) 보강토블록을 이용한 옹벽인 경우, 전문업체의 기술자료를 근거로 구조안전 여부를 점검한다.

(6) 보강토의 1일 쌓기 높이는 적정한가, 뒷채움 방법은 적절한가를 점검한다.

5. 부지경계 표석

(1) 석재의 재질(주로 화강석)을 점검한다.

(2) 경계석표는 관련자가 입회하에 설치하도록 되어 있는가, 설치 매설방법은 적절한

가를 점검한다.

6. 기타(담장, 대문, 맨홀 등)

(1) 사용할 재질, 폭, 두께 등에 대하여 사전협의 후 확정하도록 한다.

15-2 외구(外構)공사 시공관리 자료

15-2-1 외구공사 시공관리 참고자료

1. 경계측량 및 말뚝처리

(1) 이설, 제거 혹은 매설에 대한 도면, 현장인식 확인 방법을 도면화한다.

(2) 시공 중의 손상, 분실을 우려하여 말뚝 주변을 양생보호한다.

2. 장애물 및 잡초 제거

(1) 절토 또는 성토시공이 있을 경우, 장애물의 제거, 뿌리제거, 잡초제거 등이 먼저 행해져야 한다. 발생잔재는 소각 또는 장외로 반출한다.

(2) 성토높이가 3m 이상의 경우에는 반드시 제초 및 뿌리를 제거한다.

1) 풀의 키가(초장=草丈) 50cm 이하는 별 문제가 없다.

2) 수목의 뿌리는 향후 부식하여 성토 구조물의 기초, 지하매설물 등에 악영향을 줄 수 있어 제거하는 것이 좋다.

3. 부지조성의 경우 점검사항

(1) 경사지 단치기, 구배에 대한 시공방법 점검

(2) 붕괴방지, 사면보호에 대한 점검

(3) 흙막이, 뒷채움 확인

(4) 도로의 측구보수 확인

(5) 절토 및 성토량의 산정조서를 점검하여 현장의 실제 절토 및 성토량과 일치하는지를 확인한다.(매우 중요함, 실제 현장과 설계도서가 맞지 않는 경우가 있어 낭패를 보는

경우가 있음)

(6) 밀도변화에 대한 여성토를 확인

(7) 인근과 협의를 하였는가를 점검

(8) 마무리는 공사에 지장이 없는 정지면으로, 표면은 허용오차 정밀도는 5cm 내외의 凹凸로 한다.

4. 부지조성 범위

(1) 구조물과 인근지반과 레벨이 같고, 도로와 정지면과의 레벨이 비슷한 정도로 하고 정지면의 보정은 잔디식재에 지장이 없는 정도로 한다. 건축공사가 착공된 경우 또는 동시에 착공할 경우에는 건물 주변 4m 정도는 추후 공사 완료 후에 정지하는 것이 일반적이다.

(2) 불필요한 잔재나 나무부스러기는 공사구역 외로 반출하여 처분하고, 공사구역 내에 매설해야 하는 관로, 맨홀 등의 매설물은 수목식재 등을 조사하여 1m 이하로 매설한다.

5. 부속시설의 종류와 확인

(1) 차고 (2) 자전거 보관소 (3) 창고, 가스저장소 (4) 골프연습장

(5) 야외 세족장(洗足場) (6) 국기게양대 (7) 안내판, 건물명판

(8) 식물원 (9) 경비실 (10)기타

6. 울타리 설치

(1) 울타리 종류

1) 콘크리트 블록 울타리(건축법에 따라)

① 높이 3m 이하로 할 것.

② 두께 150mm 이상 (H<2m 이하는 두께 100 이상)

③ 가로 · 세로 보강철근은 D10-@800~900 이하

④ 벽의 상부 탑의 횡철근은 D13~16를 배근한다.

⑤ 부축벽(Buttress)은 @3,200 이내, 버팀길이는 400 이상으로 한다.

⑥ 콘크리트 블록 담장일 때는 꼭대기 부분에 콘크리트를 타설하여 안정되도록 한다.

⑦ 기초의 깊이, 기초구조의 치수를 확인한다.

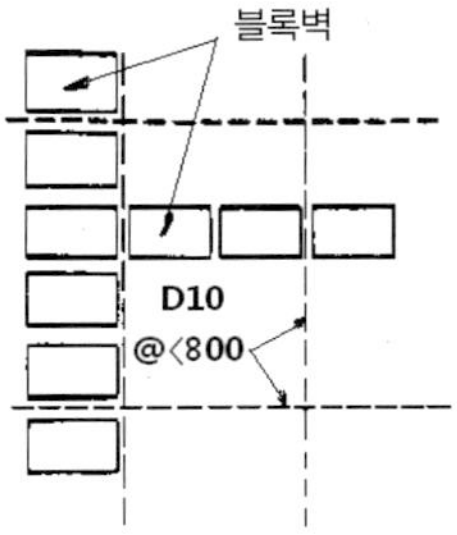

보강철근 가로 · 세로간격

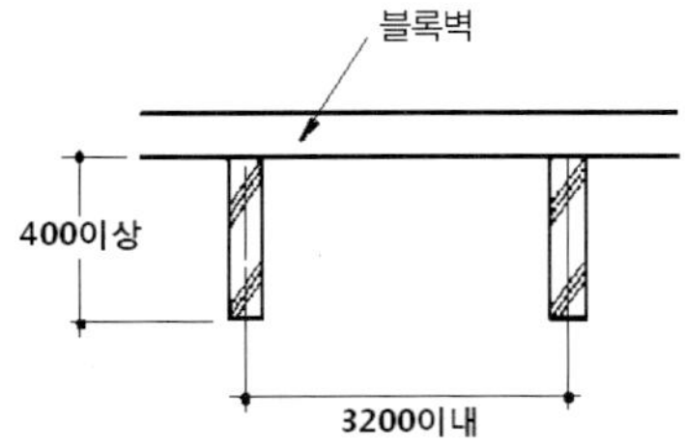

콘크리트 부측벽

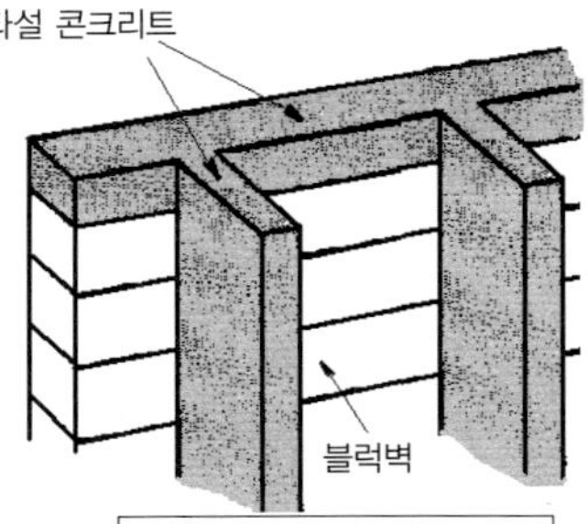

부측벽과 벽체 상부의 마감을 현장 콘크리트로 한 경우

블록옹벽구조

콘크리트 블록을 옹벽에 사용할 경우, 반드시 철근으로 보강한다.

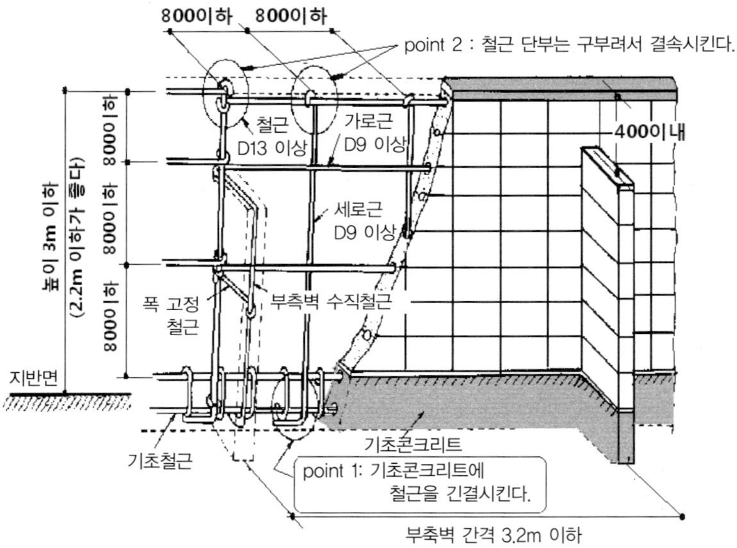

부축벽을 콘크리트 블록을 사용한 예

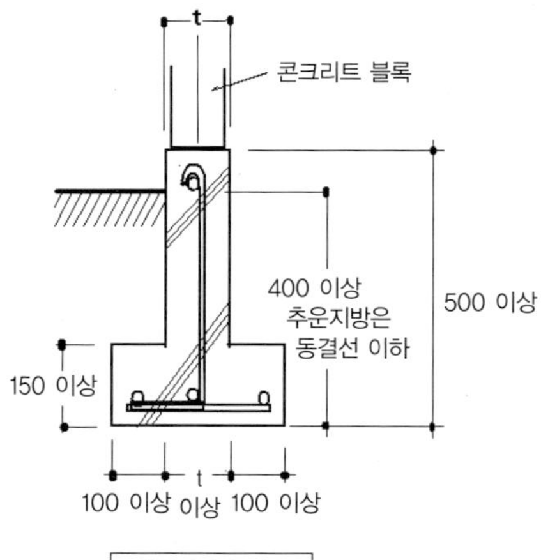

연약지반의 경우

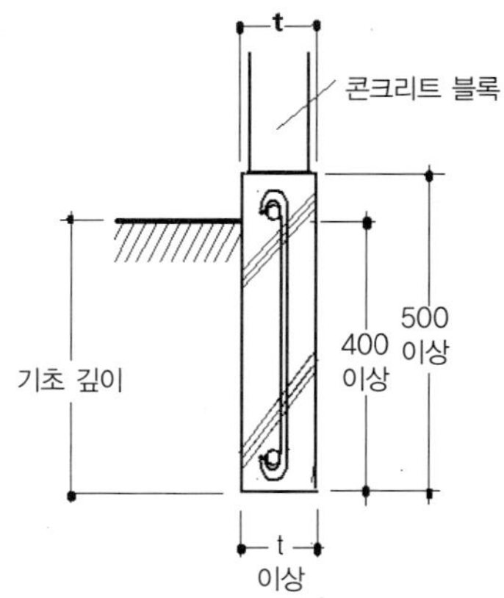

견고한 지반의 경우

2) 콘크리트옹벽 울타리

3) 망 울타리

4) 각 파이프로 만든 울타리

5) 나무식재의 생울타리 등

(2) 울타리 설치 시 점검사항

1) 경계표시 말뚝을 매설하고, 5cm 정도 뗀다.

2) 울타리 높이, 지주의 고정, 옹벽기초의 물빼기 등을 점검한다.

3) 공공 우수맨홀 손상, 보수를 확인한다.

4) 주변 야간조명의 위치를 점검한다.

(3) 대문

1) 대문의 종류

① 철재 및 목재 대문

격납식, 여닫이식, 중량점검, 전도방지설비, 호차-바퀴 설치, 방청종류 등을 점검한다.

② 상시 개폐식 출입문(자동식, 전자식, 수동식)

2) 기타 점검사항

① 개폐 및 잠금장치, 표찰, 대문 및 우편함 등

② 인터폰설치, CCTV카메라, 조명 등의 위치

③ 대형차량 통행에 대한 고려(우수로 등 보강)

④ 조경시설물에 대한 점검

⑤ 기타 주변상황에 맞추어 준비

7. 포장

(1) 자연석 깔기

1) 재료

① 자연석의 석리 및 치수, 석질, 색채 등을 견본품으로 점검한다.

② 사고석(사괴석)은 80~150mm로 주로 화강석을 사용한다.

③ 평석은 두께 20mm 이상으로 300×300mm 정도를 사용한다.

2) 공법 점검

① 콘크리트 타설면에 보통 1:3모르타르로 두께 20mm 이상을 포설하여 깐다.

② 줄눈의 폭은 10mm 내·외로 하고, 1:2모르타르를 깊이 5mm 내·외로 한다.

(2) 콘크리트 보도깔기

1) 컬러콘크리판 깔기

① 형상, 치수, 두께, 재질(색조합 여부, 투수성) 등을 점검한다.

② 공법으로는 빈배합모르타르 깔기, 모래깔기, 노반조성 등이 있다.

콘크리트 평판보도구조(치환법)의 예

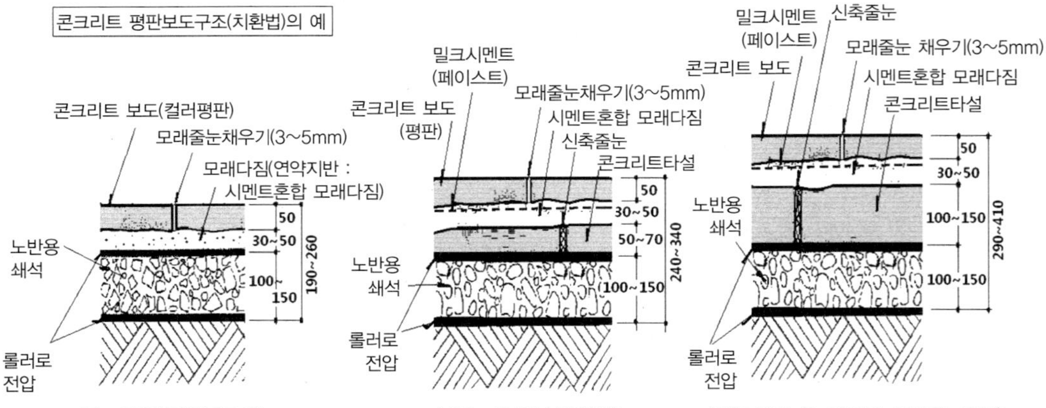

보도전용(일반보도용)　　보도 · 차도(소형차량)　　(긴급차량 등 관리가 필요한 도로) 보도 · 차도겸용

2) 타일붙이기

① 형상, 치수, 두께, 재질(색조합 여부) 등을 점검한다.

② 모르타르를 깔고 붙이는 법, 압착붙이기법, 모르타르 줄눈을 설치하지만 지반의 종류에 따라 콘크리트 슬래브 위에 포설하는 경우가 많다.

(3) 아스팔트포장

1) 시공계획 확인

① 시공범위를 설계도에 의해 확인한다.

② 관련 공사의 시공 구분과 공정을 확인한다.

③ 주변도로 및 타공사와의 공정조정을 확인한다.

2) 재료 점검

① 콘크리트 2차제품의 재질, 형상, 치수를 확인(U형 블록, L형 측구, 경계석 등)한다.

② 노반재료의 배합계획서, 골재의 입도, 비중 등을 확인한다.

③ 역청재료(배합계획서 등)를 확인한다.

3) 시공

① 굴착 및 기반공사

굴착 깊이와 지반 마감치수(플랜트박스, 경계석기초, 기타), 각종 관련 콘크리트 타설

마감치수 및 PC콘크리트 등의 고정상태, 위치, 높이를 확인한다.

② 노상공 : 굴착 또는 성토한 노상을 정지하고 전압완료 후 높이를 확인한다.

③ 노반공 : 골재의 입도와 강도를 확인하고, 모래섞인 혼합층 및 혼합자갈층의 두께와 전압 후 높이를 확인한다.

4) 아스팔트 포장시공 마감내용(사례)

	전압 전의 두께	전압 후의 두께
표 층	50mm	40mm
프라임코트	약간	약간
상부층 노반	139	100
하부층 노반	135	100

5) 양생(양생방법과 청소) 및 완료를 확인한다.

15-2-2 식재(植栽)

1. 기존 수목처리

가설울타리는 H=1.2m 이상의 표준 철선울타리(철선#8, 나무기둥 h=1.8m 이상)로 하고, 주의 · 안내 표지판을 나무팻말로 만들어 출입금지 및 잔재폐기 등에 대해 알린다.

(1) 착공 전 조치(안전테이프를 나무에 감아둔다)

1) 이식할 나무의 수종, 본수, 사진기록, 이식장소를 명확하게 기록해 둔다.

2) 보호, 양생하고 그 상태로 보존한다.

3) 수목할 주변을 절토 또는 성토하고, 벌목 또는 제거한다.

(2) 보존이나 보호할 경우

1) 철근 울타리 등을 설치하고 보호해야 할 수목에는 페인트 등으로 공사 중에 보호하기위해 주의 팻말을 설치한다.

(3) 토양, 양질토를 보호한다.

2. 객토 점검

(1) 식물의 성장에 적당한 흙은 준비한다.

전토나 부식토, 반부식토, 개량객토 등의 준비사항을 점검한다.

3. 잔디심기

① 잔디뗏장은 보통폭 30cm×길이 30cm로 자른 것 외에 28cm×36cm, 14cm× 36cm 정도로 절단한 것이 있다.

② 잔디 종류는 일본산 잔디, 양잔디로 구분하고, 땅고르기는 객토하지 않을 경우, 12cm 이상 깊이 파서 물구배를 두고 심는다.(자갈, 나무뿌리, 잡초 등을 제거) 객토할 경우에는 물구배를 주면서 객토한다.

③ 땅고르기가 완료되면 평지에 나란히 늘어놓고 롤러로 전압(250kg)한 다음, 양질의 흙을 덧붙여 깔고 가볍게 물을 고르게 뿌린다.

④ 떼잔디를 심을 경우 표면을 평편하게 하여 잔디를 깔고, 흙을 덮은 후 충분히 밟아준다. 간격은 30cm 정도로 깐다.

⑤ 양잔디(채종 후 2년 이내 잡물을 포함하지 않은 발아율 80% 이상의 것) 깔기는, 땅고르기 → 파종(모래와 종자를 균일하게 혼합한 것) → 복토 → 100kg 내 · 외의 롤러 또는 토압판으로 가볍게 두드려 다진다 → 물을 뿌린다 → 곁들여 흙은 뿌린다.(발아 후 종자의 유출 또는 비산하여 발아가 불량한 곳이 있음) 땅고르기 후에 흩뿌리는 경우도 있다.

4. 잔디관리

(1) 잔디깎기 : 기계깎기, 손깎기

(2) 절연 : 구조물과 접하는 경계 부분, 다른 지피류의 10~50cm 부근, 수관하부나 관목의 숲 내에 침입한 것.

(3) 제초 : 인력으로 제초, 약제를 뿌려서 제초한다.

(4) 거름주기 : 비료를 준다.

(5) 병충해 방제를 한다.

(6) 양질의 흙(마사토 등)으로 지표면에 복토량을 균일하게 살포한다.

(7) aeration : 농업용 장비를 이용하여 인력으로 표토에 구멍을 15cm 정도의 깊이와 간격으로 뚫어준다. 넓은 면적에는 에어 레이트라는 기계를 이용한다.

(8) 물뿌리기 : 하절기에는 아침 또는 저녁에 뿌린다.(낮에는 뿌리지 않는다) 동절기에는 낮 동안에 실시한다.

(9) 잔디 기반처리 : 잔디 위에 물이 항상 고여 있으면 잔디가 섞는다.

① 객토를 사용하는 경우 처음에는 배수가 좋지 않지만 2~3개월 지나면 좋아진다. 부식이 시작되어 탄입구조가 생기면 밭처럼 침투성이 좋아진다.

② 잔디를 심은 당시에 토질 속에 나뭇잎이나 쓰레기 등이 섞여 있으면 공기유통이 어려워 나방이 발생하여 잔디가 죽는 경우도 있다.

③ 지반이 나쁘면 땅속에 배수시설을 해야 한다.

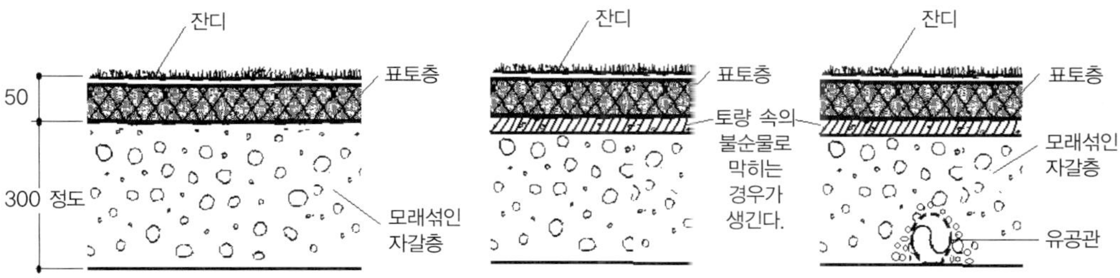

5. 생나무 울타리

(1) 나무 울타리의 전정방법(가지치기)

묘목일 때는 순자르기를 하여 비대성장하도록 하고, 일정한 성목이 되면 고사지, 이병지, 쇠약지, 평행지, 교차지, 총행지, 내수지, 하수지 등을 균형이 맞도록 전지한다.

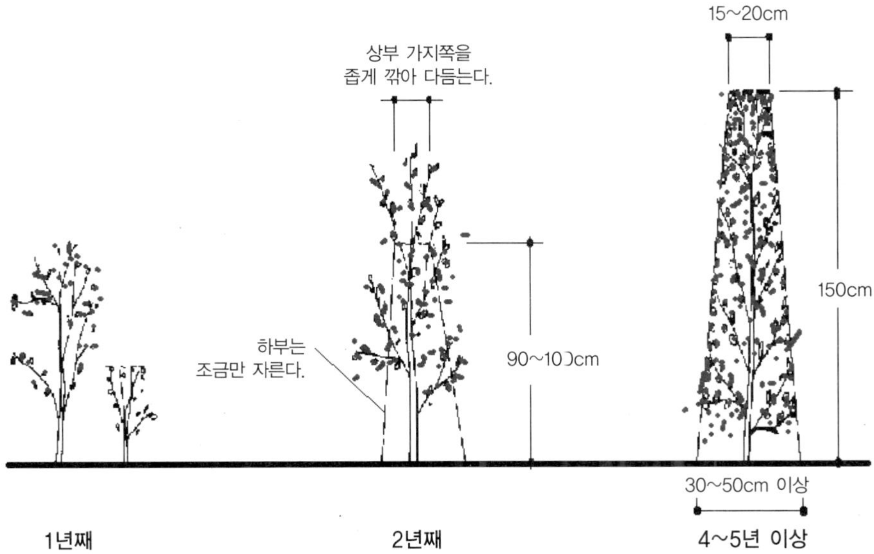

(2) 생울타리 만드는 법(높이 90~100cm 정도)

① 깎기 손질은 연 2회(장마철인 6~7월, 늦가을에서 초겨울인 11~12월경이 좋음)로 한다.

② 화목류는 3~4월경에 전정하면 꽃이 잘 핀다.

③ 상지를 강하게 하지를 가볍게 잘라주면 울창한 울타리를 만들 수 있다.

④ 깎기 순서는 윗면을 먼저 평평하게 자르고, 측면은 위로부터 아래로 깎는다.

⑤ 전정한 생울타리는 매년 1회 정도 비료를 주는 것이 좋다.(이른 봄에 비료나 퇴비를 줄기에서 조금 떨어진 곳에 얕은 구덩이를 파고 파묻음)

⑥ 오래되면 뿌리가 깊고 튼튼해져 무성해진다. 2~3년에 1회 정도로 이른 봄에 뿌리 끝을 잘라주면 새로운 뿌리가 생긴다, 이때 비료를 함께 주면 좋다.

⑦ 4~6월 쯤, 9~11월경에 고온다습할 때는 병충해가 생기기 쉬우므로 빨리 방제약을 뿌리는 것이 좋다.

6. 관목(灌木)식재 시 주의사항

회양목, 상록수(Aucuba), 영산홍, 진달래, tamarisk, 등대꽃, 동백꽃(산다화), 남천(Nandina) 등이 있다.

① 뿌리로 자라는 재배품으로, 높이는 일정높이 이상 자라지 않는다.

② 잎장식은 도장지를 제외하고 사방으로 퍼진다.

③ 다양한 꽃색상을 가진 관목은, 배색을 잘 고려하여 식재하는 것이 바람직하다.

7. 고목(高木)식재 시 주의사항

(1) 이식에 견딜 수 있도록 이식할 잔뿌리가 많이 자란 재배품이어야 한다.

① 상록수 : 침엽수, 광엽수로 나눈다.

② 낙엽수 : 침엽수, 광엽수로 나눈다.

(2) 설계도에 명시된 치수

① 나무높이(樹高)는 지표면으로부터 수관정상까지의 치수이며, 선단 도장지는 포함하지 않는다.

② 나무줄기의 둘레는 지표에서 높이 1.2m의 나무둘레로 측정한다.

③ 잎장식의 폭은 사방 평균폭으로 하되 도장지는 포함하지 않는다.

④ 상록수의 뿌리는 원뿌리 직경의 5배 이상의 발토를 붙이고, 낙엽수는 6배 이상의 발토를 붙인다.

(3) 심는 법 점검

① 현장에 도착한 나무는 올바른 모양으로 정리 · 손질하고, 양생, 살충살균 등을 한다.

② 나무 심을 구덩이 : 충분한 여유를 두고 크게 판다 불량한 흙, 굵은 자갈, 기타 수목의 생육을 저해하는 것을 제거한다. 뿌리를 썩게 할 수 있으므로 지하수에 주의하여 심는다.

③ 구덩이 바닥에 양질의 토양을 중간 높이로 깔고, 나무를 바로 세우고 방향, 깊이 등을 확보하고, 단단히 다진 다음, 주위에 물 둑을 만들어둔다.

④ 현장에 반입된 나무는 가능한 빨리 심는다. 만약 불가능한 경우에는 가식을 하든가, 충분한 양생을 하여 뿌리가 건조하거나 손상되지 않도록 해야 한다.

(4) 양생 확인

① 1m 내 · 외의 지주목으로 나무가 흔들림이 없도록 고정시킨다.

② 줄기 감기 : 거적이나 짚으로 수간의 밑둥에서부터 큰 가지가 있는데까지 끈으로 약 1.0m 내외를 감아준다.

(5) 지주목 확인

① 지주목 : 둥글게 다듬은 부식하지 않고, 벌레가 없는 양질의 방부목을 사용한다.

② 간죽 : 2년 이상 된 것으로 구부러지지 않고 마디를 제거한 것을 사용한다.

③ 삼피 : 큰마디, 균열, 썩음 등이 없는 것을 사용한다.

④ 줄기감기 : 굵기 3mm, 흙색, 갈색의 부식하지 않은 것, 충해가 없는 것을 사용한다.

⑤ 결속선 : 아연철선을 이용한다.

⑥ 나무와 지주와의 접합부는 삼피로 감고 종려나무새끼로 적당한 간격으로 묶어둔다.

⑦ 지주 상호 간은 못으로 박아 고정시키고, 결속선으로 3회 정도 묶는다.

(6) 고사목 점검

① 식재 후 1년 내에 고사목, 수형 불량 등이 발생한 것은 재식재한다.

② 지급한 식재에 대한 사항은 특기로 정한다.(이식하는 수목 포함)

(7) 인도 후의 수목관리

① 전정을 해준다.

② 기타 사항은 별도로 정한다.

외구공사 및 식재공사 감리공정 사례

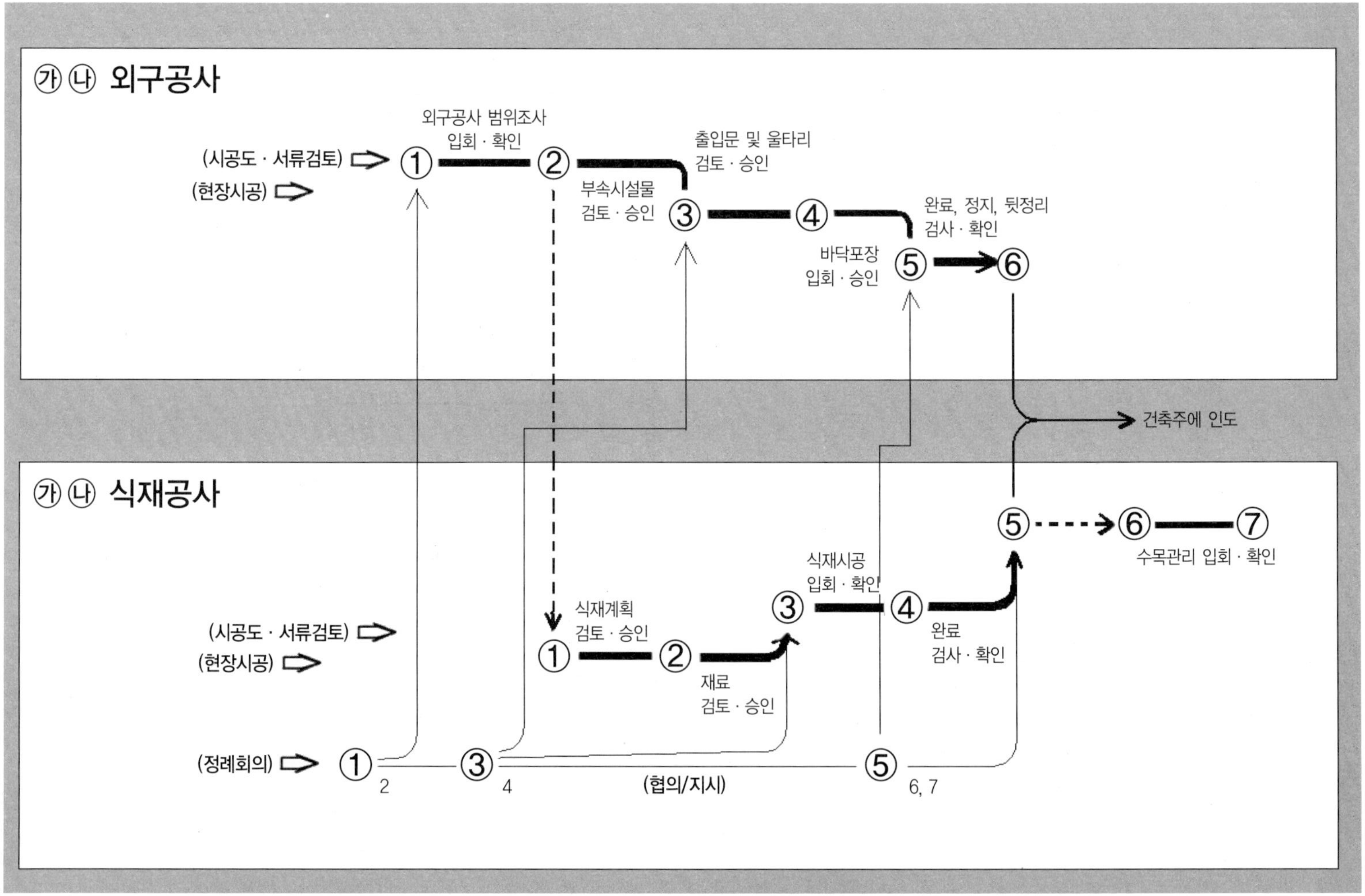

15-3 #별표, 외구(外構) 공사감리 주요 점검사항

감리 종목	범위	주요 점검사항	
1. 외구공사 범위		처리방법	(입회) → 확인
		처리내용	1-1. 경계말뚝 확인(곤 · 민 공동 확인) 1-2. 외구마감도면 확인 1-3. 인근 공공시설 현황 확인
2. 부대시설		처리방법	(검토) → 승인
		처리내용	2-1. 부대시설(부속건물 등)의 건축할 곳을 줄을 쳐서 위치를 정하고 확인한다. (1) 출입구, 크기, 전체적인 배치 등 (2) 외형 배치, 마감 등 2-2. 각각의 시공도를 확인한다.
3. 출입(대)문 시설		처리방법	(검토) → 승인
		처리내용	3-1. 건물 줄치기에 의한 위치 관계를 확인한다. (1) 현관과 정문과의 관계는 양호한가. (2) 도로와 정문과의 관계는 양호한가.(공공시설이전 문제 등을 검토 · 확인) (3) 정문 및 샛문과 보도 낮춤 높이는 적절한가. (4) 뒷문이나 급유구 등의 장비 출입구는 필요하지 않는가. 3-2. 시공도에 의한 여러 가지 사항을 점검한다. (1) 구조의 점검 (2) 높이와 안길이, 밸런스 등의 여러 사항을 점검한다. (3) 마감을 최종 확인한다.
4. 바닥포장		처리방법	(검토) → 승인
		처리내용	4-1. 포장 부분의 위치를 경계줄치기로 확인한다. 4-2. 아스팔트 포장을 점검한다. (1) 포장이 보통의 아스팔트인지, 침투성 아스팔트인지 확인 (2) 아스팔트 포장의 사양 확인 (3) 절단하고 연결해야 할 부분 점검 (4) 샘플링 절차가 마련되어 있는지 확인 4-3. 주차장의 위치와 주차대수를 확인한다. (1) 주차할 공간의 점검이 필요. 4-4. 건물 G.L과 주변 도로와의 관계, 배수로의 상단과 하단, 물구배 등을 점검한다. 4-5. G.L에서 배수구 및 맨홀의 구배, 높이를 확인한다. 4-6. 현장타설 콘크리트 플랜트박스의 물구배와 기준 높이를 확인한다. 4-7. 자연석, 콘크리트판, 타일류는 샘플을 사전에 확인한다.

감리 종목	범위	주요 점검사항	
5. 완료, 정지, 뒷정리		처리방법	(검사) → 확인
		처리내용	5-1. 더럽혀진 곳이나 상처난 곳은 없는지 확인한다. 5-1. 정지작업이나 뒷처리는 지체 없이 되어 있는지 확인한다. 5-1. 공용시설 복구가 잘 되어 있는지 확인한다.

15-4 #별표, 식재(植栽) 공사감리 주요 점검사항

감리 종목	범위	주요 점검사항	
1. 식재 시공계획		처리방법	(검사) → 확인
		처리내용	1-1. 설계도와 비교 · 확인 1-2. 기존 수목 현황 점검 1-3. 수목시기 검토 1-4. 수목수배 및 확인
2. 재료		처리방법	(검토) → 승인
		처리내용	2-1. 수목 및 포기 점검 (1) 수종과 수형을 확인한다. (2) 형상, 치수를 확인한다. 2-2. 반입토량(객토량)을 확인 2-3. 잔디밭과 Clover를 확인 2-4. 양생재료(말뚝, 대나무, 목피, 끈, 결속선 등)의 확인
3. 식재 시공		처리방법	(입회) → 확인
		처리내용	3-1. 밑바탕 점검 (1) 흙덩이, 불필요한 잡초 등을 제거 · 확인한다. (2) 성토, 굴착이 있는 경우 고저차를 확인한다. (3) 사용할 객토를 확인한다. 3-2. 수목 점검 (1) 이식, 굴착한 구덩이 상태를 확인한다. (2) 운반시의 양생을 확인한다. (3) 나무심는 배치가 적정한지, 심은 상태를 확인한다. (4) 심은 후 지지목 상태를 확인한다. 3-3. 잔디밭 점검 (1) 지정한 줄눈폭으로 깔려 있는가를 확인 (2) 좋은 토량인지, 잔디이식 후 물주기 상태를 확인
4. 완료 및 양생		처리방법	(검사) → 확인
		처리내용	4-1. 보호, 양생방법 확인 4-2. 말라죽은 나무 확인 등
5. 수목관리		처리방법	(입회) → 확인
		처리내용	5-1. 전정상태를 점검한다. (1) 하절기, 동절기의 전정 확인 (2) 밑거름, 잔디깎기 상태 등 확인 5-2. 기타 관련 사항을 확인한다. (1) 병충해 방제 (2) 비료, 물주기 (3) 방한조치 (4) 지주목 교체 및 결속상태 등

제16장
ALC공사
(Autoclaved Lightweight Concrete工事)

16-1 ALC공사 사전 점검사항

16-1-1 ALC(Autoclaved Lightweight Concrete)물성 조사

(ALC : 오토클레이브로 양생된 경량기포콘크리트 제품)

1. ALC의 일반적인 성능

콘크리트 내부에 무수한 기포를 분산시켜 중량을 가볍게 한 기포콘크리트를 공장생산된 제품으로 보강철근을 넣은 패널과 기본규격으로 길이 600mm×높이 300(200, 250, 400, 450)×두께 75mm(100, 125, 150, 200, 250(240)*, 300, 325)의 벽재료로써 구조용 및 비구조용으로 사용하는 덩어리(block)로 된 제품이 생산되고 있다. 특수 단열제품으로는 폭 300부터 25mm단위로 400mm까지 생산되고 있으나, 압축강도가 일반제품(0.5품)에 비해 조금 떨어진다.

※250(240)* : 제조회사에 따라 250, 240으로 생산규격이 다름

일반제품의 물성은 다음과 같다.

(1) 비중 : 호칭비중 0.5 (절건비중), 기건비중 0.5~0.55

(2) 중량 : 구조계산용 중량 650kg/m^3, 두께 100mm로 65kg/m^2(줄눈모르타르, 철물 등을 포함)

(3) 강도 : 압축강도 38~42kg/cm^2(기건상태), -- KS기준 : 최소 30kg/cm^2 이상

허용압축응력도 장기 13kg/cm^2, 단기 15kg/cm^2

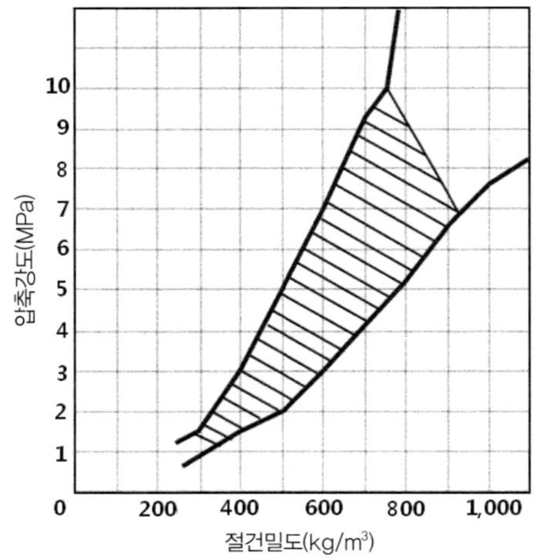

ALC의 압축강도는 그래프와 같이 밀도가 증가하면 할수록 압축강도는 증가한다.

(4) 열전도율 : (실용상의 열전도율)

① 일반조건의 경우 : 0.12

② 습도가 높다고 예상되는 경우 : 0.15

③ 결로방지 계산의 경우 : 0.13~0.15

열관류율 (Kcal/m²h) 두께 100mm의 벽패널로 C.99

(5) 음(音) : 흡음률 주파수(Hz) 125~4,000, 30dB~46dB

(6) 자연방사성 물질*

자연방사성 물질	ALC 방출량	비고
라듐(Ra226)	15Bq/kg	극히 적은 양임
토륨(Th228)	15Bq/kg	
칼륨(K40)	190Bq.kg	

*(출처 : RILEM RECOMMENDED PROTICE Autoclaved Aerated Concrete, 1993)

(7) 물에 대한 저항성

전체의 80% 정도가 무수한 독립기포로 되어 있어 물에 접촉되었을 때, 각 기포는 모세관현상에 의한 물의 투수력을 억제하므로 ALC를 관통하여 투수하지는 않는다. 표면투수가 되어도 물을 흡수하려면 상당히 오랜 시간이 걸린다. 다만, 제조과정 중의 증기양생으로 인한 ALC 내부의 높은 함수율을 단기간에 떨어뜨려 평행함수비 상

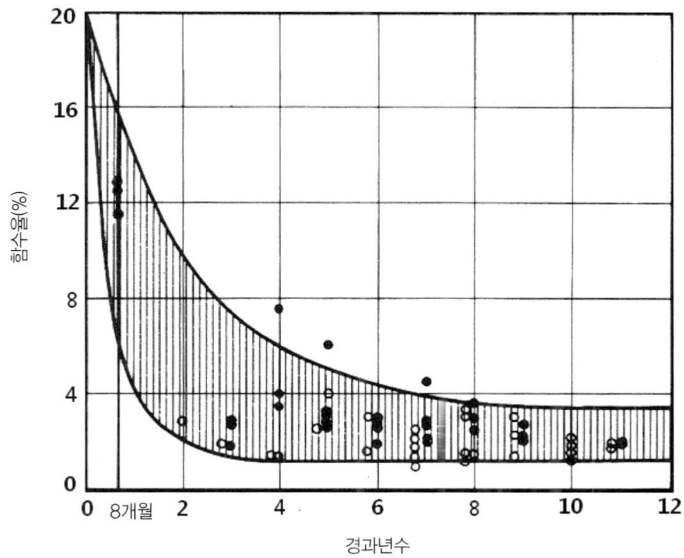

ALC 경과년한에 따른 함수율

태로 만들어야 한다. 일반적으로 함수율은 제품출하시에 20% 정도이다. 따라서 마감재가 습기의 이동을 용이하게 하는 투습성능을 지니고 있어야 한다. 물과의 접촉이 빈번한 곳에는 발수용 ALC 벽재료를 사용하는 것이 좋다. 또 함수율이 8% 이하로 떨어지려면 2년의 기간이 필요한 제품이다. 경과년한에 따른 함수율은 앞 페이지의 표와 같다.

2. ALC의 원료 및 제조과정

기본구성재로서 시멘트+석회+규사를 고온고압증기 양생한 다공질 콘크리트이다. 기포제로는 알루미늄 분말을 사용한다.(오토클레이브 양생에 의해서 중성화된 재료이기 때문에 그 자체로 철근방수능력을 기대하기는 어려우므로 반드시 철근은 방청처리를 한 후 사용해야 함). 재료의 배합구성은 다음과 같다.

ALC 배합재료와 제조과정

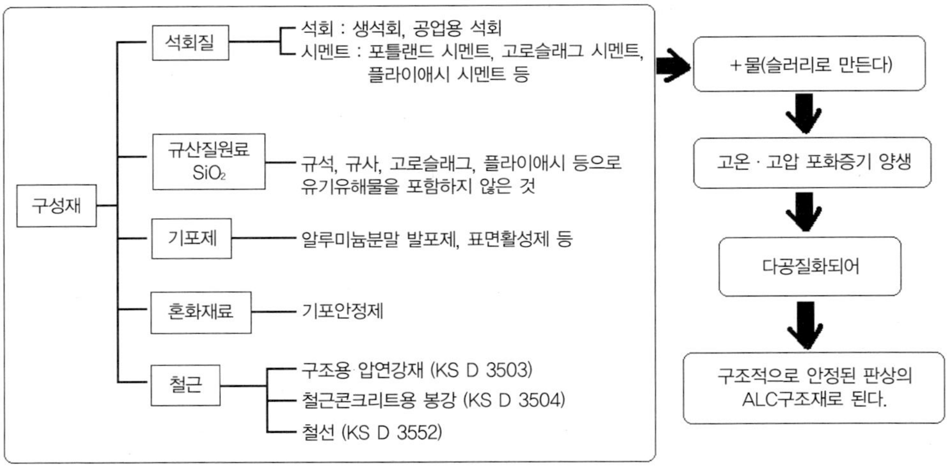

3. ALC 흡수와 함수량 문제

① 흡수하면 강도가 저하된다.(포수상태에서는 기건상태보다 20~30% 저하하고, 동결융해를 받기 쉬움)

② 단열성이 저하된다.

③ 젖은 상태에 따라 얼룩이 생기고, 백화현상이 석출하며, 곰팡이 발생 또는 흙, 먼지 등의 부착으로 오염된다.

4. ALC의 축열성

어떤 소재로 주택을 지을 것인가, 어떤 성능을 가진 주택을 지을 것인가, 에너지 절약형의 패시브하우스를 지을 것인지 고민하다가 결국은 건축비를 고려한 집을 지을 것이다.

난방비용을 고려하여 짓는다면 초기투자를 건축비에 투자해야 할 것이고, 난방비용은 그때 그때의 사항에 따라 해결한다면 그저 보통의 주택을 짓게 될 것이다. 저에너지 정책은 해결해야 할 문제이기 때문에 단열성능이 높은 것을 요구하는 주택정책이 갈수록 강화되고 있다. 단열성능을 높이기 위해서는 여러 가지 조치를 해야 하는데, 재료의 소재 자체가 축열성능을 가지고 있다면 더욱 유리할 것이다.

ALC의 우수성은 무엇보다 이 축열성에 있다고 할 수 있다. 초기 생산단계에서 ALC의 장점으로 '공기가 빠르다', '단열성이 좋다', '경제적이다' 라고 하던 3대 장점을 부각시키게 된 배경이 바로 이 축열성 때문으로 여겨진다. 주택의 소재로 ALC를 선택하는 이유가 여기에 있다. 축열(蓄熱)성능이란 열을 저장한다는 뜻이다. 나무 등 일반소재들은 그 자체가 가진 단열성능이 높을지라도 열을 저장하는 기능은 약하다.

ALC는 대기온도가 높은 한낮에 벽체 및 지붕이 열을 흡수 · 저장하고 있다가 야간에 대기 온도가 떨어지면 저장된 열을 뿜어내는 기능을 하는 소재이다. 반면, 실내의 온도변화에는 1~2℃로 거의 차이가 없다는 것이 실험에서 판명되고 있다. 또 벽두께에 따라 시간상의 차이(Time Lag)가 길어지므로 벽이 두꺼울수록 단열효과는 더욱 커지게 된다는 것이 실험에 의해 증명되고 있다. 이는 벽두께가 두꺼울수록 축열효과가 높아진다는 것을 의미한다.

독일의 실험 Date 사례를 보면 벽면에 태양열을 많이 받기 위해 두께 250mm벽에 검정으로 도장한 후 24시간 동안 측정한 결과는 다음 그림 및 표와 같이 나타났다.

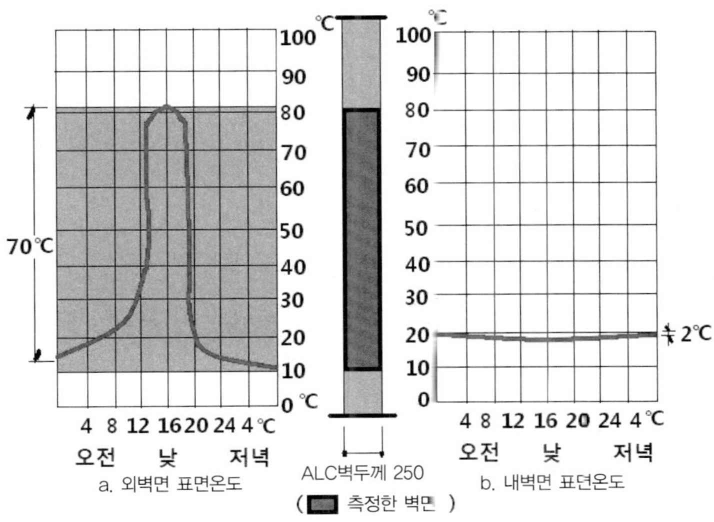

외벽 온도 차이가 70℃일 때(a), 내부 온도 차이는 2℃이다(b)

앞의 그림 및 표에서처럼 벽두께가 두꺼울수록 경과시간상의 차이가 길어져 ALC가 축열성이 높은 재료라는 것이 입증되고 있다. 즉 냉 · 난방 에너지비용을 다른 소재를 이용한 주택보다 더 절감할 수 있다는 것이 증명되고 있다.

벽두께(mm)	Time Lag(경과시간)	감소량
200	6.72	0.028
250	8.79	0.015
300	11.20	0.008

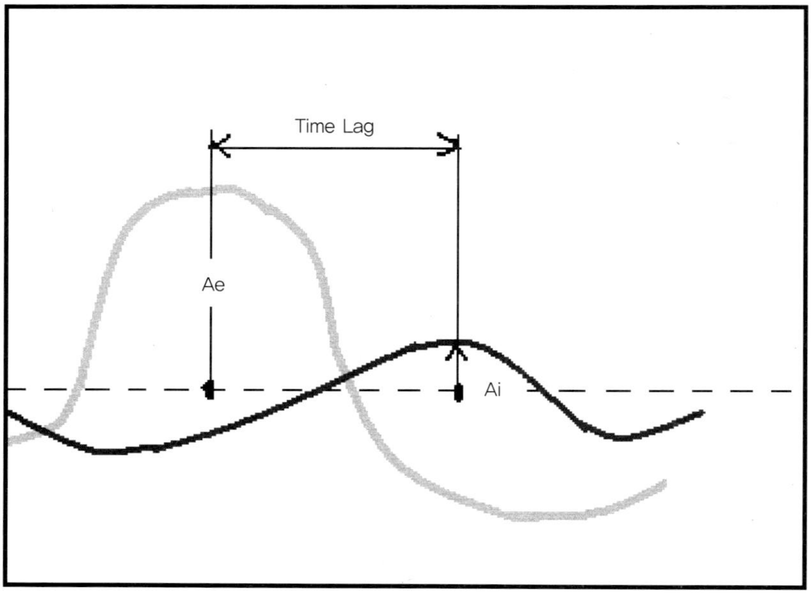

감소량 = Ai/Ae

5. ALC 제품과 공법

한국산업표준규격에서는 KS F 2701(경량기포콘크리트블록), KS F 4914(경량기포콘크리트패널)로 되어 있다. ALC주택에서 사용되고 있는 ALC 벽재료인 블록과 패널은 비중과 압축강도에 따라 다음과 같이 3등급으로 나누어지고 있다.

따라서 비중이 올라가면 압축강도는 올라가지만 단열성능과 차음성능은 저하된다. 그러므로 건물 설계시 특징을 잘 이해하고 등급을 결정해야 한다. 중 · 고층건물에서 하중을 많이 받는 저층에는 압축강도가 높은 0.7품, 중간층은 0.6품, 상부층은 낮은 0.5품으로

구 분		단 위	ALC 등급			비 고
비중			0.5 (0.45~0.55)	0.6 (0.55~0.65)	0.7 (0.65~0.75)	KS F 2701
압축강도	최소	kg/cm²	30	50	70	
	평균		40	60	85	
단위용적중량	블록	kg/m³	600	720	840	ALC구조설계기준
	패널		680	800	920	
열전도율		Kcal/mh℃	0.10	0.12	0.14	

시공하는 것이 바람직하다. 주택의 경우는 보통 0.5품과 0.6품이 병용 사용되고 있다.

(1) 블록(Block)제품 : (벽, 칸막이의 내력벽 및 비내력벽의 구조재로 사용)

벽재료로 사용되며, 일반블록(기본 L600×H300×W200)과 고강도블록, 발수블록, 특수블록 등이 있고 강도에 따라 구분하여 사용되고 있으며, 보통 시중에서 사용하는 시멘트벽돌, 콘크리트블록과는 다른 제품이므로 특별한 시공기술을 습득해야 한다.

① 제품별 주요물성

구 분 (무기질)		절건비중(KS기준)	압축강도 (kg/cm²)/(MPε) (KS기준)	열전도율 (W/m · K)	비 고
단열제품 (Block)	300	KS 미설정 (제조사 기준 : 0.3~0.4)	KS 미설정 (제조사 기준 : 20~35/0.2~0.35 이상)	KS 미설정 (제조사 기준 : 0.08~0.095 이하)	단열성능 강화제품 (SYC제품)
	325				
	350				
	375				
	400				
일반제품 (Block)	0.5품	0.45 이상~0.55 미만	30/0.3 이상	0.188이하	KS F 2701
고강도제품 (Block)	0.6품	0.55 이상~0.65 미만	5/0.5 이상	0.238이하	
	0.7품	0.65 이상~0.75 미만	70/0.7 이상	0.278이하	
발수제품 (Block)	0.6품	KS 미설정 (제조사 기준 : 0.55)	KS 미설정 (제조사 기준 55/0.55 이상)	KS미설정 (제조사기준 : 0.120이하)	
aircell제품 (불연단열재)		0.120	30/0.3 이상	0.045이하	

② 비내력벽 구법으로는 100, 125, 150mm를 표준으로 하며, 부착물의 종류 및 중량 등을 고려하여 사용 두께를 결정한다. 개구부와 개구부 사이는 최소 600mm 이상으로 하고, 하중이 수직으로 전달될 수 있도록 상부벽체는 하부벽체의 직상부에 위치시키는 것이 원칙이다. 또 개구부 상부에는 인방보를 설치하는 것이 원칙이지만, 폭이 900mm 미만인 경우는 인방보를 설치하지 않아도 무방하다.

③ 내력벽 구법에서 사용하는 재료의 두께는 외벽의 경우 200mm 이상, 내부는 150mm 이상으로 하며, 구조계산 결과에 따라 안전성이 확보되는 두께를 사용한다. 사용 부위의 폭에 관계 없이 막힌 줄눈쌓기로 하고, 서로 맞닿는 부분과 T접합부에는 한 단 걸러서 묻히도록 쌓고, 맞댄 부분에는 매 2단마다 보강철물로 고정시킨다. 또 개구부에는 인방보를 설치하는 것이 원칙이다.

(2) 패널(Panel)제품 : (바닥슬래브, 칸막이, 지붕용, 외벽용으로 사용)

적용 부위에 따라 지붕용, 바닥용, 외벽용(디자인 패널), 칸막이용, 내력벽용 등으로 구분하며, 강도와 내화시간에 따라 구분되고 있다.

종 류	두 께(mm)	길이	너 비(mm)
지붕용	100, 125, 150, 175, 200	패널두께의 35배 이하	300~600 미만
바닥용	100, 125, 150, 175, 200	패널두께의 25배 이하	
외벽용	50, 100, 125, 150, 175, 200	패널두께의 35배 이하	
칸막이용	75, 100, 125, 150	패널두께의 40배 이하 또는 6m 이하	
내력벽용	125, 150, 175, 200, 225, 250	2.7m 이하	

1) 외부 패널구법

① 철근매입공법(보강근삽입공법)

접합부를 철근과 모르타르로 접합하는 수직공법으로 월-플레이트처럼 보강플레이트를 사용하여 구조체에 긴결시킨다. 패널의 길이방향으로 파인 홈에 철근을 삽입하고 전용모르타르로 충전하며 층고가 20m 이상인 경우에는 볼트조임으로 보강한다.

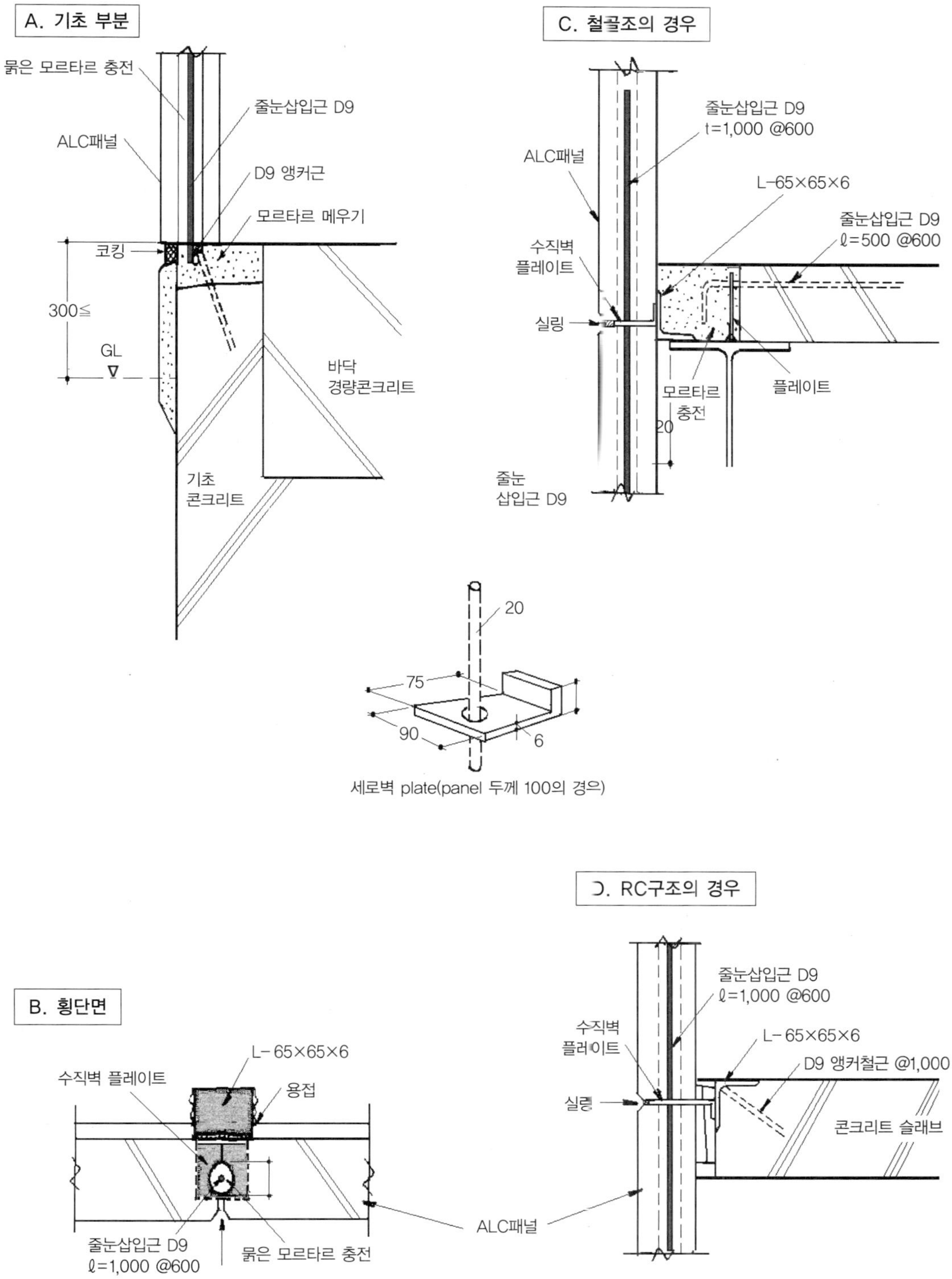

철근매입공법(보강근삽입공법)의 접합 예

E. 코너패널 마감 사례

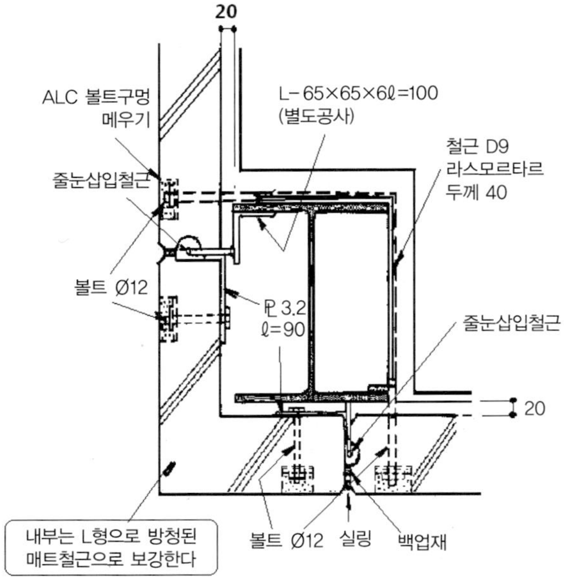

1) L형 패널일 때

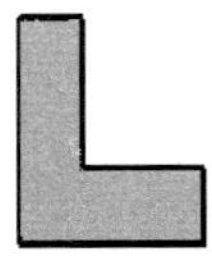

① 두께 50의 경우 100+100
150+150
② 두께 100의 경우 300+300
(간격 25)
400+400
[길이 1,500~3,500(간격 10mm)]
③ 두께 125의 경우 300+300
(간격 25)
425+425
④ 두께 150의 경우 300+300
(간격 25)
450+450

2) R형 패널일 때

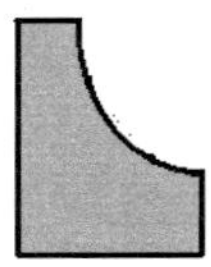

두께 100의 경우 300+300
(길이 3,350)

F. 패널 끝단

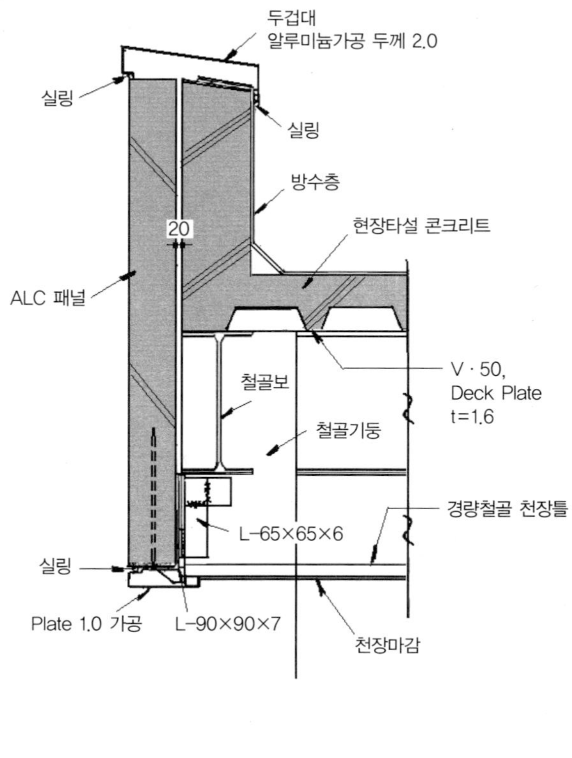

② 슬라이딩공법(Sliding Method)

벽체의 변형을 받아줄 수 있는 수직벽공법으로 패널 상단이 슬라이드되어 지진발생시 벽체의 변형을 흡수하도록 되어 있다. 패널의 하부는 고정시키고 상부는 슬라이드되도록 플레이트와 볼트로 고정시키고, 패널간 접합은 전용모르타르로 충전시킨다.

③ 볼트조임공법

O-볼트공법과 후크볼트공법이 있다. 패널 양단부에 구멍을 뚫고 이곳에 후크볼트를 끼워 구조체인 기둥 및 샛기둥 또는 받침앵글이 긴결시키는 수평벽공법이다. 볼트구멍은 전용 모르타르로 메운다. 오(O-BOLT)볼트공법은 패널 중간부에 철근 삽입구멍을 뚫어 패널의 측면 내부에서 O-Bolt용 삽입구멍을 뚫어 긴결시키는 공법이다. 주택공사 아파트 건립에 이용되고 있다. 사용하는 볼트는 보통 Ø9, Ø13를 와셔와 함께 사용한다.

④ 커버플레이트공법(Cover Plate Method)

패널 외부면은 커버플레이트로 지지하고 여기에 후크볼트를 끼워 구조체인 기둥이나 샛기둥, 보 등에 긴결시키는 수평벽공법이다. 층간변위가 비교적 큰 공장건물 등에 이용되고 있다. 커버플레이트의 부식방지 처리를 해야 한다.

⑤ 기타 방법

(가) 접착방법

a. 지지력 : 허용인장강도 1.0~1.5kg/cm^2(ALC 인장강도 5kg/cm^2, 안전율, 정하중 3, 동하중 5)

b. 목재 등인 경우 : 본드 K10, 20

플라스틱 걸레받이 등인 경우 : 시멘다인 521, 본드 G103 등

(나) Cut nail방법(접착제 병용)

a. 접착제 병용인 경우 지지력은 보통 접착제의 인장강도로 결정한다. Cut nail(못)은 알루미늄제, ℓ=50~150mm, Ø2~2.5mm

b. 멍텅구리 구멍을 파고, 접착제를 바른 다음 나무망치로 두들기던지 손으로 누르면서 멍텅구리 구멍으로 컷-네일을 박는다.

(다) Plug류에 의한 방식

a. Fischer Plug : 플러그보다 조금 작은 구멍을 뚫는다. 다음에 플러그를 꽂고 과감하게 박는다. 설치할 곳에 소정의 나무나사를 박는다.

b. hole in anchor : 동일 크기의 구멍을 뚫고, 앵커를 박는다. 전기드릴로 ALC와 플레이트에 구멍을 뚫고 coach screw나사로 조인다. 플레이트까지 코치스크루의 길이는 ℓ=90mm, 문틀앵커의 경우는 @450mm 간격이다.

(라) Coach screw에 의한 방식

a. 알루미늄 특수 플레이트를 끼워넣는 방식이다.

b. 전기드릴로 ALC마다 플레이트에 구멍을 뚫는다. 코치스크루 나사로 조인다. 플레이트까지 코치스크루의 표준길이는 ℓ=90mm이고, 문틀앵커의 경우 간격은 @450mm이다.

2) ALC 취부용 철물의 용접 기준

지붕 · 바닥	칸막이벽
■지붕 Plate 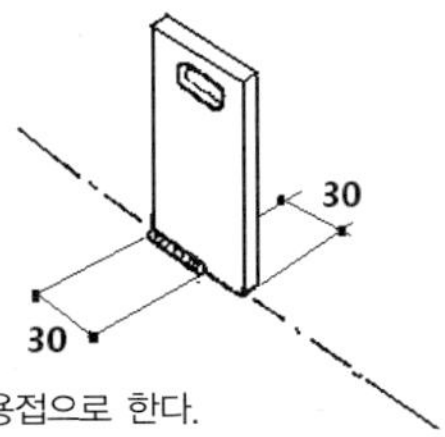 엇모용접으로 한다.	■칸막이 Channel 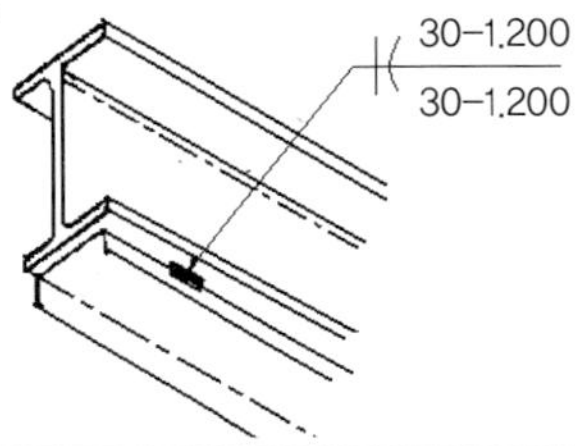

외벽		
■기준앵글 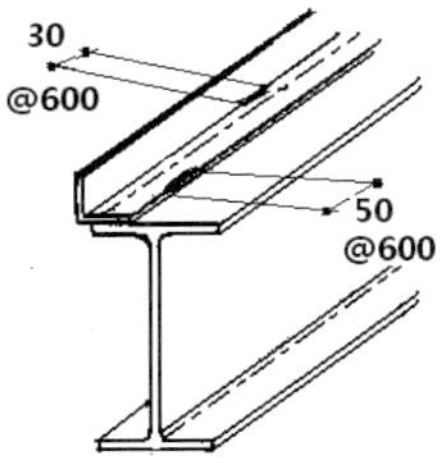	■세로 패널용 Plate 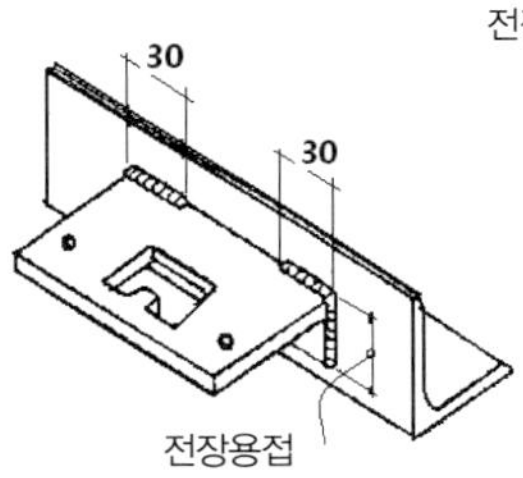	■받침철물 Plate 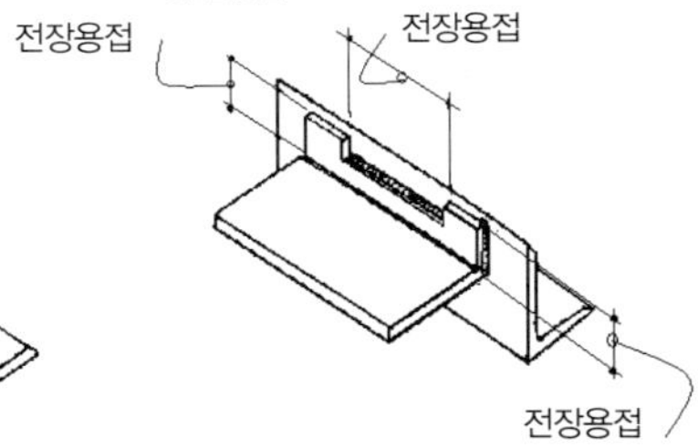

3) ALC 패널을 보수하여 사용 가능한 크기 기준

(JASS 21 및 대한건축학회 ALC 취부 구조설계기준에 의함)

파손 개소	크기의 범위	비고
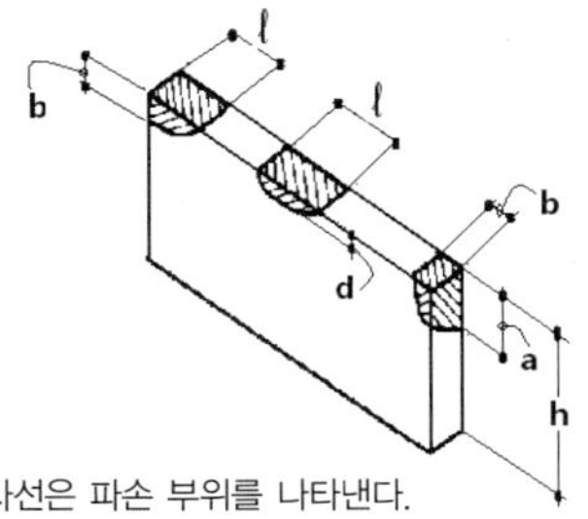 사선은 파손 부위를 나타낸다.	a≦h/2 (h/3)[(1)] b≦8cm d≦4cm ℓ≦30cm	(주): - (1)은 내력벽일 때이다. - 외부 치장용일 때는 가능한 파손 부위가 없는 제품을 사용한다.

4) 내부패널공법

내부패널공법은 보통 수직벽공법으로 시공되는데, 층고가 높을 경우에는 볼트조임을 병행하는 경우도 있다. 표준 폭은 600mm, 두께 70~150mm 내에서 필요한 패널을 사용한다.

① 습식공법 : 슬래브에 고정된 철근에 모르타르를 충전하는 앵커근공법으로 바닥은 슬래브 철근에 용접 등으로 고정시키는 방법과 슬래브에 앵커볼트를 매설하여 나사를 박아 준비한 숫나사를 연결하여 체결하는 방식이다.

② 건식공법 : Foot Plate공법이라고 한다. 내벽용 패널을 하부 바닥면에 고정시킨 푸트 플레이트에 끼워 고정시키는 방식이다.

두 공법 모두 마감은 석고보드를 접착제로 붙여 도장하거나, 특수 마감재로 된 보드를 접착제로 붙여서 마무리하고 있다. 내부벽체는 얇은미장으로 바르는 경우도 있다.

5) 방수패널

① 패널 표면을 무기질계의 하지처리재로 코팅시킨 패널(흰색 바탕에 약한 크림색을 사용)

② 유기질의 에멀션형 발수제로 처리된 패널(무색투명한 색을 사용)

6) 패널의 단면형상

면치기는 모든 패널에 양면치기와 편면치기의 2종류가 있다.

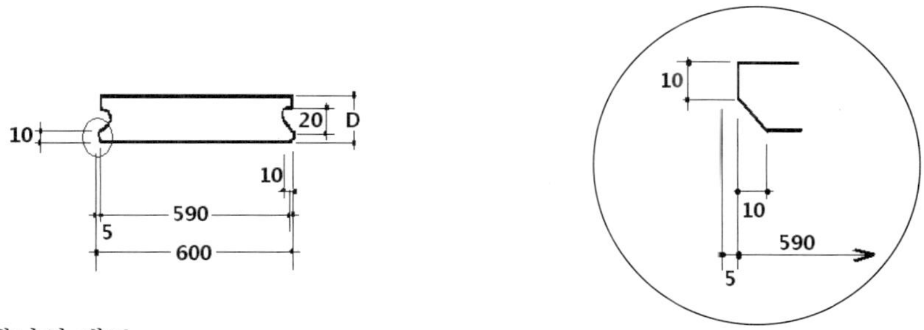

7) 벽 패널의 배근

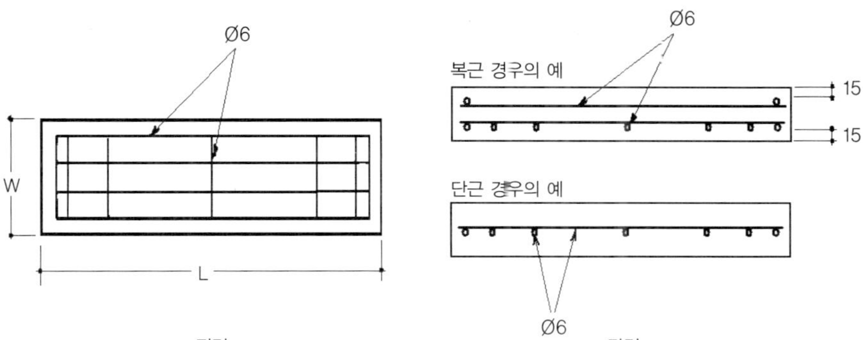

평면 단면

(3) 인방보(Lintel) 및 보(Beam)

창문틀 위에 설치하는 구조재인 인방은 상부의 하중을 주변 벽체로 분산시키는 구조적인 성능을 지니고 있어, 벽체의 균열 발생 방지와 처짐을 방지하는 역할을 하는 구조재이다. 따라서 상부의 하중을 부담할 수 있는 충분한 내력을 가지고 있어야 한다. 이는 내부의 보강철근으로 해결한다. 즉 길이, 높이, 두께 등을 고려하여 배근되어야 한다.

또 인장은 대부분 상하부로 구분되어 있어 현장에 반입된 인방을 설치할 때는 반드시 상부와 하부를 구분하여 올바르게 설치해야 한다. 간혹 그런 내용을 모르고 반대로 설치된 경우를 보는 경우도 있다. 길이는 최대 3m 내외이므로 거실의 창폭이 3m를 넘는 경우에는 설계를 조정해야 하는 점을 고려해야 한다. 벽체에 인방이 물리는 길이는 최소 20cm 이상이다. 보 설치에 대해서는 '본서 16-1-2의 2. 구조체 시공' ALC구조설계 및 표준공법 중 '2.2.3의 다. 보(Beam)' 를 참조하기 바란다.(384 및 396page)

인방재 시공현황과 반입된 인방재(왼쪽하단)

6. ALC와 미장재

(1) ALC Block 바탕

일본의 경우는 대부분이 ALC패널을 이용한 공법이 주로 이용되고 있다. 일본은 지진으로 인해 구체의 대부분이 철근콘크리트 또는 철골구조로 구성되어 있는 경우가 많은 데, 대부분의 빌딩에서 내부 칸막이벽재 또는 외벽용 패널을 이용하고 있다. 내부의 경우는 패널 위에 두께 6mm마감용 디자인보드를 붙여서 마감하는 공법이 주로 이용되고 있고, 3mm 정도의 두께로 전용 미장재를 얇게 바르는 경우도 있다. 주택의 경우에도 ALC 패널로 건립하는 경우가 많고, 마감 또한 내부에 디자인보드로 마감하거나 도장공법으로 마감하는 경우가 대부분이지만, 내부를 얇은미장재로 마감하는 경우도 있다. 특수한 경우를 제외하고는 블록으로 주택을 건립하는 경우는 매우 드물다.

독일을 비롯한 유럽의 경우에도 내부에 얇은미장재를 바르고 도장을 하는 방법이 이용되고 있고, 또 외부는 대부분 외단열공법으로 마감하는 경우가 많다. 반면, 우리나라 ALC 주택의 경우는 도입 당시 보급과정에서 패시브하우스 등 특수하게 단열을 요구하는 주택을 제외하고는 따로 외단열공법을 거의 사용하지 않고, 미장공법을 주로 이용하고 있는 실정이다. 여기서 ALC 전용 미장재라고 하는 것은 ALC접착용 '모르타르' 를 공급하고 있는 ALC제조사가 제공하는 수지미장재(*에멀션 외의 수지제는 강성이 높고 투습성이 없기 때문에 사용할 수 없는 것으로 보아 합성수지에멀션을 함유한 제품을 단순히 수지미장재라고 하는 것 같음)라는 제품과 ALC 전용 미장재를 생산하고 있다는 몇몇 제조업체의 제품이 그것이다. 사양을 보면 대부분 친환경재로 '섬유메시(비닐론메시)' 를 포함하여 내 · 외부에 10mm 정로로 미장하도록 하고 있으나 실제 현장에서는 6~8mm로 시공되고 있는 경우가 많다. 그러나 ALC주택에서 내 · 외벽용 미장재로의 적합성 등에 대해 공포된 기술자료나 매뉴얼이 없으며, 독일의 DIN같이 ALC 미장재에 대한 국가공인기준이 마련되어 있지 않아서 불확실하지만 제조사가 공급하는 재료를 이용하여 시공할 수밖에 없는 실정에 있다. ALC의 내 · 외부 마감재는 습기를 이동시킬 수 있는 투습기능을 가지고 있어야 한다.

또 ALC와 물리적 성질(탄성계수, 압축강도 등이 ALC와 유사하고, 특히 압축강도는 낮아야 균열이 발생하더라도 ALC의 모재까지 균열이 전파되지 않음)이 유사하여 혹독한 기후에 노출되거나 ALC 자체의 건조수축으로 변형할 때 마감재 역시 유사한 변형이 있어야 하는데, 만약 ALC보다 강하면 균열이 심하게 발생하고 모체를 물고 떨어지기 때문에 보통 ALC보다 약한 강도로 제조되고 있다. 또 일본의 경우는 ALC의 강도가 약하고 다공질로 흡수율이 높기 때문에 드라이아웃에 의한 균열, 박리방지를 위해 미장 전에 반드시 바탕처리제를 바르도록 규정하고 있다.

내 · 외부의 미장재 강도가 약함으로써 쉽게 홈이 파거나, 실링재와의 접착 부분이 떨어지거나 균열이 생겨 벌어지는 원인이 되고 있다. 이처럼 ALC건축에서 마감재로 인한 하자(균열, 박리 등)가 빈번히 발생하고 있어, 일부에서는 독일 Alsecco사의 '알시톱'

(돌로마이트와 비슷한 시공법임), STO사의 '스토릿 K'를 수입하여 외부 미장재로 10mm를 시공하고, 내부미장재로는 '인텍S', '스토레벨 노보', '스토레벨 인'이라는 얇은미장재로 시공하는 경향이 많은 편이다. 고가이지만 현재 시중의 주택현장에서 ALC에 가장 적합한 제품으로 하자가 매우 적은 편이라는 평을 받고 있는 실정이다. 이러한 점에 기인하여 늦게나마 국내에서도 최근 쌍용 ALC 등에서 전용 미장재를 개발하고 있는 실정에 있어 기대하고 있다. 다음 그림은 미장재의 물리적 성능과 마감재로써의 투습성능의 필요성을 설명하고 있다.

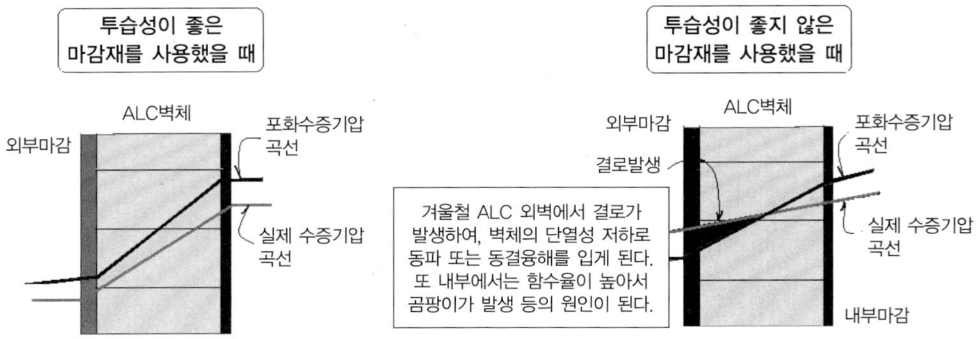

(2) 미장면에 발생하는 결로

1) 결로가 생기는 원인

결로의 원인은 매우 간단하다. 실내·외의 온도 차이가 크고, 습도가 높으며, 환기가 되지 않을 경우 이 세 가지 요소가 충족되는 곳에서 결로가 발생한다. 즉 실내의 높은 온도의 공기는 습기를 많이 머금고 있다가 이 공기가 찬 외벽체와 만나게 되면 습기를 많이 가지고 있을 수 없어 물방울로 변하는 것이 결로이다. 외기의 찬공기와 더운공기가 만나는 지점을 '노점온도'라고 한다. 즉 노점온도에 다다르면 물방울로 변하는 현상이 결로인 것이다. 이렇게 적당한 습도가 생기면서 곰팡이가 서식하게 되는 것이다.

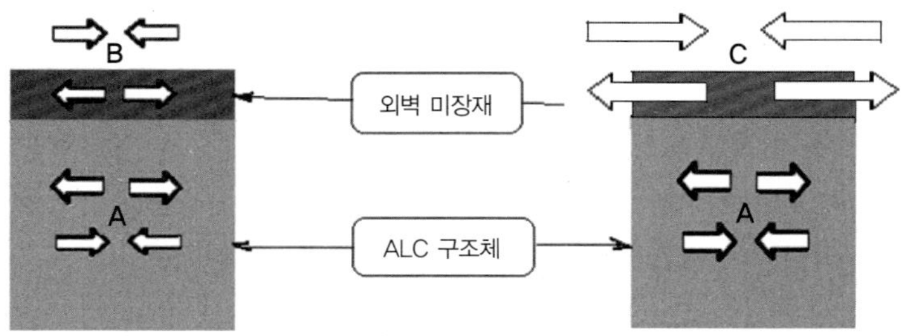

물리적 성질이
ALC와 유사할 경우
A≒B

(자료출처 : www.alcmate.com)

물리적 성질이
ALC와 다를 경우
A<C

성질이 균일하다

C의 성질이 크므로 균열 발생

따라서 결로는 다음 세 가지 요소 중 한 가지라도 충족되지 않으면 발생하지 않는다. 봄, 가을처럼 온도가 비슷한 경우는 결로가 발생하지 않는다.

① 습도 : 사람의 호흡, 취사, 샤워, 실내에서 빨래 건조 등이 높은 습도를 유발한다.(똑같은 조건이라도 거주하는 사람과 생활습관에 따라 습도가 높은 경우가 많음)

② 온도 차이 : 겨울철 지역에 따라 실외의 온도는 -10~-20℃, 주택의 실내온도는 영상20~26℃로 약 30~40℃의 차이를 나타내고 있다.

③ 환기 : 에너지 보존으로 겨울철에는 대부분 창문을 닫고 있어 취침 시에는 공기의 유동이 거의 없는 환경으로 된다.

즉 습도를 줄이든가, 환기를 자주 시키든가, 온도 차이를 비슷하게 만들면 결로(結露)는 발생하지 않는 것이다. 그렇다고 추운 겨울철에 값비싼 연료비를 들여 데워놓은 실내의 따뜻한 공기를 버리기는 어렵다. 결로는 여름철 시원한 음료수를 담은 유리컵 표면에 이슬이 맺히는 것과 추운 겨울에 안경이나 휴대전화를 밖에서 꺼내놓고 있다가 따뜻한 실내에 들어왔을 때 뿌옇게 되는 것과 같은 이치이다. 결로가 생기면 필연적으로 곰팡이가 생겨 여간 보기 흉한 것이 아니다. 단순히 외부에 타일이나 파벽돌, 페인트를 덧붙이는 시공을 한다고 해서 결로문제가 쉽게 해결되는 것은 아니다. 결로가 발생하면 눈에 보이지 않는 벽체 내부에서는 부식이 진행될 수도 있다. 여기서 앞의 마감재 사용 잘못으로 블록이 함유하고 있는 내부 수분으로 발생하는 결로와는 다른 발생 원인에 대해서 알아본다.

2) 결로가 잘 생기는 곳

① 벽면이나 천장의 변두리(열교 발생)

② 욕실 및 창, 문과 주변

③ 발코니 및 베란다, 비상계단참 등이다.

3) 열교 발생(Thermal/Heat Bridge) 경로

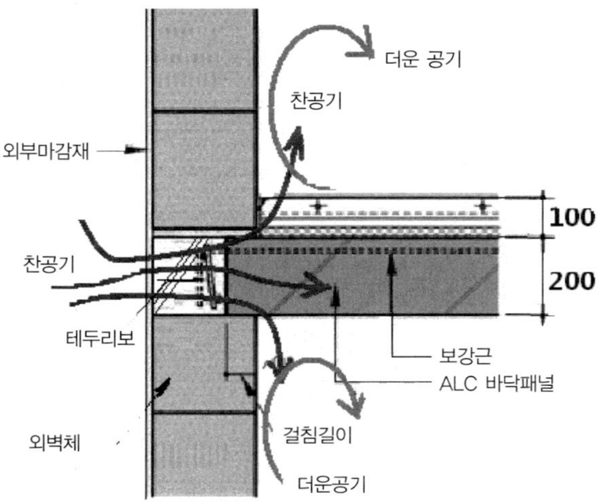

4) 결로 제거

결로를 제거하기 위한 방법으로는 위에서와 같이 습도를 줄이든가, 환기를 하든가, 온도를 낮추든가 해야 하는 것 외에 위의 그림처럼 열교현상이 생기지 않도록 하는 것이 우선이다. 베란다나 발코니 등은 환기로서 결로를 해결할 수도 있지만 그외 실내를 환기로 해결하기에는 무리가 있다. ALC가 아무리 단열성이 우수하다고는 하나 내부수분이 증발하지 못하도록 한다든가 기밀시공이 되지 않도록 한다면 단열은 기대하기 어렵다. 단열이 잘 되도록 기밀시공을 해야 한다는 것이다. 아울러 잘 시공된 ALC주택의 경우라도 초기 내부습도를 줄이기 위해 충분히 건조된 제품으로 시공하든가 어느 정도 내부를 건조시킨 다음에 가구를 설치하는 것이 바람직하다.

오래 전 판교에 고층빌딩을 지을 때 간벽을 ALC패널로 시공하기로 되어 있는데, 조사한 보고서를 보면 'ALC로 시공된 곳을 조사해보니 접착면에서 기밀이 되지 않아 방음도 되지 않는다' 라고 쓰여 있었다. 아무리 좋은 재료라고 해도 이처럼 잘못 시공되면 요구하는 기대치를 얻지 못하고 불량 소재로 판단되는 것이다. 결로방지는 1) 단열성능이 우수한 재료(구체재, 창호재 등)를 이용한 단열설계, 2) 기밀이 되도록 하는 시공기술만이 열교현상

을 막을 수 있을 것이다. 그 다음으로 실내공기조절을 위한 환기장치(열교환환기시스템)를 하여 습도를 조절할 수 있어야 할 것이다. 즉 '노점온도'에 이르지 않도록 하는 것만이 해결책인 것이다. 일반적으로 ALC주택에서 블록 내부에 함유된 수분의 증발을 막는 잘못 시공된 경우나 외부로 열교가 발생하드록 노출된 특정한 부위를 제외하고는 결로가 발생하는 경우는 매우 드물다.

단지 간과하지 말아야 할 것은 온 · 습도를 조절하기 어려운 부분에 대한 설계이다. 현관부분의 신발장과 같은 곳이 그런 곳으로 난방하지 않는 곳의 실내 · 외의 온도 차이로 가구의 내벽면에 결로가 발생하고 신발이 머금고 있는 습기로 인해 신발장 내에 곰팡이가 발생하게 된다. 주택의 경우 외기가 수시로 드나들어 외부가 되었다가, 실내가 되었다가 하는 이런 곳은 가구를 설치할 때 반드시 내벽에 별도의 단열재를 부착하고 가구에 통기구를 만들어 설치함과 동시에 신발장의 문을 비늘살문으로 만들어 신발장 내부의 공기가 상시 순환되도록 하는 것도 하나의 방법이다.

(3) ALC 패널 바탕일 때

ALC패널 역시, 강도가 약하고 흡수율이 많은 데다가 이음이 많다. 미장을 바르는 하지(바탕)로서 어려운 문제를 함유하고 있기 때문에 충분히 검토한 후 시공할 필요가 있다. ALC패널에 대한 미장마감으로는 주로 내벽인 경우로 ALC 전용으로 공장배합된 기성제품인 묽은 플라스터를 사용하는 것이 보통이다. 다음은 ALC패널 미장시 주의할 사항이다.

① ALC패널 설치에 사용되는 철물은 방청처리가 된 것을 사용한다.

② ALC패널의 이음부에는 틈이 생기지 않도록 하기 위해 반드시 전용 모르타르로 충전한다.

③ 장대벽일 때(ALC 패널 5~6매 단위), 오목모서리 부분 및 이종바탕재와의 접합부에는 신축이음을 만들어야 한다. 신축이음 이외의 이음에는 섬유메시 등을 부착하여 보강한다.

④ 흡수율이 크기 때문에 드라이아웃을 방지하고, 작업성 향상을 위해 미장 전에 미장용 바탕처리제(합성수지에멀션계) 또는 혼화제를 바른다.

⑤ 마감재의 건조수축으로 인한 균열, 박리를 방지하기 위해 얇게 바르는 것이 원칙이다. 따라서 ALC 패널 건립시 홈이나 잘못 설치되어 턱이 생기거나 휘어진 부분이 없도록 정밀하게 설치해야 한다.

⑥ 외벽 패널에는 원칙적으로 모르타르 바르기는 하지 않는다.

(4) 석고플라스터 바르기

1) 표준사양(JASS 기준)

<table>
<tr><th>시공부위</th><th>사양</th><th>바름층
하지</th><th>하지처리</th><th>초벌</th><th>재벌</th><th>정벌</th><th>표면마감</th></tr>
<tr><td rowspan="2">벽</td><td rowspan="2">B</td><td rowspan="2">ALC면</td><td rowspan="2">하지처리제 도포</td><td rowspan="2">하도용 혼합석고 플라스터</td><td rowspan="2">하도용 혼합석고 플라스터 또는 보드용 석고 플라스터</td><td>가는 분말이 들어 있는 하도용 혼합 석고 플라스터</td><td>에멀션계 도장 또는 종이벽지 바름</td></tr>
<tr><td colspan="2">상도용 혼합석고 플라스터 또는 상도용 돌로마이트 무도장 마감</td></tr>
</table>

주) 1. B는 하지의 정밀도가 양호한 경우임.
2. 보드용 석고플라스터는 약산성이고, 혼합석고 플라스터는 약알칼리성이기 때문에 혼동하여 사용하면 응결불량이 생기고 층간 박리의 우려가 있다. 따라서 동일제품을 바르는 것을 원칙으로 한다. 또 건조시간을 충분히 하는 것이 좋다.
3. ALC의 하지에는 하지의 흡수를 조정하기 위해 반드시 하지처리제를 도포한다.
4. 상도마감을 혼합석고 플라스터로 마무리하면 황변현상이 생기기 쉬우므로 충분한 검토가 필요하다.

2) 배합 및 도막두께의 표준사양(용적비)

<table>
<tr><th rowspan="2">하지</th><th rowspan="2">바르는 층별</th><th colspan="2">석고 플라스터</th><th rowspan="2">시멘트</th><th rowspan="2">모래</th><th rowspan="2">미세분말</th><th rowspan="2">바르는 두께 (mm)</th><th rowspan="2">비고</th></tr>
<tr><th>하도용 혼합석고 플라스터</th><th>보드용 석고 플라스터</th></tr>
<tr><td rowspan="3">ALC</td><td>초벌</td><td>1</td><td>*</td><td></td><td>1.5</td><td></td><td>6</td><td rowspan="2">*마크는 주)참조 및 1)표의 주)2.참조</td></tr>
<tr><td>재벌</td><td>1</td><td>*</td><td></td><td>2</td><td></td><td>5~7</td></tr>
<tr><td>정벌</td><td>1</td><td>*</td><td></td><td></td><td>0.1~0.2</td><td>1.5</td><td>상도용 석고 플라스터 또는 상도용 돌로마이트로 대체 가능</td></tr>
</table>

주) 1. 용적비는 다음 상태를 표준으로 한다.
혼합석고플라스터 : 기건상태의 용적(0.75kg/ℓ 정도)
보드용 석고 플라스터 : 기건상태의 용적(0.9kg/ℓ 정도)
모래 : 표면건조포수상태로 기건된 경우의 용적
2. 초벌과 재벌에서는 작업성 향상을 위해 플라스터 25kg에 대해 250g 정도의 '백모여물'을 혼합하는 것이 좋다.

(5) 돌로마이트 플라스터 바르기

소석회와 수산화마그네슘을 포함한 미장재의 일종으로 기경성이고 여물을 필요로 한다. 백색의 미분말재로 물과 비벼서 사용한다. 주로 벽이나 천장 등의 정벌재로 사용한다.

1) 표준사양(JASS 기준)

<table>
<tr><th>시공부위</th><th>사양</th><th>바름층
하지</th><th>하지처리</th><th>초벌</th><th>재벌</th><th>정벌</th><th>표면마감</th></tr>
<tr><td rowspan="2">벽</td><td rowspan="2">양호</td><td rowspan="2">ALC 패널</td><td rowspan="2">하지처리제 도포</td><td rowspan="2">하도용 돌로마이트 플라스터를 바른다.</td><td rowspan="2">하도용 돌로마이트 플라스터를 바른다.</td><td>상도용 돌로마이트 플라스터를 바른다.</td><td>원칙적으로 특별한 마감을 하지 않는다.</td></tr>
<tr><td colspan="2">상도용 돌로마이트 무도장 마감이다.</td></tr>
</table>

2) 배합 및 도막두께의 표준사양(용적비)

하지	바르는 층	돌로마이트 플라스터		시멘트	모래	여물 g (플라스터 25g에 대해)		바르는 두께 (mm)	비고
		하도용	상도용			백모여물	표백여물		
ALC	하지처리	–	–	–	–	–	–	–	하지 처리제 도포
	초벌	1	–	0.2	1.5~2.0	600	–	5	
	재벌	1	–	0.1	2	600	–	7~9	
	정벌	–	1	–	–	–	350	1.5	

주) 천장 및 처마는 12mm 이하로 바른다.

16-1-2 ALC 시공시 참고사항

1. 패널시공

(1) 시공도 작성과 취부방법, 사양 검토

시공도 작성과 기타 관련 사항은 다음 사항을 참조하여 검토한다.

1	각 부위의 마감	- 구조체 및 구체와의 취부를 평활하게 하는 방법 - 해당 공사와의 취합, 마감방법 - 개구부 위치, 보강 및 설치방법 - 절단, 구멍뚫는 위치, 치수, 보강방법 - 특히 긴 재료의 지지방법
2	취부방법	- 구법검토, 사용할 철물의 선택 - 줄눈처리방법, 실링재의 종류(전용 실링재)
3	구조재 및 패널의 사양	- 사용재료의 종류별 확인(디자인, 마감면, 발수처리 등) - 치수, 가공형상, 수량 확인 - 허용하중, 내화시간, 단열 등을 검토
4	현장 상황에 대한 대응	- 인접건물과의 작업관계 - 가설, 작업시간 제한 등 - 시공순서, 작업방법, 양생, 안전관리
5	공사범위	- 선행공사 취부할 부분의 평활 처리, 앵커철물, 깎아내기 등 - 개구부, 절단, 구멍뚫기, 벽면 따내기, 보강부위 - 구멍뚫기, 절단 등에 대한 보수 · 보강

(2) ALC공사 예상 소요일 (일반적인 기준*)

공사 규모	시공 소요 일수(일)		비 고 (Block 높이 9단 기준)
	지붕 · 바닥	벽	
100m² 정도	2~3	5~7	30평 이하
500m² 정도	4~6	10~14	30~150평 이하
1,000m² 정도	7~10	20~30	150평 이상

* 1개 작업팀의 구성 : 감독자 1+기능공 4+소운반공 1= 합계 6명 기준이다.

1) 선행공사(외벽 패널의 경우)

① 기초 부분의 치올림 콘크리트 상단부는 균일모르타르를 바르고, 삽입철근, 앵커류 등을 확인한다.

② 받침앵글, 장선, 보강보, 멀리온 등 구체(철골 또는 CON'C)에 취부할 기초 철물류 공사가 완료되었는지를 확인한다.

③ 패널을 취부할 철골면에 볼트 등의 凸부가 있는 경우 처리 및 방청도장을 한다.

④ 처마 부분은 벽체공사시 방해가 되는 경우가 많다. 따라서 처마공사는 벽체공사를 완료한 후에 하는 것이 효율적이다.(콘크리트 처마구조는 벽체 시공 후 시공이 곤란하므로 시공계획을 수립해야 함)

⑤ 지붕패널 설치에서도 패널 간 이음 부분에는 D10~D13mm 철근으로 연결하고, 테두리보 등에 긴결시키고, 틈새는 방수모르타르로 충전시킨다.

(3) ALC 패널 적치방법

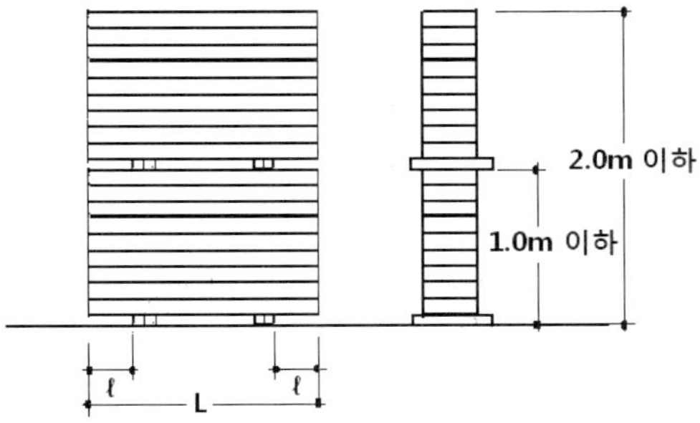

적치방법		평행 적치
최대 적치 높이	1단쌓기	1.0m 이하
	총 높이	2.0m 이하
받침목	위치	ℓ=L/5~6
	단면치수	(지상부) 9cm×9cm 이상 (중간부) 0.9cm×4cm 이상

(4) ALC 패널의 절단, 구멍뚫기, 홈파기

절단 및 홈파기는 다음 그림을 참고한다.(대한건축학회 ALC구조설계규준 및 표준공법, JASS 21에 의함)

구멍뚫기

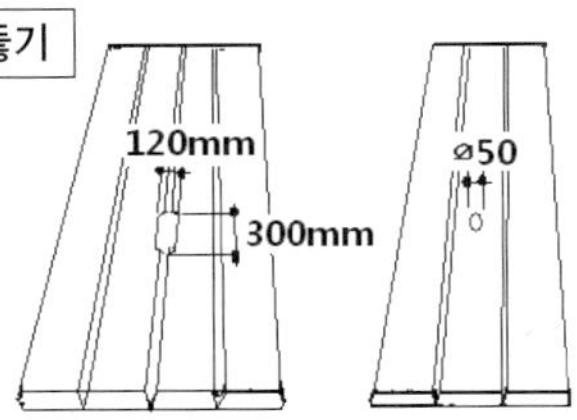

지붕, 바닥패널

구멍을 크게 뚫어야 할 경우는 하부에 받침철구조물을 별도로 설치해야 한다.

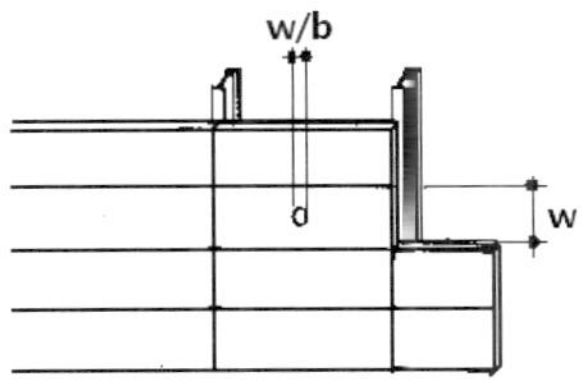

외벽 패널

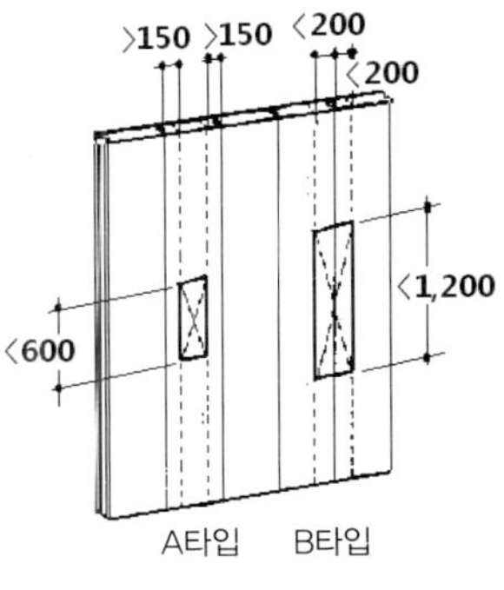

칸막이벽 패널

패널의 절단

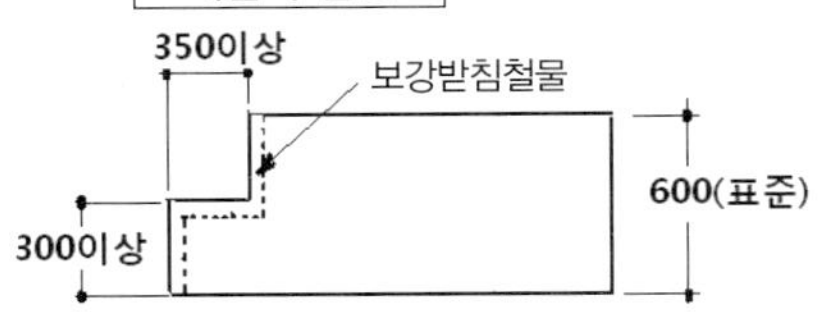

지붕, 바닥, 벽, 패널

[패널에 구멍 뚫기]
- 지붕 · 바닥 패널에서는 가급적 피한다.
- 외벽 · 칸막이벽 패널은 폭 30mm 이하 깊이 10mm 이하에서 패널 1매당 1개

(5) ALC 패널의 외벽마감

1) 외벽 마감재 선정에 대한 일반적인 주의사항

① 충분한 방수성이 있어야 하며, 어느 정도 신축성이 있는 재료를 사용한다.

② 줄눈 부분의 코킹 주위에는 미장재의 부착상태나 도장이 얇게 되기 쉽기 때문에 기초작업부터 세심한 주의가 필요하다.

③ 바탕 하지가 습윤한 상태로 되어 있으면 충분한 부착력을 얻기 어렵고 박리의 원인이 되므로 주의해야 한다.

④ 패널 줄눈부의 방수처리는 아크릴계 실런트를 사용한다.(아크릴계의 실런트 경화시간은 2~3시간이 필요하고, 그 후에 마감시공을 해야 함)

2) 마감재

① 뿜칠타일인 경우(Spray Tile)

(가) 주재를 뿜칠 또는 롤러로 발라서 凹凸 등의 형상으로 만든다.

(나) 복층모양 뿜칠재는 합성수지에멀션계, 시멘트계, 반응경화형이 있으나 합성수지에멀션계가 가장 적합하고 반응경화형은 부적합하다.

② 수지리신(樹脂ricin) 마감의 경우 (합성수지에멀션 사벽상 뿜칠재)

(가) ALC 전용인 공장배합된 기성 제품을 사용해야 한다.(현장배합한 것은 좋지 않음)

(나) 외벽의 바탕 하지처리는 실러(sealer)처리 보다 한 단계 높은 필러로 처리한다.

(다) 바탕 하지에 붙은 먼지, 분말 등은 세심하게 제거해야 한다.(표면 줄눈은 V-Cut하여 치장줄눈으로 함)

(6) ALC 내부패널의 마감

1) 내벽마감으로 ALC구조용 벽체에서는 주로 전용 미장으로 마감하지만, 패널에서 석고보드를 붙일 때는 장선을 걸고 붙이는 방법 외에 특수접착제를 띄엄띄엄 둥굴게 붙여서 붙이는 방법이 주로 이용되고 있다.

(7) ALC 패널에 사용되는 실링재

실링재	성능	특징
아크릴계	KS F 4910 (JIS A 5758 내구성능 구별 7010)	– 저모듈러스 – 수축이 약간 크다. – 시공성이 좋다. – 내구성이 좋다. – 경제성이 크다.
	KS F 4910 (JIS A 5758 내구성능 구별 7020)	
폴리우레탄계	KS F 4910 (JIS A 5758 내구성능 구별 7020 이상 (50% 인장응력 2kg/cm² 이하의 것)	– 신축이 크고, 수축은 적다. – 내구성이 크고, 약간 고가
폴리설파이드계		– 신축이 크고, 수축은 적다 – 내구성이 크고, 고가이다.
변성실리콘계		– 신축이 크고, 수축은 적다. – 내구성이 크고, 고가이다.
실리콘계		– 신축이 크고, 수축은 적다. – 내구성이 크고, 고가이다.

(8) 실링재 작업환경

일반적으로 기온이 15~25℃ 정도에 습도는 80% 미만으로 맑고, 바람이 없는 날이 최적의 작업조건이다. 기온이 낮은 경우 재료의 경화반응이 지연되고 줄눈 부위에 무브먼트(movement)에 의한 주름이나 균열이 발생하고, 경화지연으로 진애의 부착이 심하고 작업성이 저하되어 불량이 발생한다. 또 기온이 현저히 높아 피착체가 50℃의 고온이 되면 실링재의 경화에 이상이 생기며, 습도가 80% 이상이 되어 고습하면 접착 불량이 발생한다. 따라서 작업성이 나쁘면 결국 내구성 저하로 이어지기 때문에 사전에 작업환경을 고려한 면밀한 주의가 필요하다.

(9) ALC 외벽패널걸기 표준 줄눈폭

바닥패널과 벽패널 시공시 줄눈의 표준치수는 다음 그림과 같다.

벽패널의 경우 걸치는 길이 : 최소 30mm 이상, ℓ/100 정도

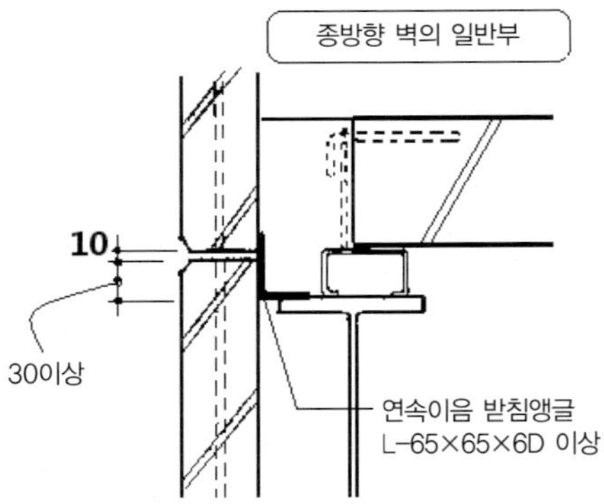

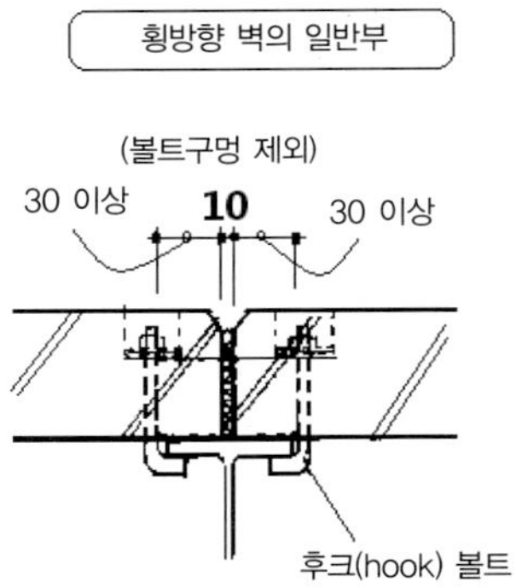

바닥패널의 경우

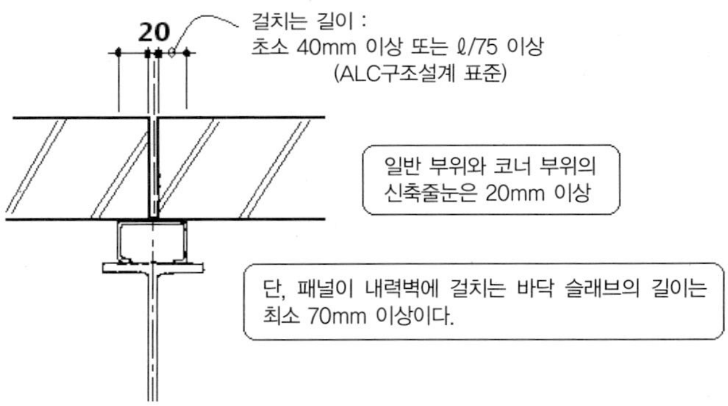

2. Block(구조체) 시공

구체 시공에 앞서 대한건축학회에서 발표한 ALC 구조설계 규준 및 표준공법을 이해하는 것이 중요할 것이다. 전문 분야에 있는 사람들조차 이런 규정이 있다는 것을 알지 못하고 있는 실정이다. 이는 결국 ALC 구체공사에 있어 규정을 벗어난 임의 시공으로 이어지게 된다. 주택을 지으려는 건축주들도 ALC를 시공하는 현장마다 다른 시공법을 보면서 이상하다고 생각하는 경우가 있을 것이다.

ALC의 강도가 콘크리트에 비해 1/4 정도이므로 쇠망치를 사용하지 못하게 되어 있으나 아직도 시멘트벽돌을 쌓듯이 쇠망치를 사용하여 시공하고 있는 것을 볼 때가 있다. 특수

제작된 고무망치를 이용하도록 되어 있다는 것을 모르고 있는 것이다.

또 구조적으로 안전한 방법으로 시공해야 함에도 기본 지식을 갖추지 못한 사람들이 불안정한 시공을 하는 현장을 보게 된다.

현장에서 시공자들이 경험한 바를 이용하여 작업성이 편리하고, 빠르고, 쉬운 방법으로 작업하려는 것은 좋은 현상이나 그 작업이 쉽고 편리하다는 것만으로 규정을 벗어난 시공을 한다면 잘된 시공이라 할 수 없다. 설치된 ALC 블록의 구조 상태가 불안정하게 되어 내구성을 잃게 해서는 안 된다. 또 복잡하면서도 작업공수가 많은 방식으로 시공한다고해서 나쁠 것은 없지만 비용과 시간이 더 소요된다는 결점이 있다. 많은 건설기술공법이 개발되었지만 작업성이 좋지 않다거나 시간과 비용이 증가하는 것이라면 시간이 경과하면서 개발된 시공법이 사라지는 경우는 흔하다.

ALC 구조설계 규준에 명시되어 있음에도 아직도 첫단 블록을 쌓을 때 기초 상단에 방습지를 깔지 않고 쌓는다든지, 수평을 잡도록 되어 있지만 아무렇게 쌓는 경우를 보게 된다.(첫단 수평잡는 방법은 시공자마다 노하우를 이용하여 설치하는 데 어떤 기구나 장비를 이용하든 규정에 맞도록 수평으로 쌓기만 하면 됨) 보를 설치함에 있어서도 시공자마다 다른 경우를 보게 되는데, 규정보다 더 강화된 방법을 사용한다면 말할 것 없지만 최소한 규정을 벗어난 시공은 하지 않도록 해야 한다. 서구의 기술을 도입한 공법이며, 건축학회 규정에 있는 방법을 서로 내가 개발한 방식이다, 아니다, 하고 다투는 경우를 본다. 시공 규정을 이해하고, 그 규정에 따라 시공하고 있는지를 확인한다면 어떤 이들이 건축주 여러분의 ALC 주택을 바르게 시공해줄 업체인지 판단하는 데 도움이 될 것이다. ALC로 집을 짓기 위해 현장을 다니면서 아래 규정에 맞도록 시공을 하는 팀이 있는지 발품을 팔아 찾아다닌 일이 있다.

ALC는 어느 회사제품을 많이 사용하고 있는지, 어떤 장점이 있는지, 접착재료는 어떤 것을 사용하고 있는지, 구조에 대한 기본 지식은 알고 시공하고 있는지, 단열 규정에 맞는 시공을 하고 있는지, 내 · 외장 마감재료는 어떤 재료를 사용하고 있으며 내구성은 있는지, 하자는 없는지 등을 조사하였다. 최소한 규정대로 시공이 되고 있는지를 확인한다면 그들에게 일을 맡겨도 좋을 것이다. ALC 블록을 쌓는 방식으로는 건식방식과 습식방식이 있는 데, 건 · 습식방법을 병행하는 경우도 있다. 재료나 장비가 새로운 것이 개발되면 종전의 습식방식에서 벗어나 건식방식으로 발전하는 것이다.

(1) 선행공사 확인

1) 주택인 경우

① 기초공사

a. 기초공사는 동결선 이하로 하고, 기초의 형태는 줄기초가 원칙이나 중앙 부위를 매트기초로 할 경우에는 외부 줄기초와 매트기초가 긴결되게 하고, 내력벽이 있는 위치에는 보강보를 설치하는 것이 바람직하다. 특히 ALC 주택의 기초는 부동침하가 생기지 않도록 구조검토를 해야 한다. 기초는 적정한 철근을 일정간격으로 배근한 후 지하에 매설되는 배수로, 우수관로, 전선관 등을 연결한 다음, 소요 콘크리트 강도를 얻을 수 있는 기초콘크리트를 타설한다. 또 주택인 경우 주변의 오·배수관로를 기초공사시 주변에 동시에 매설하여 주변 정리를 하는 것이 공정관리상 바람직하다.

b. 기초는 시공할 벽체공사의 중심선을 체크한 다음, 설치할 벽구조재의 외벽선보다 약 50mm 정도 작게 거푸집을 설계하는 것이 좋다.(외벽 ALC구조체를 건립할 때는 중심선에서 기초 끝단으로 50mm를 내밀어 세팅함)

c. 기초 콘크리트를 타설한 후 2~3시간 이내에 수분이 증발하면 재다짐해야 한다. 재다짐하지 않으면 침강균열이 발생, 시멘트의 경화조직을 손실시켜 콘크리트 내부에 생성된 물, 틈, 공기 등을 폐쇄시킬 수 없어 콘크리트에 균열이 발생하게 되어 열화의 원인이 된다. 재다짐하지 않아서 생긴 균열은 콘크리트의 수명을 단축하게 되고, 구조안정을 해하게 된다.(결국, 부실한 기초는 ALC 구조에 영향을 미침)

d. 기초의 바닥은 평활해야 한다. 만약 바닥이 평활하지 않으면 모르타르로 바닥을 평활하게 바른 다음, 외벽이 설치될 위치에는 방수제를 바르고, 방수용 시트와 메시를 붙여 기단을 일정하게 맞춘다. 만약, 상단이 불균일한 곳이 있으면 첫단의 상단에서 수평이 되도록 맞추어야 한다.

e. 바탕이 평활하게 되었으면 세로먹놓기(marking)를 하여 매단마다 구조체가 일정하게 건립될 수 있도록 시키고 중간마다 재확인하여 잘못된 곳이 있으면 즉시 수정하고 정정 표시를 한다.

② 용수 및 기타

a. ALC 공사에 사용할 양질의 물이 준비되어야 한다.

b. 전기 등의 가설설비를 준비한다.

c. ALC 자재를 적치할 야적장(Stock Yard)이 준비되어 있어야 한다.

d. 기타 운용장비의 설치와 운반, 인양에 필요한 장비를 수배한다.

(2) ALC 구체 건립방법

1) 주택에서는 주로 블록으로 된 것을 사용하는데, 보통 두께 200mm 이상을 사용하고 있다. 외벽으로는 중부지방의 경우 주로 300mm(0.5품~0.6품)가 사용되었으나, 최근 단열성의 문제로 외벽의 경우 두께 300mm~350mm로 법 규정이 강화되었다. 따라서 최근에는 ALC 두께 325, 350mm로 시공, 나머지 두께는 내 · 외부 미장으로 외벽의 두께를 맞추어 시공되고 있다. 단열을 강조하는 경우 외부에 에어셀을 부착하여 마감하기도 한다. 또 특수 단결블록(ALC-i)을 사용할 경우에는 두께 300, 325, 350, 375, 400까지 주문생산되고 있다. 단열블록(쌍용 ALC-i) 사용의 경우 압축강도를 검토할 필요가 있다. 내벽의 경우는 T=150~200mm(0.5품)가 주로 사용되고 있다.

2) 벽구조체 구축에서는 비내력벽의 경우를 제외하그는 막힌줄눈으로 축조하는 것이 기본이다. 외벽용으로 600×300×200을 사용한다면 내벽용도 600×200×200으로 높이 200mm를 주문하여 쌓는 것이 엇물리게 건립하는 데 매우 좋다.(딱 좋음)

3) 블록 건립에서는 첫 단 놓기가 매우 중요하다. 즉 기초바닥의 레벨을 평평하게 맞춘 위에 방수시트를 예정된 벽구조체 폭에 맞도록 잘라서 부착한다.(방수시트는 자체점착기능이 있음) 그런 다음 시트 위에 시멘트모르타르(또는 시멘트 방수모르타르)를 고르게 펴서 발수처리된 ALC(엷은 분홍색임)로 첫 단을 평활하게 세팅한다. 이때 바탕 깔모르타르를 ALC 접착용 전용모르타르로 사용해서는 안 된다. 첫 단이 설치되면 충분히 양생시키고, 레벨을 측정하여 평활하지 않은 凸부분은 연마기로 갈아서 첫 단 전체가 수평이 되도록 레벨측정기로 확인해가면서 평활하게 다듬는다.(수평이 만들어지지 않으면 건립해 갈수록 높이가 맞지 않아 부실시공이 되고, 또 벽구조체의 내력벽과 비내력벽체구조가 엇물리지 못해서 내력이 약해져 균열이 발생하는 불량구조물로 전락하게 됨) 첫단 세팅방법은 다음 사진과 그림에서 볼 수 있다.

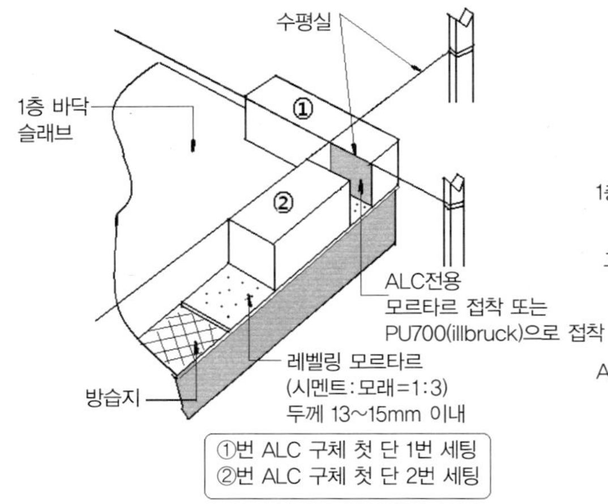

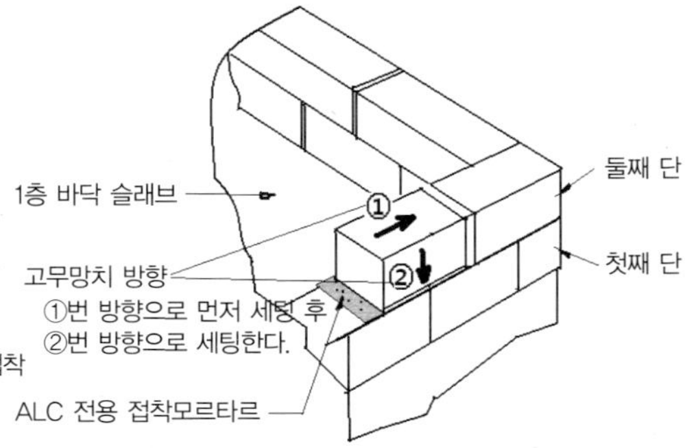

ALC Block 첫 단 세팅순서(위 그림-작업순서, 아래 사진-시공현황)

(기초 위에 방습지를 깔고 '시멘트모르타르'로 고르게 펴서 첫 단 ALC 발수블록을 세팅한다. 세팅한 후 수평이 맞춰졌는지 확인하고 만약 凸곳이 있으면 갈아 내어 조정한다. 외벽에 '에어셀' ALC 단열판을 추가 부착하는 경우에는 첫 단을 기초 끝에서 외벽마감을 고려하여 오히려 들여쌓기도 하기 때문에 사전에 벽 중심선 계획을 수립해야 한다.)

4) 첫단 상부에 섬유용 메시(mesh)를 붙여 ALC 전용 접착모르타르를 고르게 바른 다음 둘째 단을 세팅시킨다. 이때 사용하는 구조재는 설계에서 정한 강도의 ALC 등급(보통 일정 크기의 백색덩어리로 된 블록 0.5품 또는 0.6, 0.7품)을 사용하며, 접착방법은 각 단마다 ALC 접착 전용모르타르를 두께 2~3mm로 포설하고, 동시에 마구리 부분을 접착해가면서 시공한다.

최근에는 건식공법으로 시공되는 경향이 많다. 독일로부터 수입·공급되고 있는 ALC전용 특수접착제(PU-700 : illbruck)를 이용하여 접착시키는 공법이다. 깔모르타르를 접착용 전용 모르타르로 사용할 때도, 세로줄눈의 접합면에 줄눈모르타르가 흘

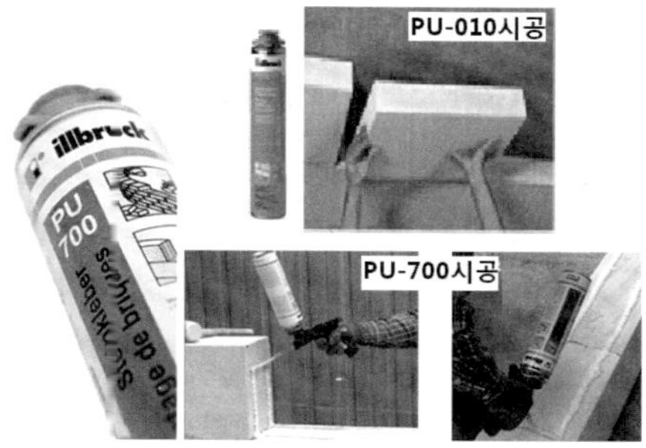

자료출처 : 쌍용ALC

러내려 유실되어 공극이 발생하므로 PU700을 사용하는 건식방식으로 시공하는 경우가 많다.

또 전용 모르타르로 접착할 경우 세로줄눈 부위에 접착모르타르가 완전히 충전되기 어렵기 때문에 구조체 접점의 이음부 양 끝단을 모르타르로 막은 후 중앙부위에 충전용 분말재를 부어넣어 점착시키는 경우도 있다. 부어넣은 충전용 분말재는 ALC의 내부에 함유되어 있는 수분에 의해 시간이 경과하면 경화된다. 분말재충전 시공은 부득이 공극면이 어중간하게 발생되는 부위에서만 실시하는 경우가 많다. 이렇게까지 해야 하는 이유는 단열재로 사용되는 ALC의 특성상 공극이 발생하도록 시공하면 단열효율이 떨어지기 때문이다. 간혹 ALC르는 단열주택을 지을 수 없다고 하는 이들이 있는데 아마 부실한 시공 때문일 것이다. 패시브하우스 단열 규정에 맞출 경우에는 외벽의 두께를 더 크게 하거나 외부단열 시스템을 추가해야 한다. 또 '에어셀' 같은 외부단열판을 추가 부착할 때는 전용 앵커와 함께 접착제 PU-010(illbruck)을 사용한다.(위 사진 참조)

섬유 메시는 3~4단마다 설치한다

5) 매단마다 평활상태를 점검한 후 凸부분이 있는 곳은 수평을 맞추기 위해 갈아낸 다음 첫 단처럼 세팅해나간다. 섬유 메시는 3~4단마다 설치하는 것이 좋다.(우측 사진 참조) 또 메시를 부착하기 전에 홈을 파서 철근(D10~13)을 삽입하여 보강하고 모르타르를 충전시킨 다음 메시를 부착하는 경우도 있다.

6) 창대 부분에서는 하부인방 또는 현장 보강철근이 삽입된 ALC(벽구조재)를 설치한다. 또 벽구조 건립 중에 '파장핀'을 사용하는 경우가 있다.(다음 좌측 사진) 원래는 ALC패널 설치시 임시로 서로 물려 있게 하기 위해 사용되는 것으로 Block의 코너 부위 등에서 레벨조정시 밀리지 못하게 임시 고정하는 핀인데, 꼭 사용해야 할 필요는 없다. 그러나 습관적으로 파장핀을 박아서 불필요하게 많이 사용하는 이들도 있다. 파장핀은 아연도금되어 부식이 방지되는 것을 사용해야 한다. 다음 우측 사진은 외벽과 내벽을 물려서 쌓는 모습이다.

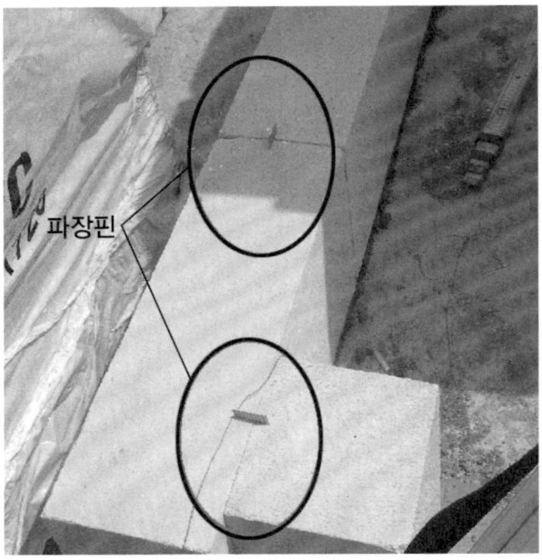

파장핀 사용 예

외벽과 내벽 연결부 물려쌓기

7) 상부인방재는 공장주문제작 제품을 사용하고, 양 끝단이 벽체에 최소 20cm 이상 물리도록 설치한다. 인방의 최대길이는 대개 3m 내외이다. 인방의 길이가 길어질수로 춤높이가 커지는데, 이로 인해 벽구조체와 연결이 어려워지는 경우도 있으므로 사전에 세밀한 검토가 필요하다. 상부구체의 일부를 보강하기 위해 H빔을 설치할 경우에는 구조내력에 견딜 수 있는 장소에 설치해야 하고, 먼저 받침플레이트(T=9mm)를 평활하게 설치한 후 바탕 보강용 무수축콘크리트(210kg/cm^2 이상)를 타설한 후 2~3주 충분히 양생한 다음 아래 사진에서처럼 구조보강용 H빔의 상부가 구조체와 수평지게 받침플레이트에 세팅한다.(방청처리된 H빔은 추후 마감시에 결로 방지 등을 위해 단열재로 철저히 감싸줌)

상부인방재 설치

상부 구조보강용 H빔 보강설치

8) 소정의 높이까지 완료되면 저층부 상단 전체에 철근으로 보강된 테두리보를 설치하고 양생시킨 다음, 상층부 건립은 저층부 첫 단과 동일한 방법으로 세팅해나간다.

테두리보 만들기

평슬래브 깔기

경사지붕 ALC 패널 설치

9) 지붕층의 경우는 패널로 평슬래브를 건립하던가(위 우측 사진) 지붕용 패널을 이용하여 경사지붕을 소정의 각도에 맞추어 콘크리트 PC패널 건립과 같은 방법으로 크레인을 이용하여 건립한다.(건립에 이용하는 지그(ZIG)는 PC패널 건립용과 다른 ALC패널 전용 지그를 사용한다. 가끔 패널의 단면을 손상시키는 구멍을 뚫어 건립하는 경우가 있는 데 바람직하지 못함) 이때 지붕패널은 반드시 벽구조체의 테두리보와 철근으로 긴결시켜야 한다. 패널의 생산길이는 구조설계에 따라 보통 5~6m까지 가능하나 현장에서는 최대 5m 내외로 시공되고 있다. 이외에도 여러 시공법이 이용되고 있다.

(3) 동해방지 처리

ALC는 다공질인 무기질 재료이므로 콘크리트에 비해 흡수 · 흡습이 쉽고, 강도가 낮기 때문에 한랭지에서는 수분공급을 차단하고, 다음과 같은 점에 유의하여 동해방지대책을 강구하는 것이 중요하다.

1) 발수(내수)블록 및 패널을 사용하든가, 방수성이 높은 마감재를 사용하여 흡수를

방지한다. 기초 하단 부위에서는 반드시 발수처리된 발수ALC를 사용한다.

2) 실내에는 습도가 높은 공기를 차단하기 위해 외벽의 기능도 통기성이 좋아 방습이 가능하게 해야 한다.(결로, 흡습의 방지)

3) 결로수의 배제

4) 빗방울, 적설(積雪), 얼음덩어리 부착을 방지하는 마감을 해야 한다.

다음 그림들은 기초, 창호, 처마 부위에 대한 대표적인 동해방지의 일례를 나타내고 있다.

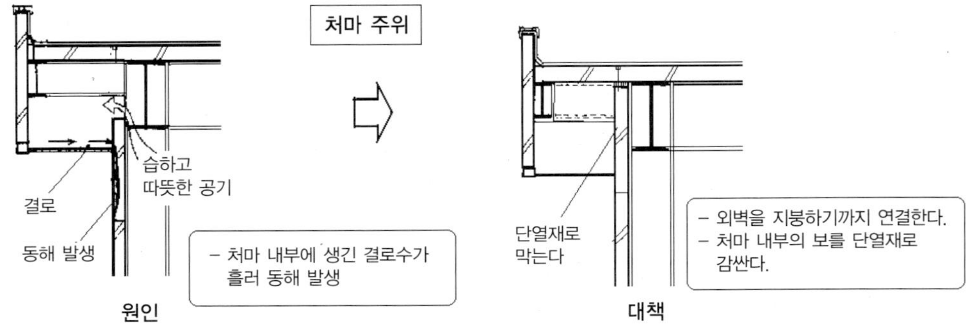

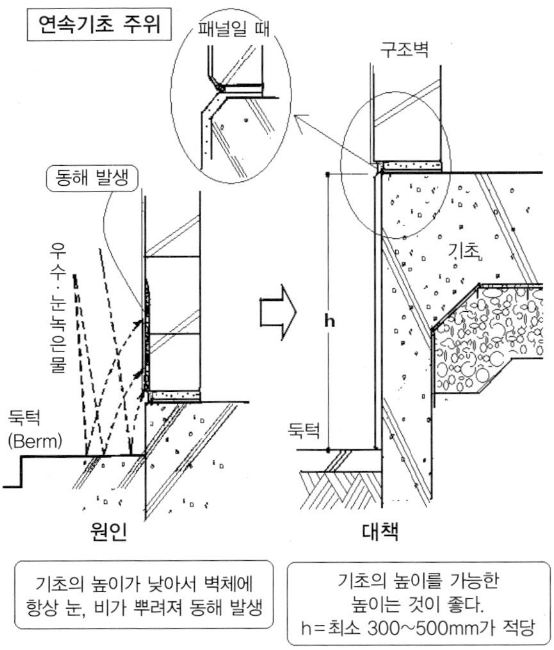

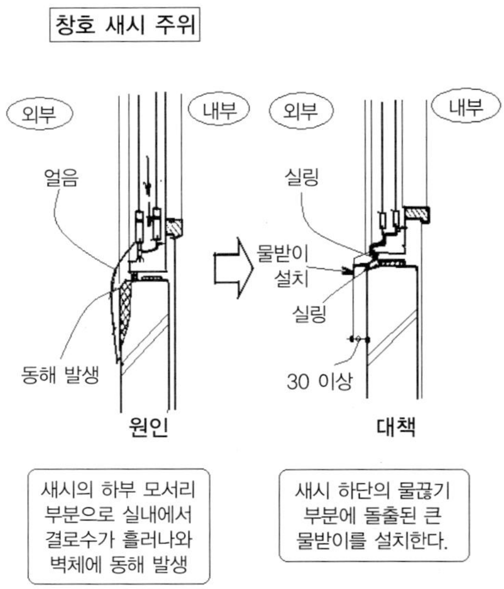

다음은 대한건축학회에서 규정한 'ALC 구조설계 및 표준공법'의 'ALC 블록' 중에서 기본이 되는 일부분을 발췌한 내용이다.

[ALC 구조설계 규준 및 표준공법 중 발췌 내용(대한건축학회)]

2. ALC블록공법

2.1 사용재료

2.1.1 일반사항

---------------------- (이하 생략) ----------------------

2.1.2 블록

블록은 KS F2701(경량기포콘크리트블록)에 적합한 것 또는 동등 이상의 성능을 갖는 것으로 하며, 종류는 도면 또는 특기에서 규정한다.

2.1.3 모르타르

가. 쌓기용 모르타르

블록과 블록이 맞닿는 면에 쌓기용으로 사용되는 ALC 블록 전용 접착모르타르로서, 블록 제조업자 또는 모르타르 전문 제조업자가 블록 쌓기용으로 제조한 것으로 한다.

나. 보수용 모르타르

블록의 파손 부위를 보수하거나 배관재 틈새의 충전을 위해 사용되는 모르타르로서, 블록 제조업자 또는 모르타르 전문 제조업자가 블록 보수용으로 제조한 것으로 한다.

다. 충전용 모르타르

라. 미장용 모르타르

미장용 모르타르는 블록의 내 · 외부 마감이나 표면경도의 강화를 목적으로 사용되며, 소요의 방수성과 통기성이 있어야 한다.

2.1.4. 철물

가. 보강철물 : KS D 3504(철근콘크리트용 봉강)

나. 접합철물 : KS D 3528(전기아연도금강판 및 강대)

2.1.5 기타

가. 프라이머

블록면에 도배마감 또는 기타 마감의 바탕처리용으로 사용되며, 프라이머 전문 제조업자가 제조한 것으로 소요의 침투성, 흡착성 및 통기성이 있어야 한다.

나. 충전재

블록과 블록 또는 블록과 타 부재와의 틈새에 충전용으로 사용되며, 종류는 도면 또는 특기에서 규정한다.

다. 실링재

KS F 4901(건축용 실링재)에 적합하거나 이와 동등 이상의 성능을 갖는 것으로 하며, 종류는 도면 또는 특기에서 규정한다.(특기는 본서 16-1-2의 (7)을 참조할 것)

2.2. 공법 공통사항

2.2.1 일반사항

-------------------- (이하 생략) --------------------

2.2.2 확인 및 준비사항

가. 시공도를 작성하여 담당원의 승인을 받는다.

나. 지표면 이하에서는 블록을 사용하지 않는 것을 원칙으로 하며, 부득이하게 흙에 접하거나 부분적으로 지표면 이하로 매설될 경우에는 반드시 표면처리제 등으로 방수마감하여야 한다.

다. 화학적으로 유해한 영향을 받을 수 있는 장소에 블록을 사용할 경우에는 필요한 방호처리를 한다.

라. 시공자는 전용공구를 사용하여 공사의 효율성을 높인다.

마. 작업 부위는 작업 전에 청소를 하고 바닥이 균일하지 않은 곳은 시멘트 모르타르로 수평을 맞춘다.

바. 블록나누기를 하여 먹매김하고, 개구부 및 설비용 배관 등이 위치한 곳에는 블록쌓기에 필요한 준비를 한다.

2.2.3 유의사항

가. 쌓기

(1) 쌓기 일반

1) 방습층 위에 고름모르타르는 두께 10~20mm 정도로 깔아 수평을 잡는다.(본

서 16-1-2의 2의 (2) 사진 참조)

2) 줄눈의 두께는 1~3mm로 하며, 요철블록의 경우에는 도면 또는 특기에 따른다.

3) 수직줄눈은 통줄눈이 되지 않도록 하며, 블록 상하단의 겹침길이는 블록길이의 1/3~1/2을 표준으로 하여 최소 100mm 이상으로 한다.

4) 블록은 각 부분을 균등한 높이로 쌓아가며, 하루 쌓기 높이는 1.8m를 표준으로 최대 2.4m까지로 한다.

5) 연속되는 벽면에서 일부를 나중 쌓기로 할 경우, 그 부분은 층단 떼어 쌓기로 한다.

6) 블록의 외벽이 측벽 또는 모서리벽과 접하는 부위는 충전재로 충전하고 외부측에 코킹처리한다.

7) 모서리 및 교차부 쌓기는 끼워쌓기를 원칙으로 하며, 통줄눈이 생기지 않도록 한다.

8) 공면의 수직 수평을 철저히 맞추어 평활한 면이 되도록 하며, 평활하지 못할 경우 담당원의 지시에 따라 재시공한다.

(2) 공간 쌓기

-------------------- (이하 생략) --------------------

(3) 신축줄눈

1) 벽체의 길이가 10m 이상인 때는 신축줄눈을 설치한다.

-------------------- (이하 생략) --------------------

나. 창호 및 인방보

(1) 창호(생략)

(2) 인방보(Lintel)

1) ALC 인방보는 벽체와 같은 두께로 설치하는 것을 원칙으로 한다.

2) 인방보는 토막이 아닌 600mm 온장 블록으로 지지하는 것을 원칙으로 하며, 그렇지 못한 경우에는 인방보 끝에서 최소 100mm 이상 더 긴 블록에 지지받도록 한다.

3) 인방보의 좌우 걸침길이는 200mm 이상을 원칙으로 다음 표와 같이 한다. 두 개의 개구부가 인접하여 각각의 인방보를 설치하기 어려운 경우에는 한 개의

인방을 두 개의 개구부에 동시에 걸치게 하며, 이때 인방보의 길이는 두 개의 개구부와 그 사이 간격을 합산하여 산정한다.

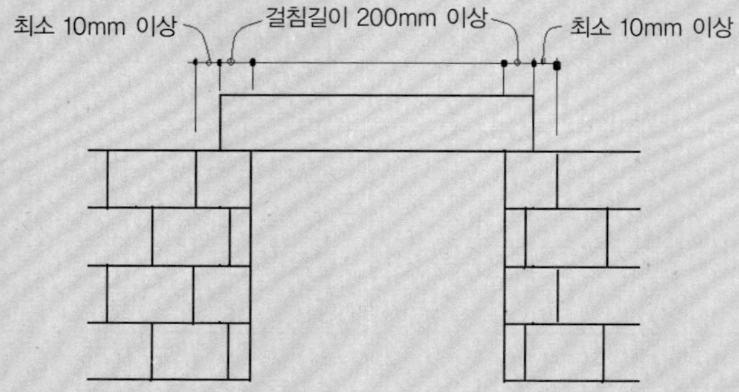

인방보의 길이(mm)	2,000이하	2,000~3,000	3,000이상
최소 걸침길이(mm)	200	300	400

다. 보(Beam)

(1) 보의 단부와 벽이 만나는 곳은 하중분산을 위하여 두께 2.3mm 이상의 철판을 보폭과 같은 너비로 보 밑에 설치하고, 보와 벽 사이는 10mm 정도의 간격을 띄워 신축변화에 대비한다.

(2) 보의 최소 걸침길이는 다음과 같다.

1) 벽과 보의 방향이 동일한 경우

보의 최소 걸침길이는 걸쳐지지 않는 길이의 1/10 이상 또한 200mm 이상이 되어야 하며, 철판은 보에서 300mm 이상 연장하여 설치한다.

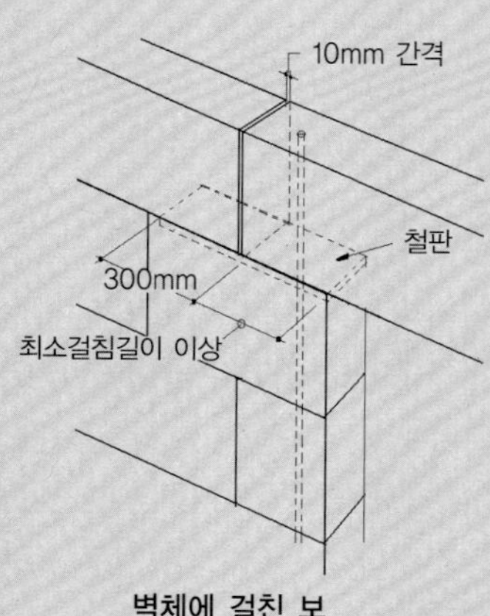

벽체에 걸친 보

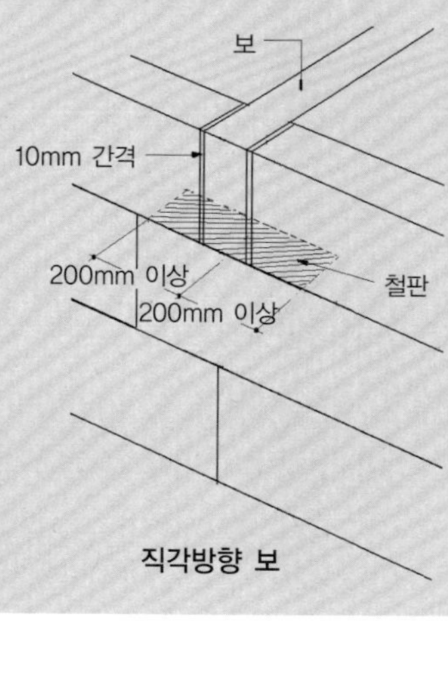

직각방향 보

2) 벽과 보가 직각인 경우

보는 벽의 전 두께에 걸치도록 하며, 철판은 길이가 400mm 이상이어야 하고 철판의 중앙에 보가 위치하도록 설치한다.

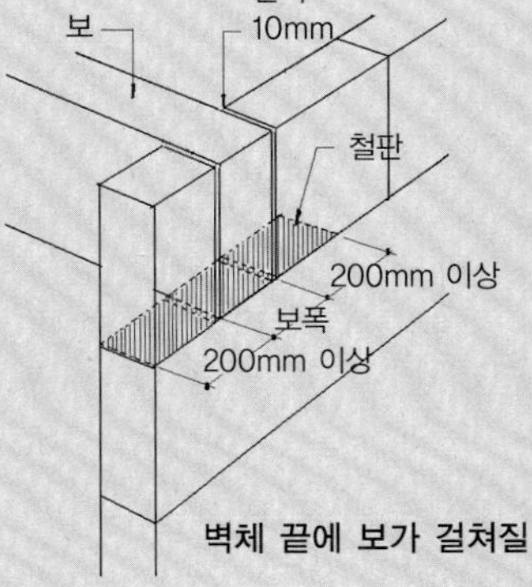

벽체 끝에 보가 걸쳐질 경우

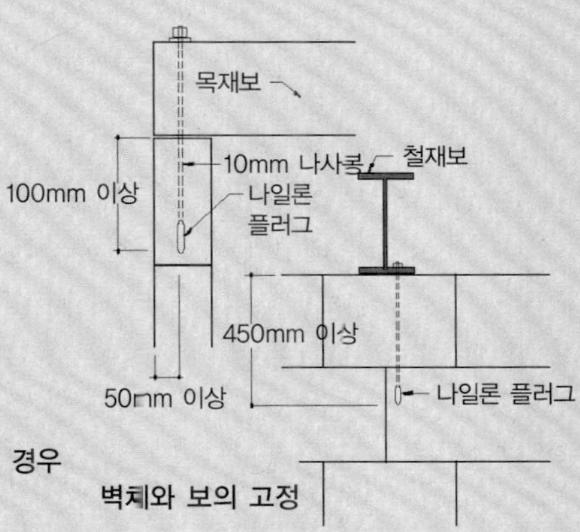

벽체와 보의 고정

3) 벽체 끝에 보가 걸쳐질 경우

보에서 벽체 끝까지의 길이는 200mm 이상 확보되어야 하며, 철판은 보의 양옆으로 200mm 이상 연장되어야 한다.(위 좌측 그림 참조)

(3) 벽체와 보의 고정을 위한 앵커의 묻힘 깊이는 100mm 이상으로 하며, 앵커는 목재보의 경우 보의 끝에서 100mm 이상, 철제 보의 경우 50mm 이상 안쪽에 위치하도록 한다.(위 우측 그림 참조)

라. 방수 및 방습

(1) 블록을 쌓기 전, 벽을 쌓을 경계선을 따라 바닥슬래브 또는 기초 콘크리트 위에 아스팔트 펠트 등과 같이 방수성이 우수하고 모르타르와 접착력이 좋은 재료를 사용하여 벽두께와 같은 폭으로 방습층을 설치한다.

(2) 지표면 이하에서 사용된 재료와 블록이 맞닿는 부분에는 방습층을 설치한다.

(3) 외부와 접하는 부분 또는 물과 접하는 부분에는 콘크리트 방수턱을 설치한다.

(4) 시멘트 액체방수를 사용할 경우, 취약 부위 또는 균열 발생의 우려가 있는 부위에는 부분적으로 도막방수를 추가 시공하도록 한다.

(5) 창호의 방수는 다음 방법 중 현장 여건에 따라 담당원과 협의하여 선정 · 적용한다.

1) 창문틀은 외부 벽면과 동일 선상 또는 외부로 돌출되게 시공하고, 접합부는 실런트로 마무리한다.

2) 창문틀은 외부 벽면에서 들여 설치할 경우에는 창대석 또는 플래싱을 설치하고, 접합부는 실런트로 마무리한다.

마. 절단 및 구멍 뚫기

-------------------- (이하 생략) --------------------

바. 홈파기 및 충전

-------------------- (이하 생략) --------------------

사. 보수 및 보강

-------------------- (이하 생략) --------------------

아. 마감

-------------------- (이하 생략) --------------------

2.3 비내력벽 구조

-------------------- (이하 생략) --------------------

2.4 내력벽 구조

2.4.1 일반사항

-------------------- (이하 생략) --------------------

2.4.2. 유의사항

가. 내력벽에 블록을 사용하는 경우에는 ALC 블록구조 설계규준에 따라 구조적 안전성을 확보해야 한다.

나. 벽체 상부와 슬래브의 접합부는 틈이 없도록 하며, 미세한 틈새는 충전재로 채운다. 시공 부위의 폭에 관계없이 막힌줄눈 쌓기로 한다.

다. 하중이 수직으로 전달될 수 있도록 상부 벽체를 하부 벽체 또는 보의 직상부에 위치시킨다.

마. 블록이 서로 맞닿는 부분은 보강철물로 블록 매 2단마다 고정한다.

라. 모든 개구부에는 인방보를 설치하는 것을 원칙으로 한다.

-------------------- (이하 생략) --------------------

16-2 ALC 저에너지주택계획

1. 설계시 사전 검토할 사항

검토 항목	점검 사항	비고
1. 기초 및 1층 바닥	1) 줄기초 또는 매트복합기초인가.	- 부동침하 대책 - 동해방지 대책 - 외부공사 마무리에서 높이가 높아져 기초 상단까지 높이가 줄어드는 경향이 많다.
	2) 기초는 동결선 이하이며 기초 주변 배수설비가 되어있는가.	
	3) 기초 상단은 지표에서 최소 30cm 이상인가. 기초 높이는 G.L로부터 50cm 정도로 하는 것이 좋다.(열관류율 확인 : 중부지방 U=0.30W/m^{2}k 이하)	
2. 벽 구조	1) 지역을 고려한 벽두께인가. (단열구조인 경우열관류율 확인 : 중부지방 U=0.36W/m^{2}k 이하) - 중부지방 : 외벽 350mm 이상(375mm) - 남부지방 : 외벽 300mm 이상	- 2016년 7월 법 개정으로 중부지방 0.27, 남부지방 0.34로 강화됨. 따라서 외벽은 250~300mm에 별도로 외단열 공법을 추가 시공해야 함. - 별도로 외단열공법을 시공하는가 - 외벽 단열 법적 규정 충족 - 결로 및 구조 불안정 해소 - 지역구분 : 건축법 시행령 참조 - 차음성능 향상 - 편심으로 인한 구조 불안정 해소 - 부적절한 시공방지 및 곰팡이 발생 방지
	2) 주거환경을 고려한 벽두께 선정 내벽 : 200mm(최소 150mm 이상) - 외벽과 내벽의 엇물림쌓기가 고려되어 있는가.	
	3) 방수턱 및 발수블록이 설계되어 있는가.	
	4) 층높이는 적정하게 되어 있는가. - 쌓는 단수와 방수턱 및 테두리보를 계산하여 층높이를 결정한다.	
	5) 1층, 2층의 벽선은 일직선상에 있는가.	
3. 개구부	1) 인방설치는 적절한가. - 개구부 양측 20cm 이상 걸치도록 되어 있는가. - 내력용 인방을 사용하도록 되어 있는가. (열관류율 확인 : 중부지방 U=2.4W/m^{2}k 이하)	- 개구부 하중을 분산시켜 균열 발생 방지 - 처짐과 창틀의 변형 방지를 위해 2,000kg/m의 하중에 견디게 할 것
4. 지붕	1) 지붕구조는 적절한가. (열관류율 확인 : 중부지방 U=0.2W/m^{2}k 이하) - 강재 트러스, 목재 트러스 구조 여부(접점의 누수에 주의하고, 실내차음구조는 고려되어 있는지 점검) - ALC 지붕용 패널을 사용하고 있는가.	- 내부벽체는 차음성을 고려하여 슬래브 하부까지 쌓는다. - 패널방향은 용마루와 수평으로 취부한다. - 지붕의 결로를 방지한다. - 단열재 등급이 달라지면 지붕단열 두께가 달라질 수 있다. - 지붕 누수발생 방지 대책이 수립되어야 한다.
	2) 패널의 처마 돌출길이는 적절한가. - 패널 두께 200mm인 경우 측벽 처마 내민길이는 최대 400mm 이내	
	3) 지붕패널의 두께와 단열보강재는 적절한가. - 중부지방 : 패널 두께 200mm+단열재 130mm 이상 - 남부지방 : 패널 두께 200mm+단열재 90mm 이상	

검토항목	점검할 사항	비고
5. 마감	1) 내부벽체 마감재는 적절한가 – ALC의 통기성을 살릴 수 있는 재료를 사용한다.	– 벽지 사용시는 종이벽지 이외는 사용하지 않는다. 미장재 및 도장재는 반드시 전용재를 사용한다.(통기성 불량으로 인한 곰팡이 및 뜰뜸 발생방지) – 미장재료 : 국내산 및 수입산 – 외단열마감재 : 독일 수입산 미네랄 울(mineral wool) (수입산 공급처) – Alsecco사 제품 : (주)alcmate – sto사 제품 : sto–HAOS Korea
	2) 외부벽체 마감재는 적절한다. – 외부는 반드시 ALC전용 미장재를 사용하고, 도장시에도 전용 도장재를 사용한다. – 비드류는 반드시 엔지니어링 플라스틱제품을 사용한다.	
	3) 마감 도장재와 실링재는 ALC전용재를 사용하고 있는가[실링재 예 : 고려화학 PU9330(LM)] [참고 미장재] : (국내산) : ALC제조사의 전용미장재, 에코플라스터(유성테크) (수입산) : 독일Alsecco사의 알시톱(외부용), 인택 S(내부용) 및 독일 sto사의 스토릿 K(외부용), 스토레벨 노브, 스토컬러 인(내부용) 등이 수입 · 공급되고 있다.	

2. 세부설계 계획도

(1) 기초설계

ALC 주택의 기초는 주로 줄기초 또는 줄기와 매트기초를 병행 선택하는 것이 좋고, 기초는 지표면 아래 동결선까지로 한다. 또 기초 상단은 외부 최종 바닥마감(둑턱 : Berm)으로부터 최소 30cm 이상이 되도록 한다.

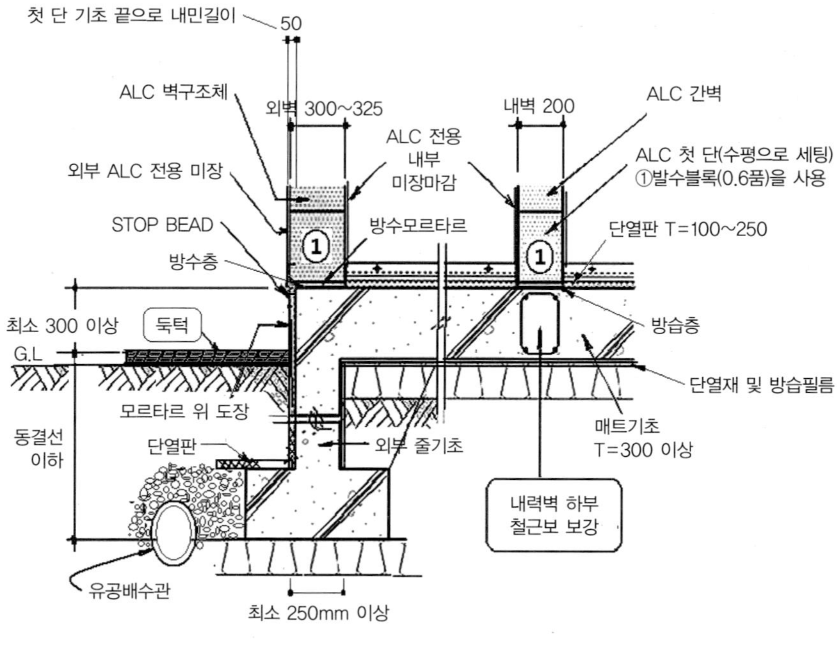

(2) 창틀 주위 설계

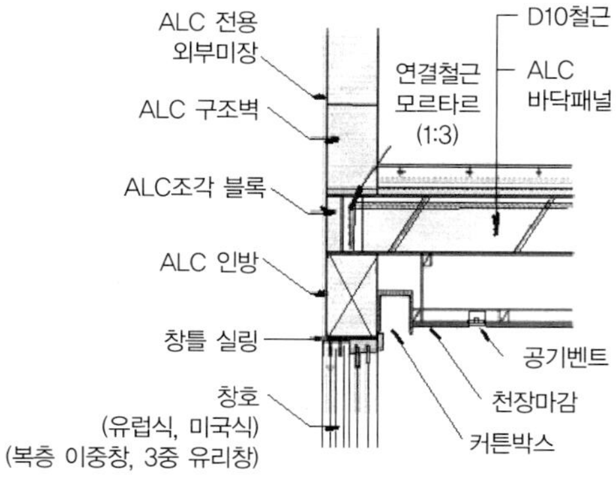

단면

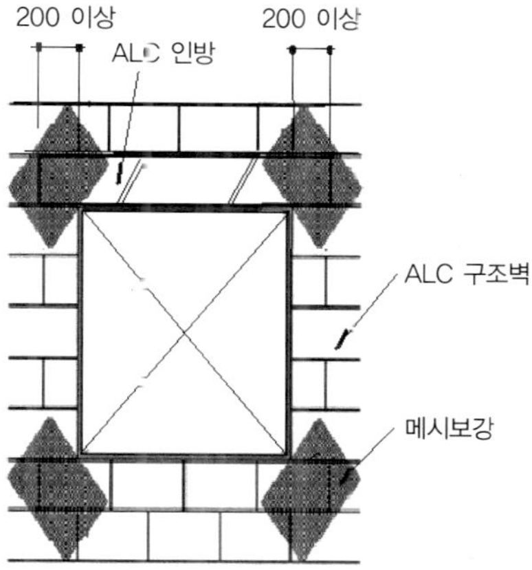

입면

(3) 바닥슬래브 설계

1) 외벽패널 접합(장변, 단변방향)

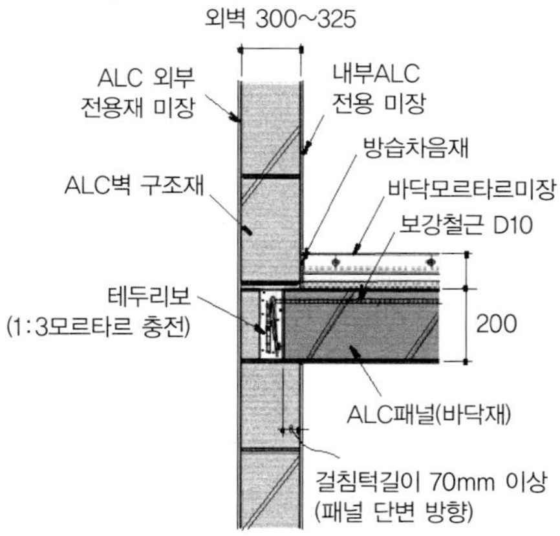

외벽+바닥패널 단변방향 접합

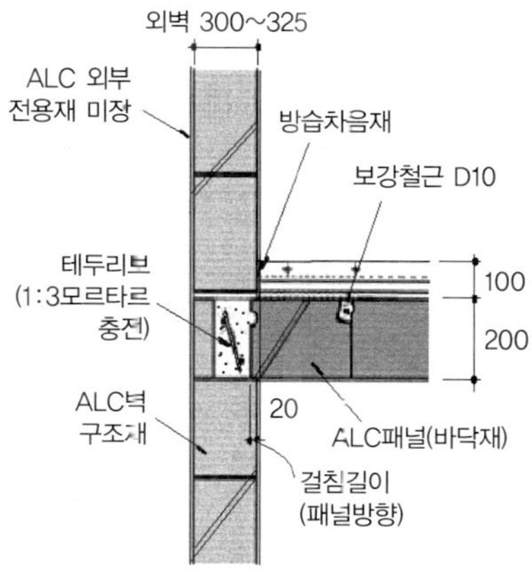

외벽+바닥패널 장변방향 접합

2) 외벽패널 접합 개념도

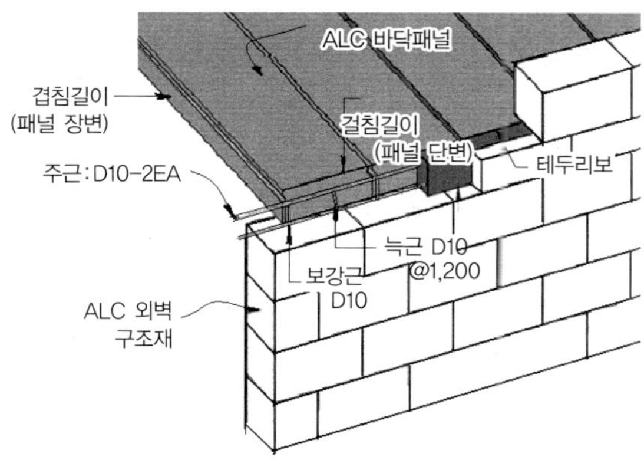

3) ALC 바닥패널 접합상세

① 단면도

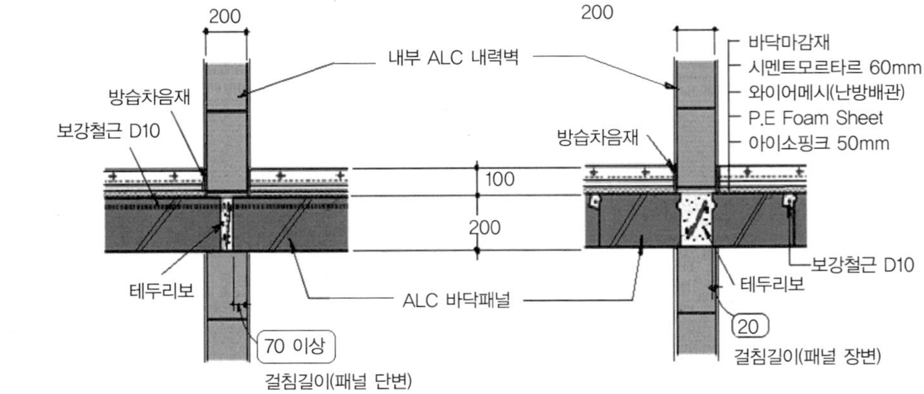

내벽+패널 단변방향　　　　내벽+패널 장변방향

② 바닥슬래브 접합 개념도

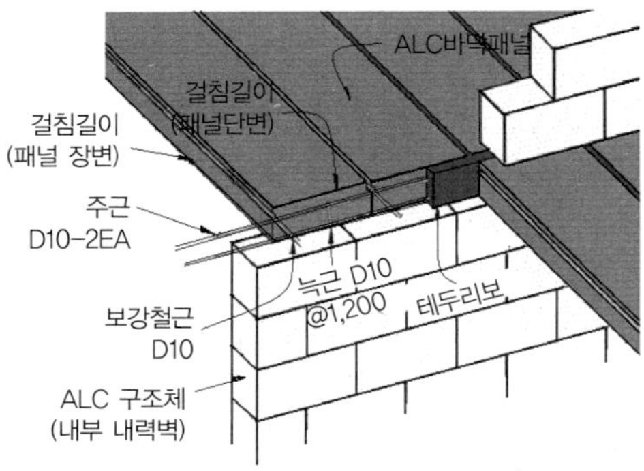

내벽+바닥패널 접합 개념도

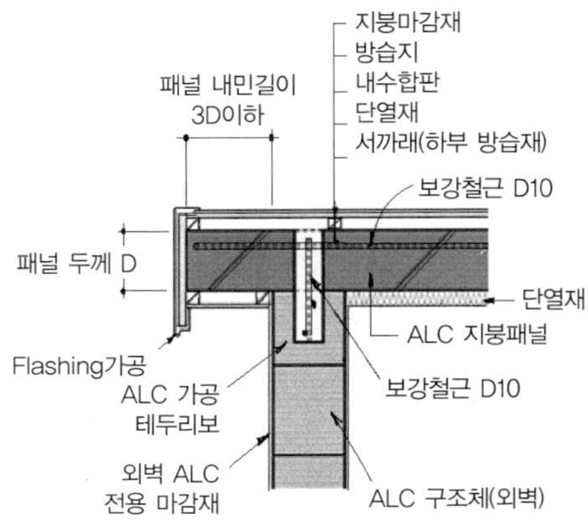

ALC 외벽+ALC 지붕패널 접합

③ 지붕패널 접합 개념도

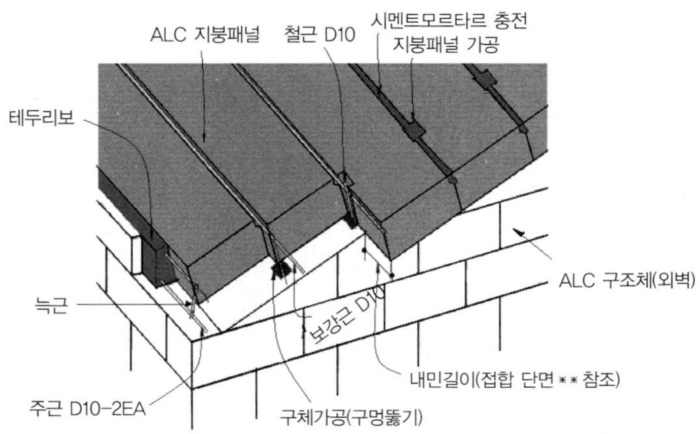

ALC 외벽+ALC 지붕패널 접합 개념도

16-3 ALC의 줄눈

1. ALC 줄눈의 특징

(1) ALC 패널의 취부 방법에 따라 비교적 큰 층간변우 무브먼트가 발생하기도 한다.

(2) 실링재 위 표면마감재를 바르는 것이 일반적이다.

(3) 피착면의 흡수율이 크다.

(4) 피착면의 표면강도가 작다.

2. 시공상 중요사항

(1) ALC와 구체 및 창호와 취부되는 줄눈은 고품질의 전용 실링재를 선택해야 한다.

(2) 출입구의 구석진 곳이나 철골 · 기둥 · 익스팬션 조인트 등의 접합부는 2단계에 걸쳐실링재를 시공하는 것이 바람직하다.

(3) 실링재와 표면마감재와의 접착성은 사전에 확인하야 한다.

(4) ALC는 다공질로 흡수하기 쉬우므로 비가 온 후의 시공에 있어서 피착면이 충분히 건조되었는지 유의한다.

(5) ALC의 표면은 거칠므로 미세한 균열이 생긴 경우가 많다. 또한 창호의 접합 단부에는 ALC절단으로 인한 미세한 먼지가 부착되어 있기 때문에 청소 후 프라이머를 도포하는 것을 잊지 않아야 한다.

(6) 아크릴에멀션계 실링재를 사용하는 경우에는 경화된 상태를 확인한 후 표면마감재를 시공해야 한다.(보통 도장마감하는 ALC에 많이 사용하고 있는 실링재는, 1성분형 폴리우레탄계, 2성분형 폴리우레탄계, 아크릴에멀션계 실링재를 사용하고 있음)

(7) 수용성 실링재를 사용할 경우에는 시공 직후 비가 오면 유실되거나 또 기온이 낮으면 동결될 우려가 있으므로 기상조건을 충분히 고려해야 한다.

3. Detail sheet 비교

(1) ALC와 새시 창호 상단의 마무리

양호한 사례 | 나쁜 사례 | 대책의 예

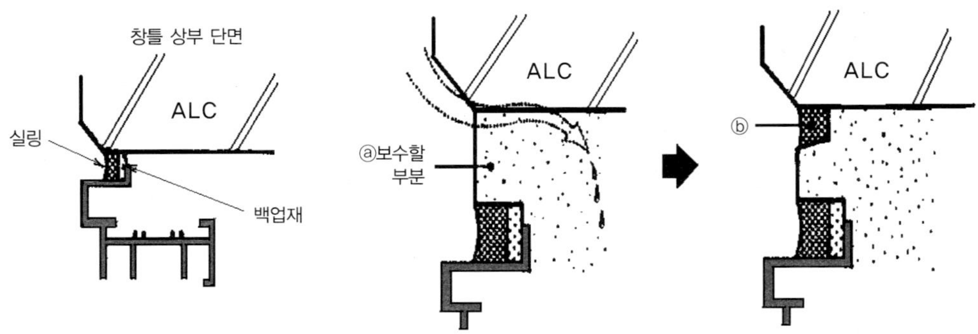

ALC와 새시 사이의 충전 모르타르가 벌어지게 된다.

ⓑ에 줄눈을 설치하여 코킹재를 충전시킨다.

(2) ALC와 창호 주변의 마무리

양호한 사례 | 나쁜 사례 | 대책의 예

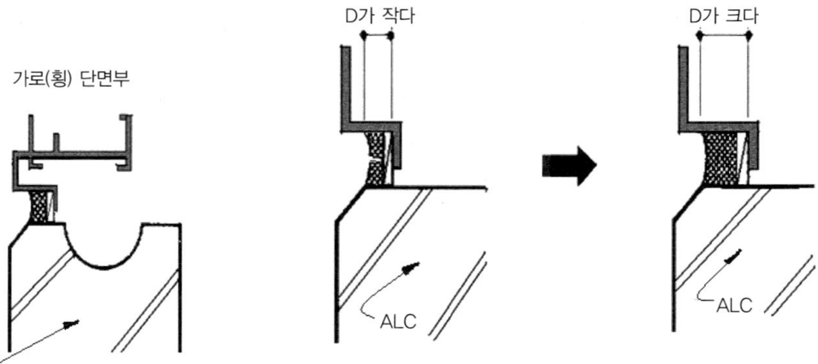

ALC
(PANEL & BLOCK)

사전 검토되지 않아 D가 좁아서 실링재 두께가 얇다.
실링재가 파탄한다.

D를 크게 하면 새시 설치 후 실링재의 두께가 충분해진다.
(사전 검토단계에서 수정되었어야 함)

(3) ALC 창호 하단부의 마무리

양호한 사례 | 나쁜 사례 | 대책의 예

(창호 하단부 단면)

마감 ① 경우

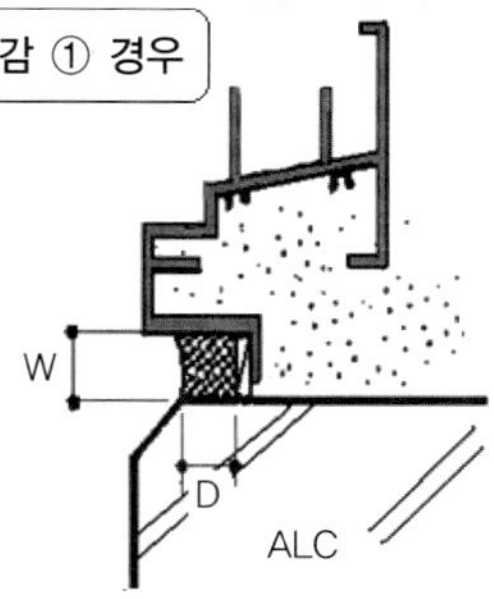

D는 최소 10, 최대 20mm

마감 ② 경우

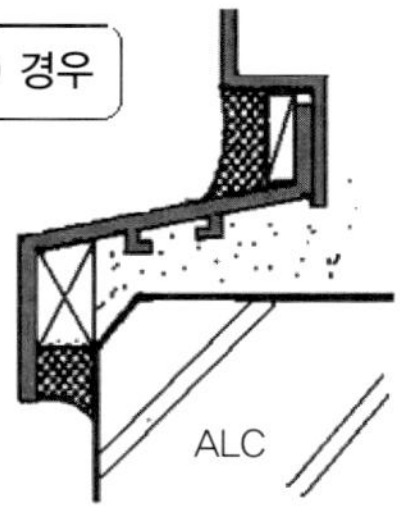

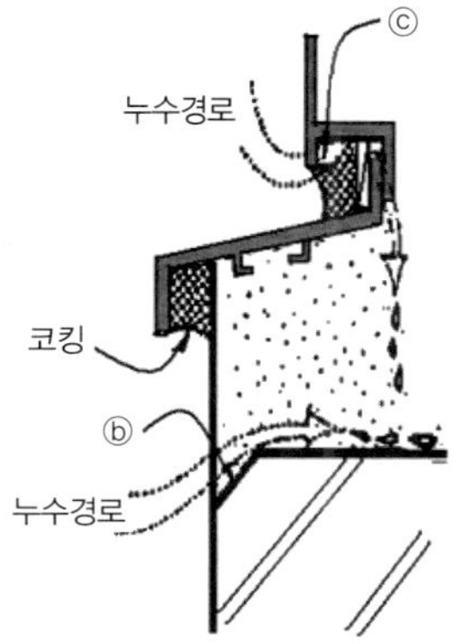

ⓒ부분에 청소, 프라이머 도포가 어렵고 실링재의 충전이 어렵다. ALC와 모르타르 ⓑ 사이로 우수가 침입하기 쉽다.

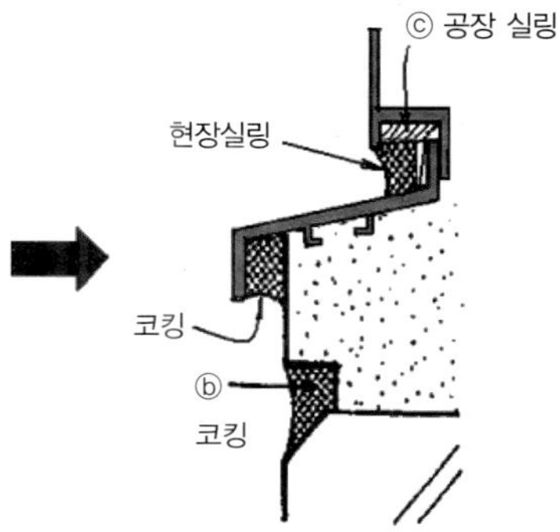

ⓒ부분에는 공장 실링을 실시한다. ⓑ에는 줄눈을 설계하여 코킹재를 충전한다.

(4) ALC 패널의 맞댄줄눈 마무리

양호한 사례 | 나쁜 사례 | 대책의 예

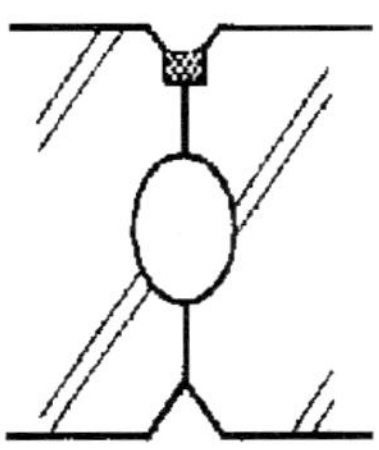

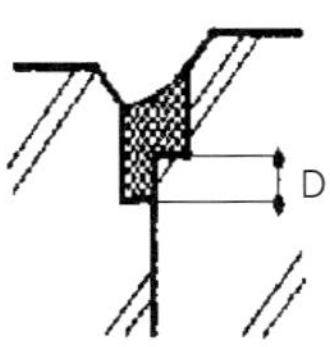

좌우 패널에 단차 D가 있을 경우, 실링재 두께가 작아져서 좋지 못하다.

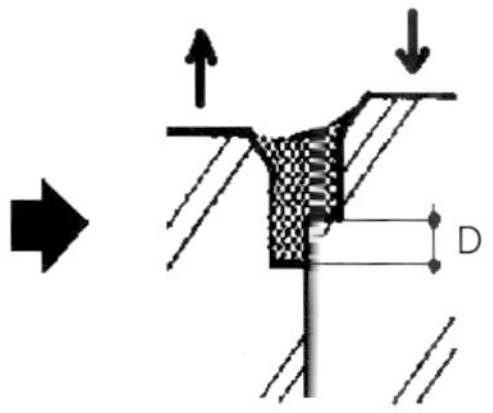

마감의 위치 조정으로 실링재의 드께를 크게 할 수 있다

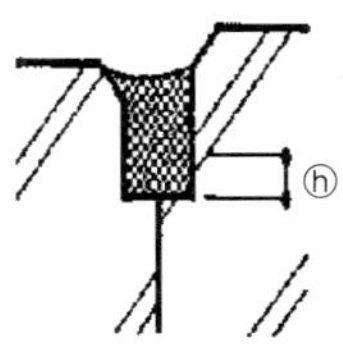

D부위를 ⓗ만큼 잘라내고 단차를 없게 하는 방법.

(5) ALC패널 두겁대의 마무리

나쁜 사례

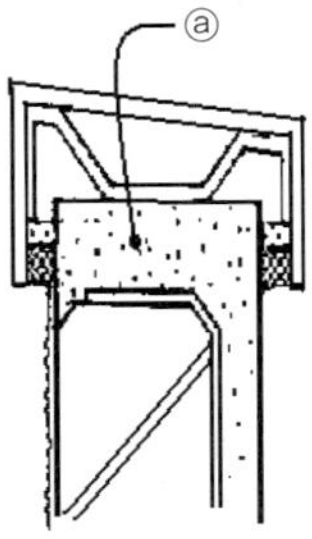

ALC와 ⓐ부분의 보수재가
벌어짐이 생긴다.

대책의 예

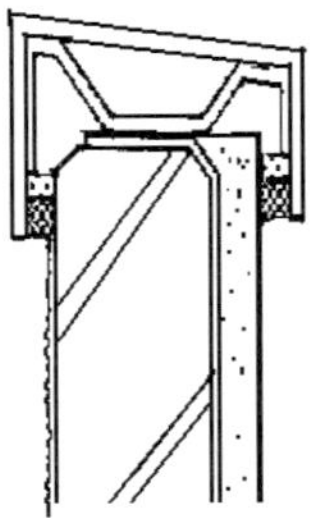

ALC와 직접 실링재를 접착시킨다.
(사전 검토단계에서 점검해야 함)

(6) ALC패널 최하단 마무리

양호한 사례

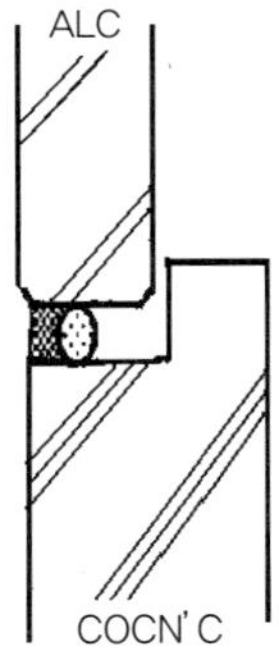

나쁜 사례

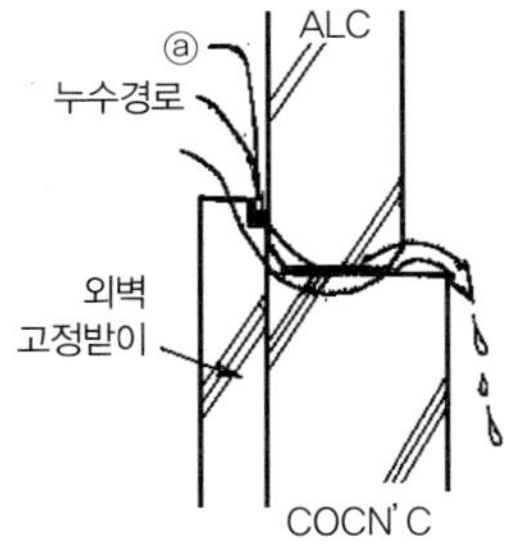

ⓐ부의 실링재 표면이
상향으로 되어 있어 접착
파괴가 생기기 쉽다.

대책의 예

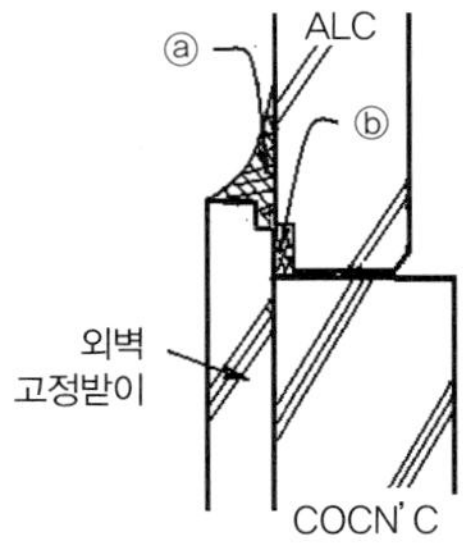

확실한 방수가 될 수 있도록
ⓑ부위의 실링을 먼저 한 다음
ⓐ부위의 실링을 경사지게
시공한다.

16-4 ALC주택의 방수

1. ALC 방수 부위

(1) ALC 내부방수 [제9장 : 방수공사의 옥내방수, 도막방수 참조]

ALC 내부방수 부위는 욕실, 화장실, 다용도실과 탕비실 등으로 주로 물을 사용하는 곳으로 타일로 마감되는 부분이다. 주택에서의 실내방수는 액체방수, 시멘트모르타르방수, 도막방수가 사용되고 있다. 시멘트방수는 모르타르에 방수액을 섞어서 바르는 방법과 시멘트페이스트에 방수액을 넣어 바르는 방법을 사용하는데, 구조체나 무브먼트

(movement)에 의한 균열이 발생할 경우 방수로서의 내구성이 없다. 따라서 도막방수재를 사용하는 경우가 많다. 주로 사용되고 있는 도막방수재는 고무화한 아스팔트 방수재나 우레탄방수재를 많이 이용하는 데 롤러나 스프레이로 시공한 벽면의 경우는 일정한 두께를 만드는 데 주의를 기울여야 한다. 벽면의 바르는 높이는 바닥으로부터 1m 내외를 기준으로 바르고 있으나 1층의 경우 30~40cm 정도로 바르는 경우가 있다. 주택에서는 일반적으로 샤워기 꼭짓점까지 방수하는 경향이 많다.

또 욕실이나 화장실의 경우 바닥면은 고름모르타르 위에 바르고, 벽면은 초벌미장 후 메시를 바른 다음 방수재와 접착을 좋게 하기 위해 나무흙손으로 재벌을 바른 후에 충분히 양생시킨 다음 액체방수나 도막방수재를 바른다.(양생된 후는 전면에 타일을 부착함) 특히 1, 2층 화장실의 경우에는 바닥과 벽의 꺾임 부분은 방수 규정에 따라 45° 로 경사모르타르로 각을 잡은(캔트) 다음 바르고, 바닥방수가 손상되지 않도록 주의해야 한다.

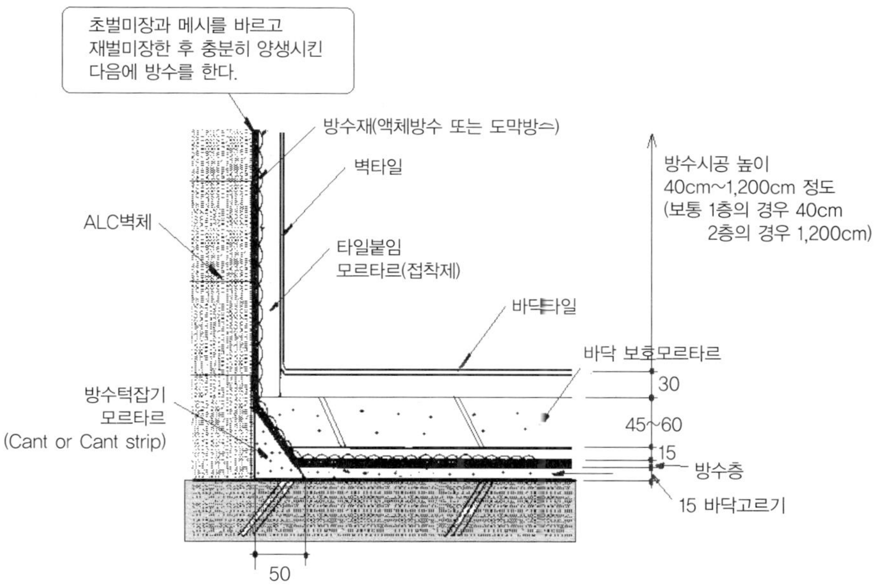

욕실 및 화장실 내부방수

(2) ALC 옥상방수 [제9장 ; 방수공사의 지붕방수 참조]

ALC의 옥상방수의 경우는 평슬래브 지붕으로 ALC패널 위에 노출방수(비보행)인 경우와 보행인 경우를 들 수 있다.

일반적으로 많이 시공하고 있는 방식의 시공순서로는 노출방수(비보행)일 때 다음과 같다.

① ALC패널을 설치한 후 테두리보와 이음 부분을 모르타르로 채우고 凹凸한 곳이 없도록 표면 정리를 한다.
② 프라이머를 바르고 1차로 방수시트로 덮는다.
③ 다음에 지역에 따라 단열재 50~150mm를 깔고(아이소핑크) 이음면을 충전시킨 후 와이어 메시를 깐다.
④ 80~150mm의 누름콘크리트를 평활하게 타설하면서 물구배를 잡는다.
⑤ 콘크리트가 양생되면 신축줄눈을 자르고 코킹을 한다.
⑥ 프라이머를 바르고 도막방수재를 바른다. 이때 방수재는 롤러나 헤라 또는 스프레이로 바르는 데 소요하는 방수층의 두께가 되도록 바르는 것이 중요하다.

흔히들 현장에서 초벌, 재벌, 정벌이라는 용어를 사용하는 경우가 있는데 아무런 의미가 없는 표현이다. 도막방수의 두께를 달성하기 위해 여러 번에 나누어 바르는 경우로써 1회 바름, 2회 바름, 3회 바름 등으로도 부르고 있다. 결국 표준두께 최소 3mm 이상의 소요 방수 두께를 확보하는 것이 중요하다. 건조된 후에 표면보호를 목적으로 상도재로 코팅하는 경우도 있다. 방수재 두께 검사방법은 일정한 곳을 절취하여 두께를 측정해보는 방법과 두께측정용 게이지로 찔러서 측정하는 방법을 사용한다.(검사 후에는 도막방수재를 발라서 막음)
도막재로 사용되는 재료는 ① 우레탄계 도막재, ② 아크릴고무계 도막재, ③ 클로로프렌고무계 도막재, ④ 고무아스팔트계 도막재, ⑤ 시멘트 혼입 폴리머계 도막재(무기질탄성도막), ⑥ 폴리우레탄수지계 도막재가 사용되고 있으며, 가장 흔히 사용되고 있는 제품이 '고무아스팔트계(고무화아스팔트) 도막재' 와 '우레탄계 도막재' 이다.

어느 것이나 바탕처리제로 전용 프라이머를 사용하고 있으며, 바탕에 균열이 발생할 경우 도막방수층의 동시 파단 혹은 크리프 파단의 위험을 경감할 목적으로 균등하게 보강재를 바르는데 보강재로는 직포, 부직포를 사용한다. 특히 바닥과 패러핏(parpet)이 만나는 치올림 경사 부분에는 구조적 균열과 방수재의 흐름을 막을 수 있도록 여러 겹으로 붙이는 것이 바람직하다. 옥상 노출형 옥상방수 공법은 방수층이 들뜨거나 부풀어오르는 등의 하자 발생이 많았으나 최근에는 다공성 방수재료를 사용하여 내부에서 발생되는 수증기를 효과적으로 배출되도록 함으로써 탈기반을 사용하지 않고도 들뜸현상 등을 최소화하는 재료도 개발되어 있다.

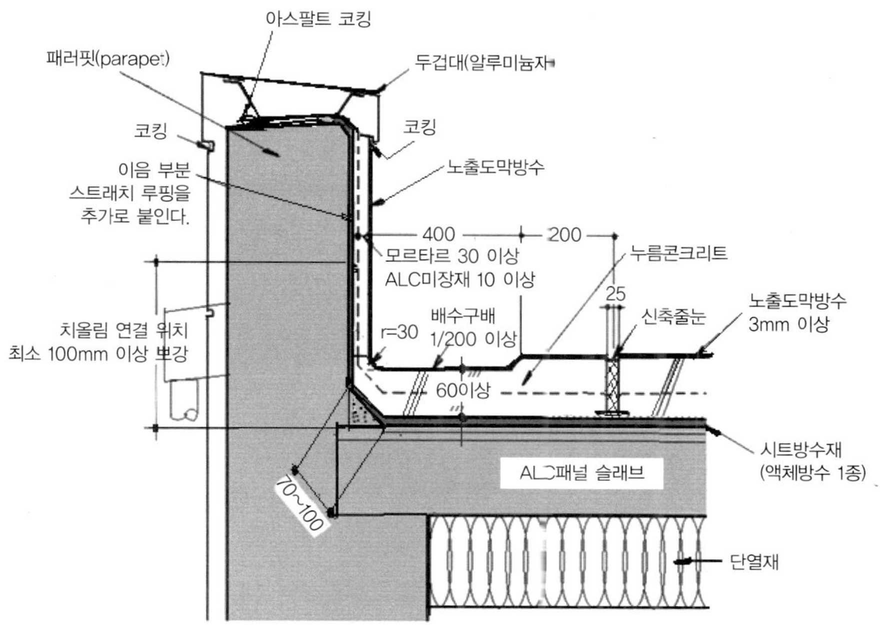

내단열(지붕 슬래브의 내부측)

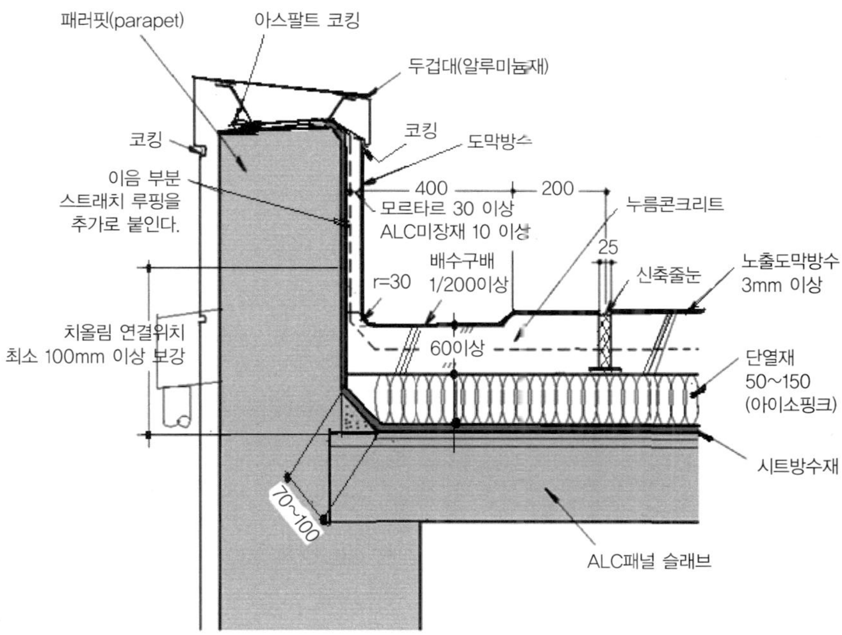

외단열(지붕 슬래브의 외부측)

옥상 노출 도막방수 시공

내부 화장실 방수

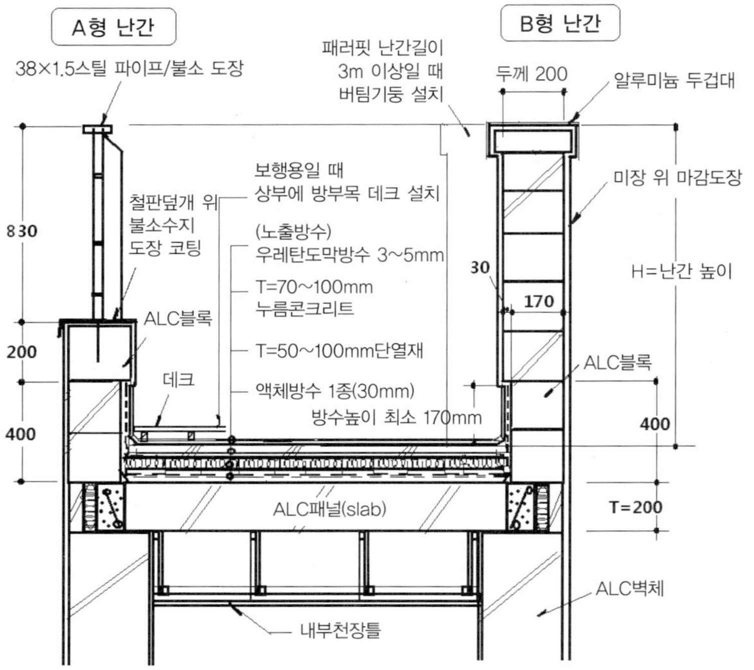

ALC지붕 방수상세도

※액체방수 위에 시트방수를 추가하는 경우도 있다.

액체방수 1종 시공순서

① 균열 등 바탕고름 후
② 적당한 습윤상태에서 시멘트페이스트칠(시멘트+방수제+물)
③ 방수액 도포(물+방수액 희석)
④ 방수시멘트페이스트칠
⑤ 방수모르타르 바름(시멘트+모래+방수제+물)
⑥ 방수시멘트페이스트칠
⑦ 방수용액 도포
⑧ 방수시멘트페이스트칠
⑨ 방수모르타르 바름
⑩ 방수액을 혼합한 시멘트페이스트 바른 후 보호모르타르 바르기

16-5 ALC 주택 불량 시공 사례

1. 대표적인 불량시공 부분

① 부실하고 불안정한 기초 위에 ALC 첫 단 쌓기 모습이다. 이래도 되는 건축시공 현실이 현재 우리의 모습이다. 이 집은 결국 기초를 철거한 후 재시공하였다. 부끄러운 현장이다.

(D10 @300으로 싱글배근에 부실한 기초로 내려앉아 결국 헐어내고(중앙사진) 재시공했다.

② 막힌줄눈으로 시공을 해야 하는데, 통줄눈도 아니고 마구잡이로 쌓고 있다. 코너는 물림시공이 되어 있지 않다. 이렇게 시공하고 있는 현장이 너무도 많다.(ALC로 구조를 시공하는 방법에 대한 교육이 안 되어 있는 것 같다)(아래 사진)

ALC구조 시공방법을 모르고 한 공사 현장이다.

③ 줄눈이 올바르게 충전되지 않아서 불안정구조로 되어 있다. 이러한 시공에서는 단열주택으로의 역할을 할 수가 없게 만들고 있다.(아래 사진) ALC로 짓고 있는 많은 주택현장에서 볼 수 있는 대표적인 시공 불량 모습이다. 아무리 단열성이 좋은 재료를 사용해도 이처럼 줄눈이 충전되지 않게 시공하면 외기와의 열교현상으로 결로가 발생하게 되어 곰팡이 발생, 비단열주택에 구조적 결함까지 생기는 것은 당연하다.

④ 구조보강으로 H빔을 설치하였으나 블록에 구멍을 뚫고 끼워 넣었다.(아래 원형내) 구조적 불안정과 H빔이 열교현상을 일으켜서 내부에 결로가 발생할 것이다. H빔 위에 2층 구조의 콘크리트가 타설되어 있다.(건축구조의 기본을 무시한 것 같다) 이런 건물이 시간이 지나면 균열이 발생하면서 문제를 일으키게 된다.

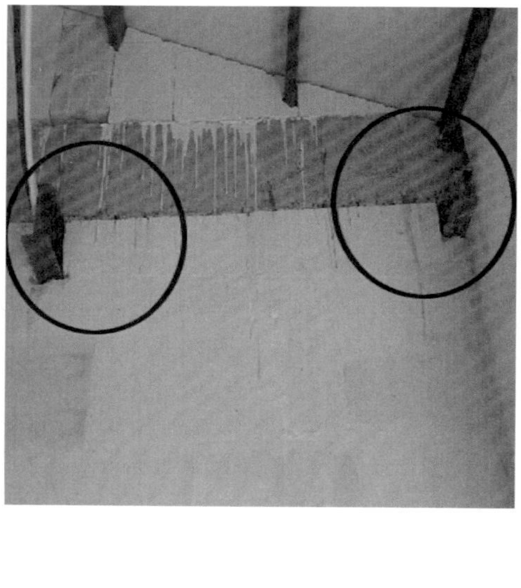

위 우측 사진도 블록에 구멍을 뚫고 H빔을 설치하고, 그 위에 테두리보를 설치해 놓고 있다. 벽체에 균열이 발생할 것은 뻔하다. 조잡한 시공현장의 모습이다. 또 어느 주택현장에서는 창문 인방의 중앙부에 H빔(300×200)을 걸쳐 놓은 곳도 있었다.(대한건축학회, ALC구조설계 규준 및 표준시공 2.2.3의 다. 보(Beam)설치에 위배됨)

다음 사진은 안정된 구조로 H빔을 시공하고 있는 ALC주택현장의 모습이다. 비교해보기 바란다.

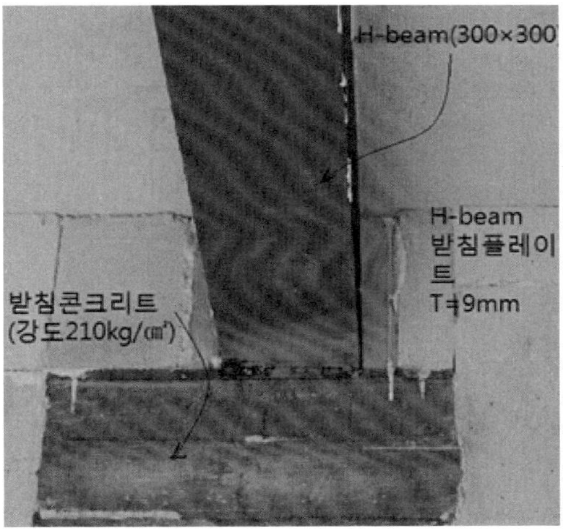

H빔을 설치할 곳에 미리 받침콘크리트(무수축시멘트 사용)를 타설하여 레벨을 맞추고 양생시킨 다음, H빔(250×250)을 고정시키고 단열재로 감싼 후 강재에 결로현상이 발생하지 않도록 시공하고 있는 주택현장이다. ALC의 시공 상태가 밀실하고 양호해 보인다.

⑤ 다음 사진은 철강재를 ALC벽체 위에 홈을 파서 걸치고, 그 위에 지붕패널을 올려 놓는 현장이다. ALC 외벽에 외단열을 시공할 목적인데, 방습목적으로 은박지를 붙여서 통기성이 안 되게 시공하고 있는 현장이다. 내부에 곰팡이 발생이 우려된다.

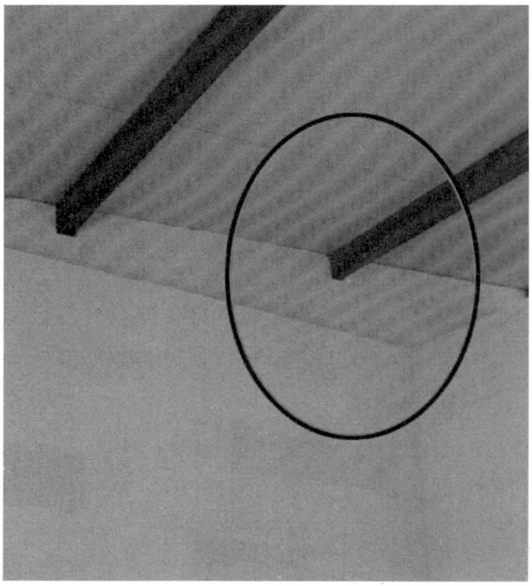

⑥ 방수모르타르를 사용하는 것이 좋은 이유가 다음 사진에서 볼 수 있다. 방습지를 설치하지 않은 불균일한 기초 위에 적당히 올려놓은 발수블록(방수용이 아님)이 물을 먹어 젖어 있다. 첫 단의 깔모르타르 레벨도 부실한 모습이다.

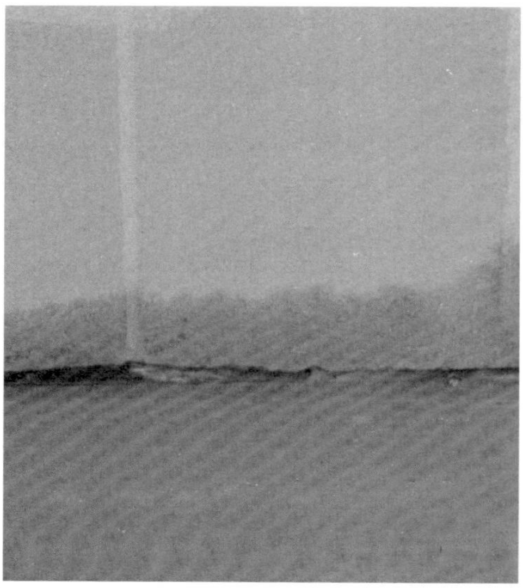

⑦ 고무망치를 사용하지 않고 쇠망치를 사용하여 파손된 모습이다.

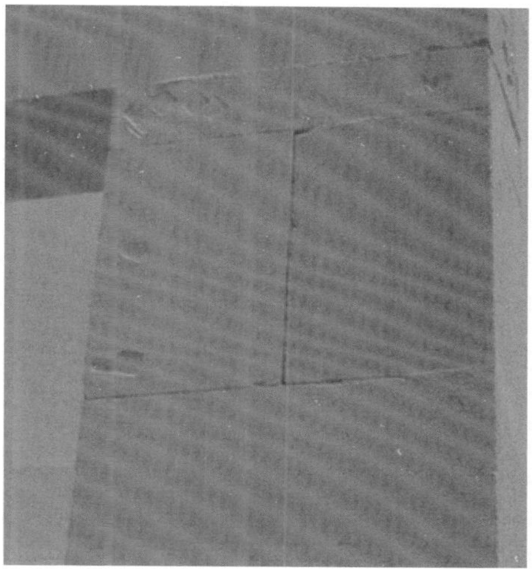

⑧ 불량한 시공 상태를 보여주고 있는 이 건물은 결국 도중에 헐어야만 했다.

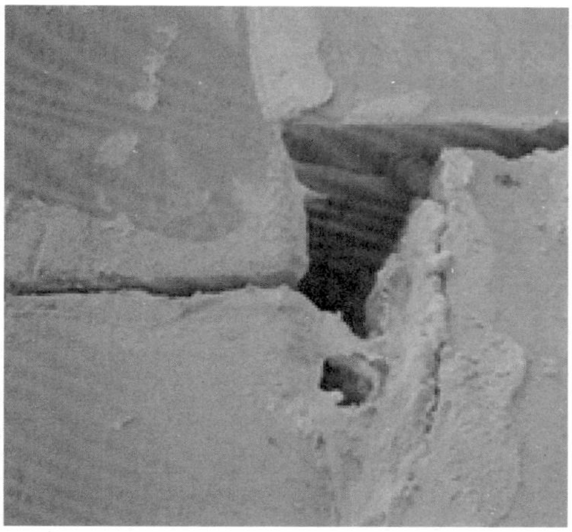

⑨ 외부벽과 내부벽을 서로 끼워서 물려 쌓지 않고 맞대어 건립되어 있다(좌측). 또 목조 트러스와 접하는 부분에 테두리보도 없이 바로 비전용 앵커를 사용하여 구조 결손을 만들어 놓았다. 모르타르로 바르면 된다는 현장이다.(우측)

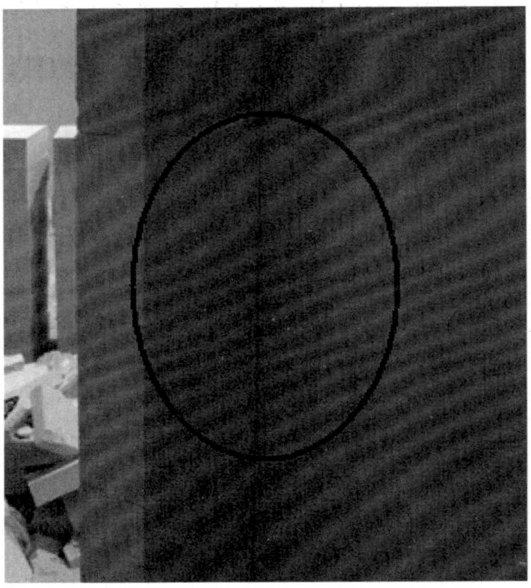

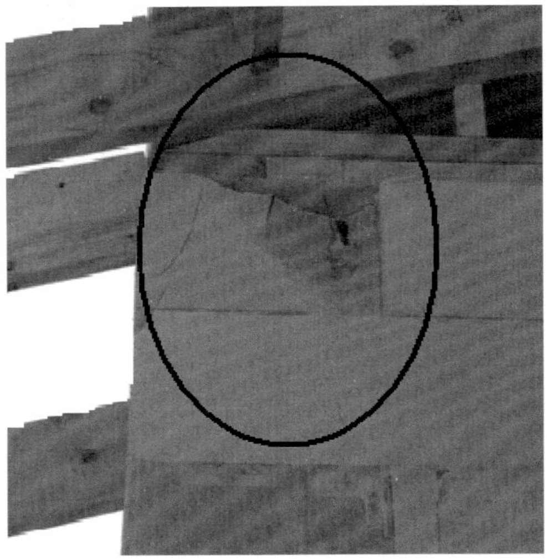

⑩ 외장의 부적절한 재료 사용과 잘못 시공으로 인해 박리된 현장이다.

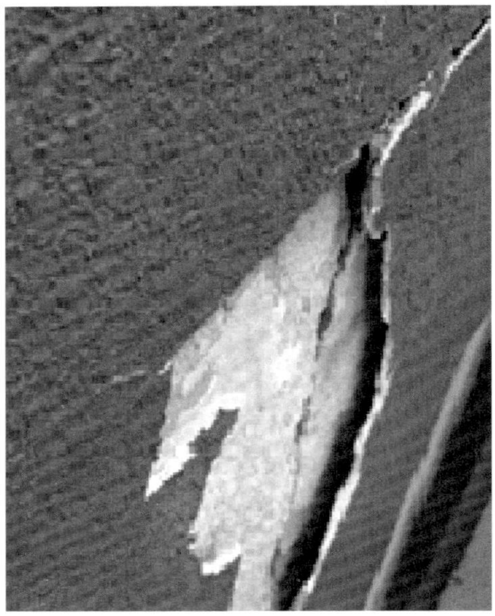

이상은 잘못된 시공현장의 모습이다. 소재의 특성을 이해하지 못하고 시공한 이런 부실한 건물들이 너무 많다. 이상으로 대표적인 부실시공 부분을 열거해 보았다. 지면상 모두 열거하지 못한 것이 아쉽다.

ALC공사 감리공정 사례

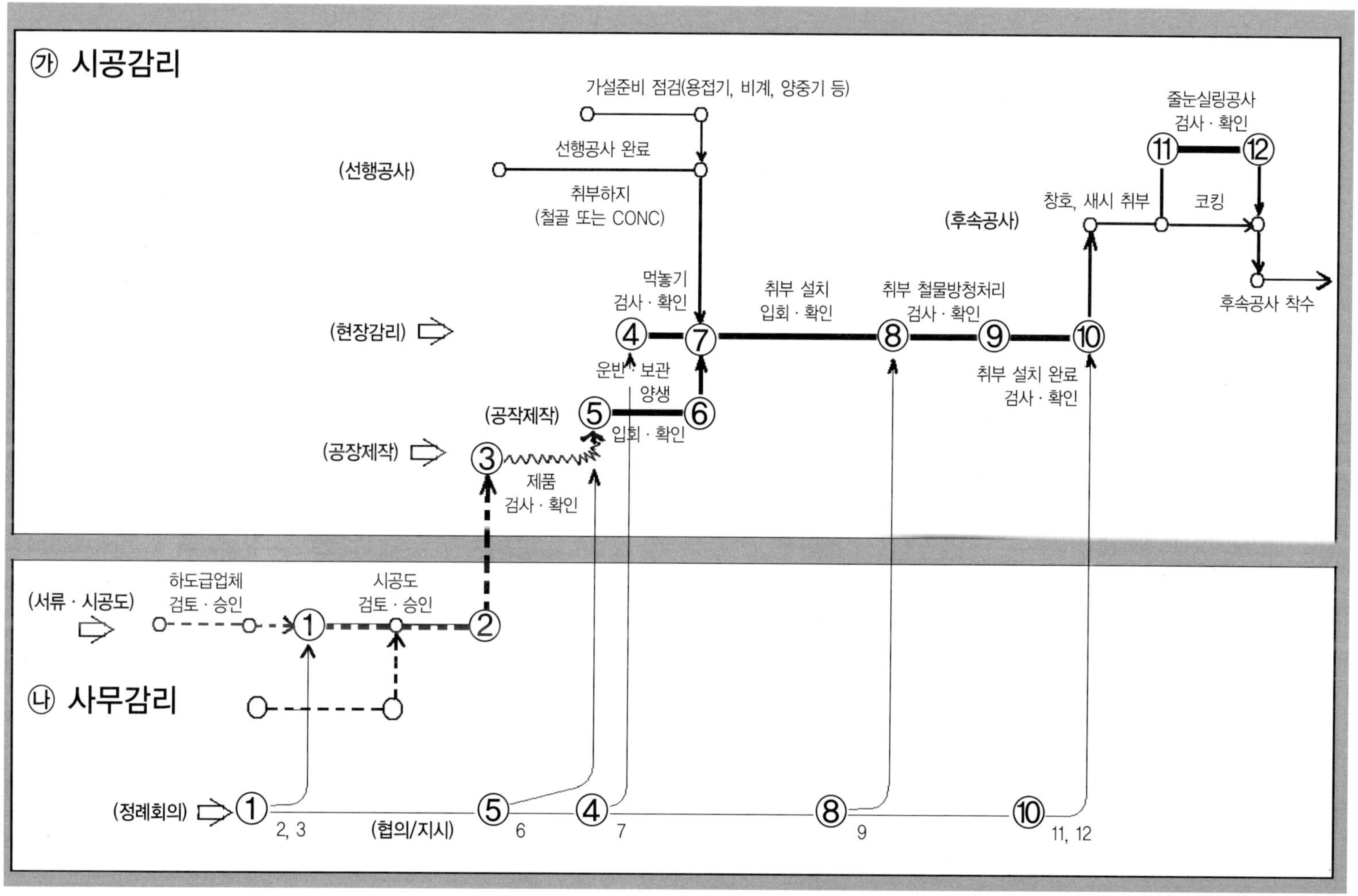

16-6 #별표, ALC공사감리 주요 점검사항(외벽패널)

감리 종목	범위	주요 점검사항	
1. 시공도		처리방법	(검토) → 승인
		처리내용	1-1. 납기의 검토(수주계약 후 보통 1개월로 봄) 1-2. 공사범위를 명확하게 파악 (1) 확인할 공사범위 1) 패널받이 철물공사 2) 개구부 보강철물 3) 설비용 구멍뚫기 등 별도 공사 부분을 명확하게 한다. 1-3. 외벽 패널설치용 철근콘크리트 기초세우기 높이는 G.L로부터 30cm 이상일 것.(50cm 정도로 잡은 것이 바람직함) 1-4. 패널나누기(세로형일 때) 치수 확인 (1) 나누기 치수=패널의 실제 길이(또는 패널 실길이의 +10~20mm) (2) 폭나누기 치수는 600mm가 원칙. 좁은 패널인 경우 주문 제작 (3) 300mm에서 600mm까지(10mm 간격) (4) 절단 최소폭은 260mm(절단하고 남은 잔재를 배근상태에 따라 사용하는 경우도 있지만, 검토되지 않은 것은 사용하지 않음) (5) 패널폭이 260~380mm의 경우는 상부측에 사용하고, 380mm 이상이면 저측면에 사용한다. 1-5. 패널 두께 확인 (1) 75~175mm(25mm 간격) (2) 외벽패널의 두께는 스팬 1/35 이상으로 75mm 이상 1-6. 길이 점검 (1) 1,000mm에서 10mm 간격, 최대 길이는 패널의 두께에 따라 다르다.(현재 6mm까지 생산 가능) (2) 패널은 원칙적으로 길이를 잘라 줄여서 사용할 수 없다.(박공부분이나 변형건물에서 경사로 절단할 수 없음) (3) 칸막이 패널에서는 절단 길이가 380mm 이하라도 구조상 문제가 없다. 1-7. 내화시간 확인.(벽패널 두께 75mm 이상은 2시간 내화임) 1-8. ALC 외벽면에 걸리는 면내 전단력은, ALC 이외의 구조 부분에 부담(brace 등을 검토) 1-9. 외벽패널의 휨량은 스팬의 1/200 이하임 1-10. 결점, 구멍, 설비용 개구부 등을 점검 (1) 원칙적으로 패널 설치 후 먹놓기를 하고, 보강철근을 절단하지 않는 범위에서 패널에 진동이나 더 이상 파손이 생기지 않도록 드릴, 톱을 이용하여 현장 가공한다. (2) 개구부의 클리어런스는 가능한 적게 한다. 1-11. 창호 등의 개구부 보강은 보강철물 및 위치를 시공도에 명시해 두어야 한다.

감리 종목	범위	주요 점검사항	
2. 제품 확인		처리방법	(검토) → 확인
		처리내용	2-1. 제반물성을 확인한다. 2-2. 하중조건에 의한 강도시험을 한다. (1) 일반패널의 하중은 단순보 형식에서 사용했을 때의 하중을 나타낸다. 벽패널의 경우에는 풍압력 ($0.8 \times 60\sqrt{x}$)을 나타낸다. (2) 허용하중은 120kg/m²에서 450kg/m²까지 20kg/m² 간격으로 한다. 2-3. 치수 형상을 확인한다. 2-4. 패널의 철근을 검사한다. 2-5. 외관 육안검사를 실시한다.
3. 먹줄놓기		처리방법	(검사) → 확인
		처리내용	3-1. 각 층마다 먹놓기를 실시, 높이에 대한 기준먹을 확인한다.(기준먹은 G.C에서 함) 3-2. 시공 먹놓기(ALC시공자가 놓음) 확인.(시공 먹놓기 시점에 개구부의 위치를 재확인하고, 또 사전에 준비한 매입앵커, 하지 조정, 철물공사는 이 시점까지 실시되어 있어야 함)
4. 운반, 보관, 양생		처리방법	(입회) → 확인
		처리내용	4-1. 5~10매를 1묶음으로 겹쳐서 포장 없이 실은 경우가 많아 바로 수평으로 적치할 수 있도록 준비한다.(부득이 임시로 적치할 경우에는 가능한 소운반이 적도록 계획함) 4-2. 임시 적치시, 패널이 지면에 직접 닿지 않도록 하고, 반드시 휨, 뒤틀림, 균열이 생기지 않도록 받침목을 수평으로 놓고 보관한다. 4-3. 비나 눈을 피하기 위해 헛간에 넣어 두거나 시트(sheet)로 덮어 양생한다.(흙탕물이 튈 우려가 있으면 바닥에 비닐시트를 깔고 그 위에 적치함)
5. 취부 설치, 시공		처리방법	(입회) → 확인
		처리내용	5-1. 외벽일 때 벽면 중심과 벽마감면과의 거리는 최소 60cm 이상 필요.(건물 외벽에 비계발판이 있는 경우에는 ALC 취부시 철거가 최소가 되도록 할 것) 5-2. 공사도중 비나 눈이 올 경우는 양생시켜 동결방지 조치를 한다. 5-3. 벽패널 양단이 걸리는 길이는 두께에 관계 없이 3cm 이상, 지지폭은 걸침의 2배+줄눈폭 조정치수로 한다.(일반적인 지지철물은 L-65×65×6으로 별도로 계산함) 5-4. 수직벽 패널이 패러핏까지 내밀 경우 보강이 없으면 패널 두께의 6배까지로 하고, 이를 초과할 때는 앵글 등의 받침철물이 필요하다.

감리 종목	범위	주요 점검사항	
5. 취부 설치, 시공		처리방법	(입회) → 확인
		처리내용	5-5. 수직패널의 취부철물 확인 (1) 줄눈근 D10, l=500, 1,000 @600 (2) 수직벽용 plate (3) 소요부속철물 (4) 슬라이드철물 등 5-6. 개구부 주위는 풍압력 때문에 가로, 세로로 보강철물(앵글)을 취부한다. 5-7. 부득이한 경우 철근을 절단할 때는 방청도료를 칠한다. 5-8. 외벽패널 내부측에 배선, 배관 등의 홈을 파서는 안 된다. 특히 단변방향으로 홈을 파는 것은 더욱 좋지 않다.
6. 취부 철물의 방청처리		처리방법	(검사) → 확인
		처리내용	6-1. ALC에 접하는 하지철물에는 반드시 방청처리를 해야 한다. 6-2. ALC패널에 철물을 매입시킬 경우에는 알루미늄 또는 스테인리스 제품처럼 녹이 쓸지 않는 제품을 사용해야 한다. 6-3. 매입용 앵커는 발청하여 ALC에 균열·박리가 생기기 때문에 철물류는 반드시 방청처리가 된 것을 사용한다.
7. 설치완료		처리방법	(검사) → 확인
		처리내용	7-1. 지붕, 바닥이 불량한 곳이 없는지 확인한다.(벽패널과의 수직도가 맞지 않은 곳이 없는지 점검) 7-2. 패널이 규정 내의 파손된 부분은 ALC모르타르(시멘트에 보수용 파우더가 혼합된 것)로 보수한다. 7-3. 패널 상호 홈이 있는 부분에는 줄눈모르타르로 충전시켜 접합한다.(ALC 상호접합 외에 삽입철근의 방청 효과도 갖게 됨) (1) 접합모르타르는 시멘트:가는모래=1:2.5~3(용적비) 홈에 물을 적당히 뿌려준 다음 충전시킨다.(가는 철선으로 찔러서 홈에 충분히 모르타르가 충전되도록 함) (2) 최소한 24시간(동절기에는 48시간) 이상 유해한 진동을 받지 않도록 할 것. (3) 한랭기 기온이 5℃ 이하에서는 작업을 중지한다.(충전 후 저온이 우려될 때는 양생해야 함) 7-4. 패널에 과도한 강우 등으로 습윤하게 되면 패널면의 방수 등의 마감공사에 지장을 초래하므로 패널 설치 후 신속히 조치해야 한다. 7-5. 재료 반입시, 손상이 우려되는 개구부, 출입구 부분은 판자를 붙이는 등의 양생을 하도록 한다. 7-6. 미장 및 마감도장공사를 위한 바탕(하지) 처리가 적절한가를 점검한다.

감리 종목	범위	주요 점검사항	
8. 줄눈실링 시공		처리방법	(검사) → 확인
		처리내용	8-1. 실링 전에 프라이머 시공을 확인한다. (1) 사전에 줄눈에 있는 던지, 분진 등을 제거한다.(바람에 의해 먼지, 분진 등이 부착되어 있으므로 주의가 필요함) (2) ALC패널에는 가루 같은 것이 묻어 있기 때문에 프라이머를 생략해서는 안 된다. 8-2. 저모듈러스(Low-modulus)의 탄성실런트를 검토한다. 철골조에 사용되는 ALC외벽 패널의 줄눈은 어느 정도 변위가 예상되므로 내후성이 우수한 탄성실런트를 사용해야 한다. (1) ALC패널은 함습한 경우 건조 때까지 시간이 걸린다. 그러나 보통의 습윤상태에서는 접착이 잘 된다. (2) 외벽 마감재로 합성수지에멀션계 뿜칠재를 사용하면 합성수지에멀션 실런트에 잘 부착된다.

16-7 #별표, ALC주택 시공시 사전 점검사항(Block)

(1) 시공 전 점검사항

항 목	점검 사항		문제점 및 대책
1. 현장	1) 진입도로를 확인한다.		
	- ALC는 25톤 트럭으로 운송되므로 진입도로를 확인해야 한다.(도로폭 4m, 골목길 회전각도, 지장물 등)		1) 소운반 비용 증가 - 지게차 또는 소형트럭 상하차, 운반 - 도로상태에 따라 자재 파손 발생
	2) 가설동력 및 공구 확인		
	- 둥근톱	220V단상, 1KW	
	- 교반기	220V단상, 0.5KW	
	3) 전용 공기구 확인		
	- 건립용	Band-Saw 둥근톱 흙손 및 수평 레벨기 교반기, 고무망치, 모따기용 쇠망치 면갈기 기구, 수동톱 등	- 레벨 조정시에는 반드시 고무망치를 사용(파손방지) - 벽체 두께에 맞는 흙손을 사용
	- 패널설치용	밧줄(Sling), Gripper, 용접장비 지렛대, 목재 받침목	
	- 소운반기구	지렛대 Car, Hand-Carrier	
	- 계측기구	수평기, 먹통 및 먹줄	
	- 홈파기기구	전동 및 수동 Groover	
	4) 전용 부자재 확인		
	- 연결철물	Band-Plate Tie-Plate, 사각못	- 파장핀은 임시 고정용에 사용할 것. - 접착용으로 사용하는 미장재는 17/kg/m^3을 사용할 것.
	- 패널연결용	D10, 13 철근 및 시멘트모르타르	
	- 설치장비	용접기 및 용접봉	
	- 접착용	쌓기용 및 내 · 외부 미장용 모르타르 PU-700, PU-010 등	
	- 면 보수용 재료	보수 전용 모르타르	
	- 충전재	우레탄폼, 코킹재, 전용 실링재	
2. 기초	1) 줄기초 및 복합 매트기초인지 확인		
	- 동결선 이하까지 - MAT 두께 300mm 이상, 간벽 부분 중간보 설치		- 기초의 부실은 부동침하로 인한 균열을 유발시킴으로써 반드시 구조설계사의 검토를 받을 것.
3. 벽 구조체	1) 1층 바닥 레벨을 점검한다.		
	- 레벨기 및 계측기구를 이용하여 각 모서리 높이를 점검하여 가장 높은 곳을 기준으로 레벨을 조정할 것.		- 정밀도는 후속공정에 영향을 미침
	2) 1층 바닥 먹매김을 확인한다.		
	- 내 · 외부 벽체 및 개구부의 정확한 위치를 확인할 것. - 개구부의 크기는 창문틀보다 10~15cm 크게 할 것.		- 정밀도는 후속공정에 영향을 미침

3. 벽 구조체	3) 첫 단 시공은 올바른지 확인한다.	
	- 작업은 벽체 끝에서부터 시작한다. - 바탕 방수모르타르로 레벨을 조정한다. - 첫 단은 발수블록을 사용한다. - 가능하면 수평자는 1.8m 긴 자를 이용한다. - 모르타르 교반기를 이용하여 정확한 가수량으로 혼합한다.	- 벽구조체의 기본이 되므로 부실시공은 건물하자로 이어진다. - 곰팡이 발생 및 강도저하를 가져온다.(출하시의 흡수율은 20% 정도)
	4) 벽체 건립	
	- 건립용 흙손은 벽체 두께와 동일한 크기를 이용한다. - 줄눈 크기는 2mm 혹은 3mm 이내로 일정하게 한다. - 줄눈은 막힌줄눈으로 하고, 수평잡기는 고무망치를 이용한다. 또 수직줄눈 접착은 PU-700 등을 이용하여 시공하도록 한다.	- 기준 미달 접착재료는 균열 발생의 원인(17kg/m^3 이상 사용)이 됨 - 수직줄눈 미충전 접착으로 균열 발생 - 쇠망치 사용 금지(파손방지)
4. 2층 바닥	1) 바닥패널 설치 준비가 되어 있는가.	
	- 인양용 크레인을 이용하여 바깥쪽에서 안쪽으로 설치한다. - 패널 걸침길이(장변)는 70mm 이상으로 한다. - 패널 이음줄눈용 철근은 D10 이상을 사용한다. - 사춤용 모르타르 배합은 시멘트:고운모래=1:3(보통 공장배합된 레미탈을 사용) - 패널 단면이 걸치는 부위에 인방이 있을 때는 내력용 인방을 사용할 것.	- 걸침턱 부족과 보통 인방을 사용했을 때 하중을 견디지 못해 처짐이 발생한다.
5. 개구부	1) 창호의 설치는 적절한가.	
	- 창, 문틀 고정은 전용 앵커를 사용한다. - 벽체와 문틀 사이는 고정 부분을 모르타르로 충전한 후 견고하게 한 다음 우레탄폼으로 밀실하게 충전시킨다. - 창문틀은 벽체 외부선에 맞추는 것을 원칙으로 한다.(단, 창대 물받이 등을 설치하는 경우는 예외) - 창, 문틀 상부에는 구조에 합당한 인방을 설치하고 걸친길이는 양단에 20cm 이상 걸치게 한다.	- 후 설치로 창, 문틀의 오염을 방지 - 외부선에 맞춘 시공으로 동절기 동해발생 방지 - 내력인방 사용으로 창틀의 변형 방지
6. 지붕	1) 지붕용 패널재료를 확인한다.	
	- 패널의 두께와 길이를 확인했는가. - 패널의 파손 부분은 허용규정 내에 있는가.	- 균열, 파손품 및 휘어진 패널은 사용하지 말 것.
	2) 패널 건립 취부상태를 확인한다.	
	- 벽체가 지붕바닥판의 취부할 장소까지 건립되어 있는가. - 패널 인양용 크리프는 준비되어 있는가. - 패널이 처마와 수평이 되어 있는가. - 크레인을 이용하여 처마쪽에서부터 용마루쪽으로 설치되고 있는가. - 패널의 걸침길이는 70mm 이상인가.(장변방향) - 패널은 철근으로 보강되고 이음면의 충전상태는 올바른가.(누수방지 시설 확인) - 패널의 돌출길이(내민길이)는 두께의 4배 이하인가.	- 지붕 하단까지 벽구조체가 구축되지 않으면 구조적 불안정과 차음성능의 저하로 내부 실 간의 방음처리가 안 됨. - 이음 모르타르는 방수모르타르를 사용함. - 인양용 지그 사용으로 패널에 구멍을 뚫든가, 단면결손을 내지 말 것.

<table>
<tr><td rowspan="6">7. 마감</td><td colspan="2">1) 내외부 미장재는 ALC 전용재인지 확인한다.</td></tr>
<tr><td>- 미장할 바탕면을 깨끗이 청소하고, 면고르기를 하였는가.
- 시공할 현장의 환경은 적절한가, 먼지, 분진, 강풍 등이 없는가, 작업현장의 기온은 적절한가.(5℃ 이하 작업 금지)
- 미장재의 반죽상태는 적절한가.(가사시간이 경과된 미장재를 혼합하여 재반죽해서 사용해서는 안 됨)
- 초벌, 재벌(정벌바르기)로 시공하고 있는가.
- 통기성이 있는 전용재인가.
- 메시는 몇 겹을 붙이는가, 규정품인가.
- 미장 두께는 일정하며 고르게 발라졌는가.(바름 두께, 얼룩, 들뜸 등을 확인)
- 미장재는 제품에 따라 바름 두께가 다르므로 사전에 확인이 필요하다.(수입 인택S의 경우 4~5mm, 국내산의 경우 7~10mm를 시공함)
- 미장에 사용되는 비드류는 반드시 엔지니어링 플라스틱 제품을 사용할 것</td><td>- 미장재는 메이커에서 인정하는 전용재료를 사용할 것.(미장재는 쌍용ALC의 '내 · 외부미장재', 유성테크의 '에코플라스터' 등의 국내산 ALC 전용재와 독일 수입산 '알시톱' 및 '스토릿 K', 내장재로 '인택S', 스토레벨 노보', '스토레벨 인' 등의 제품이 있음)
소요량 : 약 4kg/m²당
- 외부 미장마감재는 균열, 들뜸, 오염, 내구력 등을 고려하여 독일 수입산 자재로 시공을 권장함.(고가이나 현장조사한 결과는 수입산 마감재가 ALC 전용 외부자재로 가장 우수한 것으로 평가되고 있음)
수입원 : 독일 Alsecco사 및 Sto사.</td></tr>
<tr><td colspan="2">2) 기타, 내 · 외부 마감재 시공을 확인한다.</td></tr>
<tr><td>- 내부에 도배를 할 경우에는 반드시 통기성이 있는 한지나 종이벽지를 사용할 것.
- 미장재 이외의 마감을 할 경우(예 : 내부석고보드, 외부 사이딩 마감 등)는 반드시 설계자와 협의하여 ALC 환경에 적합한 공법으로 시공하여야 한다.</td><td>- 실크벽지 등은 곰팡이 발생의 원인을 제공함
- 미장 후 전용 도장을 권장함</td></tr>
<tr><td colspan="2">3) ALC 전용 도장재를 사용하고 있는가.</td></tr>
<tr><td>- ALC 전용재인가를 확인하고 바르기 횟수를 확인한다.
- 우레탄수지, 에폭시수지 등의 수지재 반응경화형 수지재 등을 사용해서는 안 된다.
- 표면에 분말, 먼지 등을 완전히 청소한 다음 도장한다.
- 전용 실링재를 사용하는지 확인한다.(13-2-2의 1의 (6), 실링재 사용 참조)</td><td>- ALC 전용도장재는 합성수지에멀션계 도료를 사용해야 하며, 반드시 공장배합 제품을 사용한다.(현장배합하는 재료를 사용해서는 안 됨)
- 국내산 메이커의 합성수지 재료와 수입산 전용 도료가 있다.
(국내산 : ALC전용 KS제품)
(수입산 : SKK화연한국(주)의 ALC전용 내외부용 도장재와 독일 수입산 '노롤' 및 '스토컬러 로투산', 스토컬러 인' 등이 있음)</td></tr>
</table>

[참고문헌]

1. 김평탁, “건축용어대사전”, 기문당, 2009.
2. 건축시공기술연구회, “건축시공(마감편)”, 기문당, 2008.
3. 김종원, “건축재료와 구법” 기문당, 2008.
4. 김종원, “건축외장의 이해와 시공”, 기문당, 2009.
5. 건설교통부, “건축공사표준시방서”, 대한건축학회, 1994.
6. 건축공법사전편집위원회, “건축공법사전”, 건설문화사
7. 건설기술연구원, “건설공사 시공사례집”,
8. 건축시공기술연구회, “알기 쉬운 건축공사(마감전편)”,기문당, 2006.
9. 건축공학연구회, “건축시공핸드북”, 기문당.
10. 건축시공기술연구회, “건축시공(마감편)”, 기문당
11. 고려화학, “실링제의 설계와 시공”, 1995.
12. 대한건축학회, “ALC구조설계 규준 및 표준공법제정에 관한 연구”, 1996.
13. 대한건축학회, “건축시공”, 기문당.
14. 문성호, “현대건축시공”, 기문당, 2009.
15. 신현식 외, “건축시공학”, 문운당, 1987.
16. (사)ALC협회, “ALC건축설계 1”, 광성문화사, 2004.
17. 선병탁, “建築施工CHECKLIST”, 태창출판사.
18. 쌍용건자재사업부, “ALC시공부자재자료집”, 쌍용ALC
19. “주택공사표준시방서”, 대한주택공사(현LH공사)
20. 장기인, “건축시공학”, 보성각,
21. “ALC설계자료집”, 쌍용ALC.
22. “KS”, “ASTM”, “JIS & JASS”, “DIN”규격
23. 日本SEALING工業會, “シーリング防水施工法”,
24. 伊澤陽一, “建築工事監理の要点集 II”, 彰國社, 1993.
25. “建築施工管理チェックリスト”, 彰國社, 1991.
26. 建設産業調査編輯委員會, “中高層建築設計施工總覽”, 建設産業調査會
27. “建築技術 NO.403”, 1985.3
28. 建築學大系編輯委員會, “新訂建築學大系”, 彰國社, 1963.
29. 丹羽 守 外, “建築防水10人10話”, 新樹社, 1977.
30. 塗裝工事業協議會, “塗裝技術매뉴얼(CTM)”, 大韓專門建設協會, 2008.
31. 高橋壯年 外, “左官工事の計劃と施工”, 鹿島出版會, 昭和58年,
32. “建築施工管理の現場教本”, 彰國社, 1993
33. 森安四郎 外, “圖說 建築用語辭典”, 實敎出版株式會社
34. “住宅の窓, 建築技術NO.487”, 1990.4
35. 日本建築學會, “建築學便覽”, 1977.
36. 建築の 技術 “施工”, No.207号, 彰國社
37. www.phiko.kr/ www.alcmate.com/
www.lghausys.co.kr/ www.syc-alc.co.kr

저자 약력

김 종 원(金 鍾 源)

공학박사, 기술사
서일대학교 건축과 교수
한국공학교육인증원(건축학 평가위원)
벽산, 삼성, 대농그룹 건설부문
명지대학교 대학원 건축공학과 졸업
중앙대학교 건설대학원 건축과 졸업
인하대학교 공과대학 건축과 졸업

교육활동

국립서울산업대학교
경기대학교 및 산업대학원
명지대학교
수원과학대학
건설기술교육원 외 출강

주요 담당 건축현황

롯데호텔 및 백화점 신축공사(을지로) SRC
워커-힐 신규호텔 신축공사 RC/SRC
삼성 태평로 본관 신축공사 SRC
올림픽회관 신축공사 RC
대농 광화문빌딩 신축공사 RC
경북고등학교 이전 신축공사 RC
한국은행 인천점 신축공사 RC
김해호텔 신축공사 RC
미도파 상계백화점 신축공사 RC/SRC
대농 사옥빌딩 신축공사 RC
저온 양곡저장시설 신축공사(용산 및 대구) RC
한국바이린 김포공장 신축공사 RC/SRC
1군사령부 청사 신축공사 RC
하얼빈 석두도가 주상복합빌딩 신축공사(중국) RC
k-2 비행장 시설공사 RC/SRC
기타 고층아파트 등 국내 · 외 다수(RC/SRC)

논문 및 저서 · 역서

성형콘크리트 복층마감도장공법 개선에 관한 연구 (한국시공학회) 외 다수
건축재료와 구법(기문당)
건축외장의 이해와 시공(기문당)
건축철골시공 · 감리(기문당)
철근공사 · 감리(기문당)
(그림으로 보는)건축지하공사(기문당)
건축현장관리(기문당)
자체품질관리(기문당)

건축공사 마감편

건축감리 이렇게 한다

2016년 7월 5일 1판 1쇄 발행
2018년 11월 15일 1판 2쇄 발행

저 자 김종원
발행인 강해작
발행처 기문당
주 소 서울시 성동구 무학봉28길 4-1
전 화 02) 2295-6171(代)~5
팩 스 02) 2296-8188
출판등록 1976. 10. 7(1-44)
홈페이지 http://기문당
www.kimoondang.com
ISBN 978-89-6225-727-4 93540

정 가 25,000원

검인생략

이 도서의 국립중앙도서관 출판시도서목록(CIP)은 서지정보유통지원시스템 홈페이지(http://seoji.nl.go.kr)와 국가자료공동목록시스템(http://www.nl.go.kr/kolisnet)에서 이용하실 수 있습니다.(CIP제어번호: CIP2016015553)